卓越系列·21世纪高职高专精品规划教材

机械设计基础

主　编　杜洪香　姜韶华
副主编　张兴军　孙在松
主　审　李　文

内容提要

“机械设计基础”是高职院校机电一体化技术、数控技术等专业开设的一门技术基础课程。本书是根据高等职业教育“机械设计基础”课程教学基本要求编写而成的，突出了高等职业教育的特点，并贯彻了最新国家标准。

本书按照机械工程中常用机构、连接、装置及零部件的内在联系和认知规律，将内容分为认知常用机器和机构、常用机构类型及设计、零部件之间的连接、齿轮变速机构的设计、挠性传动装置的设计、轴的设计、轴承的选择及计算、机械平衡与调速八个项目编写。每个项目又包含多个任务，每个任务都是按照提出问题、分析问题、解决问题来组织知识点，问题具体，目标明确，并且每个知识点都以具体案例为载体，选取具有针对性和代表性的工程实例，便于读者学习和记忆以及提高机构运用和设计能力。

本书内容丰富，具有很强的实用性和可操作性，可作为高等职业院校机电一体化技术、数控技术等专业的教学用书，也可供有关专业师生和工程技术人员参考使用。

图书在版编目（CIP）数据

机械设计基础/杜洪香，姜韶华主编．—天津：天津大学出版社，2015.12（2019.1 重印）
（卓越系列）
21 世纪高职高专精品规划教材
ISBN 978-7-5618-5487-7

Ⅰ．①机…　Ⅱ．①杜…　②姜…　Ⅲ．①机械设计-高等职业教育-教材　Ⅳ．①TH122

中国版本图书馆 CIP 数据核字（2015）第 321213 号

出版发行　天津大学出版社
地　　址　天津市卫津路 92 号天津大学内（邮编：300072）
电　　话　发行部：022-27403647
网　　址　publish.tju.edu.cn
印　　刷　北京盛通印刷股份有限公司
经　　销　全国各地新华书店
开　　本　185mm×260mm
印　　张　17.75
字　　数　443 千
版　　次　2016 年 2 月第 1 版
印　　次　2019 年 1 月第 2 次
定　　价　38.00 元

前　言

本书是根据高等职业教育“机械设计基础”课程教学基本要求编写而成的，突出了高等职业教育的特点，并贯彻了最新国家标准。本书可作为高等职业院校机电一体化技术、数控技术等专业的教学用书，也可供有关专业师生和工程技术人员参考使用。

本教材具有以下特点。

(1)案例体现了实践性。按照机械工程中常用机构、连接、装置及零部件的内在联系和认知规律，对教学内容进行优化整合，便于学习和应用。

(2)突出工程意识的培养。知识点更多地介绍基本理论知识在工程中的应用，有利于创新能力与自主学习能力的培养。

(3)框架结构设计新颖。项目中的任务布局做到了由简到繁、由浅到深、由局部到整体的框架构建。

(4)将最新国家标准、规范和设计资料融入教材。教材由学院和企业合作完成，由企业提供了最新行业标准和国家标准的最新技术参数。教材中所引用的有关标准、规范、数据、资料等，仅摘录了与阐述问题密切有关的部分。

(5)学练结合，便于记忆。每个项目后面配有思考与练习，每个任务后面都有任务落实。

本书由潍坊职业学院杜洪香、姜韶华任主编。济宁职业学院张兴军和日照职业技术学院孙在松任副主编。参加本书编写的人员还有日照职业技术学院王宁，潍坊职业学院陈娟、李翠翠，山东交通职业学院钟宝华和吴明清，潍坊富源增压器股份有限公司李毅，潍坊翔鹰机械股份有限公司张英道。编写分工如下：项目一、项目八，杜洪香；项目二、项目三，姜韶华和李毅；项目四陈娟、李翠翠和张英道；项目五，张兴军；项目六，钟宝华和吴明清；项目七，孙在松和王宁。全书由杜洪香统稿，天津中德应用技术大学李文主审。与本书配套的《机械设计基础课程设计指导》将同时出版。

由于编者水平有限，书中不当之处恳请读者批评指正，并提出宝贵意见。作者的联系方式：sdwfvcdu@126. com。

编　者

2015 年 10 月

目　录

项目一　认知常用机器和机构

项目二　常用机构类型及设计

项目三　零部件之间的连接

项目四　齿轮变速机构的设计

项目五　挠性传动装置的设计

项目六　轴的设计

项目七　轴承的选择及计算

项目八　机械平衡与调速

项目一　认知常用机器和机构

任务1　机器和机构的组成

任务引入

人们在生产和生活中广泛应用着各种机器。那么,什么是机器？机器具有哪些特征？机器与机构有什么关系？机构是如何构成的呢？

任务目标

1. 掌握零件、构件、机构、机器的定义、关系及组成。
2. 掌握运动副的定义、种类以及与约束的关系。
3. 掌握运动链与机构的关系。

知识链接

1.1　机器的组成及特征

机械是机器和机构的总称。

机器具有下列三个共同特征:①都是一种人为的实物组合;②各部分之间具有确定的相对运动;③能代替或减轻人们的劳动和改善生活条件,完成有效的机械功或转换机械能。在现代生产和人们的日常生活中常见的电动机、内燃机、起重机、挖掘机、机床、电风扇、洗衣机等都是机器。

图1－1所示为单缸内燃机,由气缸体、活塞、连杆、曲轴、齿轮、凸轮及顶杆等组成。工作时,燃气推动活塞作往复运动,经连杆转变为曲轴的连续转动,曲轴的连续转动通过齿轮传动带动凸轮亦连续转动,凸轮则推动顶杆有规律地启闭进气阀和排气阀。为了保证曲轴每转两周进排气阀各启闭一次,在曲轴和凸轮轴之间安装的齿轮具有特定的齿数比,这样当燃气推动活塞运动时,进排气阀有规律的启闭,把燃气的热能转换为曲轴转动的机械能。

图1－2所示为颚式破碎机,由大带轮、偏心轴、动颚板、肘板、定颚板(机架)等组成。电动机的转动通过带传动带动偏心轴(偏心轴与大带轮为同一构件)转动,进而使动颚板产生平面运动,与定颚板共同实现压碎物料的功能,即把电动机的电能转换成机械能。

在内燃机中,活塞(看作滑块)、连杆、曲轴(看作曲柄)和气缸体组成一个曲柄滑块机构,将活塞的往复运动转变为曲轴的连续转动。凸轮、顶杆、气缸体则组成凸轮机构,将凸轮的连续转动转变为顶杆的有规律的往复移动。曲轴和凸轮轴上的齿轮以及气缸体组成齿轮机构,使两轴保持一定的转速比。

在颚式破碎机中,偏心轴、动颚板、肘板及机架组成一个曲柄摇杆机构。

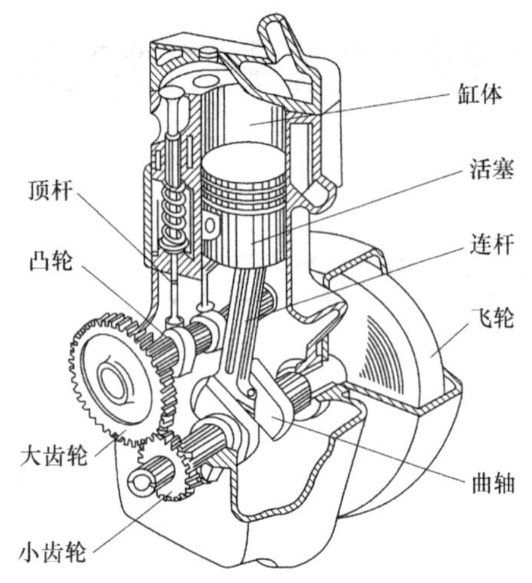

图1-1　单缸内燃机

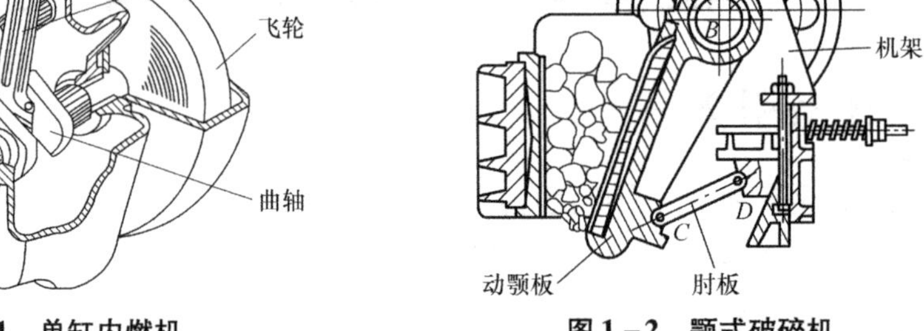

图1-2　颚式破碎机

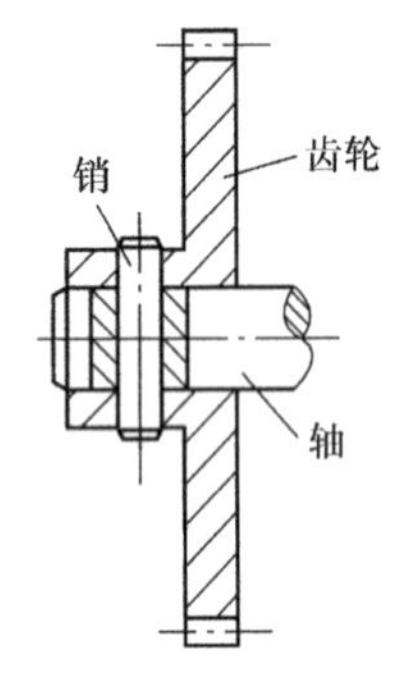

图1-3　销连接

由上可知,机构只具有机器的前两个特征,即机构也是人为的实物组合,其各部分之间也具有确定的相对运动。而机器是由机构组成的。一部机器可以包含几个机构,如图1-1所示的内燃机;也可以只包含一个机构,如图1-2所示的颚式破碎机。

组成机构的各个相对运动部分称为构件。构件可以是单一的整体,也可以是几个元件的刚性组合。如图1-3所示,齿轮用销与轴刚性连接在一起,则销、轴和齿轮之间便无相对运动,成为一个运动的整体,即为一个构件。组成这个构件的三个元件则称为零件。构件是运动的单元体,零件是制造的单元体。

机器中普遍使用的机构称为常用机构,如连杆机构、凸轮机构、齿轮机构、简谐运动机构等。

机构中的零件分为两类。一类是在各种机械中经常遇到的,称为通用零件,如齿轮、弹簧、轴、螺栓连接件等。另一类是只出现在某些专用机械中,称为专用零件,如汽轮机的叶轮、内燃机的活塞等。

随着近代科学技术的发展,人类综合应用各方面的知识和技术,不断创造出各种新型的机器,因此"机器"也有了新的含义。更广泛意义上机器的定义是一种用来转换或传递能量、物料和信息的能执行机械运动的装置。

1.2　机构的组成

机构是机器的主要组成部分。机构是由两个以上有确定相对运动的构件组成的。

1.2.1　运动副

两构件直接接触并能产生一定相对运动的连接,称为运动副。在图1-4中,图(a)轴承中的滚动体与内外圈的滚道、图(b)啮合中的一对齿廓、图(c)中的滑块与导槽,均保持直接接触,并能产生一定的相对运动,因而它们都构成了运动副。构件上参与接触的点、线、面，称为运动副的元素。

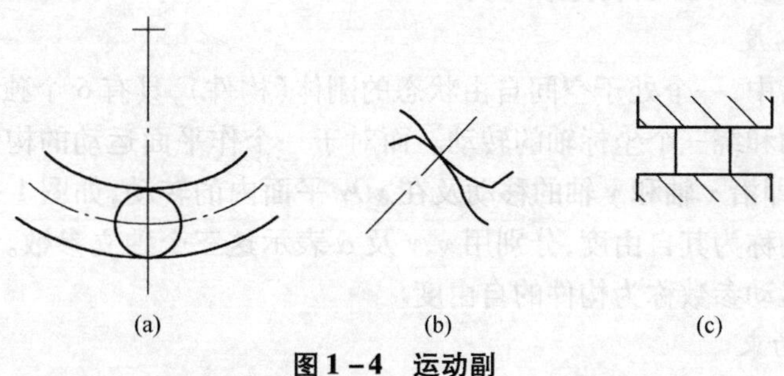

图 1-4　运动副

根据运动副各构件之间的相对运动形式的约束及两构件接触方式的不同，可将运动副分为平面运动副和空间运动副。所有构件都只能在相互平行的平面上运动的机构称为平面机构。大多数的常用机构都是平面机构，所以本项目仅介绍平面运动副和平面机构。

1. 平面高副

两构件通过点或线接触组成的运动副，称为高副。如图 1-5 所示，凸轮与从动杆及两齿轮分别在其接触处以点和线接触，故均组成高副。

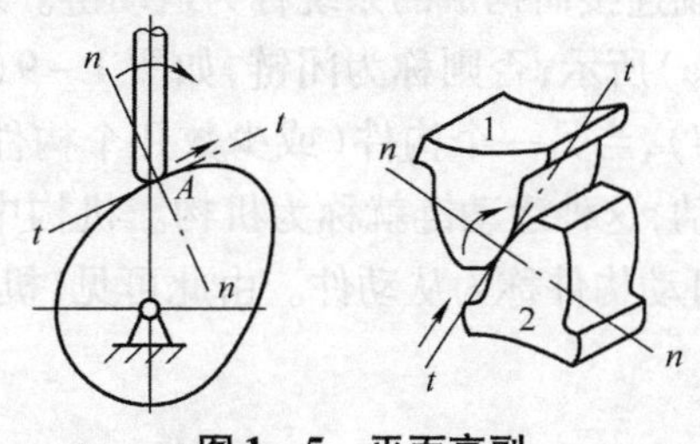

图 1-5　平面高副

2. 转动副

若运动副只允许两构件作相对转动，则称该运动副为转动副，也称铰链。如图 1-6 所示，只允许构件 1 和构件 2 绕轴线转动，这种连接就是转动副。如果组成转动副的两构件之一是固定不动的，则称该转动副为固定铰链。如果组成转动副的两构件都是运动的，则称该转动副为活动铰链。

3. 移动副

若运动副只允许两构件沿接触面某一方向相对滑移，则称该运动副为移动副。如图 1-7所示，构件 1 和构件 2 只能沿 x 轴方向作相对移动，这种连接形式的运动副就是移动副。

转动副和移动副都是面接触，统称为平面低副。

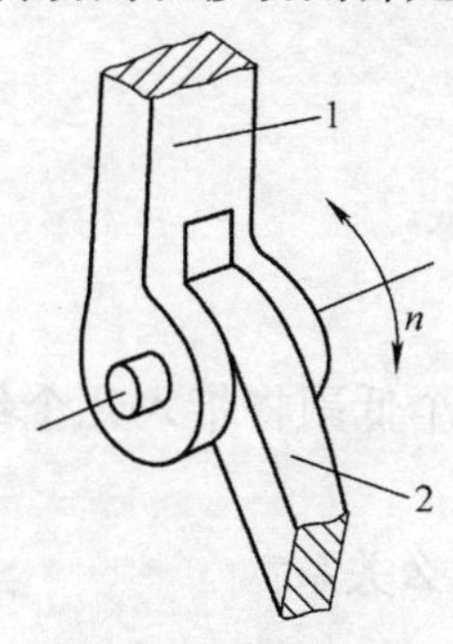

图 1-6　转动副

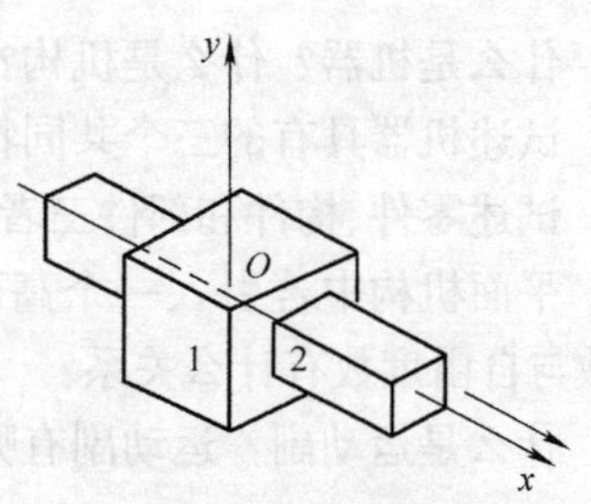

图 1-7　移动副

1.2.2 自由度和运动副的约束

1. 构件的自由度

在直角坐标系中，一个处于空间自由状态的刚体(构件)，具有6个独立运动参数，即沿三个坐标轴的移动和绕三个坐标轴的转动。而对于一个作平面运动的构件而言，仅有三个独立运动的参数，即沿 x 轴和 y 轴的移动及在 xOy 平面内的转动，如图1－8所示。构件的这三种独立的运动称为其自由度，分别用 x、y 及 α 表示这三个独立参数。把构件相对于参考系具有的独立运动参数称为构件的自由度。

2. 运动副的约束

两构件通过运动副连接后，构件的相对运动将受到限制，从而使其自由度减少。运动副对成副的两构件之间的相对运动所加的限制就称为约束。显然，每引入一个约束，构件就减少一个自由度，而约束的多少及约束的特点取决于运动副的形式。

如前所述，一个转动副引入了2个约束，保留了1个自由度；一个移动副引入了2个约束，保留了1个自由度；一个平面高副引入了1个约束，保留了2个自由度。

3. 运动链和机构

两个以上的构件以运动副连接而构成的系统称为运动链。未构成首末相连的封闭环的运动链称为开链，如图1－9(a)所示；否则称为闭链，如图1－9(b)所示。在运动链中选取一个构件加以固定(称为机架)，当另一个构件(或少数几个构件)按给定的规律独立运动，其余构件也随之作一定的运动，这种运动链就称为机构。机构中输入运动的构件称为主动件(亦称为原动件)，其余的可动构件称为从动件。由此可见，机构是由主动件、从动件和机架三部分组成的。

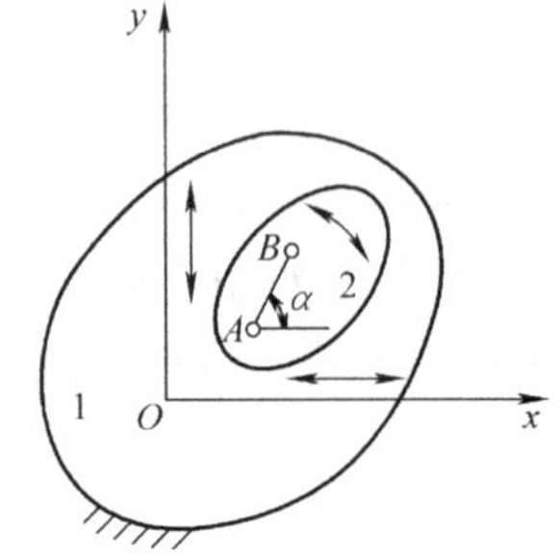

图1－8 平面运动构件的自由度

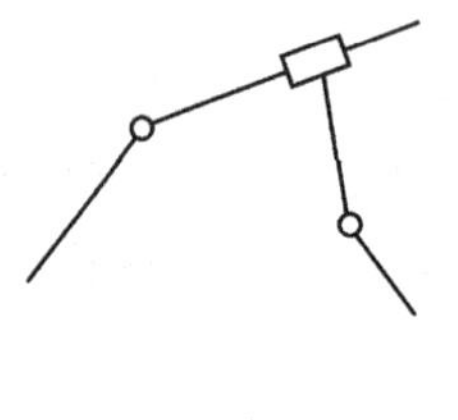

图1－9 运动链

任务落实

1. 什么是机器？什么是机构？两者是何关系？
2. 试述机器具有的三个共同特征。
3. 试述零件、构件和部件三者之间的区别与关系。
4. 平面机构中若引入一个高副将带入几个约束？而引入一个低副将带入几个约束？约束数与自由度数有什么关系？
5. 什么是运动副？运动副有哪些类型？运动副与约束存在什么关系？

任务2　平面机构的运动简图

任务引入

对机构进行分析和综合时,并不需要了解机构的真实外形和具体结构,只需简明的表达机构的传动原理即可。那么,该如何用简单的线条和符号表示机构呢?

任务目标

1. 了解机构运动简图的功用。
2. 掌握运动简图的绘制方法和步骤。

知识链接

撇开那些与运动无关的构件外形和运动副的具体结构,仅用简单的线条和规定的符号来表示构件和运动副,并按比例定出各运动副的相对位置而绘制的图形,称为机构运动简图。机构运动简图是用来表达机构中各构件之间相对运动关系的。简图中一般应包括下列内容:①构件数目;②运动副的数目和类型;③构件之间的连接关系;④与运动变换相关的构件尺寸参数;⑤主动件及运动特性。

2.1　运动副及构件的表示方法

2.1.1　构件

构件均用线段和小方块等来表示。参与形成两个运动副的构件如图1-10所示。参与形成三个运动副的构件如图1-11所示,即一个构件具有三个或三个以上转动副时,则应在两构件交叉处涂黑,或在其内画上斜线。

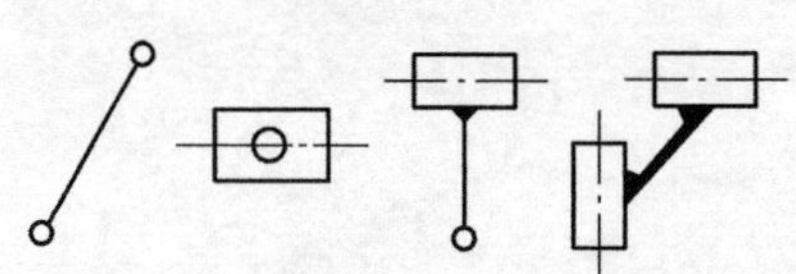

图1-10　一个构件上带有两个运动副

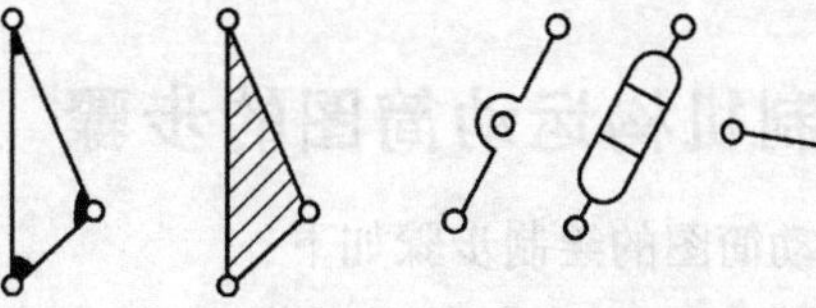

图1-11　一个构件上带有三个运动副

2.1.2　转动副

两构件组成转动副的表示方法如图1-12所示,图面垂直于回转轴线时用图(a)表示,图面不垂直于回转轴线时用图(b)表示;表示转动副的圆圈,其圆心必须与回转轴线重合;带有不封闭斜线的构件代表机架。

2.1.3　移动副

两构件组成移动副的表示方法如图1-13所示,其导路必须与相对移动方向一致。

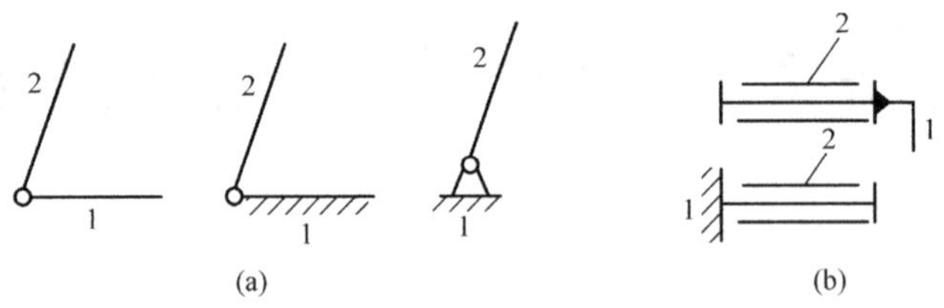

图 1－12　转动副的表示方法

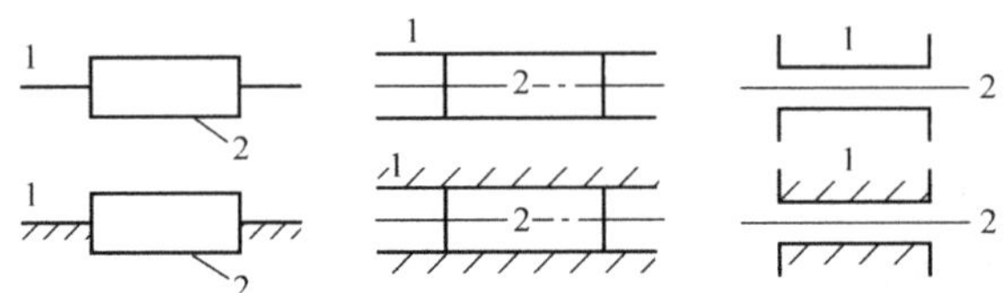

图 1－13　移动副的表示方法

2.1.4　平面高副

两构件组成平面高副时，其运动简图中应画出两构件接触处的曲线轮廓，对于凸轮和滚子，习惯上画出其全部轮廓，如图 1－14(a)所示；对于齿轮，常用点画线画出其节圆，如图 1－14(b)所示。

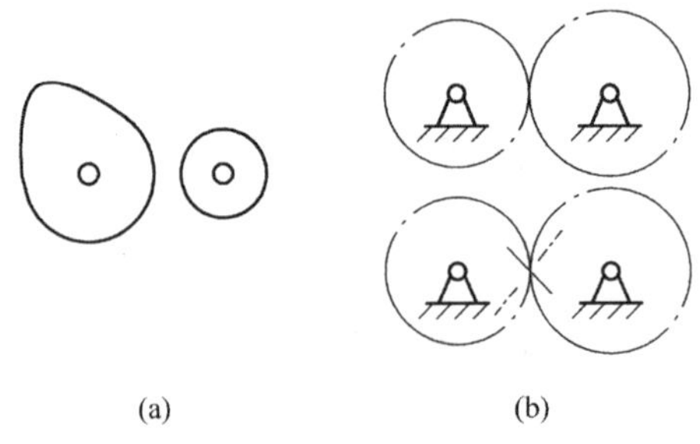

图 1－14　平面高副的表示方法

2.2　绘制机构运动简图的步骤

机构运动简图的绘制步骤如下：

(1)认真研究机构的结构及动作原理，分清固定件，确定主动件；

(2)沿着运动传递路线，分析两构件间相对运动的性质，以确定运动副种类和数目；

(3)测量出运动副间的相对位置；

(4)选择运动简图的视图平面和比例尺 μ_l(μ_l = 实际尺寸(m)/图示长度(mm))，用规定的线条和符号表示其构件和运动副来绘制机构运动简图，并在主动件上标出箭头以表示其运动方向。

下面以发动机配气机构为例，说明其运动简图的绘制步骤。

1. 明确机构的组成

如图 1－15(a)所示，从主动件开始(按运动传递的顺序依次进行)，即主动件(凸轮)1

与机架组成转动副 A，并按顺时针方向转动，从动件（滚子）2 在凸轮 1 轮廓线的作用下绕转动副 C 转动，从动件 3 在构件 2 的作用下绕转动副 D 摆动，构件 4 与导路 5 组成移动副，并沿构件 5 的导路作往复运动。故该配气机构由 5 个构件，3 个转动副 A、C、D，1 个移动副 F 和 2 个高副 B、E 组成。

2. 选择视图平面

一般选择与各构件运动平面相平行的平面作为绘制机构运动简图的视图平面。

3. 绘制机构简图

选择适当的比例尺 μ_l，从主动件开始依次绘图，按照规定的线条和符号，绘出配气机构的机构运动简图，结果如图 1－15（b）所示。

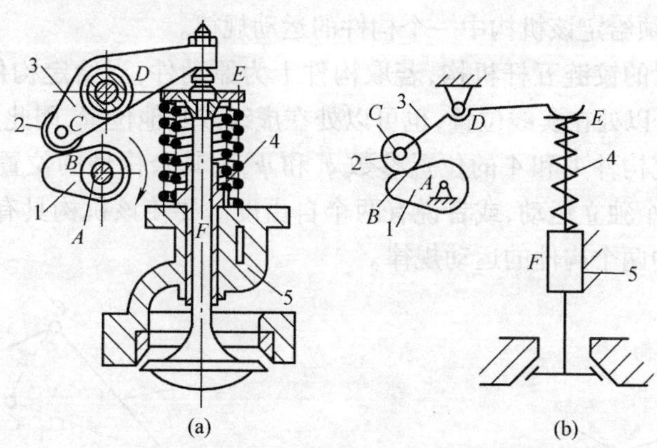

图 1－15　发动机配气机构及机构运动简图

任务落实

1. 什么是机构运动简图？机构运动简图应包括哪些内容？
2. 在机构运动简图中，构件和运动副是如何表示的？
3. 绘制出图 1－2 所示颚式破碎机的机构运动简图。

任务 3　平面机构的自由度及计算

任务引入

运动链和机构都是由构件和运动副组成的系统。机构要实现预期的运动传递和变换，必须使其运动具有可靠性和确定性。那么，机构具有确定相对运动的条件是什么？如何计算机构自由度？如何判断机构运动是否确定？若机构中有复合铰链、局部自由度及虚约束，该如何处理？

任务目标

1. 掌握机构自由度的概念及计算方法。
2. 掌握机构具有确定运动的条件。

3. 掌握机构自由度计算时应注意的事项。

4. 会分析和计算常见机构自由度。

知识链接

3.1 平面机构的自由度

如图 1－16 所示的曲柄滑块机构,如给定任一活动件一个确定的运动,则其余构件的运动规律即可完全确定。例如,给定构件 1 一个独立位置 AB 时,构件 3 的位置也被相应确定在 C 位置。这说明曲柄滑块机构只有一个独立运动,或者说只有一个自由度。要使该机构具有确定的运动,必须给定该机构中一个构件的运动规律。

如图 1－17 所示的铰链五杆机构,若取构件 1 为原动件,当给定构件 1 一个独立位置 AB 时,构件 2、3、4 可以处在实线位置,也可以处在虚线或其他位置,因此其从动件的运动是不确定的。但若给定构件 1 和 4 的位置参数 φ 和 ψ,则其余构件的位置就被确定下来了。也就是说,机构有两个独立运动,或者说有两个自由度。要使该机构具有确定的运动,则必须同时给定该机构中两个构件的运动规律。

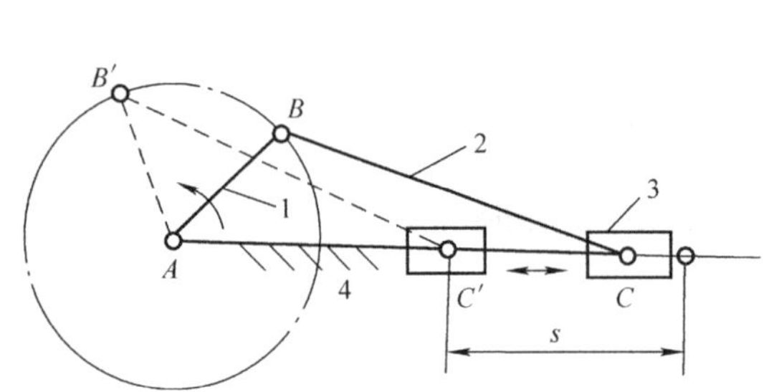

图 1－16　曲柄滑块机构

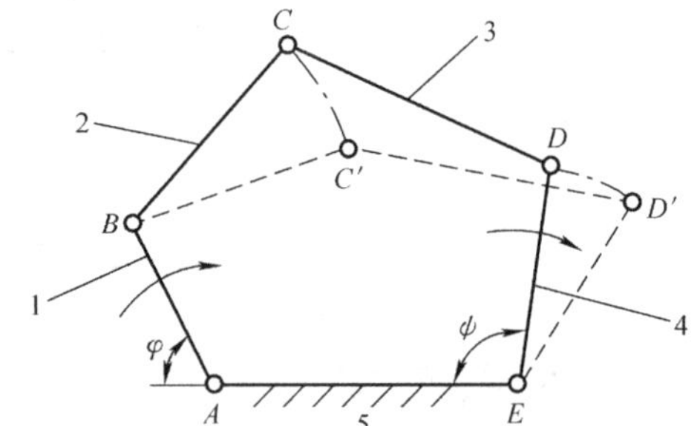

图 1－17　铰链五杆机构

由此可见,无相对运动的构件组合或无规则乱动的运动链都不能实现预期的运动变换。机构要具有确定的相对运动,究竟取一个或是几个构件作为原动件,这取决于机构的自由度。

机构的自由度就是机构具有的独立运动参数的数目。因此,当机构的原动件数目等于自由度数时,机构就具有确定的相对运动。

3.2 平面机构自由度的计算

若某机构由 N 个构件组成,其中一个构件被固定为机架,则机构中共有 $n=N-1$ 个活动件。构件在相互连接之前,全部活动件共有 $3n$ 个自由度。而在相互连接之后,构件的自由度由于运动副的约束而减少。设在机构中有 P_L 个低副,P_H 个高副,则该机构全部运动副的约束数目共有 $2P_L+P_H$ 个。则机构自由度

$$F=3n-2P_L-P_H \tag{1-1}$$

用式(1－1)计算图 1－16 所示机构的自由度,则有 $F=3\times3-2\times4-0=1$,因此它只需要一个主动件便具有确定的相对运动。按同样方法计算图 1－17 所示机构的自由度,则有

$F=3\times4-2\times5-0=2$，因此它需要两个原动件才具有确定的相对运动。

3.3　计算机构自由度的注意事项

应用式(1－1)计算机构自由度时，必须注意以下几个问题。

3.3.1　复合铰链

两个以上的构件共用同一转动轴线所构成的转动副，称为复合铰链。如图1－18(a)所示，构件1、2、3在同一处构成转动副，沿轴线方向看，应该用图1－18(b)表示。也就是说，图1－18(b)虽然是用一个转动副符号表示的，但实质上它包含着两个转动副。显然，若复合铰链由m个构件组成，则连接处有$m-1$个转动副。

案例1　试计算图1－19所示机构的自由度。

解　该机构C处是由三个构件组成的复合铰链，所以该机构由6个构件、7个低副组成，即$n=6-1=5$，$P_L=7$，$P_H=0$，由式(1－1)得

$$F=3n-2P_L-P_H=3\times5-2\times7=1$$

该机构具有一个自由度，即当原动件1等速回转时，滑块5作有规律的往复直线运动。

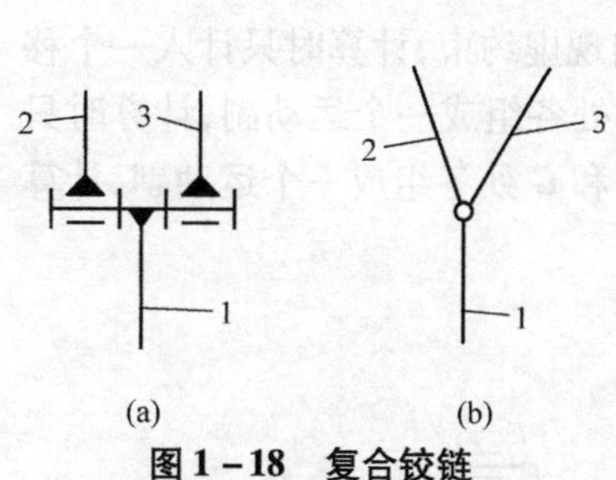

图1－18　复合铰链

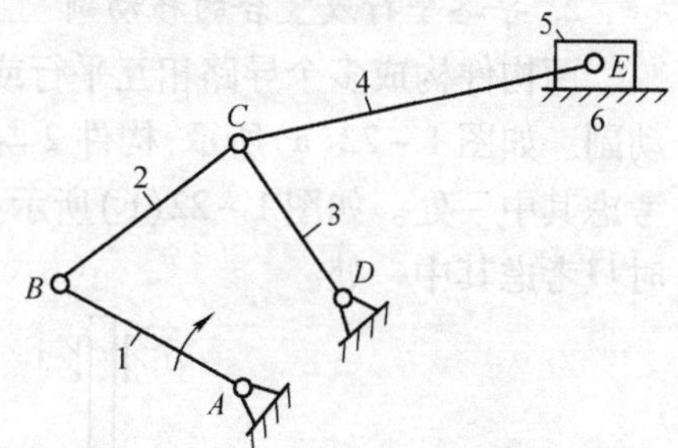

图1－19　含有复合铰链的机构

3.3.2　局部自由度

机构中某些构件所具有的不影响机构输出与输入运动关系的自由度，称为局部自由度。如图1－20所示的凸轮机构，滚子绕自身轴线转动，只是改变了推杆端部与凸轮之间的摩擦性质，不影响其他构件的运动。计算机构自由度时，应先把滚子看成是与从动件连成一体的，如图1－20(b)所示，消除局部自由度后再计算。

案例2　试计算图1－20(a)所示凸轮机构的自由度。

解　滚子与推杆间的自由度是局部自由度。如将此局部自由度除去不计，即将滚子与推杆视为一个构件，如图1－20(b)所示，则$n=3-1=2$，$P_L=2$，$P_H=1$。此机构的自由度

$$F=3n-2P_L-P_H=3\times2-2\times2-1=1$$

该机构具有一个自由度，即只需一个原动件，机构就具有确定的相对运动。

3.3.3　虚约束

对运动不起独立限制作用的约束，称为虚约束。在计算机构自由度时，应将虚约束除去不计。

虚约束的常见情况及处理如下。

1. 轨迹重合

连接构件上点的轨迹和机构上连接点的轨迹重合时，引入虚约束，计算时将虚约束去

掉。如图1-21所示,平行四边形机构中,连杆 AB 作平动,如果 MN 平行并等于 AO_1 及 BO_3,则用杆 MN 连接 AB 与 O_1O_3 前后,杆 AB 上 M 点的轨迹没有变化。因此,MN 杆带来了虚约束,计算时要先解除杆 MN 及杆 MN 所带来的两个运动副。

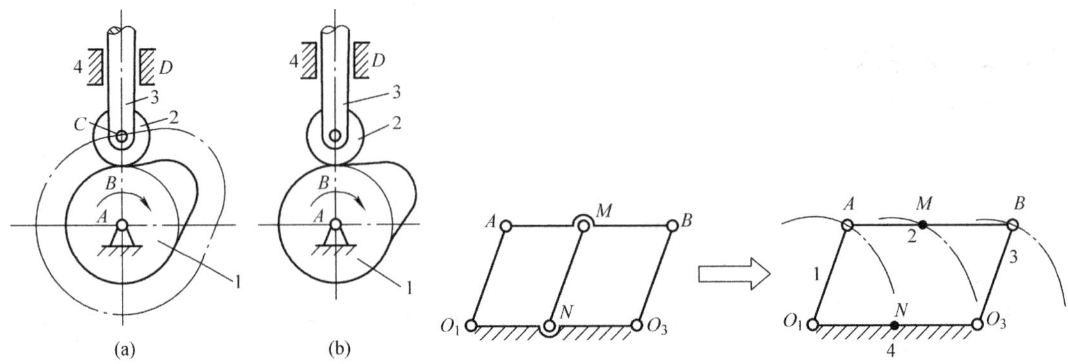

图1-20 含有局部自由度的机构

图1-21 运动轨迹重合引入虚约束

2. 导路平行或重合的移动副

两构件构成多个导路相互平行或重合的移动副时,会出现虚约束,计算时只计入一个移动副。如图1-22(a)所示,构件2与导路3分别在 C 和 D 处各组成一个运动副,计算时只考虑其中一处。如图1-22(b)所示,构件 GEF 与机架在 F 和 G 处各组成一个运动副,计算时只考虑其中一处。

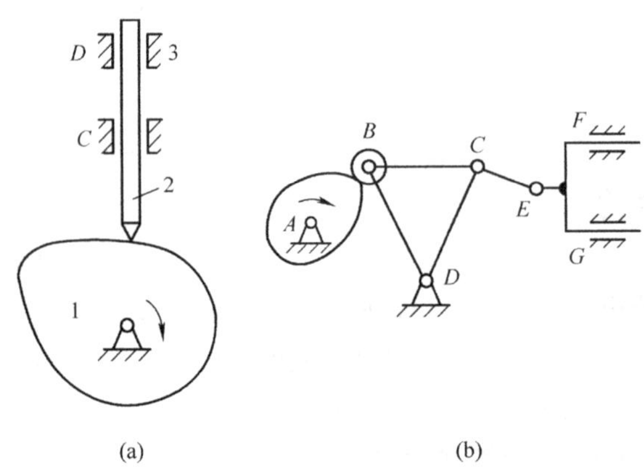

图1-22 导路重合和平行引入的虚约束

3. 轴线重合的转动副

两构件组成多个转动副,且轴线重合,只有一个转动副起约束作用,其余为虚约束,计算时只计入一个转动副。如图1-23所示,齿轮轴两端与机架均组成转动副,计算时只考虑其中一处。

4. 传动中的对称部分

机构中对运动不起独立作用的对称部分,将产生虚约束,计算时应将对称部分除去不计。如图1-24所示的差动齿轮系,只需要一个齿轮2就可以传递运动,为了提高承载能力并使机构受力均匀,图中采用了3个完全相同的行星轮对称布置,计算时要把其余两个行星轮除去不计。

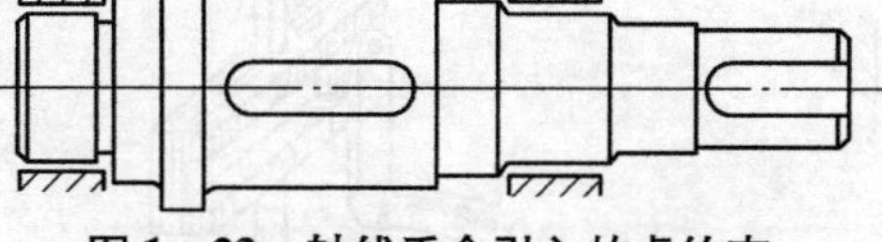

图 1-23　轴线重合引入的虚约束

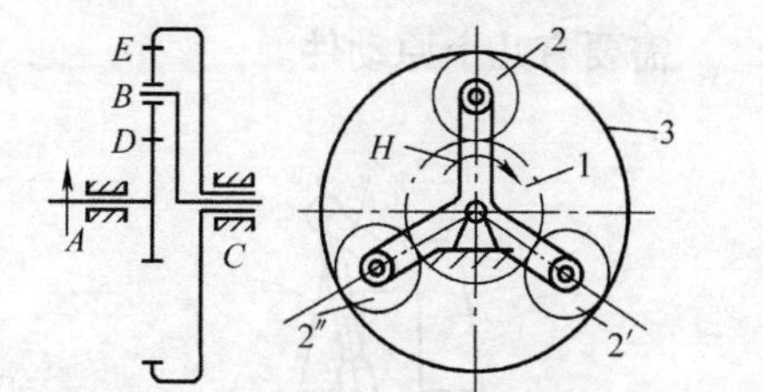

图 1-24　对称部分引入的虚约束

由上可知，虚约束虽不影响机构的运动，但能增加机构的刚性、改善其受力状况，因而被广泛采用。但是虚约束对机构的几何条件要求较高，因此对机构的加工和装配精度提出了较高的要求。

案例 3　计算图 1-25 所示大筛机构的自由度。

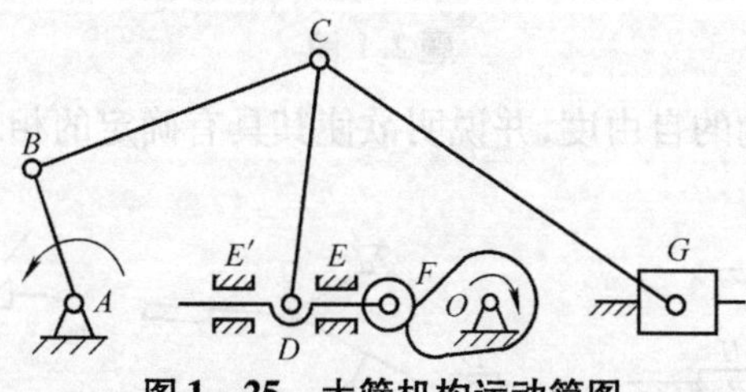

图 1-25　大筛机构运动简图

解　图中 C 处为复合铰链，E 和 E' 其中之一为虚约束，F 处滚子为局部自由度，则该机构的活动构件数 $n=7$，低副数 $P_L=9$，高副数 $P_H=1$。有

$$F=3n-2P_L-P_H=3\times7-2\times9-1=2$$

此机构自由度数等于 2，也就是说要有 2 个原动件，机构才具有确定的相对运动。

任务落实

1. 为什么说桁架(图 1-26)最稳定？

2. 一个平面运动链的原动件数目小于或大于此运动链的自由度数时，此运动链在运动过程中会出现什么情况？

3. 在计算机构的自由度时，要注意哪些事项？试列举出生产或生活中常见机器中的虚约束。

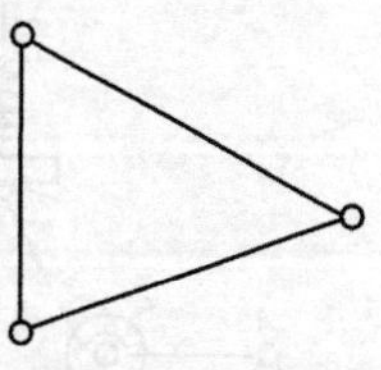

图 1-26　桁架

思考与练习

1. 思考题

1.1　试述机械、机器与机构的区别与联系。

1.2　试述运动链与机构的关系。

1.3　绘制出图 1-1 所示单缸内燃机的机构运动简图。

1.4　什么是构件自由度？什么是约束？一个作平面运动的刚体，在自由状态下，有几个自由度？

1.5　机构具有确定运动的条件是什么？

2. 练习题

2.1　绘制图示各机构的运动简图，计算其自由度，并说明欲使机构具有确定相对运动需要有几个原动件。

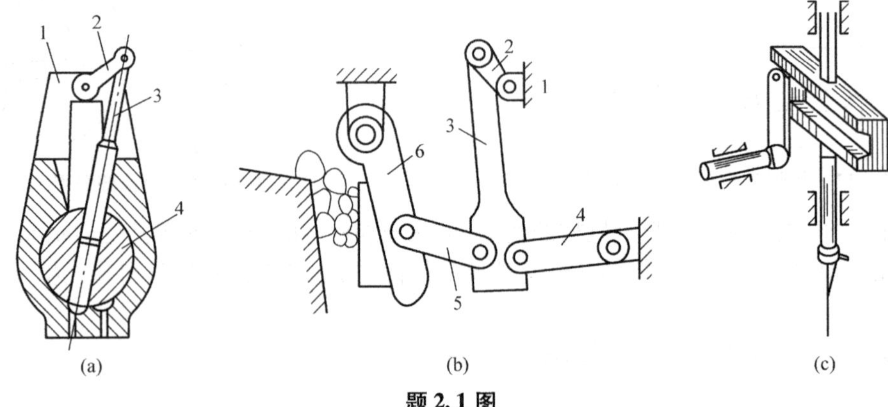

题 2.1 图

2.2　计算图示各机构的自由度，并说明欲使其具有确定的相对运动需要几个原动件。

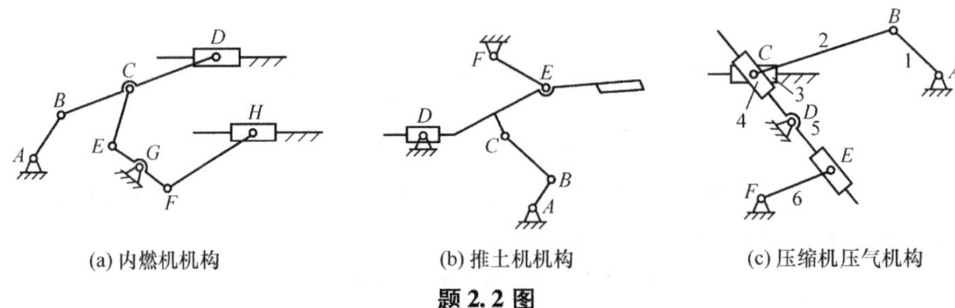

题 2.2 图

2.3　计算图示各机构的自由度，并判断该机构的运动是否确定（图中绘有箭头的为原动件）。若机构中存在虚约束、局部自由度或复合铰链需指出。

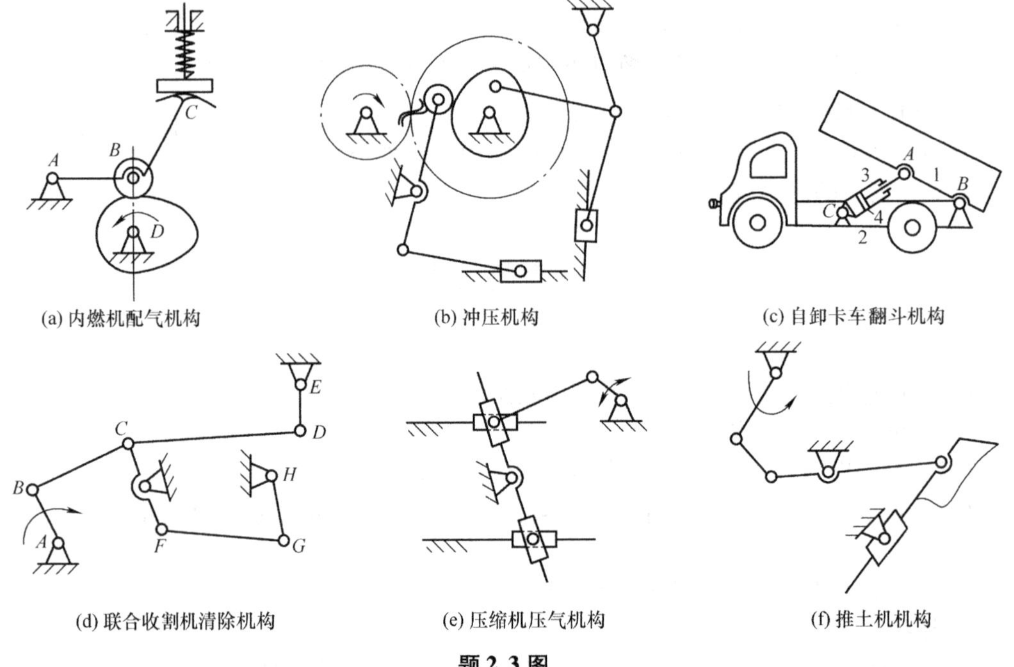

题 2.3 图

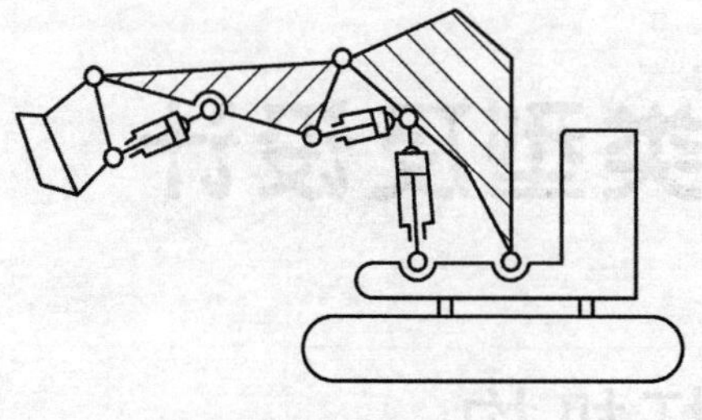

(g) 液压挖掘机构

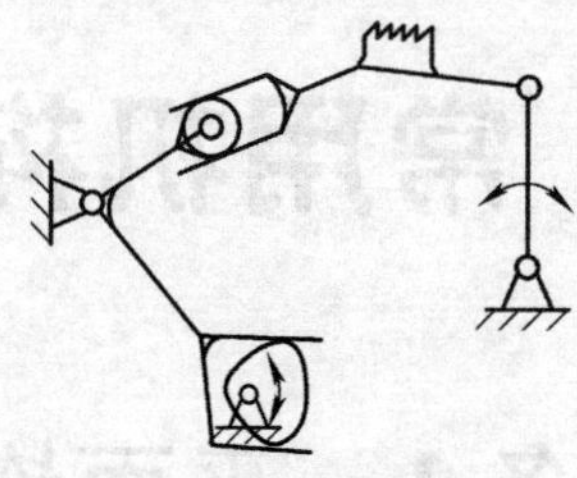

(h) 缝纫机缝布机构

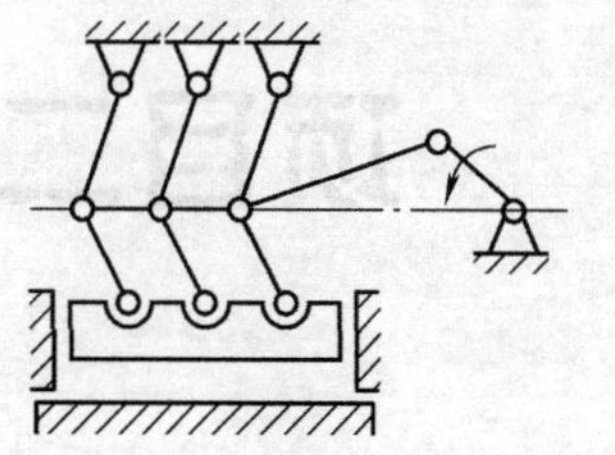

(i) 压床机构

题 2.3 图(续)

项目二　常用机构类型及设计

任务1　平面连杆机构

平面连杆机构是一种常见的平面机构，因其具有结构简单、工作可靠等优点，被广泛应用于各种机械和仪表中。

子任务1　平面四杆机构的基本形式及其演化

任务引入

平面四杆机构是最基本的平面连杆机构，它是组成多杆机构的基础。铰链四杆机构是平面四杆机构的基本形式，其他形式的四杆机构都可以看作是在其基础上演化而成的。那么，铰链四杆机构的基本形式有哪些？如何判断铰链四杆机构的类型？其在工程中的应用又如何呢？

任务目标

1. 了解平面连杆机构的特点。
2. 熟练掌握铰链四杆机构的基本形式及应用。
3. 掌握平面四杆机构的演化过程及演化结果。
4. 掌握铰链四杆机构中曲柄存在的条件。

知识链接

1.1.1　平面连杆机构概述

平面连杆机构是一种常见的平面机构，它是由若干个构件通过低副连接而组成的机构，故又称平面低副机构。

平面连杆机构广泛应用于各种机器和仪器中，例如金属加工机床、起重运输机械、采矿机械、农业机械、交通运输机械和仪表等。其主要优点有：①由于是低副，为面接触，所以承受压强小、便于润滑、磨损较轻，可承受较大载荷；②结构简单，加工方便，构件之间的接触是由构件本身的几何约束来保持的，所以构件工作可靠；③可使从动件实现多种形式运动，满足多种运动规律的要求；④利用平面连杆机构中的连杆可满足多种运动轨迹的要求。其缺点有：①根据从动件所需要的运动规律或轨迹来设计连杆机构比较复杂，精度不高；②运动时产生的惯性力难以平衡，不适用于高速场合。

平面连杆机构中最常见的是平面四杆机构，即由4个构件通过低副连接组成的机构，它是组成多杆机构的基础。在平面四杆机构中，如果所有低副均为转动副，这种机构称为铰链四杆机构，它是平面四杆机构最基本的形式，其他形式的四杆机构都可以看作是在它的基础上演化而成的。

1.1.2　铰链四杆机构的基本形式及曲柄存在的条件

1.1.2.1　铰链四杆机构的基本形式

平面连杆机构的类型很多，但最基本的是铰链四杆机构。铰链四杆机构是由 4 个构件用铰链连接而成，如图 2-1 所示。在此机构中固定不动的构件 *AD* 称为机架，与机架相连的构件 *AB* 和 *CD* 称为连架杆，与机架相对的构件 *BC* 称为连杆。如果连架杆能绕轴线作整周回转运动，称为曲柄；若只能在某一角度（小于 360°）内摆动，称为摇杆。

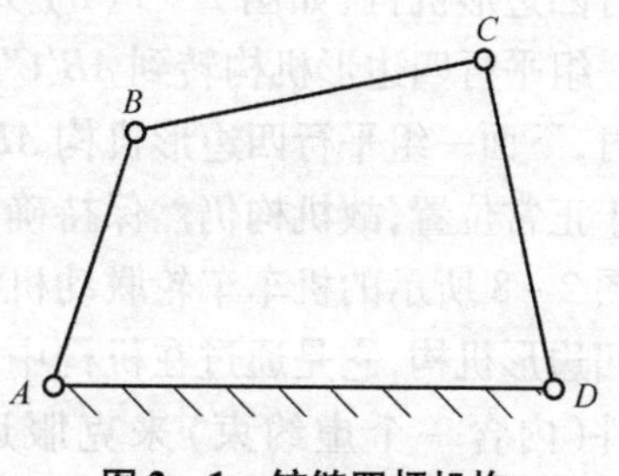

图 2-1　铰链四杆机构

铰链四杆机构根据其连架杆是否为曲柄，可以分为三种基本形式，即曲柄摇杆机构、双曲柄机构和双摇杆机构。

1. 曲柄摇杆机构

两连架杆中一个为曲柄、另一个为摇杆的铰链四杆机构称为曲柄摇杆机构，如图 2-2 所示。在曲柄摇杆机构中，当曲柄为主动件时，可将曲柄的连续回转运动转换成摇杆的往复摆动，如图 2-3 所示的雷达天线俯仰角调整机构；当摇杆为主动件时，可将摇杆的往复摆动转换成曲柄的连续回转运动，如图 2-4 所示的缝纫机踏板机构。

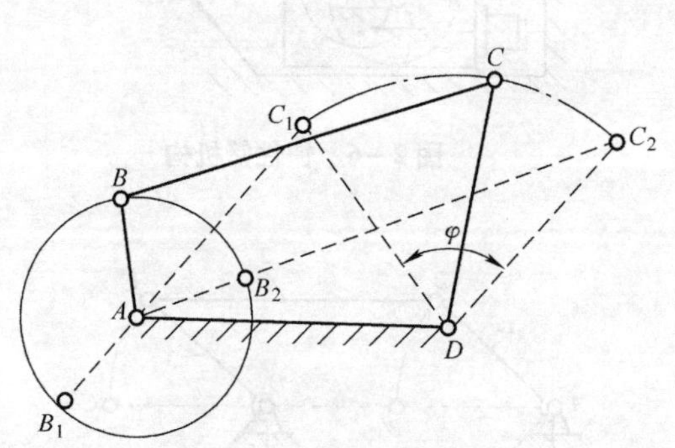

图 2-2　曲柄摇杆机构

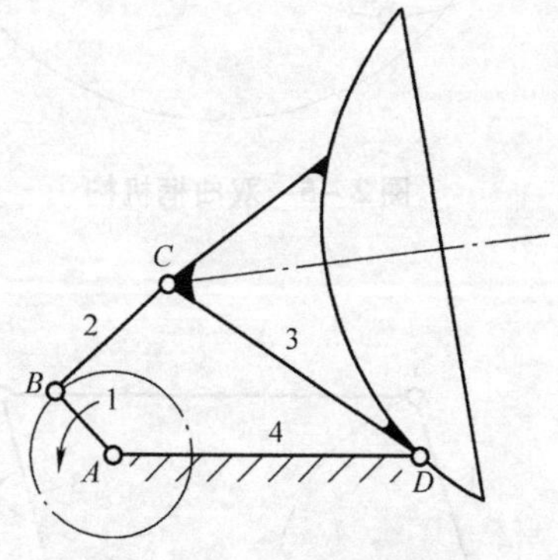

图 2-3　雷达天线俯仰角调整机构

2. 双曲柄机构

两连架杆均为曲柄的铰链四杆机构称为双曲柄机构，如图 2-5 所示。在如图 2-6 所示的惯性筛机构中，*ABCD* 为双曲柄机构，当主动曲柄 *AB* 等速回转一周，从动曲柄 *CD* 变速回转一周时，使筛子具有适当的加速度，再利用被筛物料的惯性，达到筛分物料的目的。

在双曲柄机构中，若两曲柄长度相等，连杆与机架长度也相等，则该机构被称为平行四边形机构，又称为平行双曲柄机构，如图 2-7（a）所示。当杆 1 等角速度转动时，杆 3 也以相同角速度同向转动，连杆 2 则作平移运动。必须指出，这种机构当四个铰链中心处于同一直线(如图中 AB_2C_2D 位置所示)上时，将出现运动不确定状态。如图所示，当 B 点由 B_2 点转至 B_3 点时，C 点则有可能转至 C_3' 或 C_3''。为了消除这种运动不确定状态，可以在主、从动曲柄上错开一定角度再安装一组平行四边形机构，如图 2－7(b)所示，当上面一组平行四边形机构转到 $AB'C'D$ 共线位置时，下面一组平行四边形机构 $AB_1'C_1'D$ 却处于正常位置，故机构仍然保持确定运动。如图 2－8 所示的机车车轮联动机构亦为平行四边形机构，它是通过在机构中添加辅助构件(内含一个虚约束)来克服运动不确定性的。

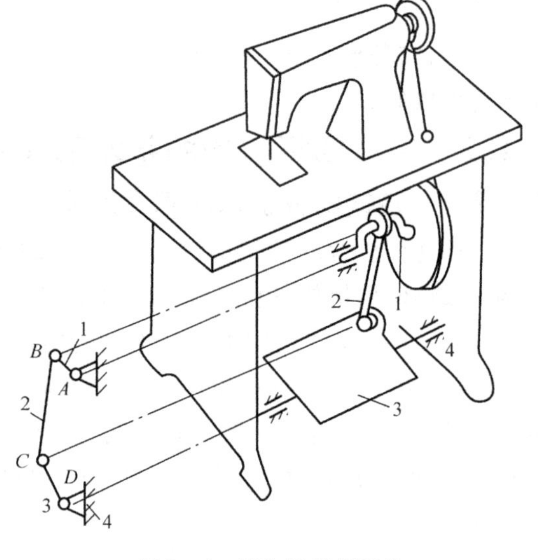

图 2－4　缝纫机踏板机构

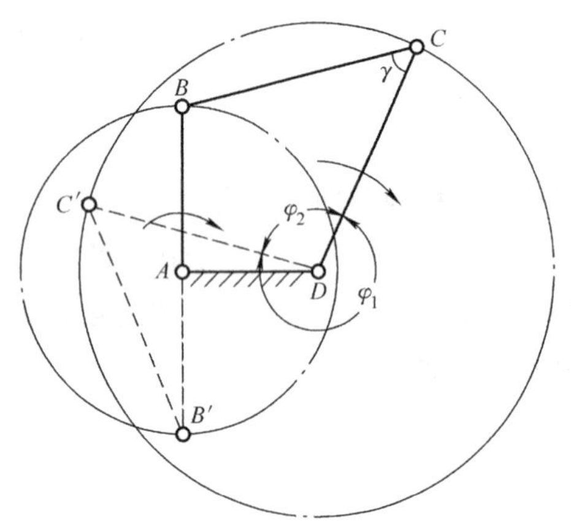

图 2－5　双曲柄机构

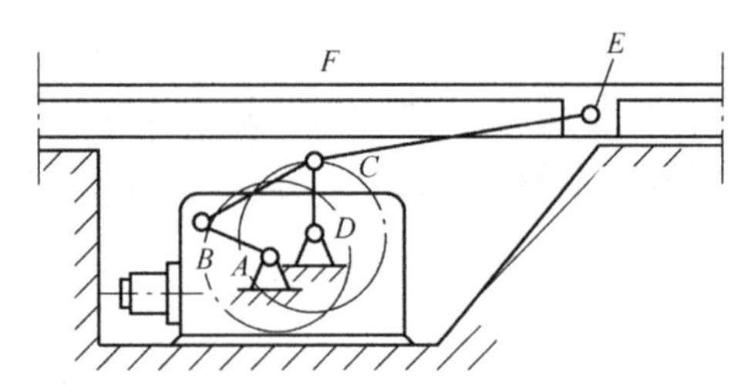

图 2－6　惯性筛机构

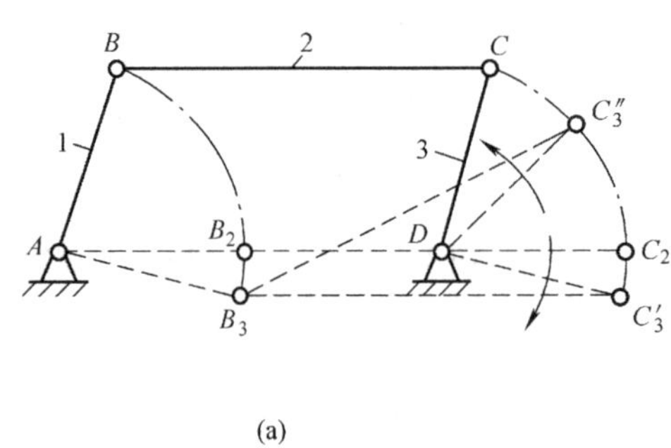

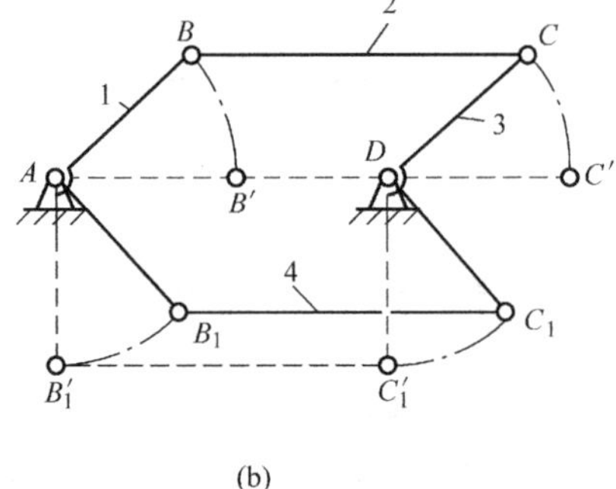

图 2－7　平行四边形机构

3. 双摇杆机构

两连架杆均为摇杆的铰链四杆机构称为双摇杆机构，如图 2－9 所示。在双摇杆机构中，两摇杆可分别为主动件，当主动摇杆摆动时，通过连杆带动从动摇杆也作摆动。

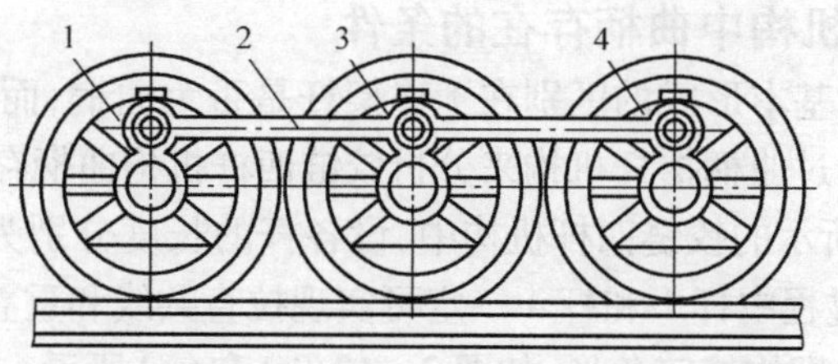

图 2-8　机车车轮联动机构

双摇杆机构的应用实例也很多。如图 2-10 所示为飞机起落架运动简图。飞机着陆前,需要将着陆轮 1 从机翼 4 中推放出来(图中实线所示);起飞后,为了减小空气阻力,又需将着陆轮收入机翼中(图中虚线所示)。这些动作是由主动摇杆 3 通过连杆 2、从动摇杆 5 带动着陆轮来实现的。如图 2-11 所示为码头起重机示意图和机构运动简图。当摇杆 *AB* 摆动时,摇杆 *CD* 随之摆动,使连杆 *BC* 延长部分上的 *E* 点在近似水平的直线上移动,避免因不必要的升降而消耗能量。

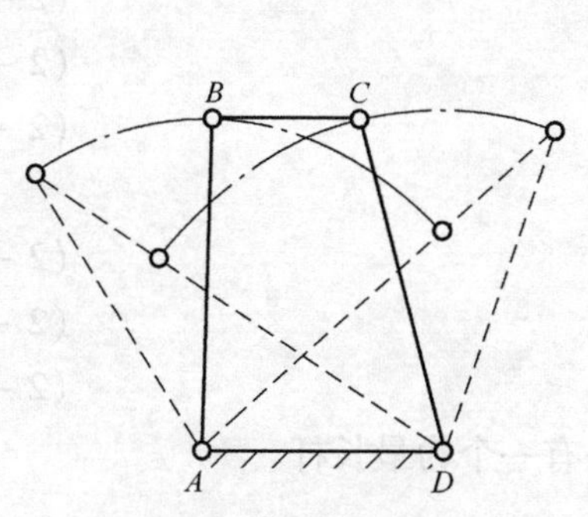

图 2-9　双摇杆机构

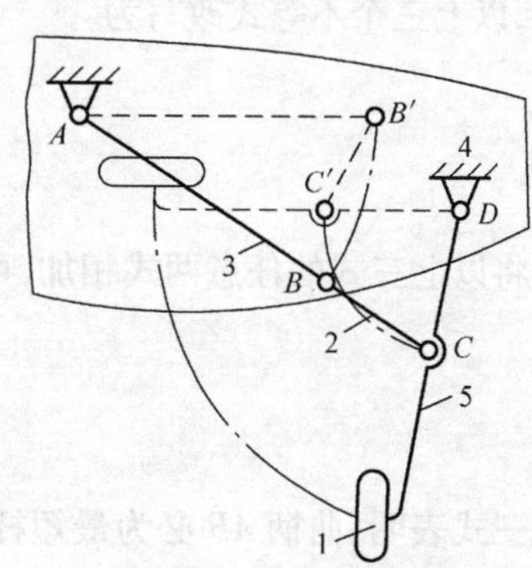

图 2-10　飞机起落架机构

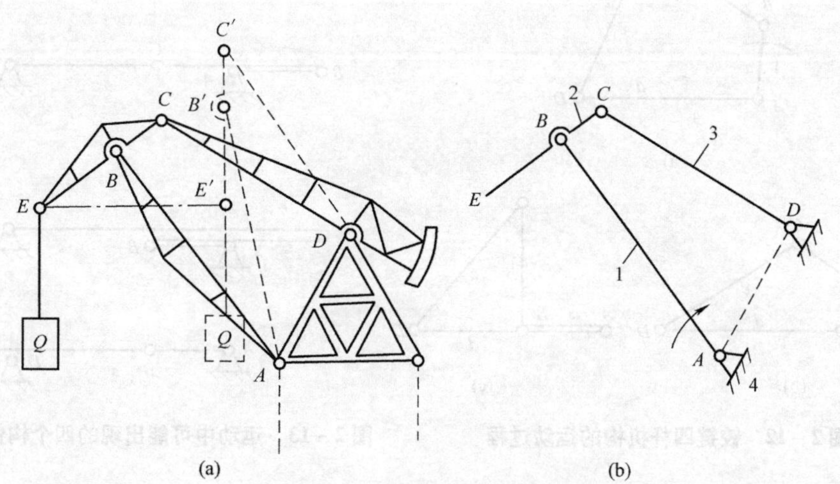

图 2-11　码头起重机机构

1.1.2.2 铰链四杆机构中曲柄存在的条件

铰链四杆机构三种基本形式的区别在于连架杆是否为曲柄，而连架杆是否为曲柄又与各杆长度有关。下面通过曲柄摇杆机构来分析铰链四杆机构曲柄存在的条件。

在如图 2－12(a)所示的铰链四杆机构中，设各杆的长度分别为 a、b、c、d。先假定构件 1 为曲柄，则在其回转过程中杆 1 和杆 4 一定可实现拉直共线和重叠共线两个特殊位置(摇杆处于左右极限位置)，即构成三角形，如图 2－12(b)和(c)所示。根据三角形任意两边之和必大于第三边的定理可得如下结论。

在图 2－12(b)中

$$a+d<b+c \tag{2-1}$$

在图 2－12(c)中

$$d-a+b>c \text{ 即 } a+c<b+d \tag{2-2}$$

$$d-a+c>b \text{ 即 } a+b<d+c \tag{2-3}$$

当运动过程中四个构件出现如图 2－13 所示的共线情况时，上述不等式就变成了等式。因此，以上三个不等式改写为

$$a+d\leqslant b+c \tag{2-4}$$

$$a+c\leqslant b+d \tag{2-5}$$

$$a+b\leqslant d+c \tag{2-6}$$

将以上三式的任意两式相加，可得

$$a\leqslant b \tag{2-7}$$

$$a\leqslant c \tag{2-8}$$

$$a\leqslant d \tag{2-9}$$

以上三式表明，曲柄 AB 必为最短杆，BC、CD、AD 杆中必有一个为最长杆。

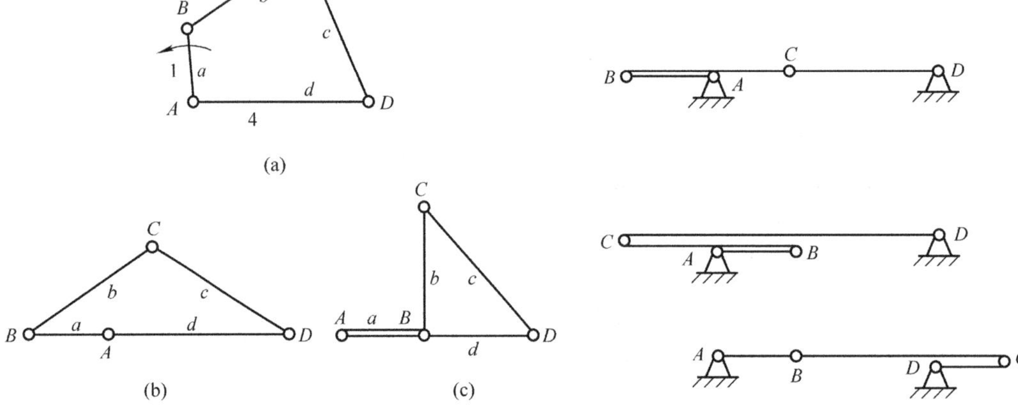

图 2－12　铰链四杆机构的运动过程　　图 2－13　运动中可能出现的四个构件共线情况

从上述分析可得曲柄存在的条件：

(1)最短杆与最长杆长度之和小于或等于其余两杆长度之和；

(2)最短杆或其相邻杆应为机架。

根据曲柄存在的条件可得以下推论。

(1)当最长杆与最短杆长度之和大于其余两杆长度之和时,不论取哪一构件为机架,只能得到双摇杆机构。

(2)当最长杆与最短杆长度之和小于或等于其余两杆长度之和时:①取最短杆为机架时得到双曲柄机构;②取最短杆的相邻杆为机架时得到曲柄摇杆机构;③取最短杆的对面杆为机架时得到双摇杆机构。

1.1.2.3　铰链四杆机构的演化

生产中广泛应用着各种四杆机构,这些机构虽然具有不同的外形和构造,但都具有相同的运动特性,或具有一定的内在联系,揭示其内在联系,可为其分析和设计提供很大方便。通常情况下,通过改变运动副的形式、变换不同构件为机架或扩大转动副等途径,可以得到铰链四杆机构的其他演化形式。

1. 曲柄滑块机构

如图 2－14(a)所示的曲柄摇杆机构,铰链中心 C 的轨迹是以 D 为圆心、l_3 为半径所作的圆弧 mm。若 l_3 增至无穷大,则如图 2－14(b)所示,C 点轨迹变成直线。于是摇杆 3 演化为直线运动的滑块,转动副 D 演化为移动副,机构演化为曲柄滑块机构,如图 2－14(c)所示。若 C 点运动轨迹与曲柄转动中心 A 共线,则称为对心曲柄滑块机构,如图 2－14(c)所示;若 C 点运动轨迹与曲柄转动中心 A 之间存在着偏距 e,则称为偏置曲柄滑块机构,如图 2－14(d)所示。曲柄滑块机构广泛应用于活塞式内燃机、空气压缩机、冲床等机械中。

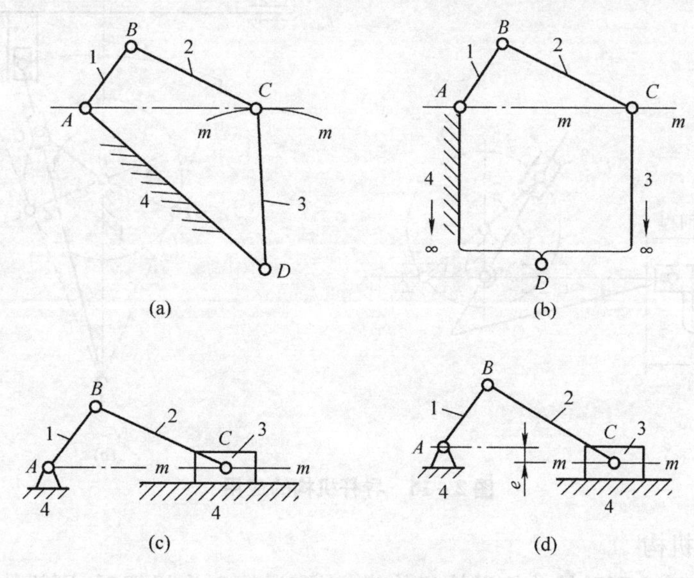

图 2－14　曲柄滑块机构

2. 导杆机构

曲柄滑块机构各构件间具有不同的相对运动,因而当取不同的构件为机架时,可得到不同的机构。

1)转动导杆机构和摆动导杆机构

在如图 2－15(a)所示的曲柄滑块机构中,当取杆 1 为机架时,则机构演化成如图 2－15

(b)所示的导杆机构。若杆长 $l_1 < l_2$,则杆 2 整周回转时,杆 4 也整周回转,这种导杆机构称为转动导杆机构,如图 2 - 16(a)所示的小型刨床机构即为转动导杆机构的应用实例。若 $l_1 > l_2$,则杆 2 整周回转时,杆 4 往复摆动,这种机构称为摆动导杆机构,如图 2 - 16(b)所示的牛头刨床中的主运动机构即为摆动导杆机构的应用实例。转动导杆机构和摆动导杆机构具有良好的传力性能,常用于牛头刨床、插床和回转式油泵中。

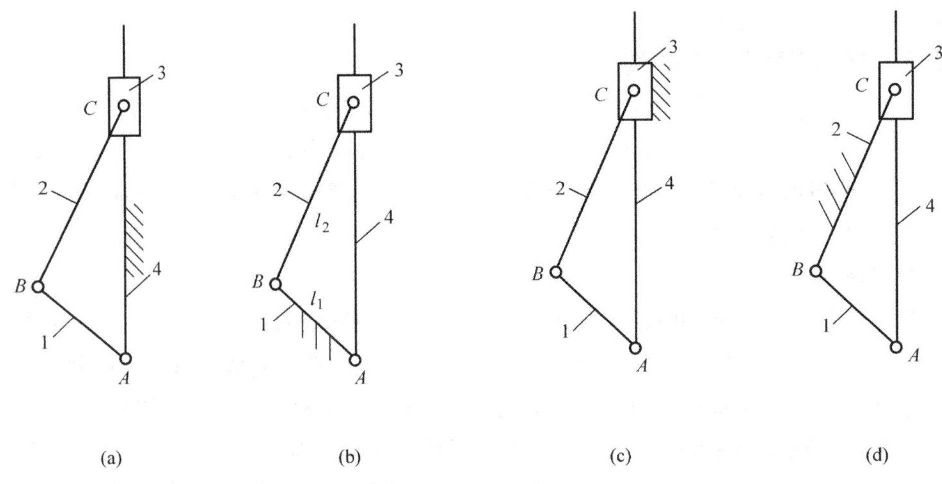

图 2 - 15　曲柄滑块机构取不同构件为机架时演化成的新机构

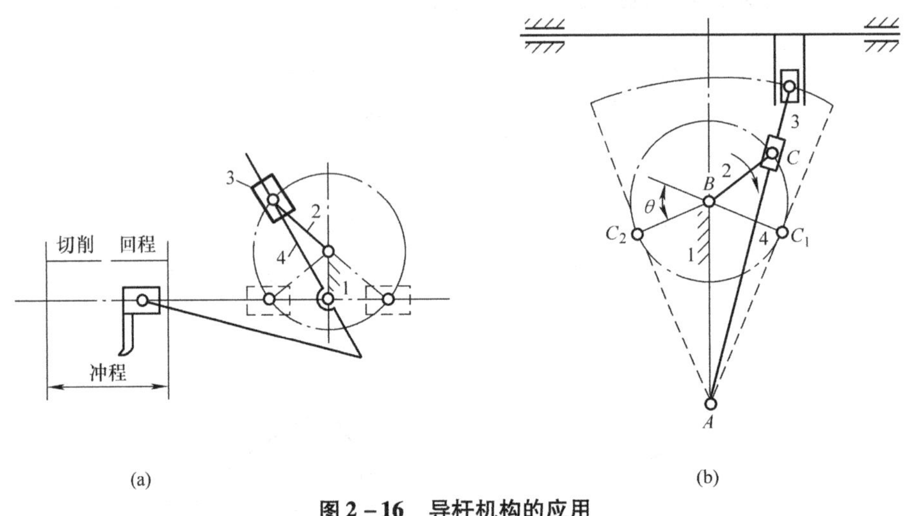

图 2 - 16　导杆机构的应用

2)移动导杆机构

在如图 2 - 15(a)所示的曲柄滑块机构中,当取滑块 3 为机架时,则机构演化为移动导杆机构,如图 2 - 15(c)所示。如图 2 - 17 所示的手摇唧筒是其应用实例,当摇动手柄 1 时,活塞 4(导杆)便在缸体 3(滑块)中往复移动。

3. 曲柄摇块机构

在如图 2 - 15(a)所示的曲柄滑块机构中,当取杆 2 为机架时,则机构演化为如图 2 - 15(d)所示的曲柄摇块机构。该机构中杆 1 绕 B 点整周回转时,杆 4 相对滑块 3 移动,并与滑块 3 一起绕 C 点摆动。如图 2 - 18 所示的卡车车厢自动翻转卸料机构,即为曲柄摇块机构的应用实例。

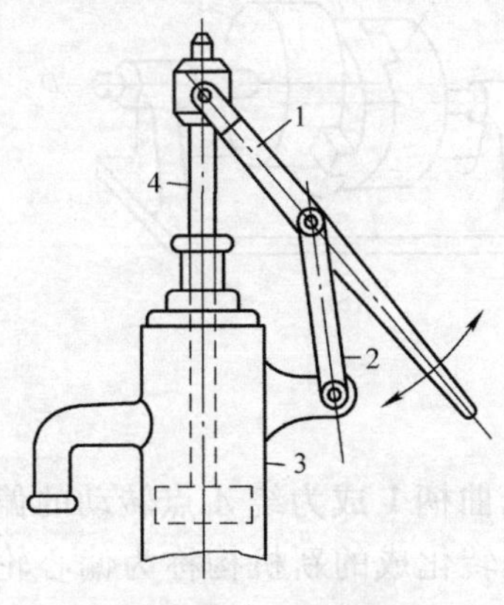

图 2-17　手摇唧筒

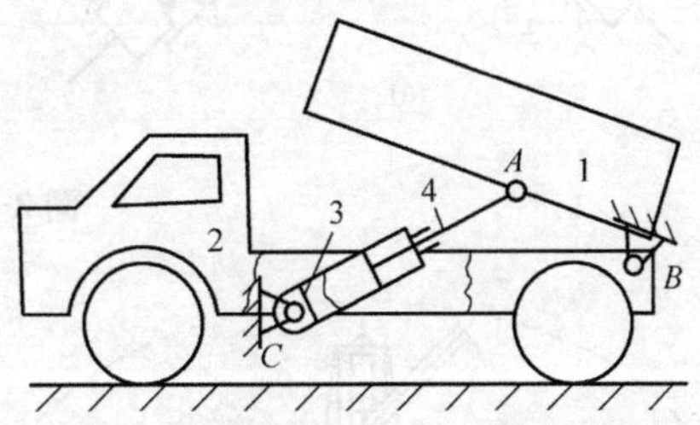

图 2-18　卡车车厢自动翻转卸料机构

4. 双滑块机构

双滑块机构是具有两个移动副的四杆机构，可以认为是由铰链四杆机构中的两杆长度趋于无穷大而演化成的。

按照两个移动副所处位置不同，可将双滑块机构分成四种形式。

(1)两个移动副不相邻，如图 2-19 所示。机构中从动件 3 的位移量与主动件转角正切值成正比，故称为正切机构。

(2)两个移动副相邻，且其中一个移动副与机架相关联，如图 2-20 所示。机构中从动件 3 的位移与主动件转角正弦值成正比，故称为正弦机构。

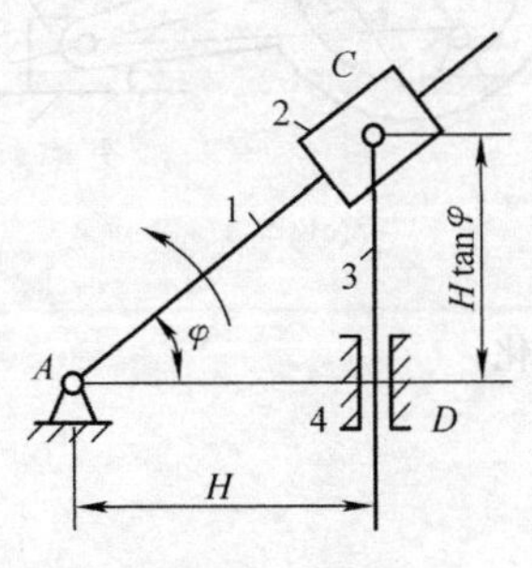

图 2-19　正切机构

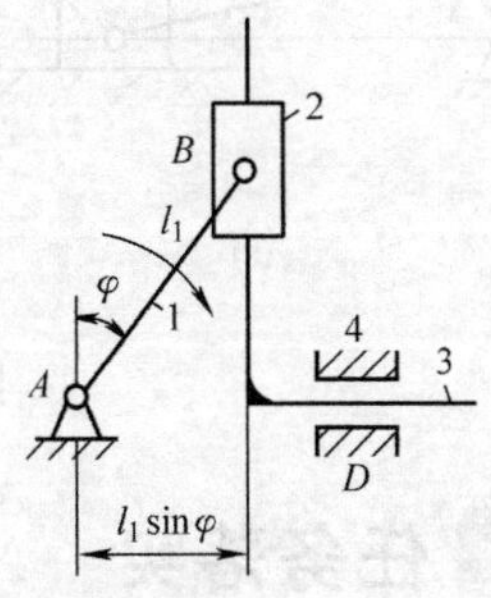

图 2-20　正弦机构

(3)两个移动副相邻，且均不与机架相关联，如图 2-21(a)所示。机构中的主动件 1 与从动件 3 具有相等的角速度。如图 2-21(b)所示滑块联轴器就是这种机构的应用实例，它可用来连接中心线不重合的两根轴。

(4)两个移动副都与机架相关联的双滑块机构，如图 2-22 所示。该机构为椭圆仪，当滑块 1 和 3 沿机架的十字槽滑动时，连杆 2 上的各点便描绘出长、短轴不同的椭圆。

5. 偏心轮机构

如图 2-23(a)所示，当曲柄滑块机构的曲柄较短时，往往由于工艺、结构和强度等方面的原因，需将转动副 B 的曲柄销半径扩大，如图 2-23(b)所示。当曲柄销半径扩大到超过

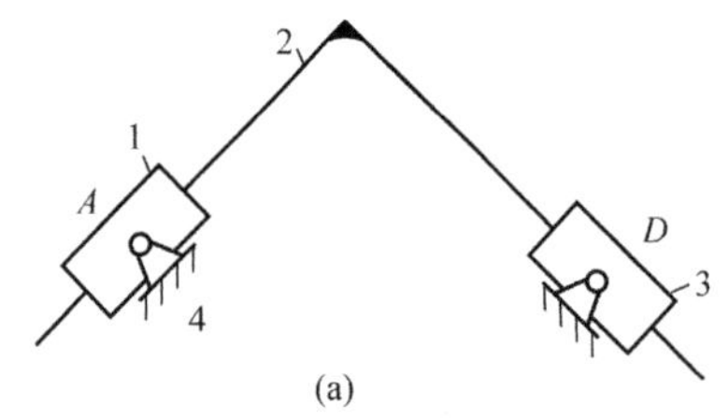

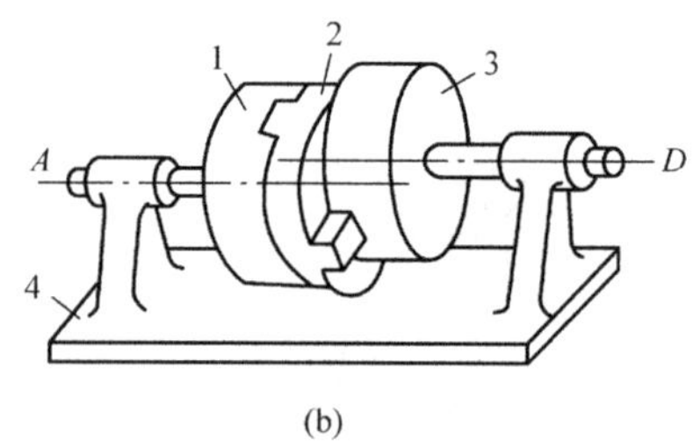

图 2－21　滑块联轴器

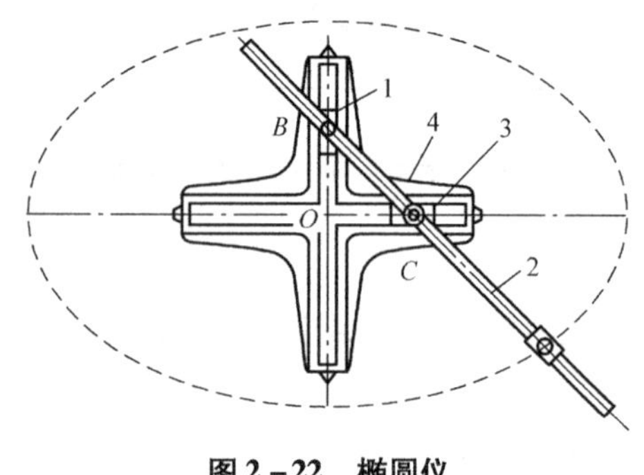

图 2－22　椭圆仪

曲柄长度 l_1 时，曲柄 1 成为绕 A 点转动的偏心轮，经过此过程转化成的新机构称为偏心轮机构，如图 2－23(c)所示。由于偏心轮的几何中心 B 与其回转中心 A 间的距离 e 等于曲柄长度 l_1，所以该机构各构件间相对运动的性质与曲柄滑块机构没有差别，距离 e 通常称为偏距。偏心轮机构广泛用于内燃机、剪床、冲床及颚式破碎机等机械中。

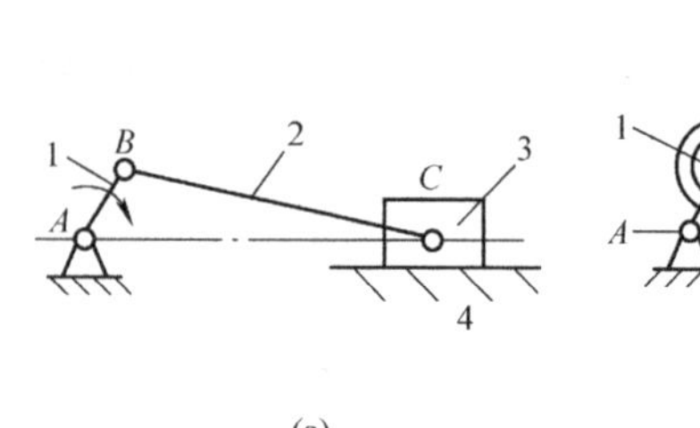

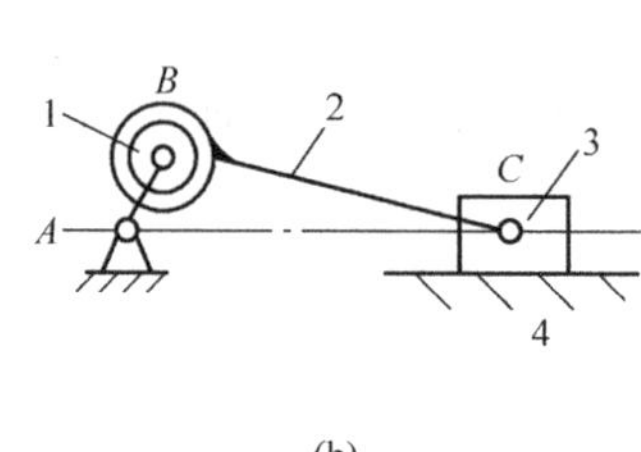

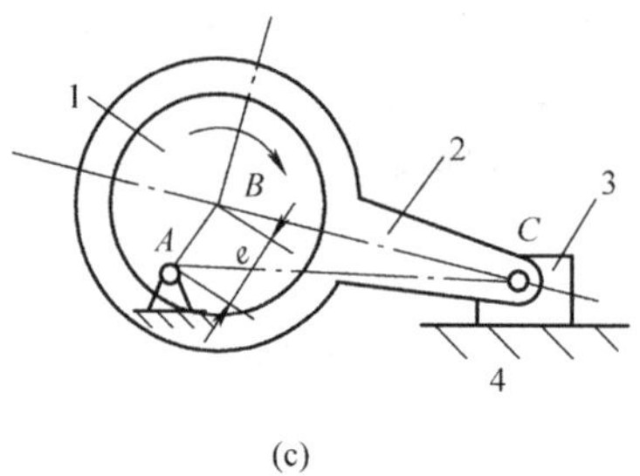

图 2－23　曲柄滑块机构向偏心轮机构的转化

任务落实

1. 找出日常生活中接触到的平面四杆机构，说明它们的组成、类型及运动形式。

2. 观察公共汽车双扇车门的开闭机构，说明它是利用了哪种四杆机构的哪种特性？

3. 观察路灯维修车维修人员座斗的升降机构，说明它是利用了哪种四杆机构的哪种特性？

4. 如图 2－24 所示的四杆机构中，已知 $a=60$ mm，$b=150$ mm，$c=120$ mm，$d=100$ mm。取不同构件为机架，可得到什么类型的铰链四杆机构？

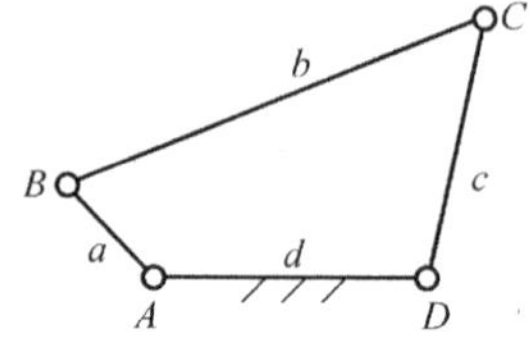

图 2－24　铰链四杆机构

子任务 2　平面四杆机构的特性分析

任务引入

在设计平面四杆机构时，通常需要考虑其某些工作特性，因为这些特性不仅影响到机构的运动性质和传力情况，而且还是进行机构设计的主要依据。那么，平面四杆机构的基本工作特性有哪些？在工程中又是如何应用的呢？

任务目标

1. 掌握四杆机构极位夹角、行程速度变化系数、压力角、传动角和死点的概念。
2. 掌握机构的急回特性、最大压力角（最小传动角）、死点位置的判断方法。

知识链接

1.2.1　急回特性及行程速度变化系数

在如图 2－25 所示的曲柄摇杆机构中，当曲柄 1 在 AB_1 和 AB_2 两位置上与连杆 2 共线时，铰接点 C 至 A 点的距离分别达到最小值和最大值，因而 DC_1 和 DC_2 为摇杆 3 的两个极限位置。当从动件摇杆处于两极限位置时，曲柄两对应位置所夹的锐角 θ 称为极位夹角。

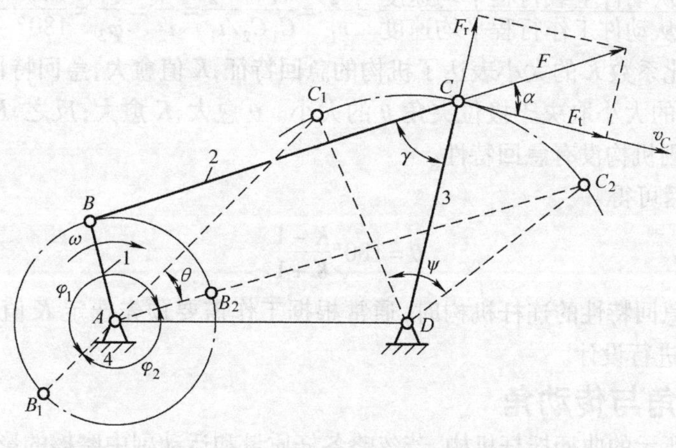

图 2－25　曲柄摇杆机构急回特性分析

当曲柄以等角速度从 AB_1 转过 φ_1 角到达 AB_2 时，摇杆从 DC_1 摆动至 DC_2；当曲柄从 AB_2 继续转过 φ_2 角返回 AB_1时，摇杆从 DC_2 摆回至 DC_1。因曲柄转过 φ_1 角和 φ_2 角所用的时间分别为 $t_1=\varphi_1/\omega$ 及 $t_2=\varphi_2/\omega$，并且 $t_1>t_2$，所以摇杆上的 C 点从 C_1点运动到 C_2 点平均速度 v_1 小于 C 点从 C_2 点返回 C_1 点的平均速度 v_2。上述分析表明，摇杆返回过程中运动较快，机构的这种性质称为急回特性。

多数连杆机构都具有急回特性。如图 2－26 所示的偏置曲柄滑块机构，当主动曲柄等速回转时，滑块 C 从极限位置 C_2 运动到极限位置 C_1 的平均速度大于从 C_1 运动到 C_2 的平均速度。又如图 2－27 所示的摆动导杆机构，其极位夹角 θ 等于导杆摆角 ψ，也有急回特性。

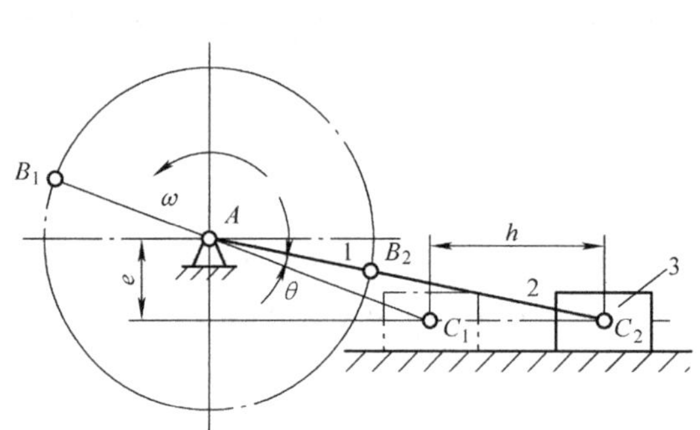

图 2－26 偏置曲柄滑块机构急回特性分析

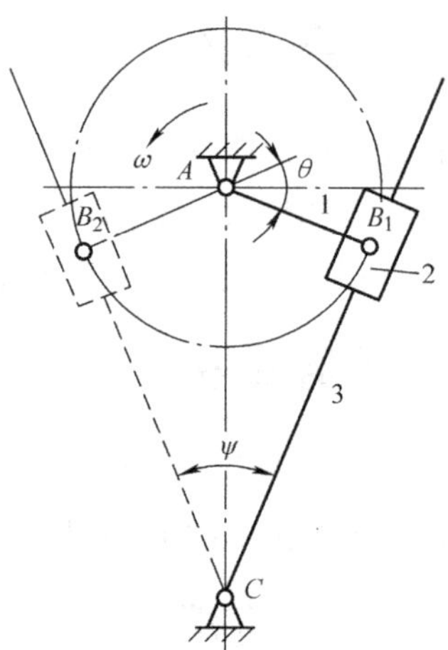

图 2－27 摆动导杆机构急回特性分析

在一些断续负载的机械中（如插床、牛头刨床等），常利用机构的急回特性来缩短空载行程时间，以提高生产效率。

机构的急回特性可以用行程速度变化系数 K 来表达，即

$$K=\frac{\text{从动件空载行程平均速度}}{\text{从动件工作行程平均速度}}=\frac{v_2}{v_1}=\frac{C_1C_2/t_2}{C_1C_2/t_1}=\frac{t_1}{t_2}=\frac{\varphi_1}{\varphi_2}=\frac{180°+\theta}{180°-\theta} \tag{2-10}$$

行程速度变化系数 K 的大小表达了机构的急回特征，K 值愈大，急回特性愈明显。由上式可以看出，K 值的大小取决于极位夹角 θ 的大小。θ 愈大，K 愈大；反之，K 愈小。若极位夹角为零，$K=1$，则机构没有急回特性。

将上式整理后可得

$$\theta=180°\frac{K-1}{K+1} \tag{2-11}$$

在设计具有急回特性的连杆机构时，通常根据工作需要预先选定 K 值，由上式算出极位夹角 θ，然后再进行设计。

1.2.2 压力角与传动角

如图 2－25 所示的曲柄摇杆机构，若忽略各杆质量和运动副中摩擦的影响，当曲柄为主动件时，由连杆传递到摇杆上的作用力 F 的方向与 BC 重合。力 F 可分解为沿 C 点线速度方向的周向分力 F_t 及沿摇杆 DC 线方向的径向分力 F_r。很明显，产生力矩并带动摇杆运动的有效力为 F_t，而分力 F_r 只能使运动副 D 和 C 中产生压力，增大运动副中的摩擦力。作用力 F 与 C 点线速度 v_C 之间所夹的锐角 α，称为压力角。因有效力 $F_t=F\cos\alpha$，有害力 $F_r=F\sin\alpha$，所以压力角愈小，有效力 F_t 愈大，有害力 F_r 愈小，机构的传力性能愈好，于是压力角 α 就成为判断机构工作性能的又一个参数。实际中为了测量方便，常用压力角的余角 γ（即连杆与摇杆之间所夹的锐角）来判断机构的传力性能，γ 角称为传动角。因 $\gamma=90°-\alpha$，所以也可以说，传动角 γ 愈大，机构的传力性能愈好。

机构工作时传动角 γ 的大小是变化的。为了保证机构具有良好的传力性能，设计时一

般应使 $\gamma_{min} \geqslant 40°$，对于高速大功率机械应使 $\gamma_{min} \geqslant 50°$。因此，必须确定 $\gamma = \gamma_{min}$ 时机构的位置，并检验 γ_{min} 的值是否小于上述许用值。

对于曲柄摇杆机构，在曲柄与机架共线的两位置处将出现最小传动角，且当连杆与从动件的夹角 δ 为锐角时，$\gamma = \delta$；当 δ 为钝角时，$\gamma = 180° - \delta$，如图 2-28 所示。对于曲柄滑块机构，当主动件为曲柄时，最小传动角出现在曲柄与机架垂直的位置，如图 2-29 所示。对于如图 2-30 所示的导杆机构，由于在任何位置时主动曲柄通过滑块传给从动件的力的方向与从动件上受力点的速度方向始终一致，所以传动角始终等于 90°。

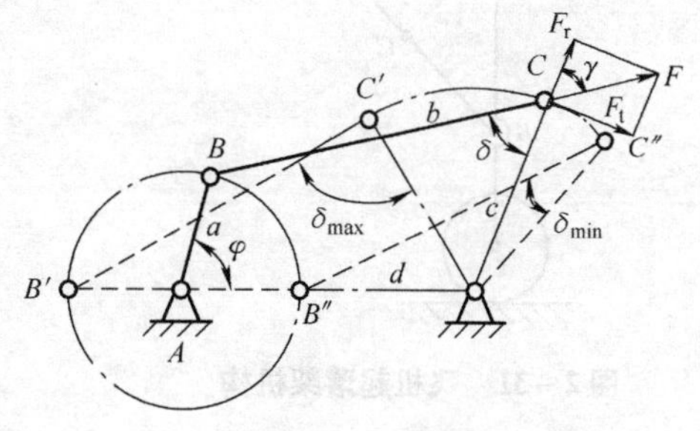

图 2-28　曲柄摇杆机构的最小传动角

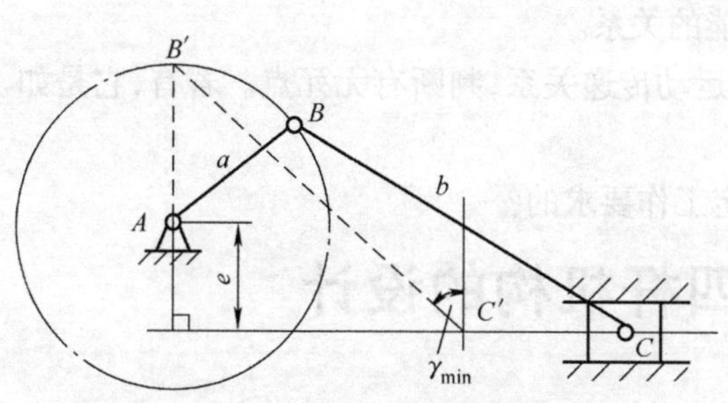

图 2-29　曲柄滑块机构的最小传动角

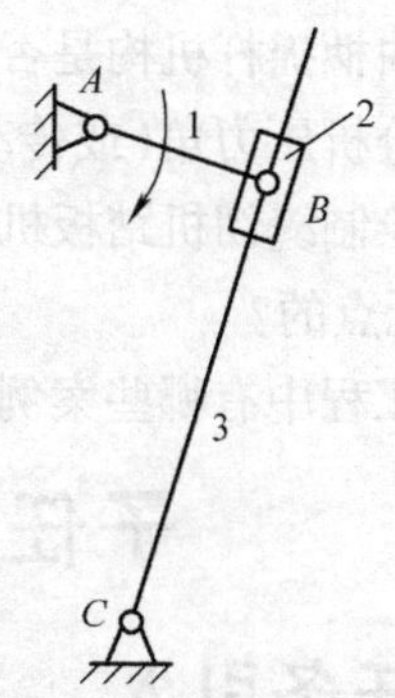

图 2-30　导杆机构的最小传动角

1.2.3　机构的死点

如图 2-25 所示，当以摇杆 CD 为主动件时，在曲柄与连杆共线的位置（DC_2B_2A 或 DC_1B_1A）出现传动角等于零的情况。这时，主动件 CD 通过连杆 BC 作用于曲柄 AB 上的力通过其回转中心 A，致使其有效力 F_t 为零，故曲柄不能转动，机构出现“卡死”现象。机构所处的这种传动角 $\gamma = 0$ 的位置，称为死点位置。由此可见，四杆机构是否存在“死点”，取决于从动件是否与连杆共线。对于曲柄摇杆机构而言，当曲柄为主动件时，摇杆与连杆无共线位置，不出现死点；当以摇杆为主动件时，曲柄与连杆有共线位置，出现死点。

为了保证机构连续正常运转，设计时必须设法使机构顺利通过死点位置。工程上常借助于飞轮，靠飞轮的惯性使机构渡过死点位置。如图 2-4 所示的缝纫机踏板机构，曲柄与大带轮为同一构件，大带轮兼有飞轮的作用。工程上有时也利用死点来实现一定的工作要求。如图 2-31 所示的飞机起落架机构，当机轮放下时连杆 BC 与从动件 CD 共线，机构处在死点位置，地面对机轮的力不会使 CD 杆转动，使降落可靠。又如图 2-32 所示的夹具，工件夹紧后 BCD 成一条线，机构处于死点位置，即使工件反力很大也不能使机构反转，因此使夹紧牢固、可靠。

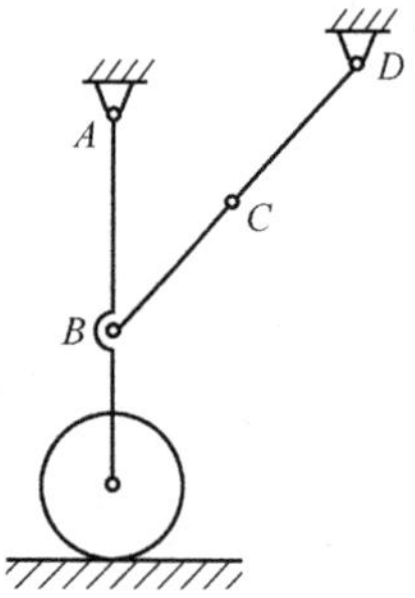

图 2－31 飞机起落架机构

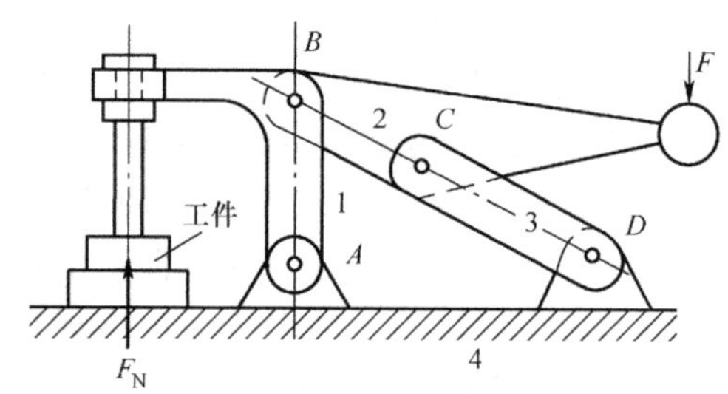

图 2－32 夹紧机构

任务落实

1. 曲柄摇杆机构是否一定有急回特性？是否一定有死点位置？举例说明。

2. 分析压力角(或传动角)与机构传力性能的关系。

3. 绘制缝纫机踏板机构运动简图,分析其运动传递关系,判断有无死点。若有,它是如何越过死点的?

4. 工程中有哪些案例是利用死点实现一定工作要求的?

子任务 3 平面四杆机构的设计

任务引入

在工程和实际生活中,平面四杆机构应用非常广泛,有时候需要根据给定的条件来设计四杆机构。那么,常用的设计方法有哪些?如何用图解法设计平面四杆机构?如何判断机构能否满足传动要求呢?

任务目标

1. 了解平面四杆机构常用的设计方法。

2. 掌握按给定连杆位置或两连架杆对应位置设计平面四杆机构的方法。

3. 掌握按给定行程速度变化系数 K 设计平面四杆机构的方法。

知识链接

平面四杆机构的设计是指根据已知条件来确定机构各构件的尺寸。一般可以归纳为两类问题:一是按照给定从动件的位置设计四杆机构,称为位置设计;二是按照给定点的运动轨迹设计四杆机构,称为轨迹设计。

平面四杆机构的设计方法有图解法、实验法和解析法。图解法和实验法比较直观、简明,常用于解决一些常见的较为简单的设计问题。解析法精确程度较好,特别是随着计算机应用技术在设计中的应用和普及,解析法能迅速解决许多繁难的设计问题,成为设计方法发展的新方向。

1.3.1 按照给定连杆位置设计四杆机构

如图 2－33 所示，已知连杆 BC 的长度以及它所处的三个位置 B_1C_1、B_2C_2、B_3C_3，要求设计该铰链四杆机构。

由于连杆上铰链点 $B(C)$ 是在以 $A(D)$ 为圆心的圆弧上运动的，已知 $B_1(C_1)$、$B_2(C_2)$、$B_3(C_3)$ 的位置，就可以求出圆心 $A(D)$。分别作 B_1、B_2 和 B_2、B_3 连线的垂直平分线 b_{12}、b_{23}，其交点就是固定铰链中心 A；同理，作 C_1、C_2 和 C_2、C_3 连线的垂直平分线 c_{12}、c_{23}，其交点就是固定铰链中心 D。连接 A、B_1 和 B_1、C_1 及 C_1、D 就是所求的铰链四杆机构。

由求解过程可知，给定 BC 的三个位置只有一个解，如给定两个位置，则 A、D 两点可分别在 b_{12} 和 c_{12} 上任取，因此有无穷多解，在设计时可按实际情况给定辅助条件，即可得一个确定的解。

1.3.2 按照给定两连架杆的对应位置设计四杆机构

设已知机架 AD 的长度及连架杆 AB、CD 的两组对应位置 α_1、φ_1 和 α_2、φ_2，试设计该铰链四杆机构。

此问题关键是求铰链 C 的位置。如图 2－34 所示，采用刚化反转法将 AB_2C_2D 刚化后绕 D 点反转 $(\varphi_1-\varphi_2)$ 角，C_2D 与 C_1D 重合，AB_2 转到 AB_2' 的位置。此时，可以将此机构看成是以 CD 为机架、AB 为连杆的四杆机构，问题转化为按连杆的两位置设计四杆机构。

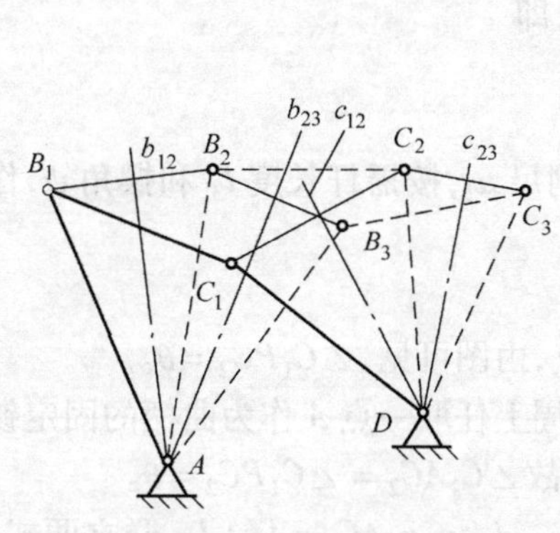

图 2－33 按给定连杆位置设计四杆机构

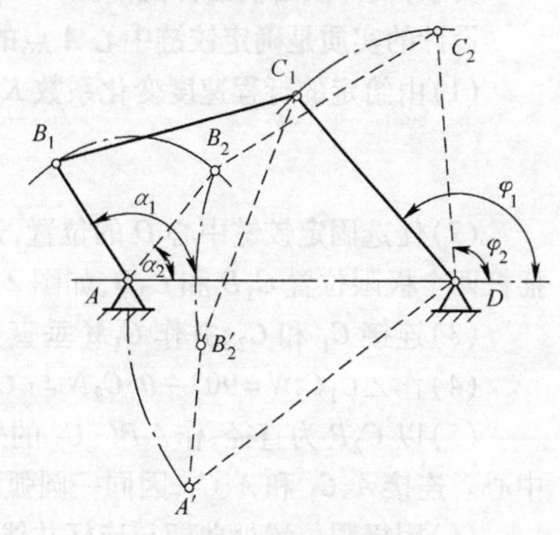

图 2－34 刚化反转法

现举例加以说明。如图 2－35(a)所示，已知四杆机构一连架杆 AB 和机架 AD 的长度，连架杆 AB 和另一连架杆上标线 ED 的三组对应位置为 φ_1、ψ_1，φ_2、ψ_2 及 φ_3、ψ_3，要求设计该铰链四杆机构。设计步骤如下：

(1) 选取适当比例尺 μ_l，按给定条件画出两连架杆的三组对应位置，并连接 D、B_2 和 D、B_3，如图 2－35(b)所示；

(2) 用反转法将 DB_2 和 DB_3 分别绕 D 点反转 $(\psi_1-\psi_2)$、$(\psi_1-\psi_3)$，得 B_2' 和 B_3'；

(3) 作 B_1B_2' 和 $B_2'B_3'$ 的垂直平分线 b_{12} 和 b_{23} 交于 C_1 点，连接 A、B_1 和 B_1、C_1 及 C_1、D 即为该铰链四杆机构；

(4) 杆 BC 和 CD 的长度 l_{BC}、l_{CD} 分别满足 $l_{BC}=\mu_l\cdot B_1C_1$，$l_{CD}=\mu_l\cdot C_1D$。

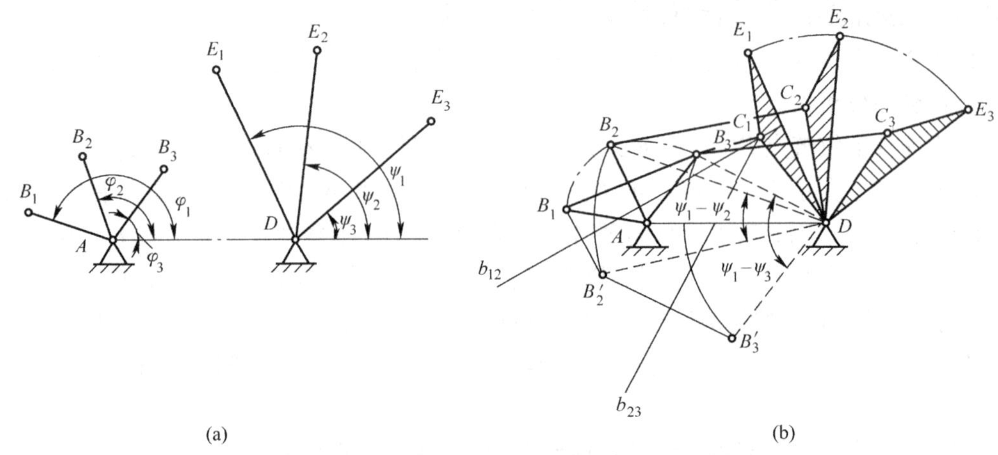

图 2-35 按给定两连架杆的对应位置设计四杆机构

1.3.3 按给定行程速度变化系数 *K* 设计四杆机构

1.3.3.1 曲柄摇杆机构

已知条件:摇杆的长度 l_3,摆角 ψ 和行程速度变化系数 K。

要求:设计该曲柄摇杆机构。

设计的实质是确定铰链中心 A 点的位置,定出其他三杆的尺寸,设计步骤如下。

(1)由给定的行程速度变化系数 K,求极位夹角 θ,即

$$\theta = 180^\circ \frac{K-1}{K+1}$$

(2)任选固定铰链中心 D 的位置,选取适当的比例尺 μ_l,按摇杆长度 l_3 和摆角 ψ,作出摇杆两个极限位置 C_1D 和 C_2D,如图 2-36 所示。

(3)连接 C_1 和 C_2,并作 C_1M 垂直于 C_1C_2。

(4)作 $\angle C_1C_2N = 90^\circ - \theta$,$C_2N$ 与 C_1M 相交于 P 点,由图可见,$\angle C_1PC_2 = \theta$。

(5)以 C_2P 为直径,作 $\triangle PC_1C_2$ 的外接圆,在此圆周上任取一点 A 作为曲柄的固定铰链中心。连接 A、C_1 和 A、C_2,因同一圆弧的圆周角相等,故 $\angle C_1AC_2 = \angle C_1PC_2 = \theta$。

(6)因极限位置处曲柄与连杆共线,故 $\mu_l \cdot AC_1 = l_2 - l_1$,$\mu_l \cdot AC_2 = l_2 + l_1$,联立两式,并整理得曲柄长度 $l_1 = \mu_l(AC_2 - AC_1)/2$,连杆长度 $l_2 = \mu_l(AC_2 + AC_1)/2$,机架长度 $l_4 = \mu_l \cdot AD$。

由于 A 点是 $\triangle C_1PC_2$ 外接圆上任选的点,所以若仅按行程速度变化系数 K 设计,可得无穷多的解。A 点位置不同,机构传动角的大小也不同。如欲获得良好的传动质量,可按照最小传动角最优或其他辅助条件来确定 A 点的位置。

1.3.3.2 导杆机构

已知条件:机架长度 l_4 和行程速度变化系数 K。

要求:设计该导杆机构。

由图 2-37 可知,导杆机构的极位夹角 θ 等于导杆的摆角 ψ,所需确定的尺寸是曲柄长度 l_1,设计步骤如下。

(1)由已知行程速度变化系数 K,求极位夹角 θ(也是摆角 ψ),即

$$\psi=\theta=180°\frac{K-1}{K+1}$$

(2)任选固定铰链中心 C,以夹角 ψ 作出导杆两极限位置 CM 和 CN。

(3)作摆角 ψ 的平分线 AC,选取适当的比例尺 μ_l,在线上取 $AC=l_4/\mu_l$,得固定铰链中心 A 的位置。

(4)过 A 点作导杆极限位置的垂线 AB_1(或 AB_2),即得曲柄长度 $l_1=\mu_l\cdot AB_1$。

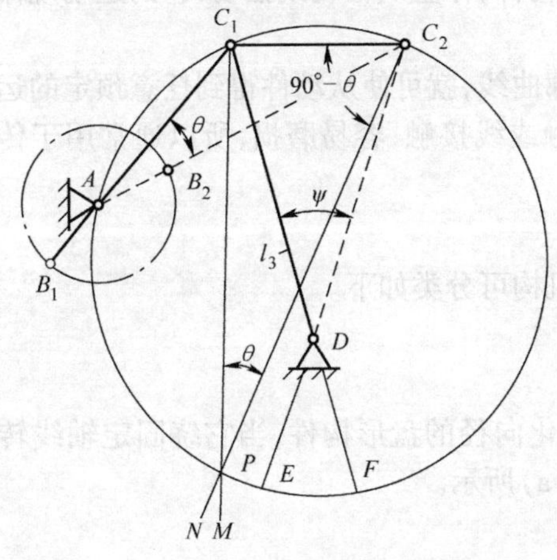

图 2－36　按给定 K 值设计曲柄摇杆机构

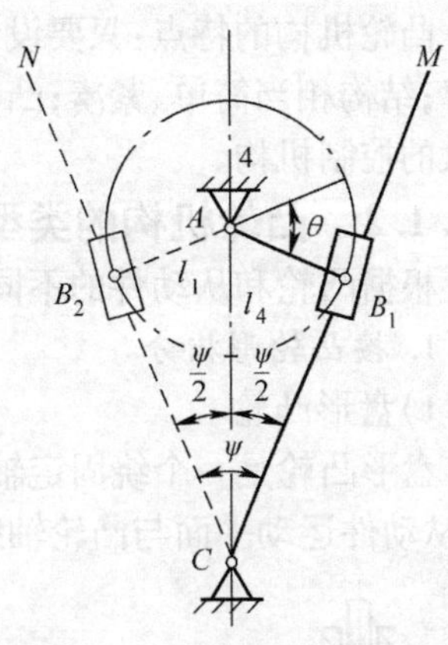

图 2－37　按 K 值设计导杆机构

任务落实

已知摇杆 CD 的长度 $l_{CD}=100$ mm,摆角 $\psi=30°$,机构行程速度变化系数 $K=1.2$,机架长度 $l_{AD}=120$ mm,用作图法设计该铰链四杆机构,并求出曲柄长度 l_{AB} 及连杆长度 l_{BC},作出机构的最小传动角 $\gamma_{\min}$,并检查最小传动角是否满足 $\gamma_{\min}\geq 40°$ 的条件。

任务2　凸轮机构

子任务1　认知凸轮机构

任务引入

凸轮机构是一种应用广泛的高副机构,运动时可以使从动件获得连续或不连续的任意预期运动规律或轨迹。那么,凸轮机构由哪些构件组成?常用类型有哪些?主要应用在什么场合?如何选择常用从动件的运动规律呢?

任务目标

1. 了解凸轮机构的组成、类型、特点及应用。
2. 掌握从动件的常用运动规律及选择。

知识链接

2.1.1 凸轮机构的组成和类型

2.1.1.1 凸轮机构的组成及特点

凸轮机构是由凸轮、从动件和机架三个基本构件组成的高副机构。凸轮是主动件,作等速回转或往复运动。从动件是被凸轮直接推动的构件,作直线移动或摆动,它的运动规律由凸轮轮廓决定。

凸轮机构的特点:只要设计出适当的凸轮轮廓曲线,就可使从动件得到任意预定的运动规律;结构相当简单、紧凑;凸轮与从动件为点接触或线接触,容易磨损,所以通常用于传力不大的控制机构。

2.1.1.2 凸轮机构的类型及应用

根据凸轮和从动件的不同形状和形式,凸轮机构可分类如下。

1. 按凸轮形状分

1)盘形凸轮

盘形凸轮是一个绕固定轴线转动并且具有变化向径的盘形构件,当它绕固定轴线转动时,从动件运动平面与凸轮轴线垂直,如图 2-38(a)所示。

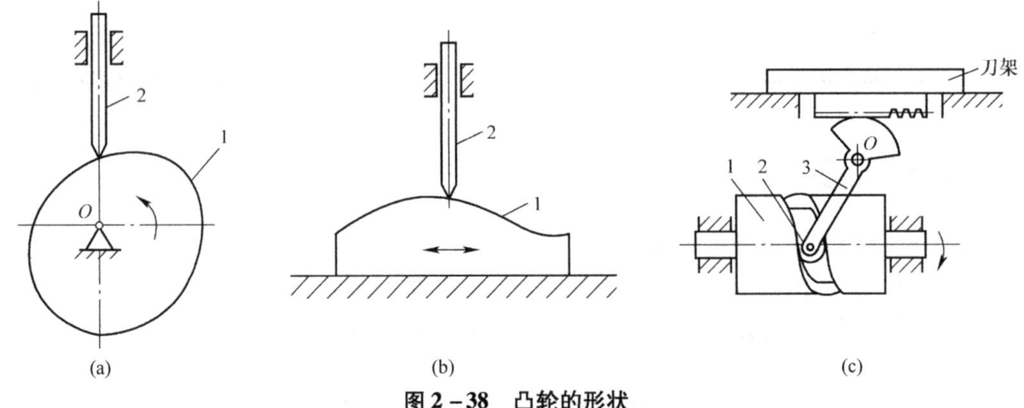

图 2-38 凸轮的形状

盘形凸轮机构是凸轮机构的基本形式,它结构简单,主要适用于从动件行程不太大的场合。如图 2-39 所示的内燃机配气机构,盘形凸轮 1 作匀速转动,通过其向径的变化可使从动件 2 按预期规律作上下往复移动,从而达到控制气阀开闭的目的。

2)移动凸轮

当盘形凸轮的回转中心趋于无穷远时,则成为移动凸轮,如图 2-38(b)所示。移动凸轮 1 沿工作直线左右往复运动时,推动从动件 2 作上下往复运动。

如图 2-40 所示的靠模车削机构即为移动凸轮机构。工件作回转运动,凸轮 1 作为靠模板固定在床身上,刀架 2 在弹簧作用下与凸轮轮廓紧密接触。当托板 3 纵向移动时,刀架 2 在靠模曲线轮廓的推动下作横向移动,从而切削出与靠模曲线一致的工件外形。

3)圆柱凸轮

圆柱凸轮可以看成是移动凸轮绕在圆柱体表面上演化而成的,如图 2-38(c)所示。它是在圆柱体表面上加工出一定轮廓的曲线槽,从动件的一端嵌入槽内,当圆柱凸轮回转时,圆柱上凹槽的侧面迫使从动件往复运动。

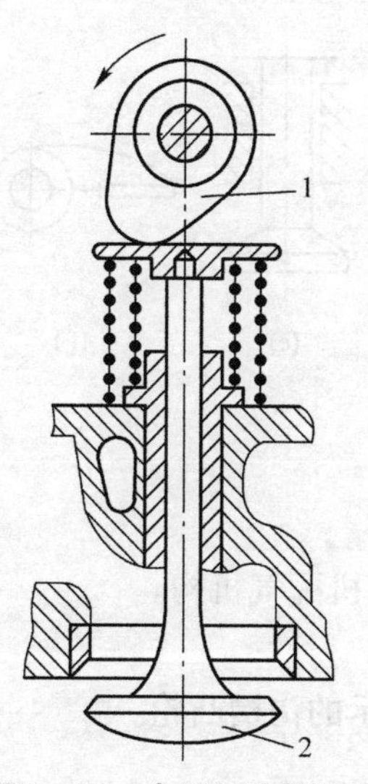

图 2-39 内燃机配气机构

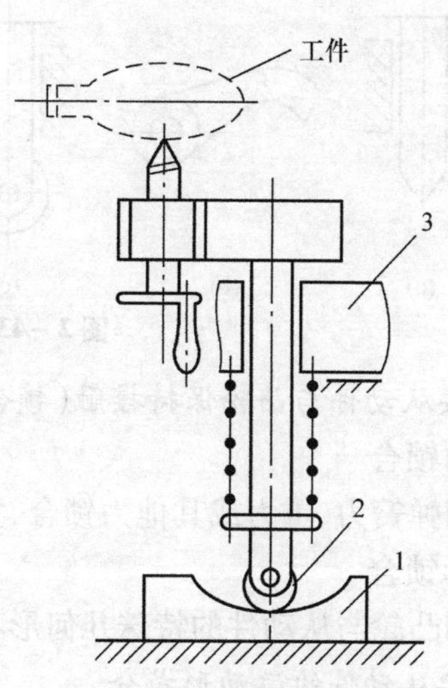

图 2-40 靠模车削机构

圆柱凸轮机构是一种空间凸轮机构，适用于从动件行程较大的场合。如图 2-41 所示的缝纫机挑线机构即是圆柱凸轮机构的应用实例。

4）曲面凸轮

当圆柱表面用圆弧面代替时，就演化为曲面凸轮，它也是一种空间凸轮机构。

如图 2-42 所示的分度转位机构即是曲面凸轮机构的应用实例。

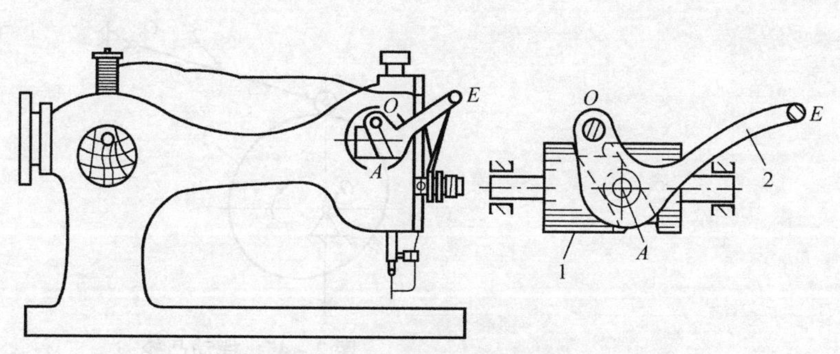

图 2-41 缝纫机挑线机构

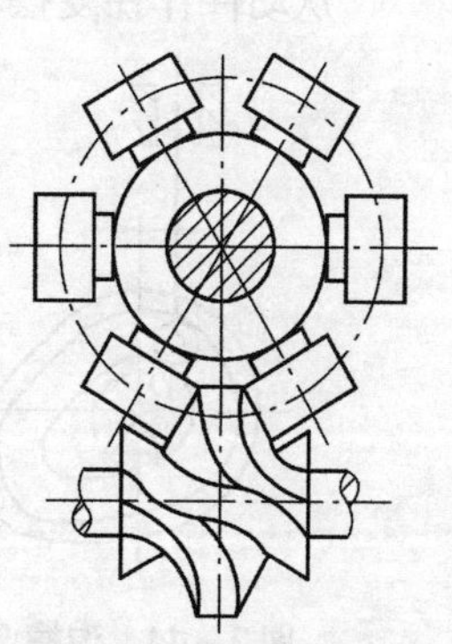
图 2-42 分度转位机构

2. 按从动件端部形状分

1）尖顶从动件

如图 2-43（a）和（b）所示，这种从动件结构简单，尖顶能与复杂的凸轮轮廓保持接触，因而能实现预期的运动规律；但由于尖顶容易磨损，所以只适用于载荷较小的低速凸轮机构。

2）滚子从动件

如图 2-43（c）和（d）所示，由于接触处是滚动摩擦，磨损较小，可承受较大载荷；其缺点是凸轮上凹陷的轮廓未必能很好地与滚子接触，从而影响预期运动规律的实现。

3）平底从动件

如图 2-43（e）和（f）所示，由于平底与凸轮面间容易形成楔形油膜，能减少磨损，常用于高速重载的凸轮机构中；其缺点是不能用于具有内凹轮廓的凸轮机构。

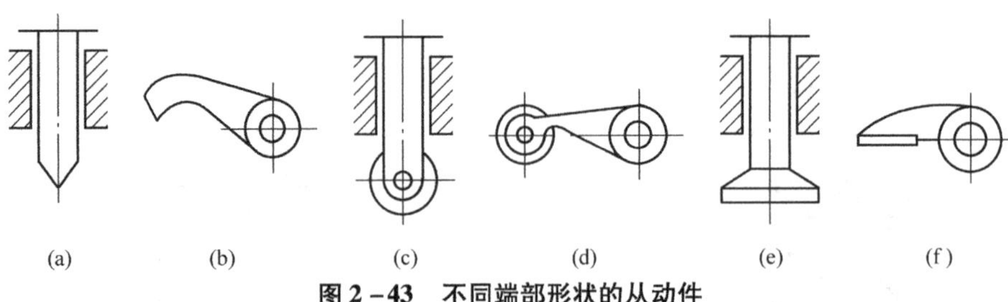

图 2-43　不同端部形状的从动件

3. 按从动件与凸轮保持接触(锁合)的方式分

1)力锁合

利用弹簧力、重力或其他力锁合,如图 2-39 所示的内燃机配气机构。

2)形锁合

利用凸轮与从动件的特殊几何形状锁合,如图 2-44 所示的沟槽凸轮。

4. 按从动件的运动形式分

1)直动从动件

从动件作往复直线移动。在直动从动件的凸轮机构中,若导路轴线通过凸轮的回转轴线,称其为对心直动从动件,如图 2-39 所示。否则,称之为偏置直动从动件,如图 2-44 所示。导路轴线与凸轮回转轴线之间的距离称为偏距,用 e 表示。

2)摆动从动件

从动件作往复摆动,如图 2-45 所示的摆动凸轮。

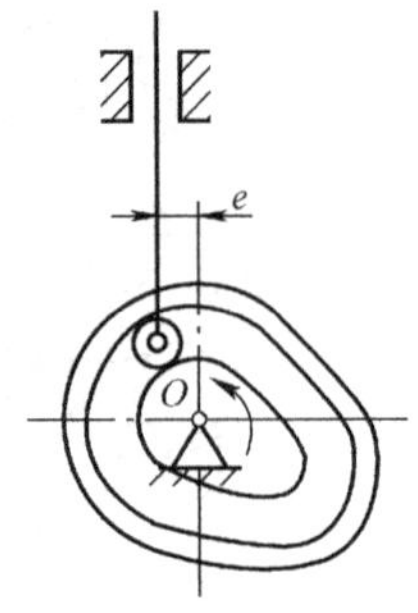

图 2-44　沟槽凸轮

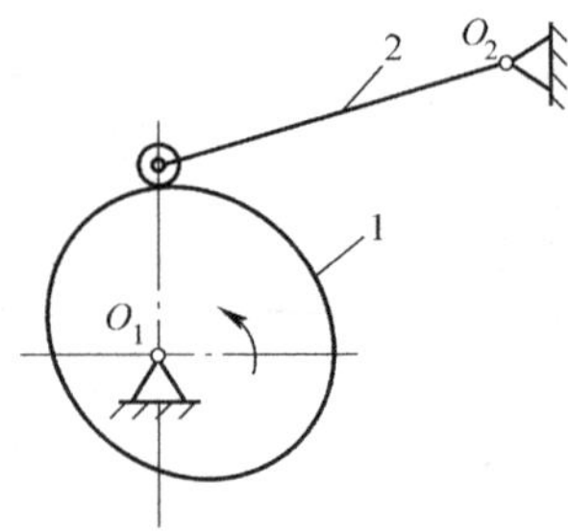

图 2-45　摆动凸轮

2.1.1.3　凸轮和滚子的材料

凸轮机构主要的失效形式为磨损和疲劳点蚀,这就要求凸轮和滚子的工作表面硬度高、耐磨,并且有足够的表面接触强度。对于经常受到冲击的凸轮机构,还要求凸轮芯部有较强的韧性。

一般凸轮的材料为 40Cr 钢(经表面淬火,表面硬度为 40~45HRC),也可采用 20Cr、20CrMnTi(经表面渗碳淬火,表面硬度为 56~62HRC);滚子的材料可采用 20Cr(经表面渗碳淬火,表面硬度为 56~62HRC),也有的用滚动轴承作为滚子。

2.1.2　常用的从动件运动规律及选择

2.1.2.1　平面凸轮机构的基本尺寸和运动参数

如图 2-46(a)所示为对心移动尖顶从动件盘形凸轮机构。从动件尖顶到凸轮回转中

心的最小距离 OA 称为基圆半径，以 r_b 表示，以 r_b 为半径作的圆称为基圆。当凸轮以等角速度 ω 逆时针方向回转 φ_0 角时，从动件被凸轮推动远离凸轮回转中心，这一过程称为推程；当被推到最远位置时，从动件所移动的距离 h 称为从动件的行程，φ_0 称为推程运动角；凸轮继续转过 φ_1 角，从动件在最远位置停止不动，这一过程称为远停程，φ_1 称为远停程角或远休止角；凸轮再转过 φ_2 角，从动件趋近凸轮回转中心回到初始位置，这一过程称为回程，φ_2 称为回程运动角；凸轮继续转过 φ_3 角，从动件在最近位置停止不动，这一过程称为近停程，φ_3 称为近停程角；凸轮继续回转，从动件重复上述的升—停—降—停的运动循环。

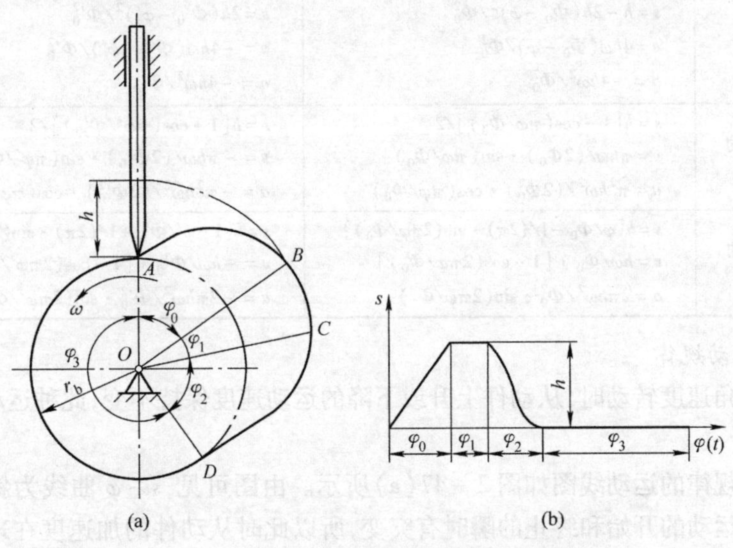

图 2-46　对心移动尖顶从动件盘形凸轮机构

若以凸轮回转时间 t（或转角 φ）为横坐标，以位移 s、速度 v 和加速度 a 分别为纵坐标，可以得到从动件的位移线图、速度线图和加速度线图，它们统称为从动件的运动线图。如图 2-46(b) 所示为从动件的位移 s 与凸轮转角 φ 的关系线图，即位移线图。

由上述讨论可知，从动件的运动规律取决于凸轮的轮廓形状。因此，在设计凸轮轮廓曲线时，必须先确定从动件的运动规律。

2.1.2.2　常用的从动件运动规律

从动件运动规律指的是从动件在推程和回程中，其位移 s、速度 v 和加速度 a 随凸轮转角 φ（或时间 t）变化的规律。常用的从动件运动规律有等速运动规律、等加速-等减速运动规律、余弦加速度运动规律和正弦加速度运动规律等，它们的运动方程见表 2-1，运动线图如图 2-47(a) 至 (d) 所示。

表 2-1　常用的从动件运动规律

运动规律	运动方程	
	推程（$0 \leqslant \varphi \leqslant \Phi_0$）	回程（$0 \leqslant \varphi' \leqslant \Phi'_0$）
等速运动	$s=(h/\Phi_0)\varphi$ $v=h\omega/\Phi_0$ $a=0$	$s=h-(h/\Phi'_0)\varphi'$ $v=-h\omega/\Phi'_0$ $a=0$

续表

运动规律	运动方程	
	推程($0\leqslant\varphi\leqslant\Phi_0$)	回程($0\leqslant\varphi'\leqslant\Phi'_0$)
等加速－等减速运动 (抛物线运动)	$(0\leqslant\varphi\leqslant\Phi_0/2)$ $s=(2h/\Phi_0^2)\varphi^2$ $v=(4h\omega/\Phi_0^2)\varphi$ $a=4h\omega^2/\Phi_0^2$	$(0\leqslant\varphi'\leqslant\Phi'_0/2)$ $s=h-(2h/\Phi'^2_0)\varphi'^2$ $v=-(4h\omega/\Phi'^2_0)\varphi'$ $a=-4h\omega^2/\Phi'^2_0$
	$(\Phi_0/2\leqslant\varphi\leqslant\Phi_0)$ $s=h-2h(\Phi_0-\varphi)^2/\Phi_0^2$ $v=4h\omega(\Phi_0-\varphi)/\Phi_0^2$ $a=-4h\omega^2/\Phi_0^2$	$(\Phi'_0/2\leqslant\varphi'\leqslant\Phi'_0)$ $s=2h(\Phi'_0-\varphi')^2/\Phi'^2_0$ $v=-4h\omega(\Phi'_0-\varphi')/\Phi'^2_0$ $a=-4h\omega^2/\Phi'^2_0$
余弦加速度运动 (简谐运动)	$s=h[1-\cos(\pi\varphi/\Phi_0)]/2$ $v=\pi h\omega/(2\Phi_0)\cdot\sin(\pi\varphi/\Phi_0)$ $a=\pi^2h\omega^2/(2\Phi_0^2)\cdot\cos(\pi\varphi/\Phi_0)$	$s=h[1+\cos(\pi\varphi'/\Phi'_0)]/2$ $v=-\pi h\omega/(2\Phi'_0)\cdot\sin(\pi\varphi'/\Phi'_0)$ $a=-\pi^2h\omega^2/(2\Phi'^2_0)\cdot\cos(\pi\varphi'/\Phi'_0)$
正弦加速度运动 (摆线运动)	$s=h[\varphi/\Phi_0-1/(2\pi)\cdot\sin(2\pi\varphi/\Phi_0)]$ $v=h\omega/\Phi_0\cdot[1-\cos(2\pi\varphi/\Phi_0)]$ $a=2\pi h\omega^2/\Phi_0^2\cdot\sin(2\pi\varphi/\Phi_0)$	$s=h[1-\varphi'/\Phi'_0+1/(2\pi)\cdot\sin(2\pi\varphi'/\Phi'_0)]$ $v=-h\omega/\Phi'_0\cdot[1-\cos(2\pi\varphi'/\Phi'_0)]$ $a=-2\pi h\omega^2/\Phi'^2_0\cdot\sin(2\pi\varphi'/\Phi'_0)$

1. 等速运动规律

当凸轮等角速度转动时，从动件上升或下降的运动速度保持不变，此种运动规律称为等速运动规律。

等速运动规律的运动线图如图 2－47(a)所示。由图可见，$s-\varphi$ 曲线为斜直线。$v-\varphi$ 曲线在从动件运动的开始和终止的瞬时有突变，所以此时从动件的加速度在理论上将出现瞬时的无穷大值，致使从动件突然产生非常大的惯性力，因而使凸轮机构受到极大的冲击，这种冲击称为刚性冲击。因此，该运动规律一般仅用于低速凸轮机构中。

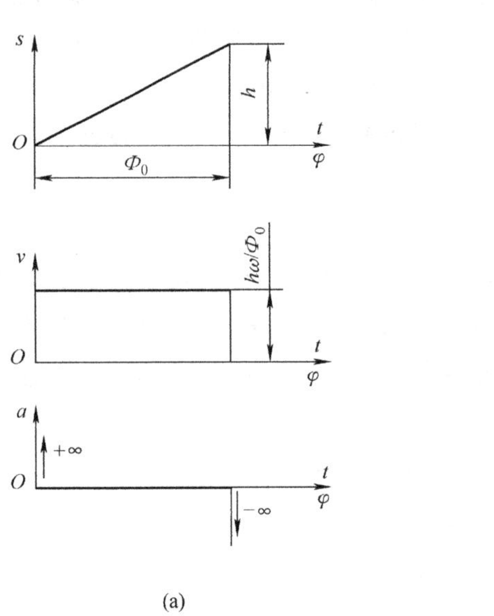

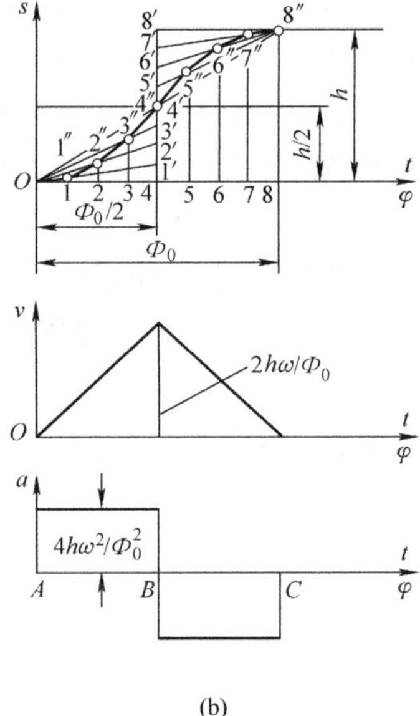

图 2－47　常用的从动件运动规律

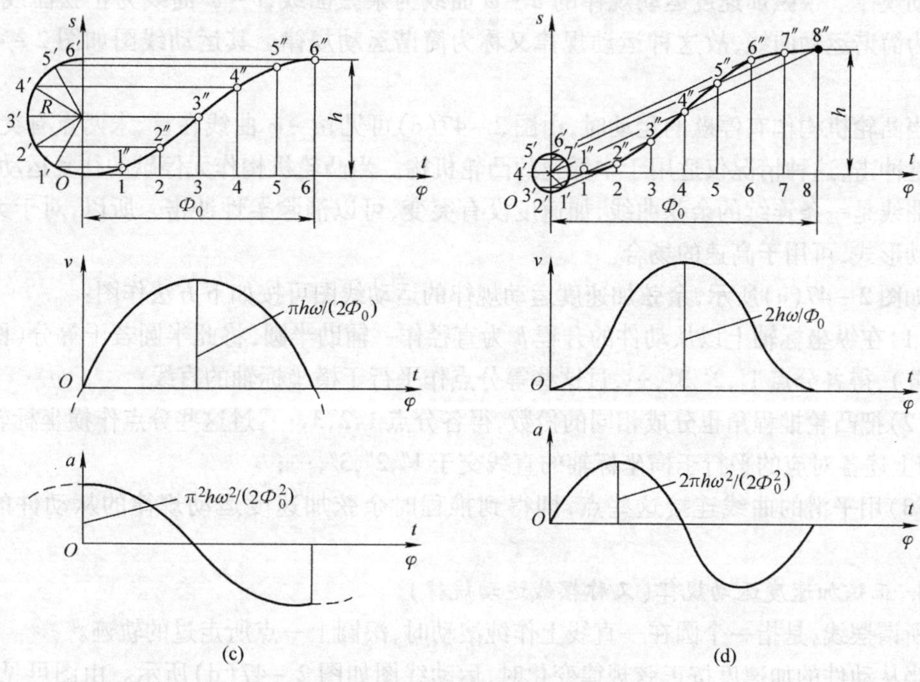

图 2-47 常用的从动件运动规律(续)

2. 等加速-等减速运动规律(又称抛物线运动规律)

当凸轮以等角速度转动时,从动件在一个推程或一个回程的前半程作等加速运动,后半程作等减速运动,这种运动规律称为等加速-等减速运动规律。加速度与减速度的绝对值可以相等也可以不等。

如图 2-47(b)所示等加速-等减速运动规律的运动线图中,$s-\varphi$ 曲线为抛物线,所以又称为抛物线运动规律;$v-\varphi$ 曲线为两段斜直线;$a-\varphi$ 曲线在 A、B、C 三点有突变,但其变化为有限值,由此而产生的惯性力的变化也为有限值,因而引起的冲击、震动和噪声较刚性冲击小,称之为柔性冲击。该运动规律亦不适宜作高速运动,故只适用于中低速、轻载的场合。

如图 2-47(b)所示,等加速-等减速运动规律的运动线图可按如下方法作图:

(1)在纵坐标轴上将行程 h 分成相等的两部分,在横坐标轴上将凸轮的推程角 Φ_0 也分成相等的两部分;

(2)将 $\Phi_0/2$ 等分成若干份(图中等分成四份),得各分点 1,2,3,…,过这些等分点分别作横坐标轴的垂线;

(3)将 $h/2$ 分成与上面相同的份数,得各分点 1′,2′,3′,…,连接 $O1'$,$O2'$,$O3'$,…,与相应的垂线分别交于 1″,2″,3″,…;

(4)将这些交点用平滑的曲线相连,即得等加速运动推程前半程的位移曲线,用同样的方法可画出等减速运动的位移曲线。

3. 余弦加速度运动规律(又称简谐运动规律)

当凸轮作等角速转动时,从动件的加速度按余弦规律变化,此种运动规律称为余弦加速度运动规律。余弦加速度运动规律的 $a-\varphi$ 曲线为余弦曲线,$v-\varphi$ 曲线为正弦曲线,$s-\varphi$ 曲线为简谐运动曲线,故这种运动规律又称为简谐运动规律。其运动线图如图 2-47(c)所示。

当凸轮机构作有停歇的运动时,由图 2-47(c)可见,$a-\varphi$ 曲线在首、末两点有突变,故有柔性冲击,这种情况仅适用于中低速的凸轮机构。当凸轮机构作无停歇的往复运动时,加速度曲线是一条连续的余弦曲线,加速度没有突变,可以消除柔性冲击。所以,对于无停歇的运动形式,可用于高速的场合。

如图 2-47(c)所示,余弦加速度运动规律的运动线图可按如下方法作图:

(1)在纵坐标轴上以从动件的升程 h 为直径作一辅助半圆,将此半圆若干等分(图中为六等分),得各分点 1′,2′,3′,…,过这些等分点作平行于横坐标轴的直线;

(2)把凸轮推程角也分成相同的份数,得各分点 1,2,3,…,过这些分点作横坐标轴的垂线,与上述各对应的平行于横坐标轴的直线交于 1″,2″,3″,…;

(3)用平滑的曲线连接这些点,即得到推程时余弦加速度运动规律的从动件的位移曲线。

4. 正弦加速度运动规律(又称摆线运动规律)

所谓摆线,是指一个圆在一直线上作纯滚动时,滚圆上一点所走过的轨迹。

当从动件的加速度按正弦规律变化时,运动线图如图 2-47(d)所示。由图可见,从动件作正弦加速度运动时,其加速度没有突变,因而将不产生冲击,所以其常用于高速的凸轮机构。

如图 2-47(d)所示,摆线运动规律的运动线图可按如下方法作图:

(1)在横坐标轴上将凸轮推程的转角 Φ_0 若干等分(图中为八等分),得各分点 1,2,3,…,以这些点为垂足作横坐标轴的垂线,并取 88″长等于行程 h,连接 $O8''$;

(2)以原点 O 为圆心,$R=h/(2\pi)$ 为半径作一辅助圆,将该圆圆周八等分,得分点 1′,2′,3′,…,过这些分点向纵坐标轴作投影;

(3)由上一步得到各等分点在纵坐标轴上的投影分别作 $O8''$ 的平行线,与第(1)步得到的相应的横坐标轴的垂线相交,得到各交点 1″,2″,3″,…;

(4)用平滑的曲线将 1″,2″,3″,…各点相连,即为推程时摆线运动规律的从动件的位移曲线。

2.1.2.3 从动件运动规律的选择

从动件的运动规律,应根据机器工作时的运动规律要求来选择。如机床中控制刀架进刀的凸轮机构,要求刀架进刀时作等速运动,则从动件应选择等速运动规律,至于行程始末端,可通过拼接其他运动规律的曲线来消除冲击。对无一定运动规律要求,只需要从动件有一定位移量的凸轮机构,如夹紧送料凸轮机构,可只考虑加工方便,凸轮轮廓常由圆弧、直线等组成。对于高速机构,应减少惯性力,改善动力性能,可选用正弦加速度运动规律或其他改进型的运动规律。因此,工程中所采用的运动规律,往往不是上述几种运动规律中的某一种,而是根据工作需要,将上述几种常用的运动规律组合使用,以改善其运动特性。

任务落实

1. 凸轮机构在组成方面与连杆机构有何不同,各有什么优缺点?

2. 说明内燃机配气机构和靠模车削机构分别属于哪种类型的凸轮机构，并分析其运动过程。

3. 凸轮机构中，刚性冲击和柔性冲击分别是指什么？举出一种存在刚性冲击和柔性冲击的运动规律。

4. 从动件常用的运动规律有哪些？如何选择？

子任务2　凸轮轮廓设计

任务引入

从动件的运动规律是依托凸轮轮廓曲线来实现的。那么，该如何设计凸轮轮廓曲线呢？如果已知一对心移动滚子从动件盘形凸轮的基圆半径、滚子半径、从动件的运动规律，如何用作图法设计该凸轮的轮廓曲线？

任务目标

1. 了解凸轮轮廓的设计方法、各自特点及应用场合。
2. 掌握用作图法设计凸轮轮廓曲线的原理及步骤。

知识链接

2.2.1　反转法原理

当从动件的运动规律和凸轮的基圆半径确定后，即可进行凸轮轮廓的设计。其设计方法有作图法和解析法两种。作图法简单易行、直观，但作图误差大、精度较低，适用于低速或从动件运动规律要求不高的一般精度凸轮设计。解析法是借助于计算机辅助设计，按凸轮轮廓曲线方程式进行精确设计，适用于精度要求高的高速凸轮、靠模凸轮等设计。对于一般机器，作图法的精确度已能满足使用要求。

图解法设计凸轮轮廓曲线的基本原理是“反转法”。如图2－48所示的对心尖顶移动从动件盘形凸轮机构中，当凸轮以等角速度 ω 绕轴心 O 转动时，从动件在凸轮轮廓曲线的推动下上下移动。现设想给整个凸轮机构加上一个公共角速度 $-\omega$，使其绕轴心 O 转动。显然，这样并不会改变凸轮与从动件之间的相对运动，但此时凸轮静止不动，从动件一方面随导路以角速度 $-\omega$ 绕轴心 O 转动，另一方面又在导轨内作预期的往复移动。由于从动件的尖顶始终与凸轮轮廓曲线接触，所以从动件在这种复合运动中，其尖顶的运动轨迹就是凸轮的理论轮廓曲线。这一原理称为反转原理。

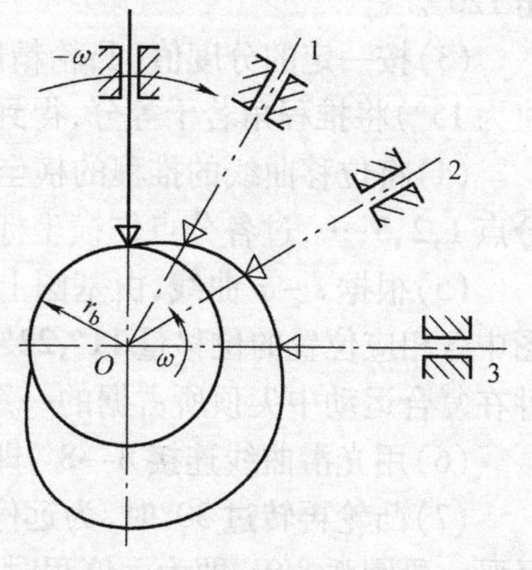

图2－48　反转法原理

根据以上分析，在设计凸轮轮廓曲线时，可假设凸轮静止不动，而使从动件相对于凸轮作反转运动，同时又在其导路内作预期运动，作出从动件在这种复合运动中的一系列位置，其尖顶的轨迹就是待求的凸轮理论轮廓曲线。这就是凸轮轮廓曲线设计的基本原理，称之为反转法。

2.2.2 作图法设计凸轮轮廓曲线

当从动件的运动规律已经选定并作出位移线图之后，各种平面凸轮的轮廓曲线都可以用作图法求出，作图的依据为反转法原理。

2.2.2.1 对心直动尖顶从动件盘形凸轮机构

已知如图 2-49(a)所示凸轮机构的凸轮基圆半径为 r_b，凸轮以等角速度 ω 逆时针转动，从动件的运动规律如图 2-49(b)所示，试设计该凸轮的轮廓曲线。

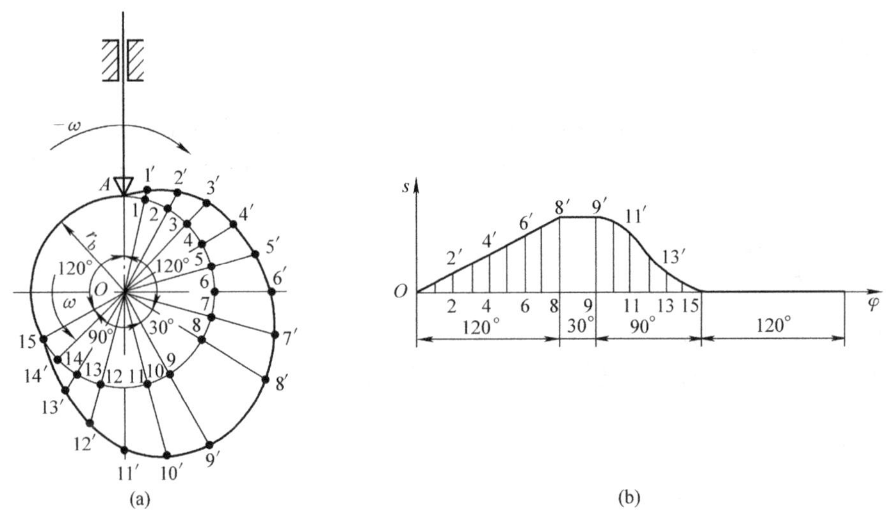

图 2-49 对心直动尖顶从动件盘形凸轮机构设计

设计步骤如下。

(1)选取与位移线图相同的比例尺 μ_l，根据已知的基圆半径 r_b 作出凸轮的基圆。

(2)从 OA 开始，按顺时针方向画出推程角 120°，远停程角 30°，回程角 90°和近停程角 120°。

(3)按一定的分度值(凸轮精度要求高时分度值取小些，反之可以取大些，此处取分度值为 15°)将推程角若干等分，得到基圆上的各分点 1,2,3,…，并作径向线 $O1, O2, O3$,…。

(4)将位移曲线的推程的横坐标轴也分成和第(2)步相同的份数，得到横坐标轴上的各分点 1,2,3,…，过各分点作横坐标轴的垂线，与位移曲线交于 1′,2′,3′,…。

(5)根据 $s-\varphi$ 曲线，由基圆上的各分点 1,2,3,…沿各径向线向外量取从动件在位移线图中各相应位置的位移量 11′,22′,33′,…，得到凸轮上的 1′,2′,3′,…各点，这些点就是从动件在复合运动中尖顶所占据的一系列位置。

(6)用光滑曲线连接 $A \to 8'$，即得从动件推程时凸轮的一段轮廓曲线。

(7)凸轮再转过 30°时，为远停程，所以此段轮廓曲线为圆弧。则以 O 为圆心、$O8'$为半径画一段圆弧 8′9′，即为远停程时的凸轮轮廓曲线。

(8)当凸轮再转过 90°时，为回程，可仿照(5)→(6)的步骤绘制出从动件回程时的凸轮轮廓曲线。

(9)凸轮转过最后的 120°时，为近停程，该段是一段以 O 为圆心、r_b为半径的圆弧。

2.2.2.2 对心直动滚子从动件盘形凸轮机构

将滚子中心看作尖顶推杆的尖顶，按前述方法设计出轮廓曲线 β'，这一轮廓曲线称为理论轮廓曲线。然后以理论轮廓曲线上的各点为圆心、滚子半径 r_g 为半径作一系列的圆，这些圆的内包络线 β 即为所求凸轮的实际轮廓曲线，如图 2－50 所示。从图中可知，滚子从动件盘形凸轮的基圆半径是在理论轮廓上度量的。

2.2.2.3　对心直动平底推杆盘形凸轮机构

如图 2－51 所示，把从动件平底与导路轴线的交点 A 看作从动件的尖顶，按照前述尖顶从动件凸轮轮廓曲线的作图方法，求出尖顶的一系列位置点 1′，2′，3′，…，作径向线 $O1'$，$O2'$，$O3'$，…，过以上位置点 1′，2′，3′，…作一系列代表从动件平底位置的直线，这一系列位置线的包络线即为所求凸轮的实际轮廓曲线 β。

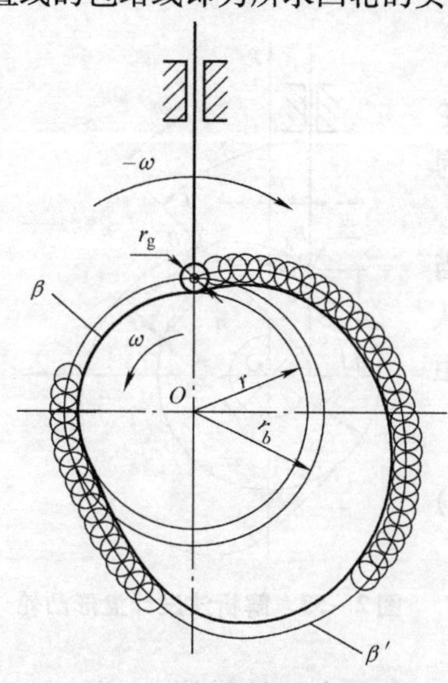

图 2－50　对心直动滚子从动件盘形凸轮轮廓设计

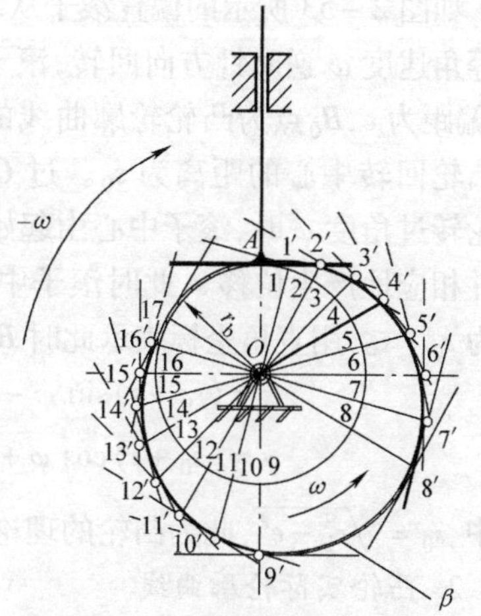

图 2－51　对心直动平底推杆盘形凸轮轮廓设计

2.2.2.4　偏置直动尖顶从动件盘形凸轮机构

如图 2－52 所示，对于偏置直动尖顶从动件盘形凸轮机构，其从动件的导路中心线不通过凸轮的回转中心 O，而是有一偏距 e。这类凸轮机构工作时，从动件导路中心线始终与以 O 为圆心、偏距 e 为半径的圆（称为偏距圆）相切。因此，在设计此类凸轮的轮廓曲线时，应按下列步骤进行。

（1）以凸轮回转中心 O 为圆心作基圆和偏距圆，然后运用反转法在偏距圆上按 $-\omega$ 方向依次量出推程角、远停程角、回程角和近停程角。

（2）将各转角若干等分，得各分点 B_1，B_2，B_3，…，过各分点按 $-\omega$ 方向依次作偏距圆的切线，与基圆分别交于点 1，2，3，…，这些切线就是从动件导路轴线在反转运动中依次占据的位置。

（3）在上述切线上，从基圆开始，由各分点向外

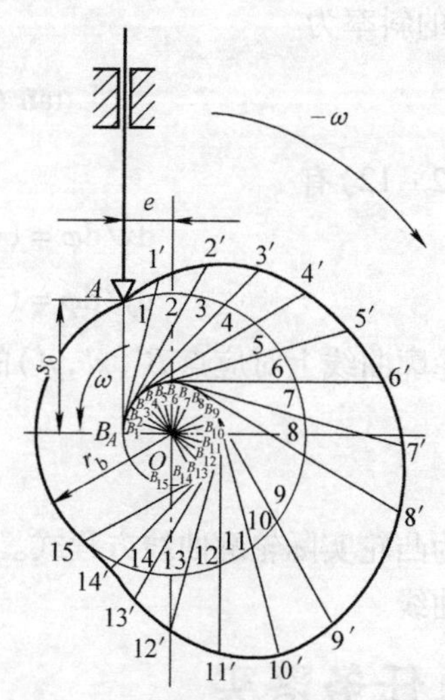

图 2－52　偏置直动尖顶从动件盘形凸轮轮廓设计

量取从动件相应的位移量，得点 1′，2′，3′，…，这是与对心直动从动件凸轮轮廓曲线设计不同之处。

（4）用光滑曲线将所得点 1′，2′，3′，…相连，即得偏置直动尖顶从动件盘形凸轮机构轮廓曲线。

2.2.3 解析法设计凸轮轮廓曲线

解析法设计凸轮轮廓曲线还是根据“反转法”的原理，通过建立凸轮理论轮廓曲线、实际轮廓曲线的方程，精确计算出轮廓曲线上各点的坐标，坐标原点取在凸轮的回转中心。设计步骤如下。

1. 建立直角坐标，根据反转法求凸轮的理论轮廓曲线

如图 2－53 所示的偏置滚子从动件盘形凸轮机构，凸轮以等角速度 ω 逆时针方向回转，滚子半径为 r_g，基圆半径为 r_b，偏距为 e，B_0点为凸轮轮廓曲线的起始点，此时滚子中心到凸轮回转中心的距离为 s_0。过 O 点建立直角坐标系，当凸轮转过角度 φ 时，滚子中心由起始位置 B_0点到达 B 点，从动件相应地产生位移 s，此时滚子中心距凸轮回转中心的距离为 s_0+s。用直角坐标表示此时 B 点位置为

$$\left.\begin{aligned} x &= (s_0+s)\sin\varphi - e\cos\varphi \\ y &= (s_0+s)\cos\varphi + e\sin\varphi \end{aligned}\right\} \quad (2-12)$$

其中，$s_0=\sqrt{r_b^2-e^2}$，此为凸轮的理论轮廓曲线方程式。

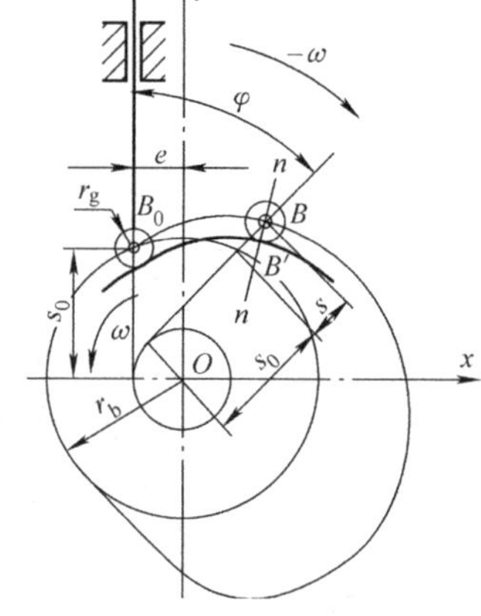

图 2－53 解析法设计盘形凸轮

2. 凸轮实际轮廓曲线

因该凸轮机构实际轮廓曲线与理论轮廓曲线在法线方向的距离处处相等，且等于滚子半径 r_g。故当已知理论轮廓曲线上任意一点 $B(x,y)$时，只要沿理论轮廓曲线在该点的法线方向取距离为 $r_g/2$ 点，即得工作轮廓曲线上的相应点$B'(x',y')$。理论轮廓曲线 B 点处法线 nn 的斜率为

$$\tan\theta = -\frac{\mathrm{d}x}{\mathrm{d}y} = -\frac{\mathrm{d}x/\mathrm{d}\varphi}{\mathrm{d}y/\mathrm{d}\varphi} = \frac{\sin\theta}{\cos\theta} \quad (2-13)$$

由式(2－12)有

$$\left.\begin{aligned} \mathrm{d}x/\mathrm{d}\varphi &= (\mathrm{d}s/\mathrm{d}\varphi + e)\sin\varphi + (s_0+s)\cos\varphi \\ \mathrm{d}y/\mathrm{d}\varphi &= (\mathrm{d}s/\mathrm{d}\varphi + e)\cos\varphi - (s_0+s)\sin\varphi \end{aligned}\right\} \quad (2-14)$$

实际轮廓曲线上对应点 $B'(x',y')$的坐标为

$$\left.\begin{aligned} x' &= x \mp r_g\cos\theta/2 \\ y' &= y \mp r_g\sin\theta/2 \end{aligned}\right\} \quad (2-15)$$

此即为凸轮实际轮廓曲线方程式。式中：“－”用于外凸凸轮轮廓曲线，“＋”用于内凹凸轮轮廓曲线。

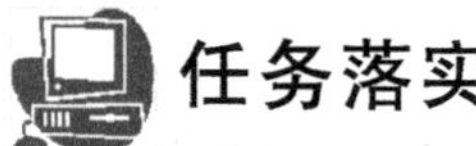

任务落实

已知凸轮的基圆半径 $r_b=100$ mm，滚子半径 $r_g=5$ mm，从动件的运动规律见表 2－2。试设计该对心直动滚子从动件盘形凸轮的轮廓曲线。

表 2-2　从动件的运动规律

凸轮转角 φ	0～120°	120°～180°	180°～270°	270°～360°
从动件的运动规律	等速上升 $h=50$ mm	从动件在最高位置不动	等加速－等减速下降至最低位置	从动件在最低位置不动

子任务 3　凸轮机构的结构设计

任务引入

设计凸轮机构，不仅要保证从动件能实现预期的运动规律，而且还要求整个机构传力性能良好、体积小、结构紧凑等，这些要求与凸轮机构的压力角、基圆半径、滚子半径等因素有关。那么，它们之间有何关系？要设计出质量较好的凸轮机构，又该如何合理地确定机构各部分的尺寸呢？

任务目标

1. 掌握压力角对机构传力性能的影响。
2. 了解基圆半径与压力角的关系、基圆半径与机构结构尺寸的关系。
3. 了解滚子半径对凸轮实际轮廓曲线形状的影响。

知识链接

2.3.1　凸轮机构的压力角及其许用值

如图 2-54 所示为偏置尖顶从动件盘形凸轮机构在推程某位置的受力情况。F 为凸轮对从动件在 A 点处的作用力，若不考虑摩擦，该力将与接触点 A 处的法线 nn 方向一致；v 为从动件的移动方向。将力 F 沿从动件速度 v 和与 v 垂直的两个方向进行分解，得两分力 F_1、F_2：

$$\left.\begin{aligned} F_1 &= F\cos\alpha \\ F_2 &= F\sin\alpha \end{aligned}\right\} \tag{2-16}$$

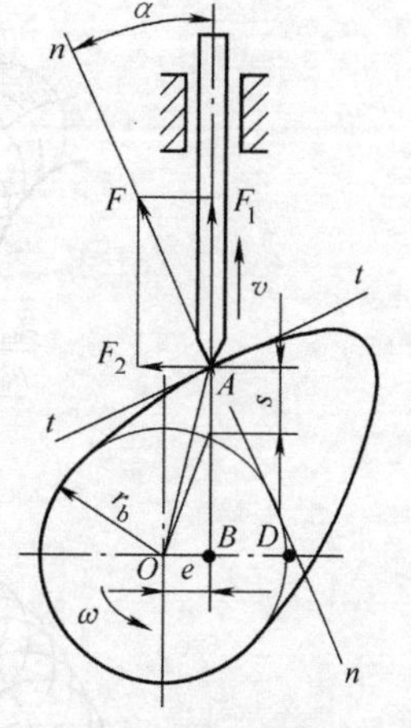

图 2-54　凸轮机构的压力角

式中：α 称为凸轮机构的压力角，它是从动件在接触点所受力的方向与该点速度方向所夹的锐角。

显然，F_1 是推动从动件移动的有效分力，随着 α 的增大而减小；F_2 是引起导路中摩擦阻力的有害分力，随着 α 的增大而增大。当压力角 α 增大到某一数值时，有效分力 F_1 会小于导路上产生的摩擦阻力。此时，无论凸轮给从动件施加多大的作用力 F，都无法使从动件运动，即机构处于自锁状态。在实际生产中，为改善机构的受力状况、提高传动效率，通常规定凸轮机构的最大压力角 α_{max} 应小于某一许用压力角 $[\alpha]$。根据实践经验，推程时许用压力角 $[\alpha]$ 的值一般是：对直动从动件取 $[\alpha]=30°$，对摆动从动件取 $[\alpha]=35°\sim45°$。在回程时，对于力封闭的凸轮机构，由于这时使从动件运动的不是凸轮对从动件的作用力，而是从动件所受的外力或自重力，通常不存在自锁问题。但为了使从动件不致产生过大的加速度从而引起不良后果，也需对压力角 α 加以限制，通常取 $[\alpha]=70°\sim80°$。对于形封闭的凸轮机构，直动从动件取 $[\alpha]=30°$，摆动从动件取 $[\alpha]=35°\sim45°$。

从传动效率看，压力角越小越好，但压力角减小将导致凸轮尺寸增大，因此在设计凸轮时要权衡两者的关系，使设计达到合理。

2.3.2 凸轮机构基圆半径的确定

基圆半径 r_b 是凸轮机构设计中的一个重要参数，它对凸轮机构的结构尺寸、体积、重量、受力状况、工作性能、压力角 α 等都有重要的影响。当其他条件不变时，基圆半径 r_b 愈小，凸轮尺寸愈小，但压力角 α 大，凸轮机构的传力性能较差。故从机构尺寸紧凑的观点来看，基圆半径愈小愈好；反之，若从改善机构的传力性能考虑，基圆半径愈大愈有利。

在实际设计工作中，基圆半径的确定必须从凸轮机构的尺寸、受力、安装、强度等方面予以综合考虑。为兼顾结构紧凑和受力状况两方面的要求，确定基圆半径 r_b 的原则是：在保证 $\alpha_{max}\leq[\alpha]$ 的条件下，应使基圆半径尽可能小；若对机构的尺寸没有严格要求，可将基圆半径取大些，以便减小压力角 α，提高其传力性能。

通常情况下，当凸轮与轴制成一体时，凸轮基圆半径略大于轴的半径；当需要单独制造凸轮，然后装配到轴上时，$r_b=(1.6\sim2)r_0$（r_0 为轴的半径）。

2.3.3 滚子半径的确定

凸轮机构采用滚子从动件时，滚子半径 r_g 的选择，要考虑滚子的结构、强度及凸轮轮廓曲线的形状等多方面的因素。

从接触强度观点出发，滚子半径 r_g 大一些为好，这样不仅使滚子接触强度和寿命提高，也便于对滚子进行结构设计和安装，但在某些情况下却要求滚子半径不能任意增大。设凸轮理论轮廓曲线曲率半径为 ρ，实际轮廓曲线曲率半径为 ρ'。如图 2－55 所示，β 为理论轮

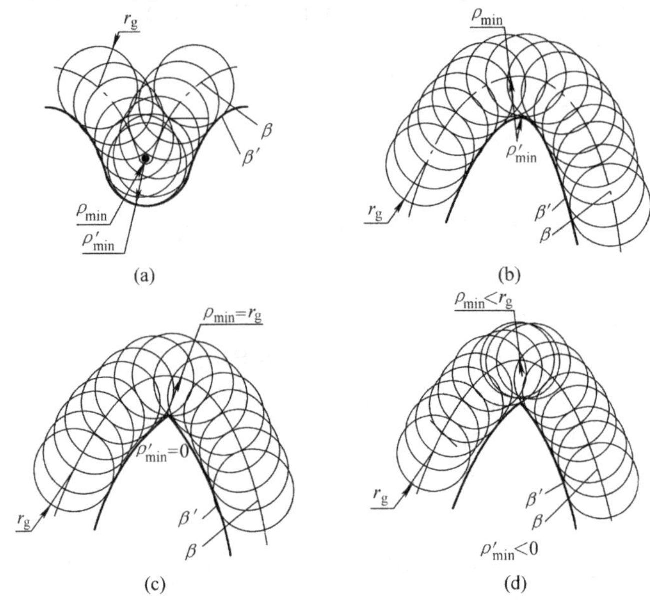

图 2－55　滚子半径的选择

廓曲线，β'为实际轮廓曲线。当凸轮理论轮廓曲线内凹时，如图2－55(a)所示，$\rho'=\rho+r_g$，这样不管滚子半径取多大都可以作出实际轮廓曲线。但当凸轮理论轮廓曲线外凸时，如图2－55(b)所示，$\rho'=\rho-r_g$。若$\rho=r_g$，则$\rho'=0$，此时实际轮廓曲线将出现尖点，如图2－55(c)所示。凸轮轮廓在尖点处很容易磨损，导致运动失真。若$\rho<r_g$，则$\rho'<0$，此时实际轮廓曲线出现交叉，如图2－55(d)所示，图中交叉部分在实际加工时将被切去产生失真。

通过以上分析，对于外凸的凸轮轮廓曲线，为了避免运动失真并减小磨损，应使滚子半径$r_g\leqslant 0.8\rho_{min}$，并使实际轮廓曲线的最小曲率半径$\rho'_{min}\geqslant 3\sim 5$ mm。若满足不了该要求，可适当减小滚子半径r_g或增大基圆半径r_b，也可以修改从动件的运动规律。另外，滚子的尺寸还受其强度、结构等限制，因此也不能做得太小，根据经验，通常取$r_g=(0.1\sim 0.15)r_b$。

任务落实

1. 作出如图2－54所示的凸轮转过60°后机构的压力角。
2. 工程上设计凸轮机构时，其基圆半径r_b一般如何选取？
3. 何谓运动失真？应如何避免凸轮机构出现运动失真现象？

任务3　间歇运动机构

在许多机械中，为了实现运动形式的变换，常需要某些构件实现周期性的运动和停歇。能够将主动件的连续运动转换为从动件有规律间歇运动和停歇的机构，称为间歇运动机构。常见的间歇运动机构有棘轮机构、槽轮机构、不完全齿轮机构等，它们广泛用于自动机床的进给机构、送料机构、刀架转位机构等。

子任务1　棘轮机构

任务引入

棘轮机构是常见的一种间歇运动机构。那么，其主要由哪些构件组成？工作原理是什么？棘轮机构的类型有哪些？有哪些运动特点？如何调整棘轮机构的转角大小呢？

任务目标

1. 熟悉间歇运动机构的类型。
2. 了解棘轮机构的组成、类型及特点。
3. 了解棘轮机构转角的调整方法。

知识链接

3.1.1　棘轮机构的工作原理

如图2－56所示为常见的外啮合棘轮机构，主要由棘轮1、棘爪2、摇杆3、止回棘爪4和机架组成。弹簧5用来使止回棘爪4与棘轮保持接触。棘轮装在轴上，用键与轴连接在一起。棘爪2铰接于摇杆3上，摇杆3可绕棘轮轴心摆动。当摇杆3顺时针方向摆动时，棘爪在棘轮齿顶滑过，棘轮静止不动；当摇杆3逆时针方向摆动时，棘爪插入棘轮齿间推动棘轮转过一定角度。这样，摇杆3连续往复摆动，棘轮1即可实现单向的间歇运动。

3.1.2 棘轮机构的基本类型

常见棘轮机构分为齿啮式和摩擦式两大类。

1. 齿啮式棘轮机构

齿啮式棘轮机构是靠棘爪和棘轮齿啮合传动。棘轮的棘齿做在棘轮的外缘称为外啮合棘轮机构，如图2-56所示；做在棘轮的内缘称为内啮合棘轮机构，如图2-57所示。

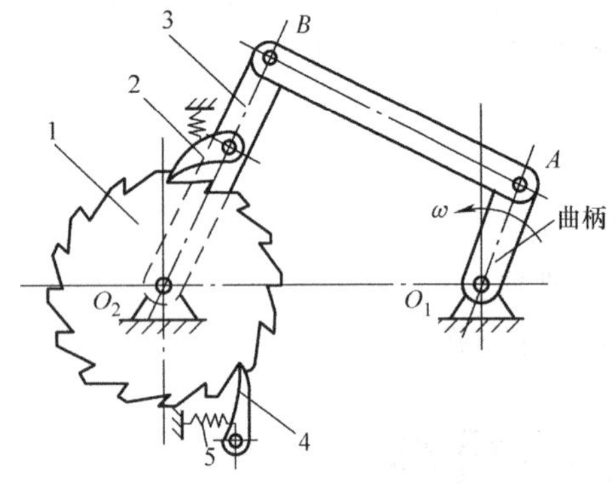

图2-56 外啮合棘轮机构

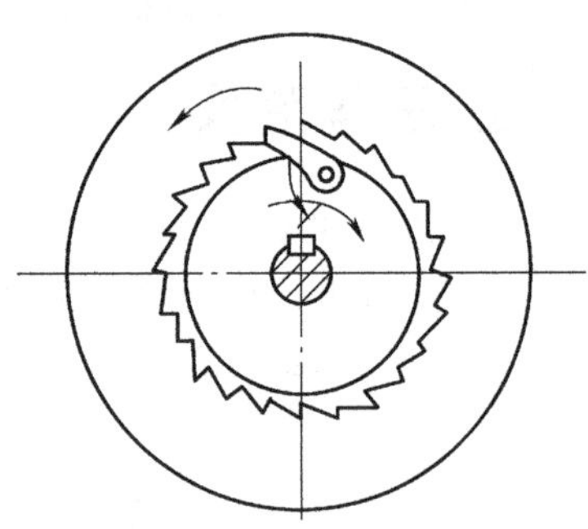

图2-57 内啮合棘轮机构

对于齿啮式棘轮机构，按照棘轮机构的运动形式不同可以分为三类。

1）单动式棘轮机构

单动式棘轮机构如图2-56和图2-57所示。这种机构的特点是摇杆向某一方向摆动时，棘爪驱动棘轮沿同一方向转过一定角度，摇杆反方向转动时，棘轮静止。

2）双动式棘轮机构

双动式棘轮机构如图2-58所示。这种棘轮机构的棘爪可制成直爪（图2-58（a））或带钩头的爪（图2-58（b））。当主动摇杆1往复摆动一次时，能使棘轮2沿同一方向作二次间歇转动。这种棘轮机构每次停歇的时间间隔较短，棘轮每次转过的转角也较小。

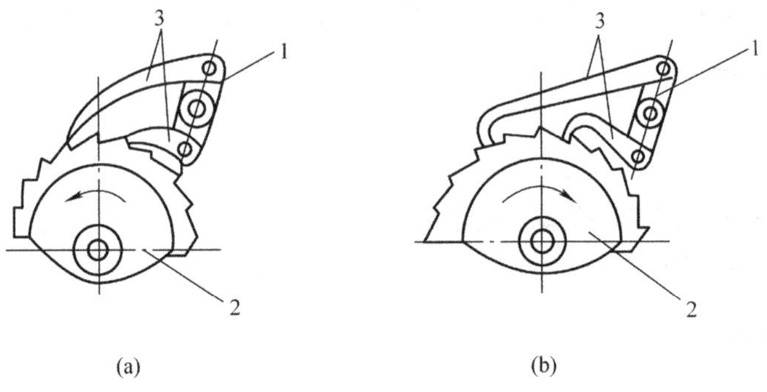

图2-58 双动式棘轮机构

3）双向棘轮机构

如图2-59所示为双向棘轮机构，可使棘轮作双向间歇运动。如图2-59（a）所示，当

棘爪处于实线位置 B 时，摇杆往复摆动时，棘轮 2 作逆时针间歇运动；当把棘爪绕其销轴 O_2 翻转到虚线所示位置 B'时，摇杆往复摆动时，棘轮 2 作顺时针间歇运动。图 2－59(b) 采用回转棘爪，当棘爪 2 按图示位置放置时，棘轮 1 将作逆时针间歇运动；若将棘爪提起并绕自身轴线转 180°后再插入棘轮齿槽时，棘轮将作顺时针间歇运动。

2. 摩擦式棘轮机构

如图 2－60 所示为摩擦式棘轮机构。当摇杆逆时针方向摆动时，通过驱动偏心楔块 2 与摩擦轮 3 之间的摩擦力，使摩擦轮沿逆时针方向转动。当摇杆顺时针方向摆动时，驱动偏心楔块在摩擦轮上滑过，而止动楔块 4 与摩擦轮之间的摩擦力使楔块与摩擦轮卡紧，从而使摩擦轮静止，实现了单向的间歇运动。

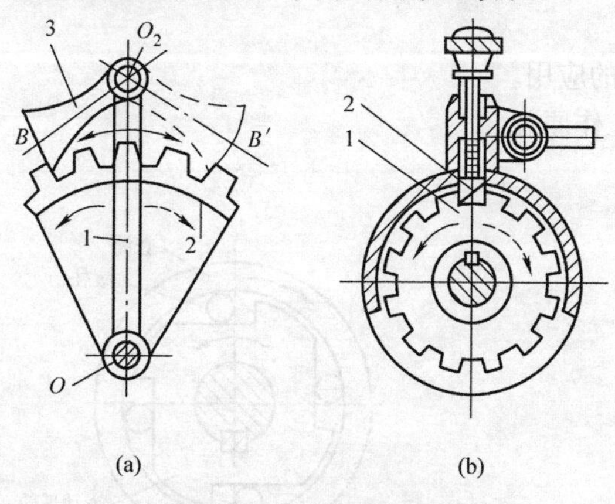

图 2－59　双向棘轮机构

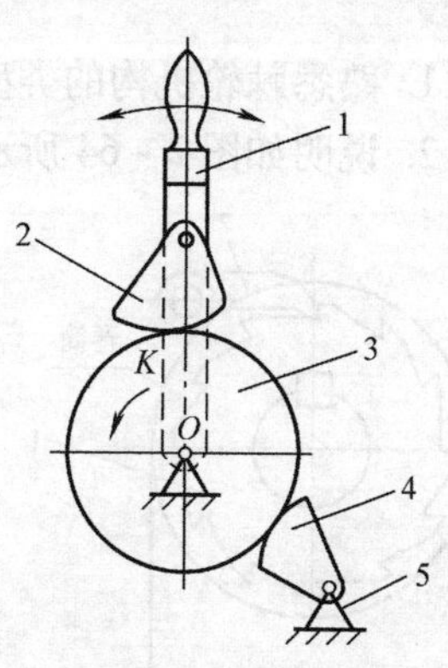

图 2－60　摩擦式棘轮机构

3.1.3　棘轮转角的调节

1. 利用遮板调节棘轮转角

如图 2－61 所示，在棘轮外部罩一遮板（遮板不随棘轮一起转动），改变遮板位置以遮住部分棘齿，可使棘爪行程的一部分在遮板上滑过，不与棘齿接触，从而改变棘爪推动棘轮的实际转角大小。

2. 改变摇杆摆角大小，控制棘轮的转角

如图 2－62 所示棘轮机构是利用曲柄摇杆机构带动棘轮作间歇运动的，可利用调节螺钉改变曲柄的长度以实现摇杆摆角的改变，从而控制棘轮的转角。

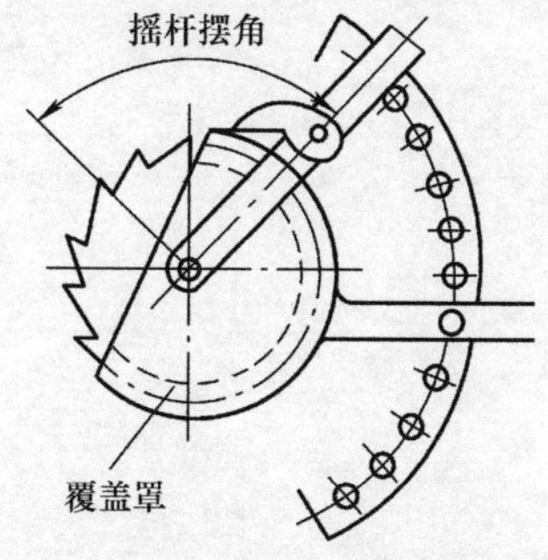

图 2－61　用遮板调节棘轮转角

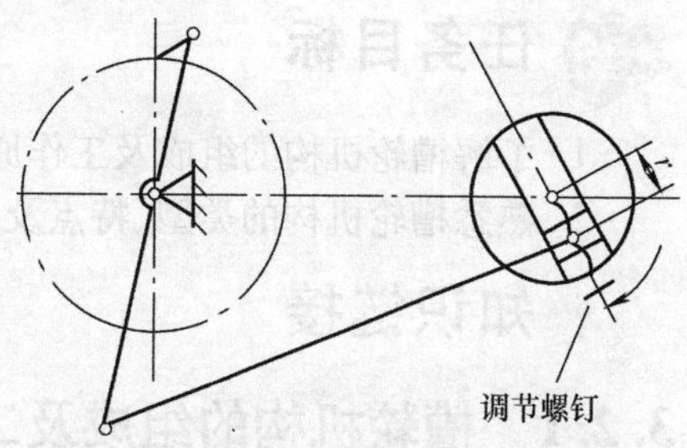

图 2－62　改变曲柄长度调节棘轮转角

3.1.4 棘轮机构的特点及应用

棘轮机构结构简单、制造方便、转角准确、运动可靠，棘轮的转角可以在一定范围内调节。但棘爪在齿背上滑行时容易产生噪声、冲击和磨损，故适用于低速、轻载和转角精度要求不高的场合。

如图2-63所示为起重设备中的棘轮制动器。当提升重物时，棘轮逆时针转动，棘爪2在棘轮1齿背上滑过；当需要使重物停在某一位置时，棘爪将及时插入到棘轮的相应齿槽中，防止棘轮在重力作用下顺时针转动使重物下坠，以实现制动。

有关棘轮机构的设计，可参阅机械设计手册。

任务落实

1. 熟悉棘轮机构的类型，了解其在工程中的应用。
2. 说明如图2-64所示的单向离合器的工作原理。

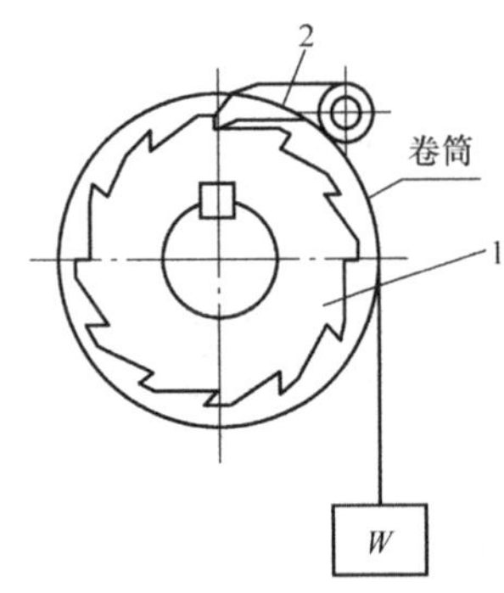

图2-63 棘轮制动器

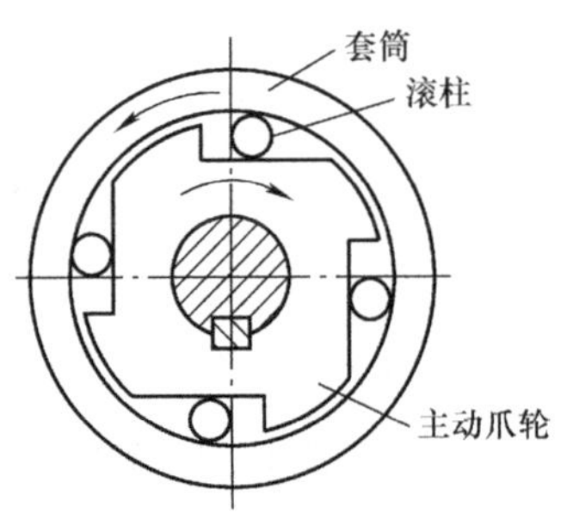

图2-64 单向离合器

子任务2 槽轮机构

任务引入

槽轮机构也是常见的一种间歇运动机构。那么，槽轮机构主要由哪些构件组成？其工作原理是什么？槽轮机构的类型有哪些？有哪些运动特点？如何选择槽轮槽数和拨盘圆柱销数呢？

任务目标

1. 了解槽轮机构的组成及工作原理。
2. 熟悉槽轮机构的类型、特点及应用。

知识链接

3.2.1 槽轮机构的组成及工作原理

如图2-65所示为槽轮机构（又称马氏机构）。它由主动拨盘1、从动槽轮2和机架组成。主动拨盘1逆时针作匀速转动，当拨盘上的圆柱销A未进入槽轮的径向槽时，槽轮的内

凹锁止弧 β 被拨盘的外凸锁止弧 α 锁住，从动槽轮 2 静止不动；当圆柱销 A 进入槽轮的径向槽时，内外锁止弧脱开，从动槽轮 2 在圆柱销 A 的驱动下顺时针转动；当圆柱销 A 离开槽轮的径向槽时，槽轮的下一个内凹锁止弧又被拨盘的外凸圆弧锁住，槽轮又静止不动。从而实现将主动拨盘的连续转动转换为从动槽轮的单向间歇运动。

3.2.2　槽轮机构的类型、特点及应用

槽轮机构有外啮合槽轮机构（图 2－65）和内啮合槽轮机构（图 2－66）两种基本类型。前者拨盘与槽轮的转向相反，后者拨盘与槽轮的转向相同。依据机构中圆柱销的数目，外啮合槽轮机构又有单圆柱销、双圆柱销和多圆柱销槽轮机构之分。单圆柱销外槽轮机构工作时，拨盘转动一周，槽轮反向转动一次；双圆柱销外槽轮机构工作时，拨盘转动一周，槽轮反向转动两次。

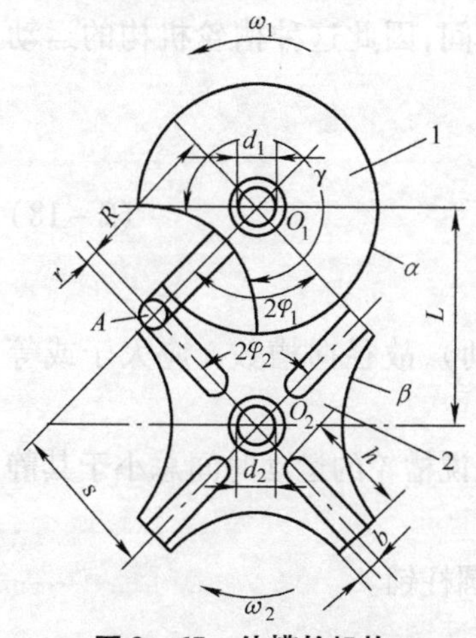

图 2－65　外槽轮机构

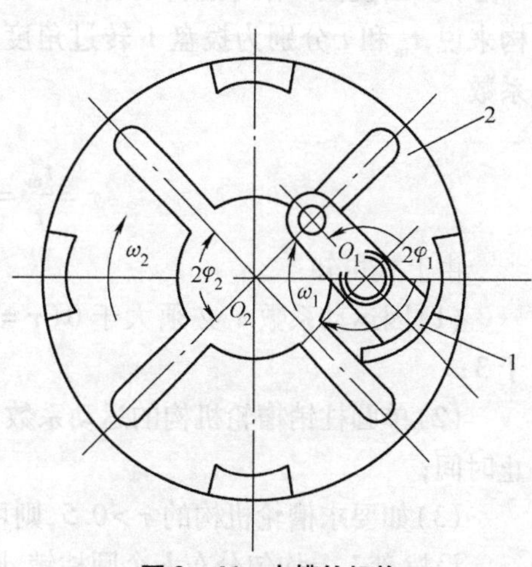

图 2－66　内槽轮机构

槽轮机构结构简单、制造方便、转位迅速、工作可靠，但制造与装配精度要求较高且转角不能调节，转动时有冲击，故不适用于高速机械。槽轮机构一般用于转速不很高的自动机械、轻工机械或仪器仪表中。

如图 2－67 所示为电影放映机中用来间歇地移动胶片的槽轮机构，如图 2－68 所示为转塔车床上用来间歇地转动刀架的槽轮机构。

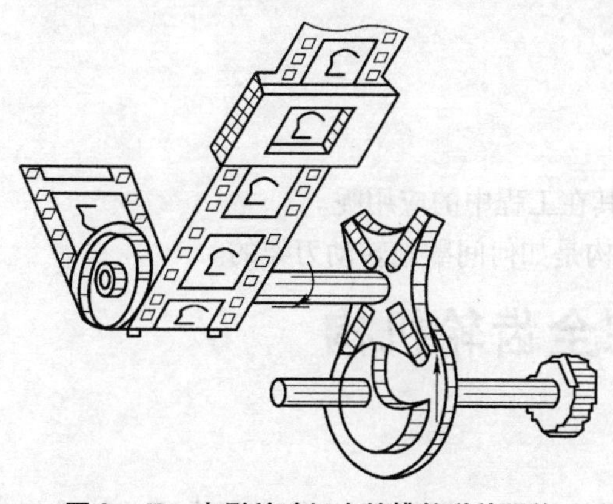

图 2－67　电影放映机中的槽轮送片机构

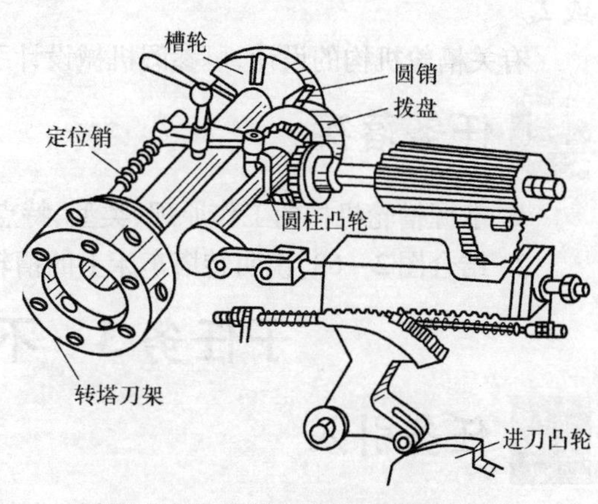

图 2－68　转塔车床的刀架转位机构

3.2.3 槽轮槽数 z 和拨盘圆柱销数 k 的选择

槽轮槽数 z 和拨盘圆柱销数 k 是槽轮机构的主要参数。如图 2－65 所示，为了使槽轮在开始转动和终止转动时的瞬时角速度为零，以避免刚性冲击，在圆柱销开始进入径向槽及从径向槽脱出时，槽的中心线 O_2A 应垂直于 O_1A。设 z 为均匀分布的径向槽数目，由图 2－65可见，当槽轮 2 转过 $2\varphi_2$ 时，拨盘 1 的转角

$$2\varphi_1=\pi-2\varphi_2=\pi-\frac{2\pi}{z} \tag{2-17}$$

在一个运动循环内，槽轮 2 的运动时间 t_m与拨盘 1 的运动时间 t 之比称为运动系数，用 τ 表示。当拨盘 1 作等速转动时，τ 也可用转角之比来表示。对于只有一个圆柱销的槽轮机构来说，t_m和 t 分别为拨盘 1 转过角度 $2\varphi_1$ 和 2π 所用的时间，因此这种槽轮机构的运动系数

$$\tau=\frac{t_m}{t}=\frac{2\varphi_1}{2\pi}=\frac{\pi-\frac{2\pi}{z}}{2\pi}=\frac{z-2}{2z} \tag{2-18}$$

由上式可知：

(1)因运动系数 τ 必须大于 0($\tau=0$ 表示槽轮始终不动)，故径向槽数 z 应大于或等于 3；

(2)单圆柱销槽轮机构的运动系数 τ 总小于 0.5，也就是说槽轮的运动时间总小于其静止时间；

(3)如要求槽轮机构的 $\tau>0.5$，则可在拨盘上安装多个圆柱销。

设拨盘 1 上均匀分布 k 个圆柱销，则

$$\tau=\frac{k\cdot t_m}{t}=\frac{k(z-2)}{2z} \tag{2-19}$$

由于运动系数 τ 应当小于 1，故由上式得

$$k<\frac{2z}{z-2} \tag{2-20}$$

由上式可知：当 $z=3$ 时，k 可取 1～5；当 $z=4$ 或 5 时，k 可取 1～3；当 $z\geqslant6$ 时，k 可取 1 或 2。

有关槽轮机构的设计，可参阅机械设计手册。

任务落实

1. 掌握槽轮机构的工作原理、类型、特点及其在工程中的应用呢。
2. 结合图 2－68，说明转塔车床上的槽轮机构是如何间歇地转动刀架的。

子任务 3　不完全齿轮机构

任务引入

不完全齿轮机构也是常见的一种间歇运动机构。那么，不完全齿轮机构由哪些构件组

成？其工作原理是什么？不完全齿轮机构的类型有哪些？有哪些运动特点？在工程中如何应用呢？

任务目标

1. 了解不完全齿轮机构的组成及工作原理。
2. 熟悉不完全齿轮机构的类型、特点及应用。

知识链接

3.3.1　不完全齿轮机构的组成及工作原理

不完全齿轮机构是由普通渐开线齿轮机构演化而成的间歇运动机构。如图 2－69 和图 2－70 所示，它们是由带有一个或几个齿的不完全齿轮 1、具有正常轮齿和带锁止弧的齿轮 2 及机架组成。在主动轮 1 等速连续转动中，当主动轮 1 上的轮齿与从动轮 2 的正常齿相啮合时，主动轮 1 驱动从动轮 2 转动；当主动轮 1 的锁止弧与从动轮 2 的锁止弧接触时，从动轮 2 停歇不动并停止在确定的位置上，从而实现周期性的单向间歇运动。

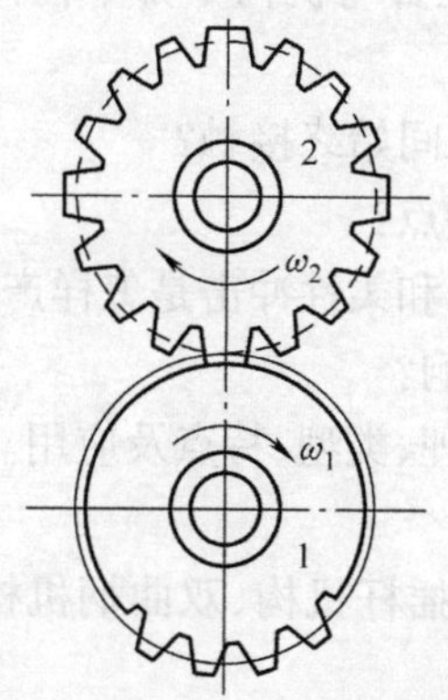

图 2－69　外啮合不完全齿轮机构

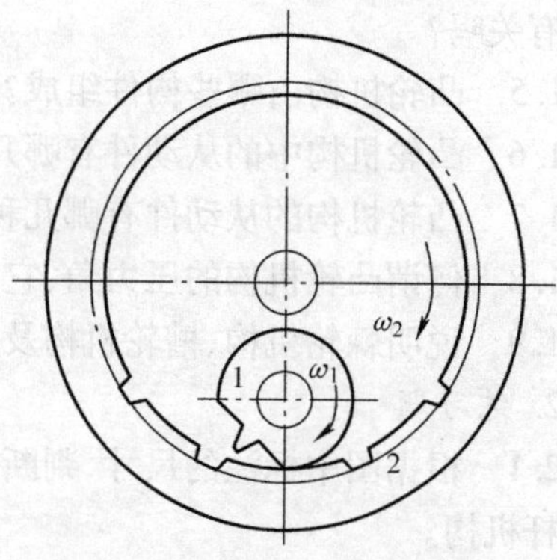

图 2－70　内啮合不完全齿轮机构

3.3.2　不完全齿轮机构的类型

不完全齿轮机构有外啮合和内啮合两种类型。如图 2－69 所示为外啮合不完全齿轮机构，主动轮 1 只有 1 段锁止弧，从动轮 2 有 4 段锁止弧，主动轮 1 每转 1 转，从动轮 2 转 1/4 转，从动轮每转 1 转停歇 4 次。停歇时，从动轮上的锁止弧与主动轮上的锁止弧密合，保证了从动轮停歇在确定的位置上而不发生游动现象，外啮合不完全齿轮机构中两轮转向相反。如图2－70所示为内啮合不完全齿轮机构，轮 1 只有 1 段锁止弧，轮 2 有 8 段锁止弧，轮 1 每转 1 周，轮 2 转 1/8 周，两轮转向相同。

3.3.3　不完全齿轮机构的特点及应用

不完全齿轮机构结构简单、制造方便、从动轮的运动时间和静止时间的比例不受机构结构的限制。但因为从动轮在转动开始和终止时，角速度有突变，冲击较大，故一般只用于低速、轻载场合。

不完全齿轮机构常用于多工位自动机和半自动机工作台的间歇转位及某些间歇进给机构中，如蜂窝煤压制机工作台转盘的间歇转位机构等。

任务落实

1. 了解不完全齿轮机构的工作原理、类型及特点。
2. 举例说明不完全齿轮机构在工程中的应用。

思考与练习

1. 思考题

1.1 铰链四杆机构有哪几种基本类型？它们各有怎样的运动特点？

1.2 判断如下论述是否正确，并说明理由。

(1)若铰链四杆机构的最长杆与最短杆长度之和小于或等于其余两杆长度之和，则连架杆必成为曲柄。

(2)若连架杆与机架之一是最短杆，则连架杆必成为曲柄。

1.3 什么是极位夹角？怎样确定一个机构的极位夹角？

1.4 机构出现死点位置的条件是什么？一个机构的死点位置与机构中哪个构件是主动件有关吗？

1.5 凸轮机构由哪些构件组成？如何保证凸轮与从动件之间始终接触？

1.6 凸轮机构中的从动件有哪几种结构形式？各有什么特点？

1.7 凸轮机构的从动件有哪几种基本运动规律？刚性冲击和柔性冲击是怎样产生的？

1.8 何谓凸轮机构的压力角，它的大小对机构运动有何影响？

1.9 说明棘轮机构、槽轮机构及不完全齿轮机构的工作原理、类型、特点及应用。

2. 练习题

2.1 根据图中标注的尺寸，判断下列铰链四杆机构是曲柄摇杆机构、双曲柄机构还是双摇杆机构。

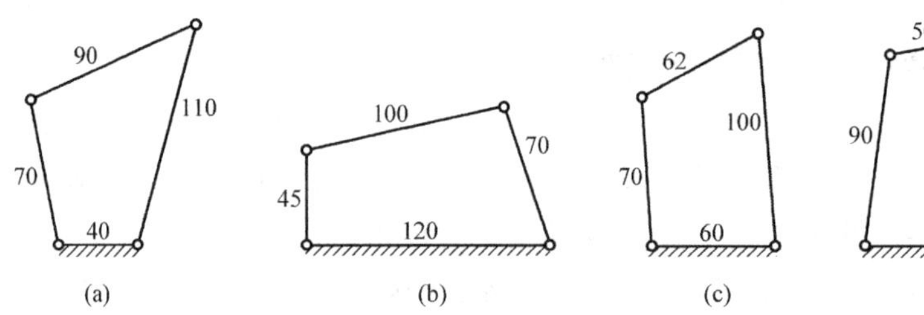

题 2.1 图

2.2 图示四杆机构中，已知杆 2 的长度 $l_2=600$ mm，杆 3 的长度 $l_3=400$ mm，杆 4 的长度 $l_4=500$ mm，并且 $l_1<l_3$。试问：

(1)当取杆 AD 为机架时，若要使杆 AB 为曲柄，l_1 的最大数值是多少；

(2)若取 $l_2=250$ mm，能否以选取不同杆为机架的办法获得双曲柄和双摇杆机构，如何获得？

2.3 铰链四杆机构，已知 $l_{BC}=500$ mm，$l_{CD}=350$ mm，$l_{AD}=300$ mm，AD 为机架。

(1)若此机构为曲柄摇杆机构，且 AB 为曲柄，求 l_{AB} 的最大值。

(2)若此机构为双曲柄机构，求 l_{AB} 的最小值。

(3)若此机构为双摇杆机构，求 l_{AB} 的取值范围。

2.4　设计一偏置曲柄滑块机构，已知滑块的行程速度变化系数 $K=1.5$，滑块的行程 $s=50$ mm，导路的偏距 $e=20$ mm，试用图解法求：

(1)曲柄长度 l_{AB} 和连杆长度 l_{BC}；

(2)曲柄为主动件时机构的最大压力角 α_{max} 和最大传动角 γ_{max}；

(3)滑块为主动件时机构的死点位置。

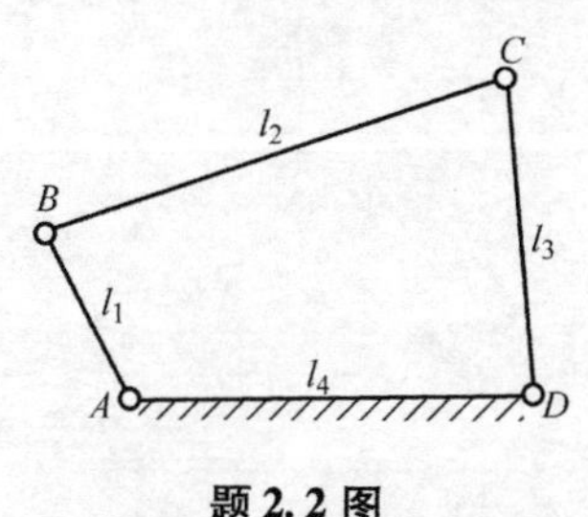

题 2.2 图

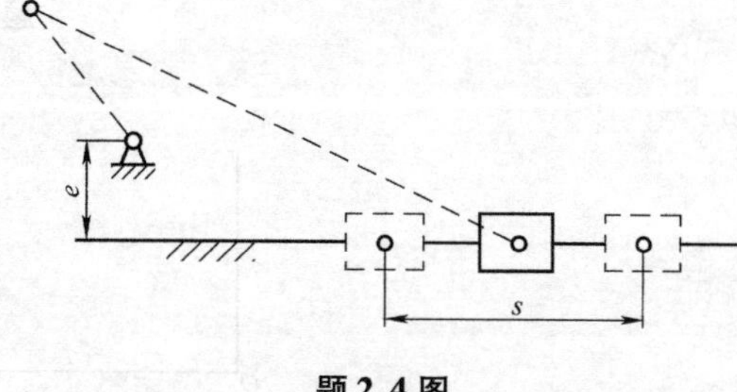

题 2.4 图

2.5　图示为直动尖顶从动件盘形凸轮机构的运动线图，但图中给出的从动件运动线图尚不完整，请在图上补全各段的 $s-\varphi$、$v-\varphi$、$a-\varphi$ 曲线，并指出哪些位置有刚性冲击，哪些位置有柔性冲击。

2.6　用图解法求出下列各凸轮从图示位置转到 B 点与从动件接触时凸轮的转角。

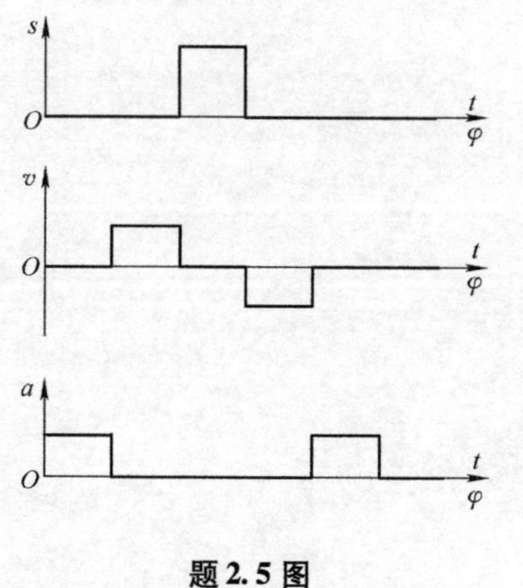

题 2.5 图

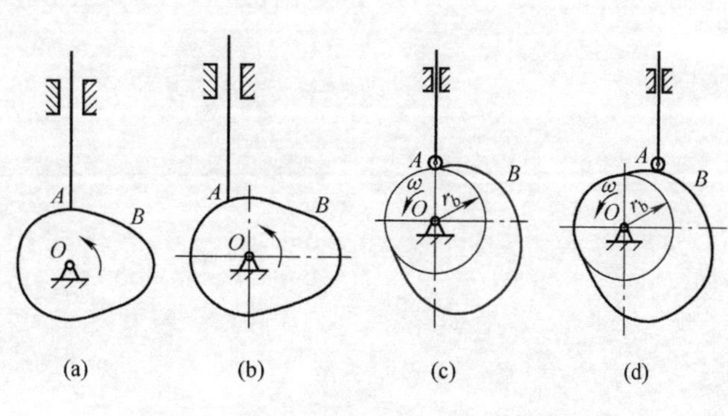

题 2.6 图

2.7　如图所示，试画出凸轮机构在图示位置和凸轮转过45°后从动件与凸轮接触点处的压力角。

2.8　如图所示为一对心尖顶直动从动件盘形凸轮机构，已知凸轮为一以 O 为圆心的圆盘，绕 A 处逆时针方向旋转。

(1)在图中标出推程角 Φ_0、远停程角 Φ_s、回程角 Φ_0' 和近停程角 Φ_s'；

(2)每30°取一等分点，画出从动件的位移线图。

2.9　常见的间歇运动机构有哪些？它们是如何实现间歇运动的？

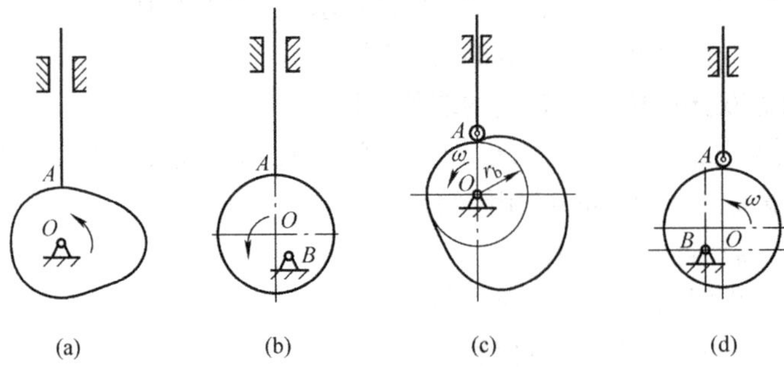

题 2.7 图

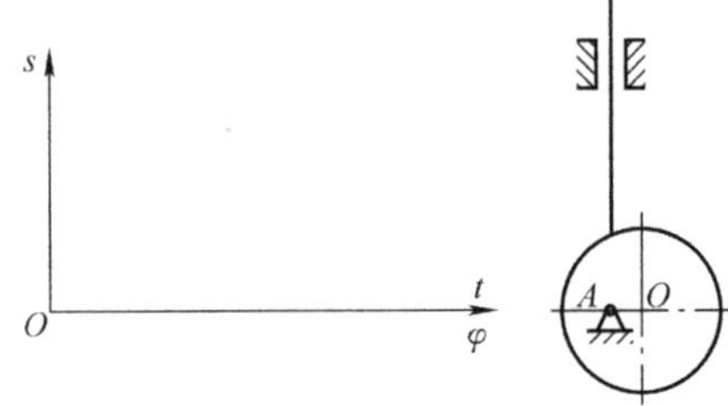

题 2.8 图

项目三　零部件之间的连接

为了便于机器的制造、安装、运输和维修等,各零部件间广泛地使用各种连接。通常将连接分为两大类:一类是机械动连接,即机器工作时被连接零件间可以有相对运动的连接,如各种运动副连接;另一类是机械静连接,即机器工作时被连接零件间不允许产生相对运动的连接。在机器制造工业中,“连接”通常指的是静连接。机械静连接又分为可拆连接和不可拆连接两类。可拆连接是指不损坏连接中的任一零件就可将被连接件拆开的连接,允许多次重复拆装,如螺纹连接、键连接、销钉连接等。不可拆连接是指至少必须毁坏连接中的某一部分才能拆开的连接,如铆钉连接、焊接、胶接等。

任务1　螺纹连接

螺纹连接和螺旋传动都是利用具有螺纹的零件进行工作的,前者主要用于连接,后者主要用于传动。

子任务1　认知螺纹连接

任务引入

螺纹连接被广泛用于各类机械设备中。那么,螺纹连接有哪几种类型?各用于何种场合?如何做好螺纹连接的预紧与防松?如何优化螺栓组的布置呢?

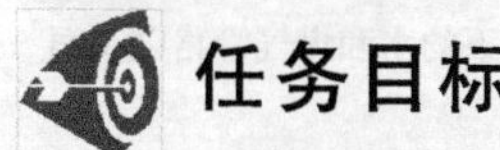

1. 了解螺纹的类型及应用场合。
2. 掌握螺纹的主要参数。
3. 掌握螺纹连接的主要类型、特点及应用场合。
4. 理解螺纹连接预紧与防松的目的及措施。
5. 掌握螺栓连接在结构设计上需要考虑的重要因素。

知识链接

1.1.1　螺纹连接的基本知识

1.1.1.1　螺纹的类型

(1)按螺纹所在位置不同分为外螺纹和内螺纹,二者共同组成螺纹副,用于连接或传动。

(2)按螺纹旋向的不同分为右旋螺纹和左旋螺纹,如图3-1(a)和(b)所示,常用的为右旋螺纹。

(3)按螺旋线数的不同分为单线、双线及多线螺纹,其中单线螺纹最常见,如图3-1(a)

所示。

(4)按螺纹尺寸度量单位不同分为米制和英制两种，我国除管螺纹外，其余均采用米制螺纹。

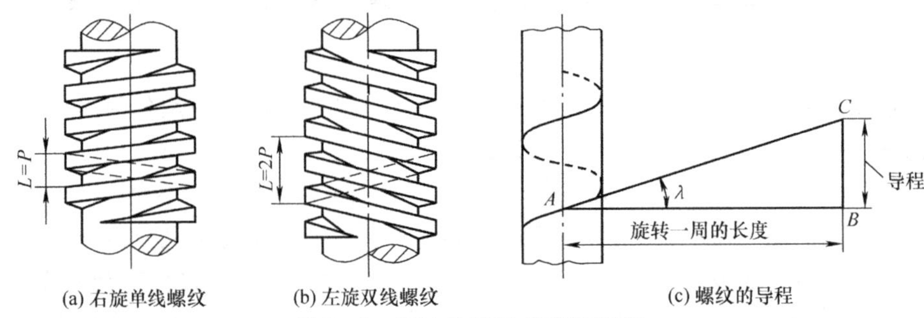

(a) 右旋单线螺纹　(b) 左旋双线螺纹　(c) 螺纹的导程

图 3－1　螺纹的旋向、线数和导程

螺纹轴向剖面的形状称为螺纹的牙型，常用的螺纹牙型有三角形、矩形、梯形、锯齿形等。常用螺纹的类型、特点和应用见表 3－1。

表 3－1　常用螺纹的类型、特点及应用

螺纹类型			牙型图	特点及应用
连接螺纹	普通螺纹		P　d　60°	牙型为等边三角形，牙型角 $\alpha = 60°$，内外螺纹旋合后存在径向间隙。外螺纹牙根允许有较大圆角，以减小应力集中。同一公称直径按螺距大小分为粗牙螺纹和细牙螺纹，螺距最大的称为粗牙螺纹，其余为细牙螺纹；细牙螺纹存在螺距小、升角小、自锁性较好、强度高、不耐磨、容易滑扣等特点 一般连接多用粗牙螺纹。细牙螺纹常用于细小零件、薄壁管件或受冲击、振动和变载荷的连接中，也可用于微调机构的调整螺纹
	管螺纹	圆柱管螺纹	P　d　55°	牙型为等腰三角形，牙型角 $\alpha = 55°$，牙顶有较大圆角，内外螺纹旋合后无径向间隙，配合紧密性好。管螺纹为英制细牙螺纹，公称直径为管子的内径。适用于压力为 1.6 MPa 以下的水和煤气管路以及润滑和电缆管路系统
		圆锥管螺纹	P　d　φ　55°	牙型为等腰三角形，牙型角 $\alpha = 55°$，螺纹分布在锥度为 1∶16 的圆锥管壁上。螺纹旋合后，无须任何填料，利用本身的变形就可以保证连接的紧密性，密封简单可靠。适用于高温、高压或密封性要求高的管路系统
传动螺纹	矩形螺纹		P　d	牙型为正方形，牙型角 $\alpha = 0°$。与其他螺纹相比，其传动效率最高。缺点是牙根强度低，螺旋副磨损造成的间隙难以修复和补偿，传动精度降低，所以通常制成 10° 的牙型角。目前该类型螺纹尚未标准化，已逐渐被梯形螺纹所代替
	梯形螺纹		P　d　30°	牙型为等腰梯形，牙型角 $\alpha = 30°$，旋合后不易松动。与矩形螺纹相比，传动效率略低，但工艺性好、牙根强度高、对中性好。如用剖分螺母，还可以调整间隙，是目前最常用的传动螺纹
	锯齿形螺纹		P　d　3°　30°	牙型为不等腰梯形，工作面的牙型斜角为 3°，非工作面的牙型角为 30°。外螺纹的牙根有较大的圆角，以减少应力集中。内外螺纹旋合后，外径处无间隙，便于对中。这种螺纹兼有矩形螺纹传动效率高、梯形螺纹牙根强度高的优点，缺点是只能用于单向受力的传力螺旋中

1.1.1.2　螺纹的主要参数

现以图 3－2 所示的圆柱普通螺纹为例介绍螺纹的主要几何参数。

1. 大径 d

大径是指与外螺纹牙顶或内螺纹牙底相重合的假想圆柱的直径，是螺纹的最大直径，标准中称为螺纹的公称直径。

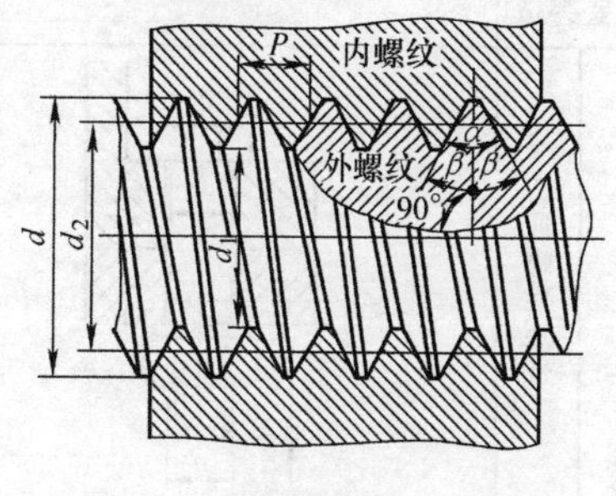

图 3－2　圆柱螺纹的主要参数

2. 小径 d_1

小径是指与外螺纹牙底或内螺纹牙顶相重合的假想圆柱的直径，是螺纹的最小直径，一般作为强度计算直径。

3. 中径 d_2

中径是指在螺纹的轴向剖面内，牙槽和牙厚宽度相等处的假想圆柱的直径。

4. 螺距 P

螺距是指螺纹相邻两牙在中径线上对应两点间的轴向距离。

5. 导程 L

导程是指同一螺旋线上的相邻两牙在中径线上对应两点间的轴向距离，如图 3－1 所示。

导程与螺距的关系为

$$L = nP \tag{3-1}$$

式中：n 为螺纹线数。

6. 升角 λ

升角是指在中径圆柱面上，螺旋线的切线与垂直于螺纹轴线的底面间的夹角。其计算公式为

$$\tan\lambda = \frac{L}{\pi d_2} = \frac{nP}{\pi d_2} \tag{3-2}$$

一般情况下，$\lambda < 6°$就可获得自锁，普通连接的三角螺纹升角 $\lambda = 1.5° \sim 3.5°$，所以在静载荷下都能自锁。

7. 牙型角 α、牙型斜角 β

在轴向剖面内螺纹牙型相邻两侧边之间的夹角称为牙型角 α。牙型侧边与螺纹轴线的垂线间的夹角称为牙型斜角 β，若螺纹为对称牙型，则 $\beta = \frac{\alpha}{2}$，如图 3－2 所示。

注意：管螺纹的公称直径近似等于管子孔径，而不是螺纹大径，具体尺寸可查阅相关标准。

1.1.2　螺纹连接的基本类型和紧固件

1.1.2.1　螺纹连接的基本类型

螺纹连接的基本类型有螺栓连接、双头螺柱连接、螺钉连接和紧定螺钉连接。螺纹连接基本类型的结构、尺寸关系、特点和应用见表 3－2。

表 3－2　螺纹连接基本类型的结构、尺寸关系、特点及应用

螺纹连接主要类型		结构图	尺寸关系	特点及应用
螺栓连接	普通螺栓连接	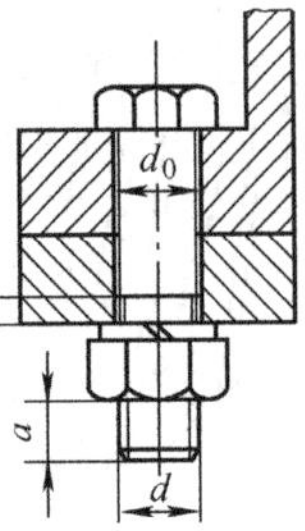	普通螺栓的螺纹预留长度 l_1 如下。 静载荷：$l_1 \geqslant (0.3 \sim 0.5)d$ 变载荷：$l_1 \geqslant 0.75d$ 冲击、弯曲载荷：$l_1 \geqslant d$ 铰制孔螺栓连接一般 l_1 尽可能小于螺纹伸出长度 a，$a=(0.2 \sim 0.3)d$ 普通螺栓孔的直径：$d_0=1.1d$ 铰制螺栓孔的直径： $d_0=d+1$(M26～M27) 或 $d_0=d+2$(M30～M48)	螺栓杆与被连接件孔壁之间有间隙，工作载荷只能使螺栓受拉伸。其结构简单、装拆方便、应用广泛，常用于被连接件不太厚和便于加工通孔的场合
	铰制孔螺栓连接	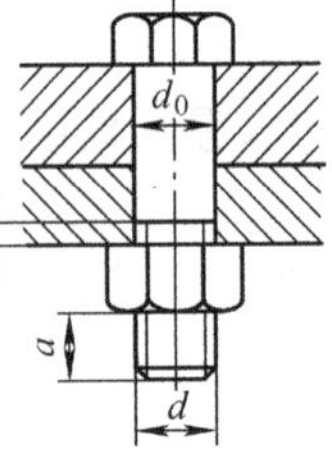		被连接件上的铰制孔和螺栓的光杆部分多采用基孔制的过渡配合，工作时螺栓杆受剪切和挤压变形
双头螺柱连接		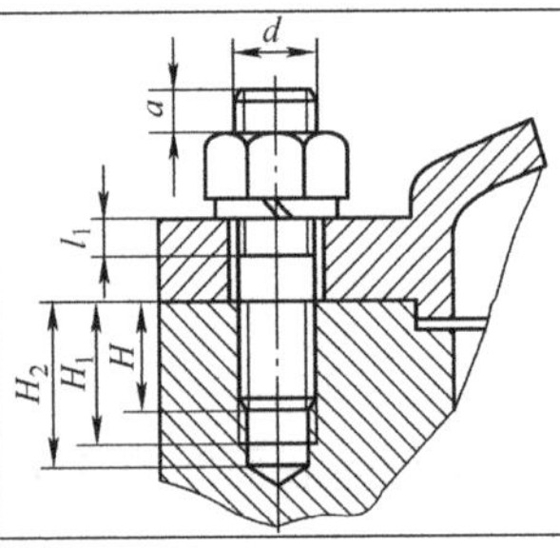	螺纹拧入深度 H 如下。 钢或青铜：$H \approx d$ 铸铁：$H=(1.25 \sim 1.5)d$ 铝合金：$H=(1.5 \sim 2.5)d$ 螺纹孔深：$H_1=H+(2 \sim 2.5)P$ 钻孔深：$H_2=H_1+(0.5 \sim 1)d$ 其余值同普通螺栓连接	螺柱的一端旋入一被连接件的螺纹孔中，另一端穿过另一被连接件的孔。常用于被连接件之一较厚且不宜制成通孔的场合，可以经常拆卸
螺钉连接		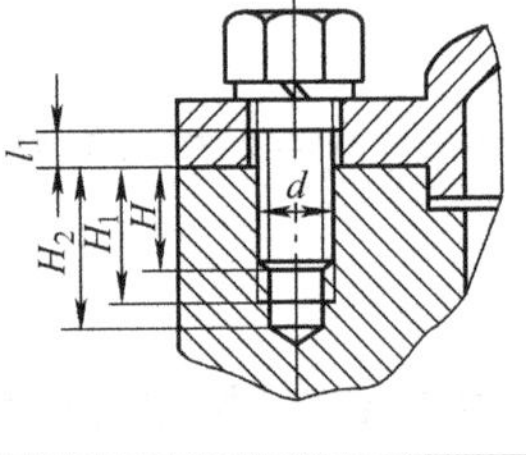		不用螺母，适用于被连接件之一较厚不宜制成通孔，且受力不大、不需经常拆卸的场合
紧定螺钉连接		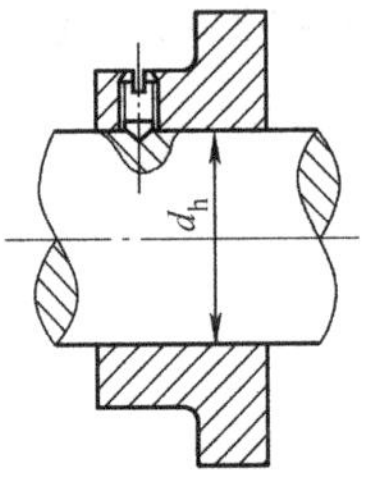	$d=(0.2 \sim 0.3)d_h$，若力和转矩较大，则取较大值	将紧定螺钉旋入一零件的螺纹孔中，并用螺钉端部顶住或顶入另一个零件，以固定两个零件的相对位置，并可传递不大的力或转矩

螺纹连接除上述基本类型外，还有地脚螺栓连接（图 3－3）、吊环螺栓连接（图 3－4）等。

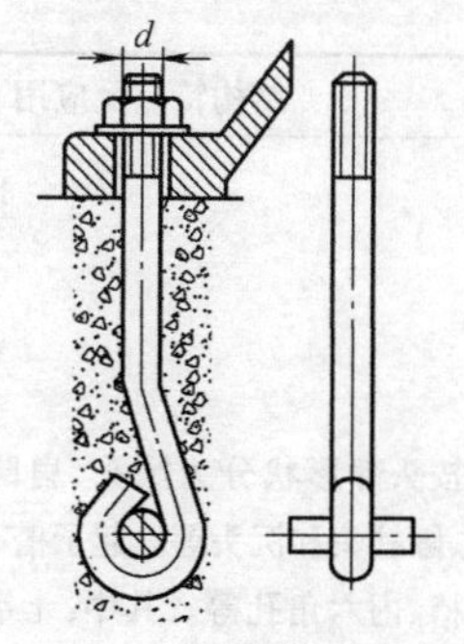

图 3－3　地脚螺栓连接

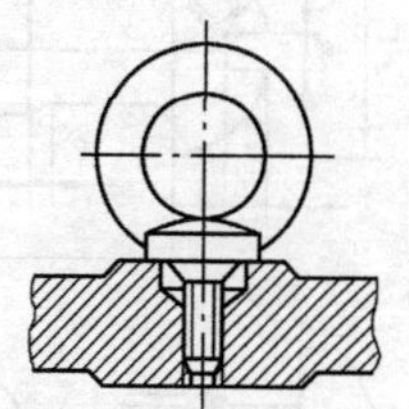

图 3－4　吊环螺栓连接

1.1.2.2　标准螺纹紧固件

常用标准螺纹紧固件有螺栓、双头螺柱、螺钉、紧定螺钉、螺母和垫圈等。这些标准螺纹紧固件的品种很多，大都已标准化，设计时可根据有关标准选用。常用的标准螺纹紧固件的结构特点、尺寸关系和应用见表 3－3。

表 3－3　常用标准螺纹紧固件的结构特点、尺寸关系和应用

名称		图　例	结构特点及应用
六角头螺栓		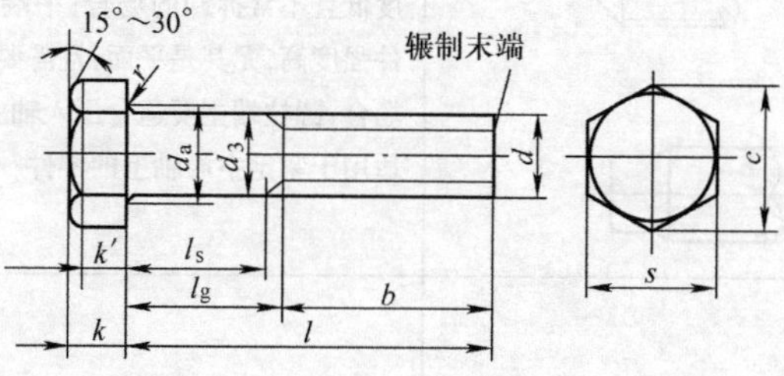 15°～30°；辗制末端；r；d_a；d_3；d；c；k'；l_s；l_g；b；k；l；s	螺纹精度分 A、B、C 三级，通常 C 级最常用。杆部可以全部有螺纹或只在一段有螺纹
双头螺柱	A型	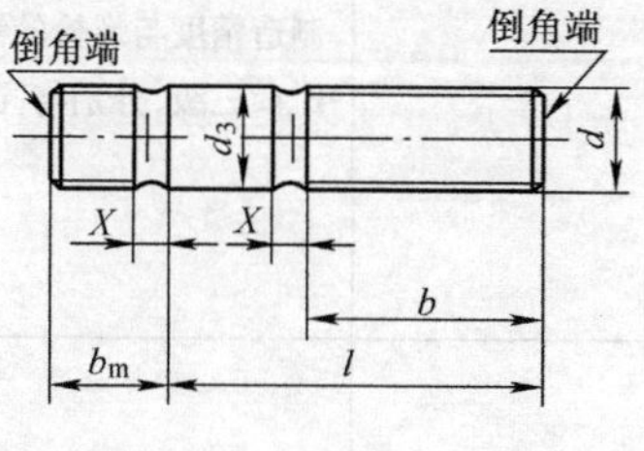 倒角端；倒角端；d_3；d；X；X；b；b_m；l	两端均有螺纹，两端螺纹可以相同，也可以不同。使用时将一端拧入厚度大、不便穿透的被连接件，另一端用螺母锁紧。螺柱有 A 型和 B 型两种结构
	B型	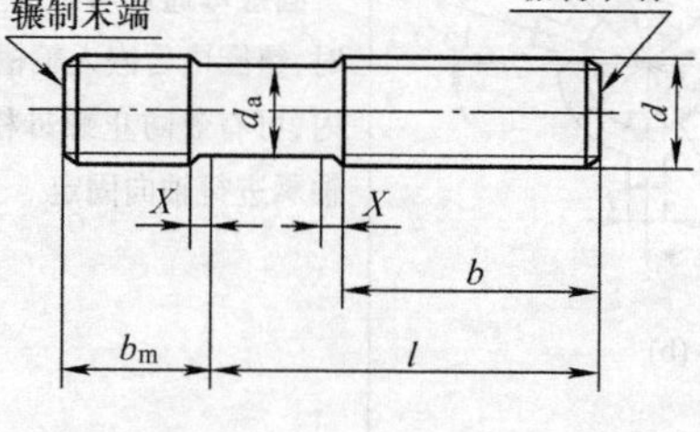 辗制末端；辗制末端；d_a；d；X；X；b；b_m；l	

续表

名称	图 例	结构特点及应用
螺钉	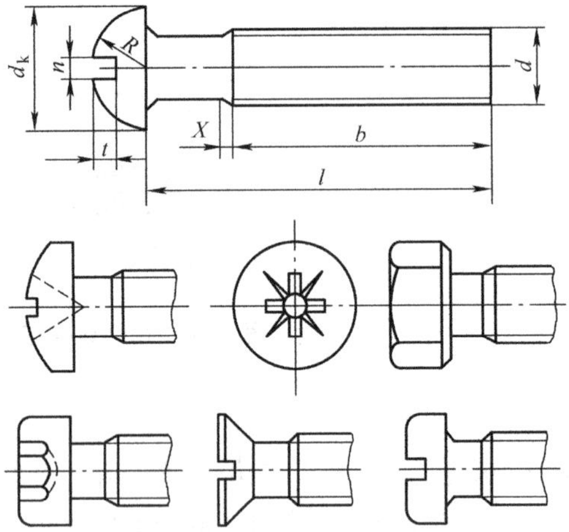	按头部形状分为圆头、扁圆头、内六角头、圆柱头和沉头等。起子槽有一字槽、十字槽、内六角孔等。其中,十字槽强度高,便于用机动工具,内六角孔主要用于要求结构紧凑的地方
紧定螺钉	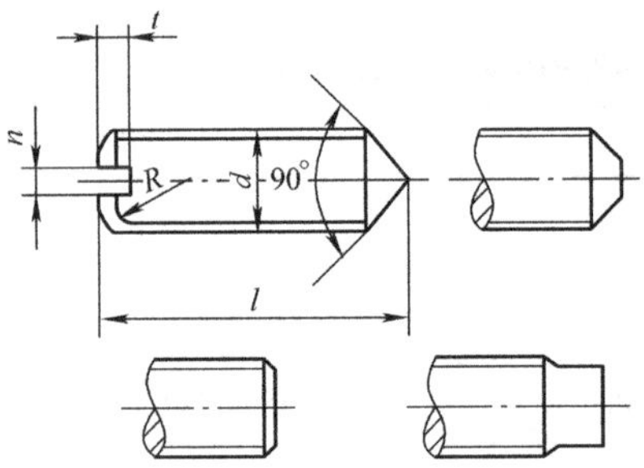	常用的紧定螺钉根据末端形状分为锥端、平端和圆柱端。锥端常用于连接件硬度低且不常拆卸的场合;平端常用于连接件强度高,尤其是平面,且需要经常拆卸的场合;圆柱端主要适合压入轴上的凹坑中,适用于紧定空心轴上的零件
六角螺母	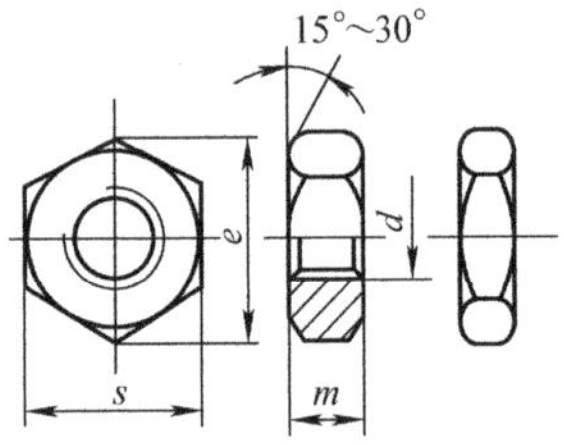	按厚度分为标准型和薄型两种。螺母的制造精度与螺栓的制造精度相对应,分 A、B、C 三级,分别与同级别的螺栓配合使用
圆螺母	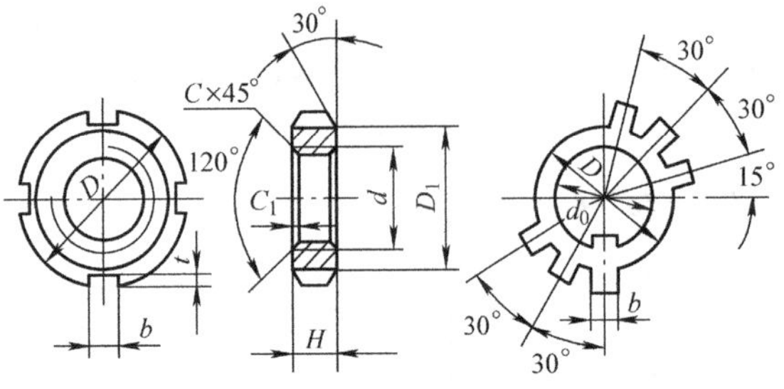 (a) (b)	圆螺母通常与止退垫圈配合使用。装配时,垫圈内舌嵌入轴槽内,外舌嵌入螺母槽内,可有效防止螺母松动。常用于对滚动轴承进行轴向固定

续表

名称	图例	结构特点及应用
垫圈	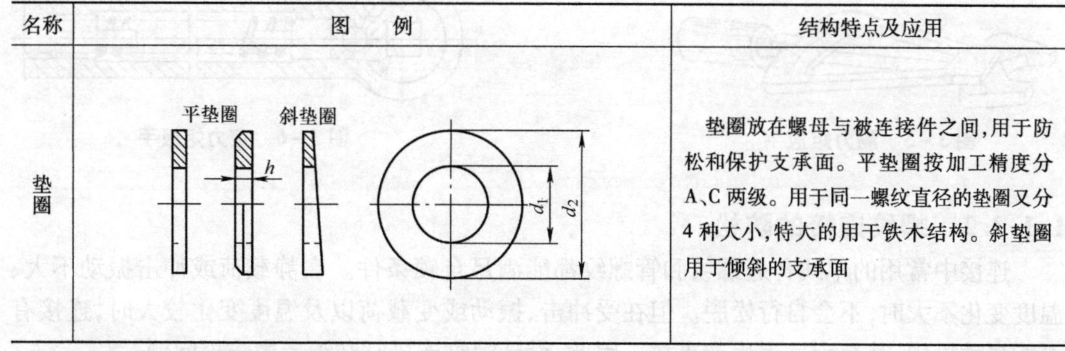	垫圈放在螺母与被连接件之间，用于防松和保护支承面。平垫圈按加工精度分A、C两级。用于同一螺纹直径的垫圈又分4种大小，特大的用于铁木结构。斜垫圈用于倾斜的支承面

1.1.2.3 螺纹紧固件的材料

螺栓、双头螺柱和螺钉的常用材料为Q215、Q235、35、45等碳素钢；螺母和垫圈的材料一般较螺栓、螺柱的略差。较重要的、尺寸较小的螺栓可采用合金钢，如40Cr。螺纹紧固件常用材料的力学性能列于表3-4中。

表3-4 螺纹紧固件常用材料的力学性能 (MPa)

材料钢号	Q215	Q235	35	45	40Cr
强度极限 σ_b	340~420	410~470	540	650	750~1 000
屈服极限 σ_s	220	240	320	360	650~900

1.1.3 螺纹连接的预紧与防松

1.1.3.1 螺纹连接的预紧

绝大多数螺纹连接在装配时需要拧紧，以增强连接的可靠性、紧密性和防松能力。连接件在承受工作载荷之前预先受到的作用力称为预紧力。此外，适当施加预紧力，还能提高螺栓的疲劳强度。

拧紧时，用扳手施加拧紧力矩 M 以克服螺纹副中的阻力矩 M_1 和螺母支撑面上的摩擦阻力矩 M_2，故拧紧力矩为

$$M = M_1 + M_2 = KF_0 d$$

式中：K 为拧紧力矩系数，见表3-5；F_0 为预紧力（N）；d 为螺纹公称直径（mm）。

表3-5 拧紧力矩系数 K

摩擦表面状态		精加工表面	一般加工表面	表面氧化	表面镀锌	干燥粗加工表面
K 值	有润滑	0.10	0.13~0.15	0.20	0.18	—
	无润滑	0.12	0.1~0.21	0.24	0.22	0.26~0.30

预紧力要适中。预紧力过小，会使连接不可靠；过大，则会导致连接过载甚至被拉断。因此，为了保证预紧力 F_0 不致过小或过大，可在拧紧螺栓过程中采用测力矩扳手（图3-5）、定力矩扳手（图3-6）控制拧紧力矩 M 的大小。

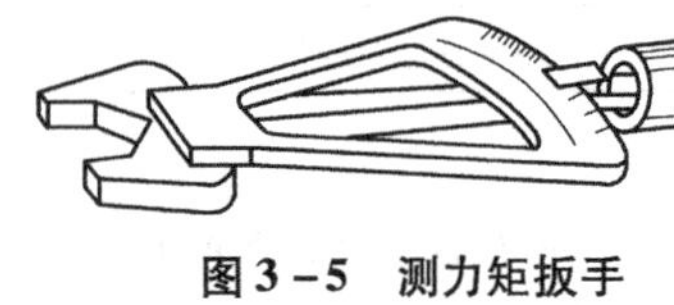

图 3 –5　测力矩扳手

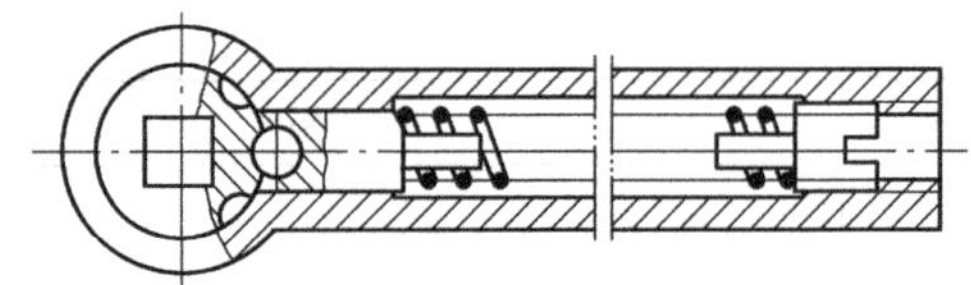

图 3 –6　定力矩扳手

1.1.3.2　螺纹连接的防松

连接中常用的单线普通螺纹和管螺纹都能满足自锁条件。在静载荷或冲击振动不大、温度变化不大时，不会自行松脱。但在受冲击、振动或变载荷以及温度变化较大时，连接有可能自动松脱，甚至会发生生产事故。因此，设计螺纹连接时必须考虑防松问题。

螺纹连接防松的根源在于防止螺纹副间的相对转动。防松的方法很多，按工作原理分为摩擦防松、机械防松、永久防松和化学防松四大类。螺纹连接常用的防松方法见表 3 –6。

表 3 –6　螺纹连接常用的防松方法

	弹簧垫圈	对顶螺母	尼龙圈锁紧螺母
摩擦防松	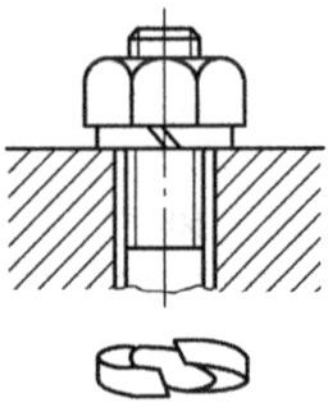 弹簧垫圈材料为弹簧钢，装配后垫圈被压平，其反弹力能使螺纹间保持压紧力和摩擦力	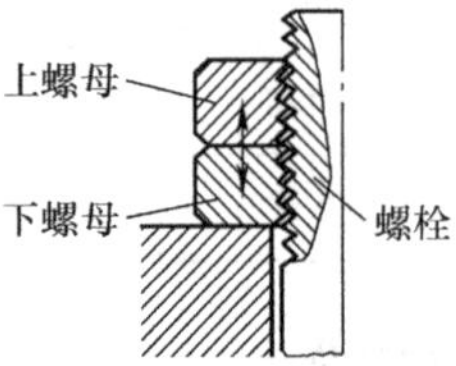 上螺母 下螺母 螺栓 利用两个螺母的对顶作用使螺栓始终受到附加拉力和附加摩擦力，以防松动，用于低速重载场合	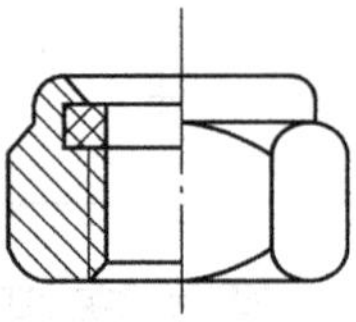 螺母中嵌有尼龙圈，拧上后尼龙圈内孔被胀大而箍紧螺栓
	槽形螺母和开口销	圆螺母用带翅垫片	止动垫片
机械防松	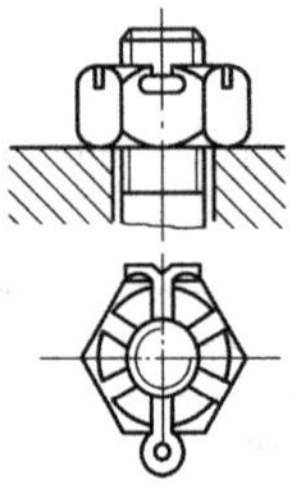 槽形螺母拧紧后用开口销穿过螺栓尾部小孔和螺母的槽，也可以用普通螺母拧紧后再配钻开口销孔	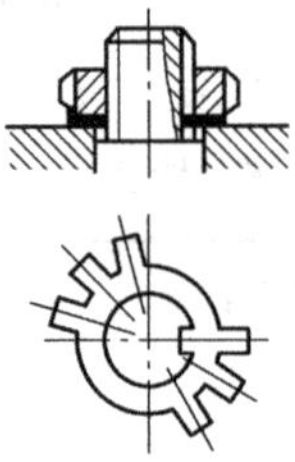 使垫片内翅嵌入螺栓（轴）的槽内，拧紧螺母后将垫片外翅之一折嵌于螺母的一个槽内	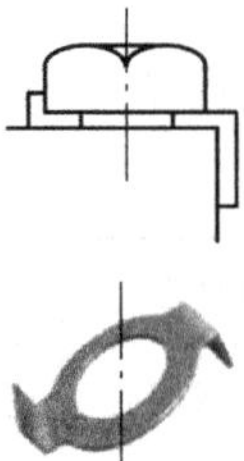 将垫片折边，以固定螺母和被连接件的相对位置

续表

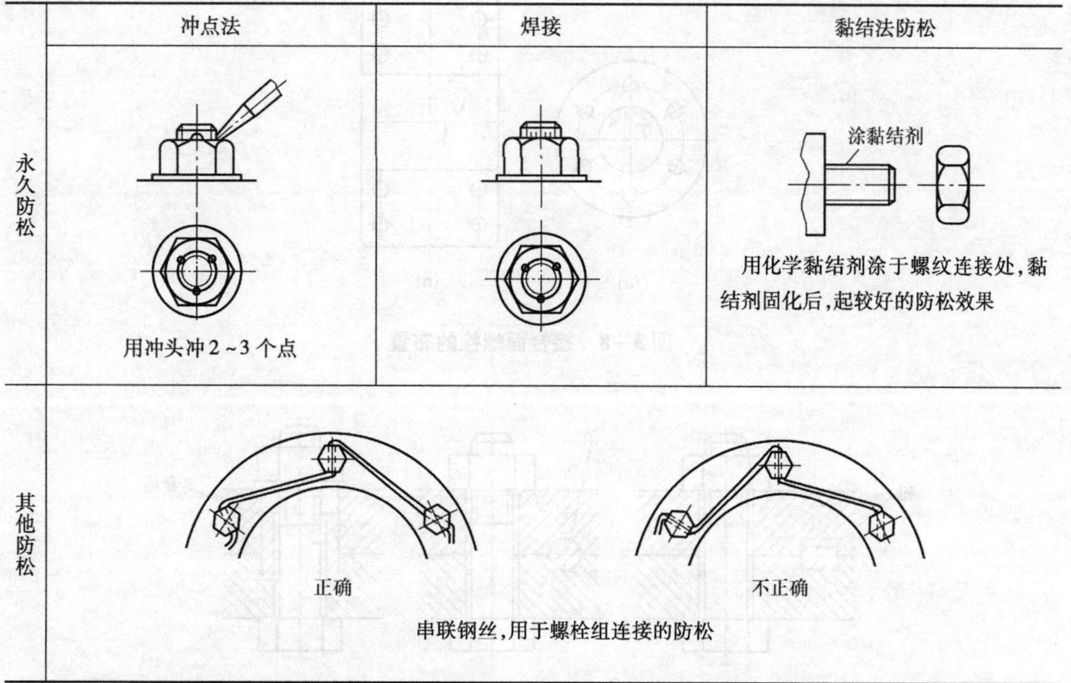

	冲点法	焊接	黏结法防松
永久防松	用冲头冲 2～3 个点		涂黏结剂 用化学黏结剂涂于螺纹连接处，黏结剂固化后，起较好的防松效果
其他防松	正确　不正确 串联钢丝，用于螺栓组连接的防松		

1.1.4　螺栓连接组的结构设计

在螺栓连接中，大多数都是成组使用的，设计时应该全面考虑受力、装拆、加工、强度等方面的因素，合理确定连接接合面的几何形状和螺栓的布置形式。其中，螺栓组连接最具有典型性。下面讨论螺栓组连接的设计问题，其基本结论也适用于双头螺柱组和螺钉组连接。

1. 连接接合面的几何形状尽量简单

如图 3－7 所示，一般将接合面设计成轴对称的简单几何形状，以便于加工被连接件和对称布置螺栓，保证接合面的受力比较均匀。

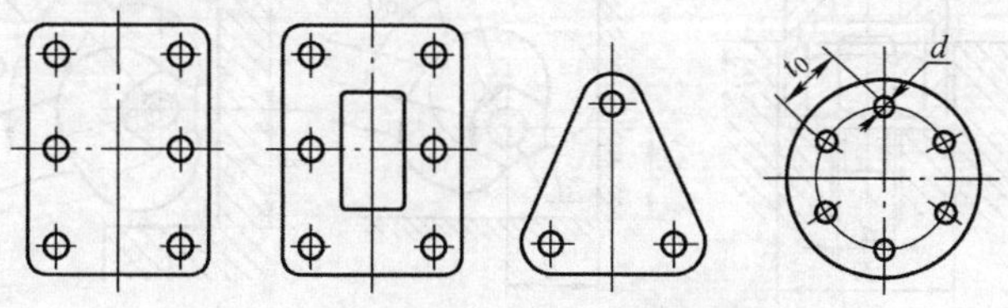

图 3－7　常用螺栓组连接接合面形状

2. 螺栓的布置应使螺栓受力合理

当螺栓组承受转矩 T 时，应使螺栓组的对称中心和接合面的形心重合，如图 3－8(a)所示；当螺栓组承受弯矩 M 时，应使螺栓组的对称轴与接合面的中性轴重合，如图 3－8(b)所示，并要求各螺栓尽可能靠近接合面的边缘，以充分发挥各个螺栓的承载能力。对于普通螺栓，在同时承受轴向载荷和较大横向载荷时，应采用键、销、套筒等抗剪零件来承受横向载荷，如图 3－9 所示，以减小螺栓的预紧力和结构尺寸。

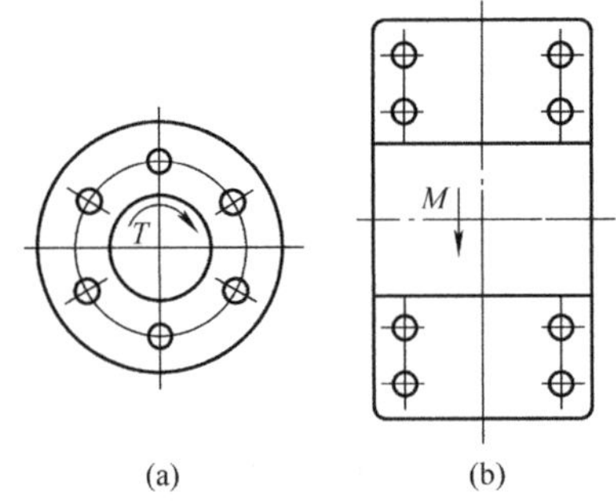

图 3－8　接合面螺栓的布置

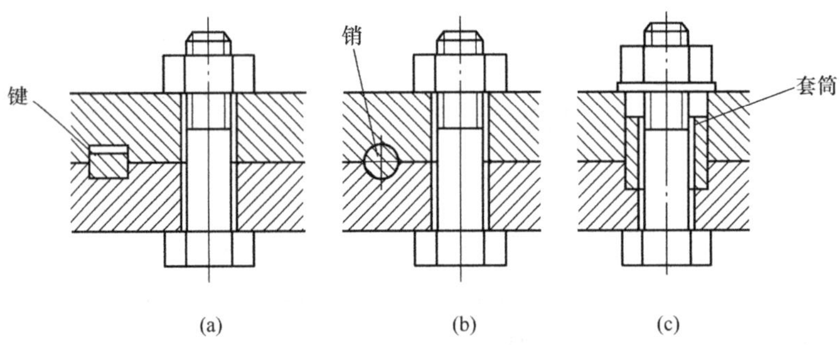

图 3－9　减载装置

3. 螺栓排列应有合理的间距和边距

布置螺栓时，各螺栓间以及螺栓和箱体壁间应留有足够的扳手操作空间，如图 3－10 所示。扳手空间的尺寸可查阅有关手册。压力容器上各螺栓轴线的间距可从表 3－7 中选取。

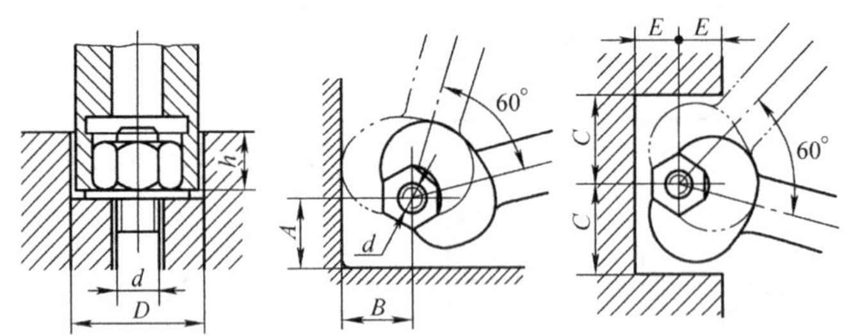

图 3－10　扳手空间

表 3－7　紧密连接螺栓间距 t_0

	容器的工作压力 P/MPa	≤1.6	1.6～4	4～10	10～16	16～20	20～30
	t_0/mm	$7d$	$4.5d$	$4.5d$	$4d$	$3.5d$	$3d$

4. 螺栓数量的选择与布局要方便加工和承载

分布在同一圆周上的螺栓数目应便于在圆周上分度划线，尽量采用4、6、8等偶数。不要在平行于工作载荷的方向上布置8个以上的螺栓，以避免螺栓受力不均匀。在同一螺栓组中，螺栓的材料、直径和长度均应相同。

任务落实

1. 装拆实物或模型，举例说明什么是可拆连接，什么是不可拆连接。
2. 螺纹连接的基本形式有哪几种？各适用于何种场合？有何特点？
3. 为什么要对螺纹连接进行预紧和防松？常用控制预紧力的装置和防松方法有哪些？
4. 螺栓组连接的结构设计应该注意哪些问题？

子任务2　螺纹连接的强度计算

任务引入

设计螺栓组连接时，在确定了被连接接合面的结构、形状，选定了螺栓数目和布置形式后，应进一步确定螺栓连接的结构尺寸。在确定螺栓尺寸时，对于不重要的连接或有成熟实例的连接，可采用类比法。但对于重要的或没有成熟实例的连接，则应根据结构和受力情况，找出受力最大的螺栓及其所受载荷，然后根据单螺栓的强度计算方法进行尺寸设计或校核。如图3－11所示，气缸盖与气缸体之间采用普通螺栓连接，已知气缸盖与气缸体凸缘厚度均为b，气缸内径为D，螺栓分布圆直径为D_0，所受轴向载荷为F_Q，该如何选择螺栓的材料、强度级别、直径和数量呢？

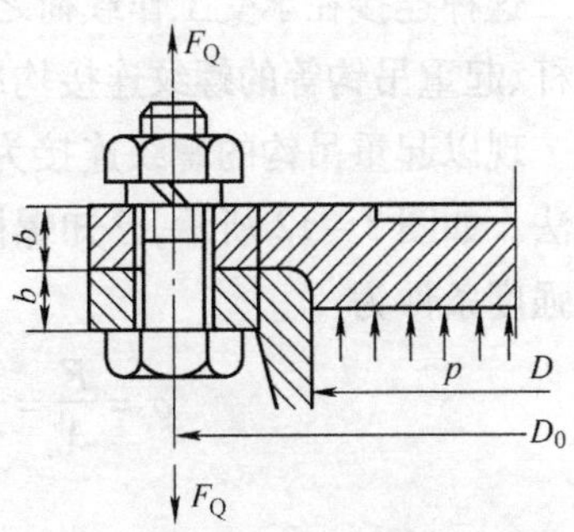

图3－11　气缸盖与气缸体间的普通螺栓连接

任务目标

1. 了解不同螺栓连接组中螺栓的受力分析方法。
2. 根据普通螺栓连接的强度计算方法，能进行螺栓结构尺寸设计或校核。
3. 掌握提高螺栓连接强度的措施。

知识链接

1.2.1　螺栓组连接的分类

由前述可知，螺栓通常是成组使用的。在实际设计中，通常是对螺栓组受力情况进行具体分析，根据力学原理，计算出螺栓组的总工作载荷后，再确定出受力最大的螺栓及其载荷，并对其进行单个螺栓连接的强度计算就可以了。

螺栓连接的受载形式很多，但对单个螺栓来说主要有两类：一类为外载荷沿螺栓轴线方向，称为轴向载荷；另一类为外载荷垂直于螺栓轴线方向，称为横向载荷。

当传递轴向载荷时，螺栓受轴向拉力，称为受拉螺栓。可分为不预紧的松连接和有预紧的紧连接。当传递横向载荷时，一种是普通螺栓连接，靠预紧力在被连接件间产生的摩擦力传递横向载荷，螺栓仍受轴向拉力；另一种是铰制孔螺栓连接，工作时螺杆受剪，靠杆面和孔壁相互挤压来传递载荷，称为受剪螺栓。

1.2.2 受拉螺栓连接的强度计算

静载荷下螺栓连接的主要失效形式为螺纹的塑性变形和断裂，其强度计算方法按工作情况分述如下。

螺栓连接的强度计算是指根据螺栓连接的类型、装配和受载情况等条件，分析螺栓的受力，然后根据相应的强度条件计算螺栓危险截面的小径 d_1 或校核其强度。螺栓的其他部位及螺母、垫圈等的结构尺寸则是根据等强度条件及使用经验规定的，通常不需要进行强度计算，可按螺纹的公称直径直接从标准中查找或选定。

1.2.2.1 松螺栓连接的强度计算

这种连接在承受工作载荷之前，螺栓不旋紧，即不受力。例如拉杆、起重吊钩等的螺纹连接均属此类。

现以起重吊钩的螺纹连接为例，说明松螺栓连接的强度计算方法。如图 3-12 所示，已知螺杆所受最大拉力为 F，则螺纹部分的强度条件为

$$\sigma=\frac{F}{A}=\frac{F}{\frac{\pi d_1^2}{4}}\leqslant[\sigma] \tag{3-3}$$

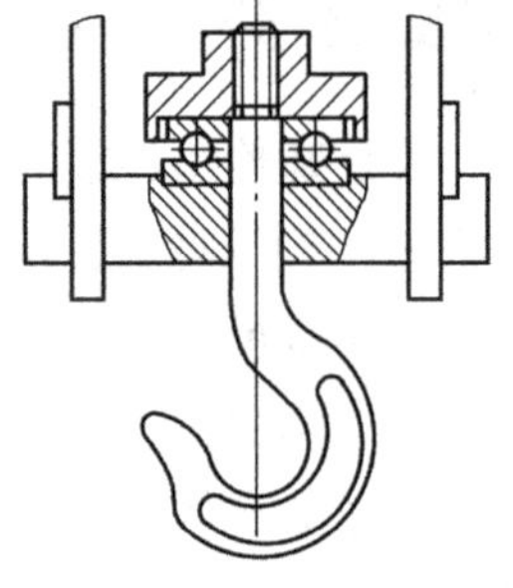

图 3-12 起重吊钩的松螺栓连接

式中：d_1 为螺纹小径，单位为 mm；F 为螺栓承受的轴向工作载荷，单位为 N；$[\sigma]$ 为松螺栓连接的许用拉应力，单位为 MP，计算公式查表 3-8。

将上式进行转换，可得设计公式为

$$d_1\geqslant\sqrt{\frac{4F}{\pi[\sigma]}} \tag{3-4}$$

计算得出 d_1 值后再从机械设计手册中查得螺纹的公称直径 d。

表 3-8 一般机械用螺栓连接在静载荷作用下的许用应力和安全系数

<table>
<tr><th>类型</th><th>许用应力</th><th colspan="3">相关因素</th><th>安全系数</th></tr>
<tr><td rowspan="5">受拉普通螺栓连接</td><td rowspan="5">许用拉应力
$[\sigma]=\frac{\sigma_s}{[S]}$</td><td colspan="3">松连接</td><td>$[S]=1.2\sim1.7$（未淬火钢取小值）</td></tr>
<tr><td rowspan="4">紧连接</td><td rowspan="2">控制预紧力</td><td>测力矩或定力矩扳手</td><td>$[S]=1.6\sim2$</td></tr>
<tr><td>测量螺栓伸长量</td><td>$[S]=1.3\sim1.5$</td></tr>
<tr><td rowspan="2">不控制预紧力</td><td>碳素钢</td><td>$[S]=\frac{2\ 200}{900-(70\ 000-F_0)^2\times10^{-7}}$</td></tr>
<tr><td>合金钢</td><td>$[S]=\frac{2\ 750}{900-(70\ 000-F_0)^2\times10^{-7}}$</td></tr>
</table>

续表

类型	许用应力	相关因素			安全系数
铰制孔用螺栓连接	许用拉应力 $[\sigma]=\dfrac{\sigma_s}{[S]}$	紧连接	螺栓材料	钢	$[S]=2.5$
	许用挤压应力 $[\sigma_p]=\dfrac{\sigma_{lim}}{[S_p]}$		螺栓或孔壁材料	钢 $\sigma_{lim}=\sigma_s$	$[S_p]=1\sim1.25$
				铸铁 $\sigma_{min}=\sigma_b$	$[S_p]=1.25$

注：F_0 为螺栓的总拉力（受横向工作载荷时为 F'）；若 $F_0>70\ 000$ N，则取 $F_0=70\ 000$ N。

1.2.2.2　紧螺栓连接的强度计算

紧螺栓连接所受预紧力 F'，根据受载情况有以下三种常见形式。

1. 只受预紧力的紧螺栓连接

如闭式减速器底座与盖体之间的螺栓连接，工作过程中不受任何外力作用，仅起密封和防尘作用。这种螺栓连接在拧紧螺母时，螺栓杆除轴向受预紧力 F' 的拉伸作用外，还受螺纹摩擦力矩 T_1 的扭转作用。F' 和 T_1 将分别使螺纹部分产生拉应力 σ 及扭转剪切应力 τ，因一般螺栓用塑性材料，故可用第四强度理论求其当量应力。螺纹部分的强度计算公式为

$$\sigma_V=\sqrt{\sigma^2+3\tau^2}\leqslant[\sigma]$$

对于普通螺纹，$\tau\approx\dfrac{\sigma}{2}$，所以

$$\sigma_V\approx1.3\sigma \tag{3-5}$$

即螺栓的强度条件为

$$\sigma_V\approx1.3\frac{F'}{\dfrac{\pi d_1^2}{4}}\leqslant[\sigma] \tag{3-6}$$

设计计算公式为

$$d_1\geqslant\sqrt{\frac{4\times1.3F'}{\pi[\sigma]}} \tag{3-7}$$

式中：$[\sigma]$ 为紧螺栓连接的许用拉应力，单位为 MPa，可查表 3-8。

由式（3-5）可知，考虑扭转剪应力的影响，相当于把螺栓的轴向拉力增大 30%。因此，把拉应力增大 30% 后，按纯拉伸来计算螺栓的强度即可。

2. 受横向工作载荷的紧螺栓连接

如图 3-13 所示，在受到横向工作载荷 F_s 作用时，为避免被连接件的接合面间产生相对滑移，则预紧力 F' 与横向工作载荷 F_s 之间的关系为

$$F'fm=cF_s$$

由上式可得到预紧力为

$$F'=\frac{cF_s}{fm} \tag{3-8}$$

式中：F' 为螺栓所受的预紧力，单位为 N；c 为可靠性系数，一般取 1.1～1.3；F_s 为螺栓连接

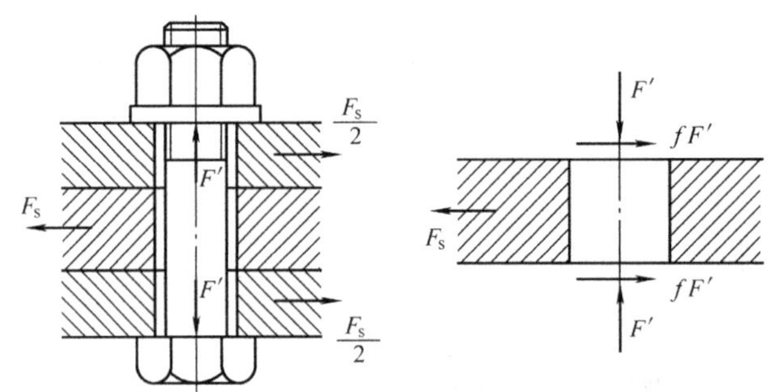

图 3-13　受横向工作载荷的紧螺栓连接

所受的横向工作载荷,单位为 N;f 为接合面间的摩擦系数,见机械设计手册;m 为接合面的数目。

当 $f=0.15$,$c=1.1$,$m=1$ 时,可得

$$F'=\frac{cF_s}{fm}=\frac{1.1F_s}{0.15\times 1}\approx 7F_s$$

由此可见,当承受横向工作载荷 F_s 时,要使连接不产生滑动,螺栓上要承受 7 倍于横向工作载荷的预紧力。这样设计出来的螺栓连接结构笨重、尺寸大、不经济,尤其在冲击、震动载荷作用下连接更为不可靠。因此,应设法避免这种结构,采用新结构。

3. 受轴向静工作载荷的紧螺栓连接

这种连接在紧密性要求较高的压力容器中比较常见,是应用最广也是最重要的一种螺栓连接形式。如图 3-14 所示气缸盖螺栓连接就是典型的实例。在承受工作载荷之前(图 3-14(a)),螺栓仅受预紧力 F' 的作用;当承受工作载荷之后(图 3-14(b)),由于螺栓和被连接件都是弹性体,在工作拉力 F 作用下,螺栓继续被拉伸,被连接件则被“放松”而略有反弹,因此螺栓所受总拉力 F_0 并不等于预紧力 F' 与工作拉力 F 之和,它们的受力关系属于静不定问题。根据变形协调条件和静力平衡条件,螺栓所受总拉力 F_0 应等于工作拉力 F 与剩余预紧力 F'' 之和,即

$$F_0=F+F'' \tag{3-9}$$

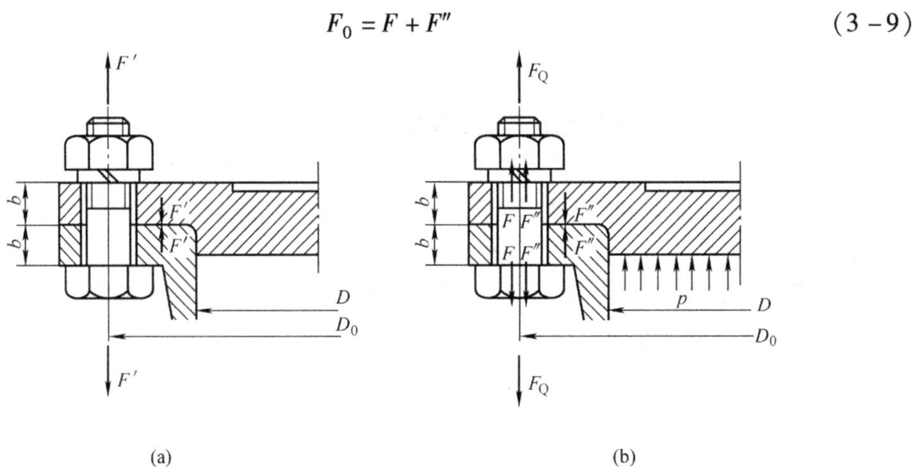

图 3-14　气缸盖螺栓连接

为了保证连接的紧密性和可靠性,剩余预紧力 F'' 应大于零。选择 F'' 时可参考下列数

据：当工作拉力 F 无变化时，取 $F''=(0.2\sim0.6)F$；当 F 有变化时，取 $F''=(0.6\sim1.0)F$；对于气缸、压力容器等有紧密性要求的螺栓连接，取 $F''=(1.5\sim1.8)F$；对于地脚螺栓连接，则取 $F''\geqslant F$。

考虑到可能需要补充拧紧及扭转切应力的作用，一般将总拉力 F_0 增大30%作为计算载荷。则螺栓的强度条件为

$$\sigma_V\approx1.3\frac{F_0}{\frac{\pi d_1^2}{4}}\leqslant[\sigma] \tag{3-10}$$

设计计算公式为

$$d_1\geqslant\sqrt{\frac{4\times1.3F_0}{\pi[\sigma]}} \tag{3-11}$$

式中各个符号的含义同前。

最后查螺纹标准，根据小径 d_1 确定螺纹公称直径 d。若轴向工作载荷在 $0\sim F$ 之间周期性变化，则螺栓的总拉力 F_0 将在 $F''\sim F_0$ 之间变化。受轴向变载荷螺栓的简化计算仍可按式(3-9)进行，但连接螺栓的许用应力$[\sigma]$应另参考有关手册选取。

1.2.3　受剪螺栓连接的强度计算

如图3-15所示铰制孔螺栓连接，在装配时螺栓杆与孔壁间采用过渡配合，无间隙，螺母不必拧太紧。工作时，螺栓受横向工作载荷 F_s，在被连接件的接合面处，螺栓杆受剪切，螺栓杆表面与孔壁之间相互挤压，因此铰制孔螺栓连接必须进行挤压强度和剪切强度计算。

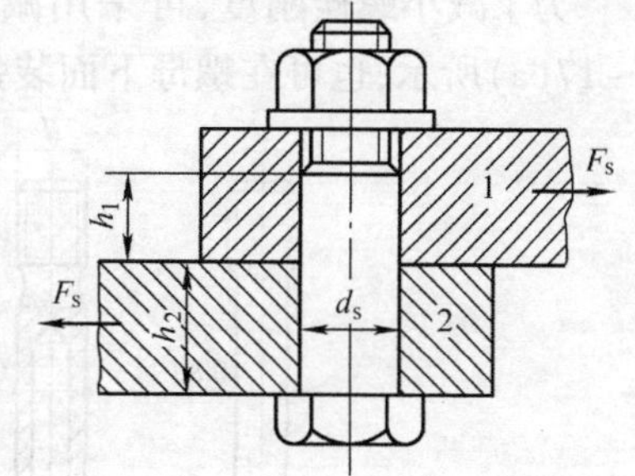

图3-15　受剪切的铰制孔螺栓连接

这种连接受很小的预紧力，所以在计算中不考虑预紧力和螺纹摩擦力矩的影响。螺栓杆与孔壁的抗剪强度条件为

$$\tau=\frac{F_s}{\frac{\pi d_s^2 m}{4}}\leqslant[\tau] \tag{3-12}$$

螺栓杆的挤压强度条件为

$$\sigma_p=\frac{F_s}{d_s h_{min}}\leqslant[\sigma_p] \tag{3-13}$$

式中：F_s 为单个螺栓所受的横向工作载荷，单位为N；d_s 为螺栓剪切面直径，单位为mm；h_{min} 为螺栓杆与孔壁挤压面的最小长度，单位为mm；m 为螺栓受剪面数目；$[\tau]$为螺栓材料的许用剪切应力，单位为MPa，查表3-8；$[\sigma_p]$为螺栓或孔壁材料中较弱者的许用挤压应力，单位为MPa，查表3-8。

1.2.4　提高螺栓连接强度的措施

螺栓连接的强度主要取决于螺栓的强度。影响螺栓强度的因素很多，主要有螺纹牙间的载荷分布、应力变化幅度、应力集中和附加应力以及材料的力学性能等多个方面。下面来分析这些因素，并以受拉螺栓连接为例，提出改进措施。

1. 减小应力集中

螺纹牙根、收尾、螺栓头部与螺栓杆的过渡处以及螺栓横截面面积发生变化的部位等，都存在应力集中，是螺栓产生断裂的危险部位。为了减小应力集中，可在螺纹收尾处加工出退刀槽，增大过渡处圆角半径（图 3－16（a））或开卸载槽（图 3－16（b））。但应注意，对于一般用途的连接，不要随便采用卸载槽一类的结构。

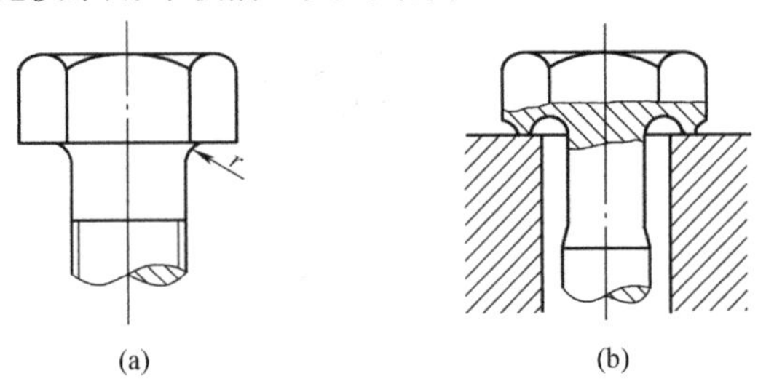

图 3－16　减小应力集中的方法

2. 减小螺栓的应力变化幅度

实践表明，受轴向变载荷的紧螺栓连接，应力变化幅度是影响其疲劳强度的重要因素，应力变化幅度越小，疲劳强度越高。减小螺栓的刚度或增大被连接件的刚度，均能使应力变化幅度减小。

为了减小螺栓刚度，可采用减小螺栓光杆部分直径或采用空心杆结构的方法，如图 3－17（a）所示；也可在螺母下面装弹性元件，如图 3－17（b）所示。

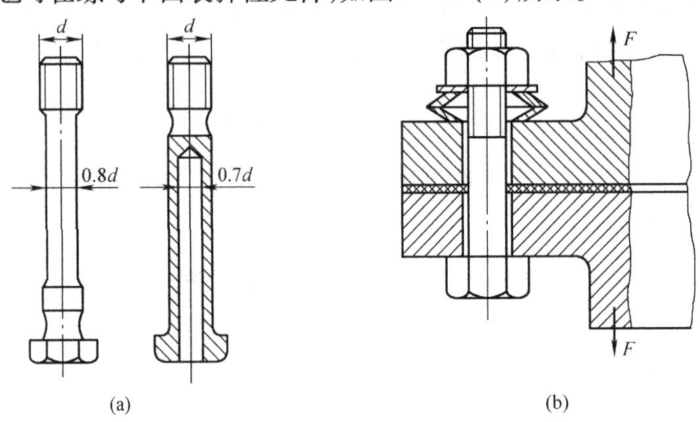

图 3－17　减小螺栓的应力变化幅度

3. 避免附加弯曲应力

除因制造和安装上的误差以及被连接部分的变形等原因可引起附加弯曲应力外，被连接件、螺栓头部和螺母等的支承面倾斜（图 3－18（a））、螺纹孔不正（图 3－18（b））、被连接件刚度小（图 3－18（c））等也会引起弯曲应力。

可采用球面垫圈（图 3－19（a））、斜垫圈（图 3－19（b））、凸台（图 3－19（c））和沉孔（图 3－19（d））等措施减小或避免弯曲应力。

4. 采用合理的制造工艺

采用冷镦螺栓头部和滚压螺纹的工艺方法可以降低应力集中，同时因为没有切断材料纤维，金属流线走向合理，而且有冷作硬化的效果。因此，这两种制造工艺可以显著提高螺

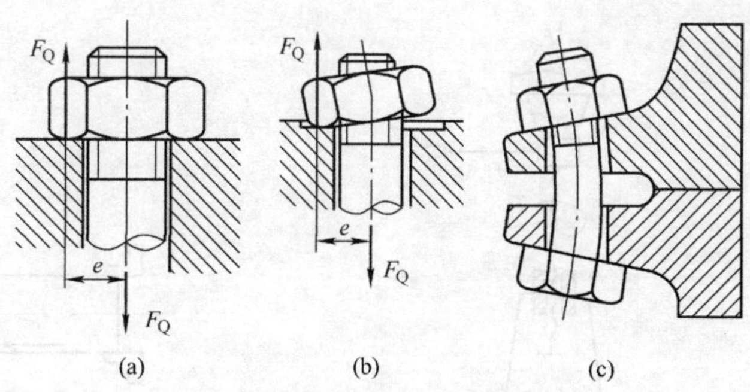

图 3-18　附加应力的影响

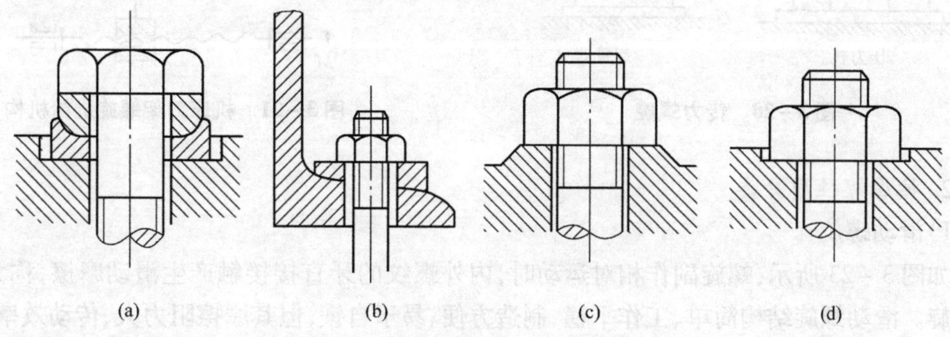

图 3-19　减小或避免弯曲应力的措施

栓的疲劳强度。另外，采用氮化、氰化、喷丸等处理工艺均可有效提高螺纹连接件的疲劳强度。

1.2.5　螺旋传动简介

螺旋传动是靠螺杆和螺母组成的螺旋副来实现传动要求的，主要用来把回转运动变为直线运动，并传递运动和动力。

1.2.5.1　螺旋传动的类型

1. 按使用要求分类

1）传力螺旋

这种螺旋以传递动力为主，要求用较小的力矩转动螺杆（或螺母），使螺母（或螺杆）产生轴向运动和较大的轴向力。这种螺旋传动一般为间歇性工作，工作速度不高，通常要求有较高强度和自锁性，广泛用于螺旋千斤顶等各种起重或加压装置。如图 3-20 所示为压力机和起重器的传力螺旋机构。

2）传动螺旋

这种螺旋以传递运动为主，要求具有较高的传动精度，有时也承受较大的轴向力，一般需在较长时间内连续工作，且工作速度较高。如图 3-21 所示为机床刀架或工作台进给机构中的传动螺旋。

3）调整螺旋

这种螺旋用于调整并固定零件或部件之间的相对位置，调整螺旋不经常转动，一般在空载下进行调整，如机床、仪器或测试装置中微调机构的螺旋等。如图 3-22 所示为量具的螺旋测量机构。

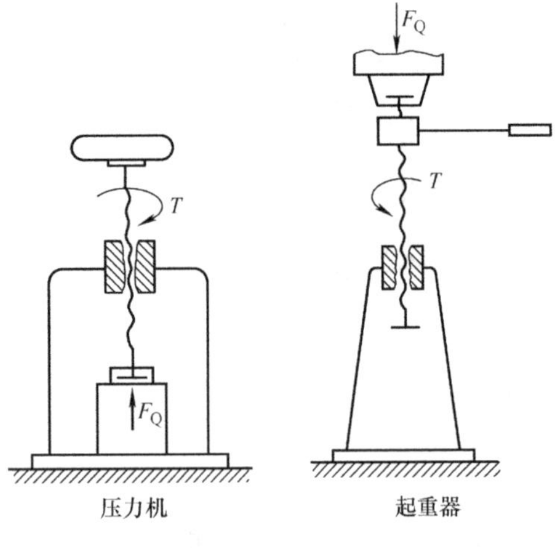

图 3-20 传力螺旋

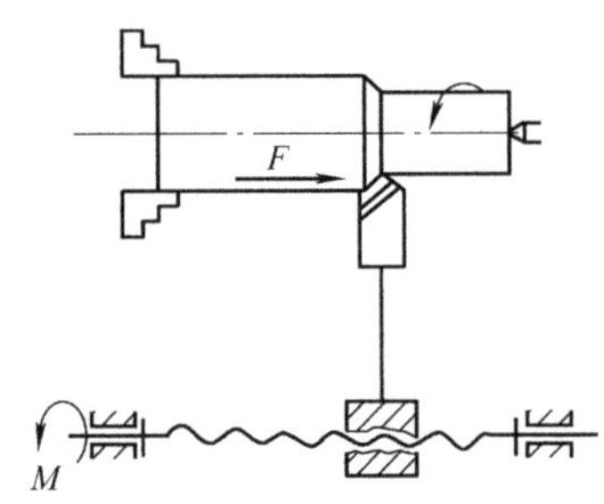

图 3-21 机床刀架螺旋进给机构

2. 按摩擦性质分类

1)滑动螺旋

如图 3-23 所示,螺旋副作相对运动时,内外螺纹的牙直接接触产生滑动摩擦,称为滑动螺旋。滑动螺旋结构简单、工作平稳、制造方便、易于自锁,但其摩擦阻力大、传动效率低、磨损大、传动精度较低、寿命短,不适于高速和大功率传动。

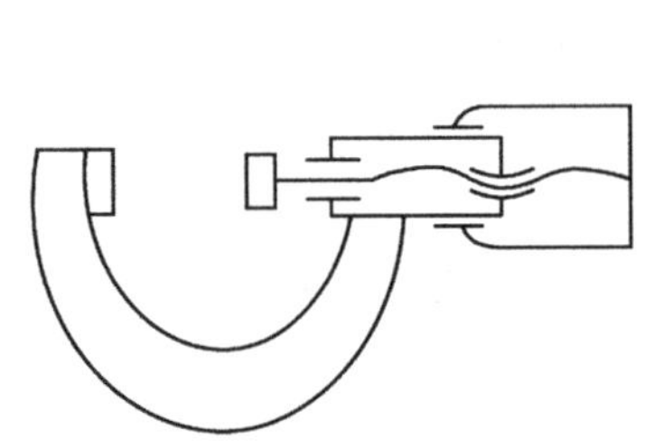

图 3-22 量具的螺旋测量机构

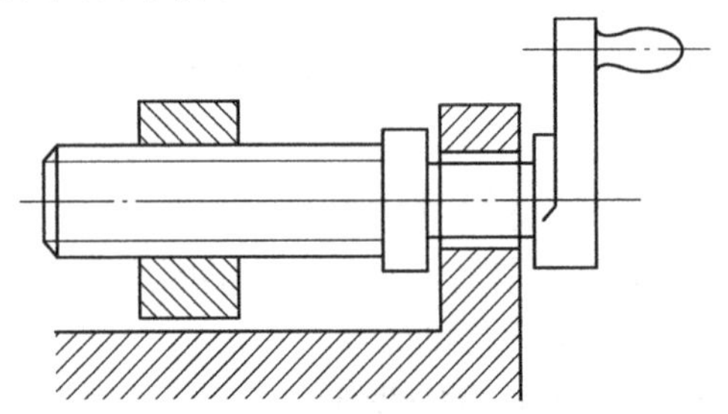

图 3-23 滑动螺旋传动

滑动螺旋传动为普通螺旋传动,其传动形式有以下几种情况:

(1)螺母不动,螺杆回转并作直线运动,如图 3-20 所示;

(2)螺杆原位回转,螺母作直线运动,如图 3-23 所示;

(3)螺杆不动,螺母回转并作直线运动,如螺杆固定式的螺旋千斤顶;

(4)螺母原位回转,螺杆作直线运动,如实验仪器观察镜的螺旋调整装置。

螺杆(或螺母)的移动距离由导程决定。螺杆(或螺母)每转一圈,螺杆(或螺母)就移动一个导程,则转过 n 圈时的移动距离为

$$S = nL \tag{3-14}$$

式中:S 为螺杆(或螺母)的移动距离,单位为 mm;n 为螺杆(或螺母)转动的圈数;L 为螺杆(或螺母)的导程,单位为 mm。

2)滚动螺旋

在螺杆和螺母之间设有封闭循环的滚道,滚道间充以钢球,这样就使螺旋面的摩擦成为

滚动摩擦，这种螺旋称为滚动螺旋或滚珠丝杠。滚动螺旋的摩擦阻力小、传动效率高，但结构复杂、成本高，主要用在高精度、高效率的重要传动中。

滚珠丝杠按用途可以分为定位滚珠丝杠和传动滚珠丝杠两种。其中，定位滚珠丝杠是通过旋转角度和导程控制轴向位移量，也称为P类滚珠丝杠；传动滚珠丝杠是用于传递动力的，也称为T类滚珠丝杠。

滚动螺旋按滚道回路形式的不同，又可分为内循环和外循环两类。如图3－24所示为内循环式滚动螺旋丝杠，滚珠在循环回路中始终和螺杆接触，螺母上开有侧孔，孔内装有反向器将相邻两螺纹滚道连通，滚珠越过螺纹顶部进入相邻滚道，形成一个循环回路。一个螺母通常装配2～4个反向器，反向器在圆周上对称布置。内循环的每一封闭循环滚道只有一圈滚珠，因此径向尺寸小、流动性好、摩擦损失少、传动效率高，但反向器及螺母上定位孔加工要求较高、成本较高。

如图3－25所示为外循环式滚动螺旋丝杠，滚珠在循环回路中脱离螺杆的滚道，在螺旋滚道外进行循环。常见的外循环形式有螺旋槽式和插管式两种。如图3－25(a)所示为螺旋槽式外循环螺旋。在螺母的外表面上铣出一个供滚珠返回的螺旋槽，其两端钻有圆孔，与螺母上内滚道相通。在螺母的滚道上装有挡珠器，引导滚珠从螺母外表面上的螺旋槽返回滚道，循环到工作滚道的另一端。这种结构的加工工艺性比内循环滚珠丝杠好，所以应用广泛，但缺点是挡珠器的形状复杂且容易磨损、寿命低。如图3－25(b)所示为插管式外循环螺旋。它是用导管作为返回滚道，导管的端部插入螺母的孔中，与工作滚道的始末相通。当滚珠沿工作滚道运行到一定位置时，遇到挡珠器迫使其进入返回滚道(即导管内)，循环到工作滚道的另一端。这种结构的工艺性较好，但返回滚道布置于螺母外侧，不适合安装在设备内部。

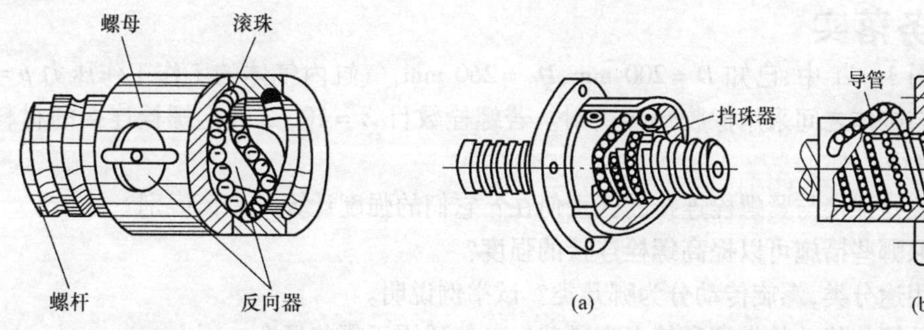

图3－24　内循环式滚动螺旋丝杠　　图3－25　外循环式滚动螺旋丝杠

滚动螺旋具有传动效率高、磨损小、传动精度高、工作较平稳和不具有自锁性等优点，同时也具有结构复杂、制造困难、在需要防止逆转的机构中要另加自锁机构和承载能力不如滑动螺旋传动大等缺点。

由于其明显的优点，滚动螺旋早已在汽车和拖拉机的转向机构中得到应用。目前，在要求高效率和高精度之处多已广泛应用滚动螺旋，例如飞机机翼和起落架的控制、水闸的升降机构和数控机床等。

一般情况下，滚珠丝杠副的承载能力取决于其抗疲劳能力，所以应首先根据寿命条件及额定动载荷选择或校核其基本参数，同时校验其额定静载荷。当转速很低时，可仅按额定静载荷确定和校核其尺寸；当转速较高时，还应校核丝杠的临界转速。一般情况下，均应对丝杠进行强度、刚度和稳定性校验。但由于滚动螺旋传动的精度要求高,制造比较复杂,所以一般均有专业厂家生产,使用者在设计时通常以选择性计算或校验为主,相关滚动螺旋传动设计计算方法见相关手册和资料。

3)静压螺旋

螺杆和螺母之间采用特殊结构,再用一套特殊的供油系统,使螺母和螺杆之间形成一层稳定的油膜,这样就使螺旋面的摩擦变为油膜内部的摩擦,这种螺旋称为静压螺旋。静压螺旋的摩擦阻力小、传动效率高,但结构复杂、需要供油系统,适用于高精度、高效率的重要传动中,如自动控制系统、测试装置和精密机床中。

1.2.5.2 螺杆和螺母的材料

螺杆和螺母的材料要求有足够的强度、耐磨性及良好的加工性,常用材料见表3-9。

表3-9 螺杆和螺母的常用材料

螺纹副	材料牌号	应用范围
螺杆	Q235、Q275、45、50	材料不经热处理,适用于经常运动、受力不大、转速较低的传动
	40Cr、65Mn、40CrMn、20CrMnTi	材料需经热处理,以提高其耐磨性,适用于重载、转速较高的重要传动
	9Mn2V、CrWMn、38CrMoAl	材料需经热处理,以提高其尺寸的稳定性,适用于精密传导螺旋传动
螺母	ZCuSn10Pb1、ZCuSn5Pb5Zn5	材料耐磨性好,适用于一般传动
	ZCuAl10Fe3、ZCuZn25Al6Fe3Mn3	材料耐磨性好,适用于重载低速传动,对于尺寸较大或高速传动,螺母可采用钢或铸铁制造,内孔浇注青铜或巴氏合金

任务落实

1. 在图3-11中,已知 $D=200$ mm,$D_0=260$ mm,气缸内气体的工作工作压力 $p=1.2$ MPa,缸盖与缸体之间采用橡胶垫圈密封。若螺栓数目 $Z=10$,试确定螺栓连接的材料、强度级别和直径。
2. 松螺栓连接与紧螺栓连接的区别何在?它们的强度计算又有何区别?
3. 采取哪些措施可以提高螺栓连接的强度?
4. 按用途分类,螺旋传动分为哪几类?试举例说明。
5. 滚动螺旋传动的类型和特点有哪些?一般适用于哪些场合?

任务2 轴毂连接

任务引入

齿轮、链轮、带轮等带轮毂的零件,只有安装在轴上,并相对于轴作周向固定,才能用来传递运动和动力。那么,轮毂类零件怎样才能被固定在轴上呢?

如图3-26所示的减速器输出轴与齿轮间的平键连接,如果已知传递的转矩 T、齿轮宽度 B、齿轮固定处轴径 d 以及齿轮材料和工作环境,该如何来选择键连接的类型和尺寸,并进行强度验算呢?

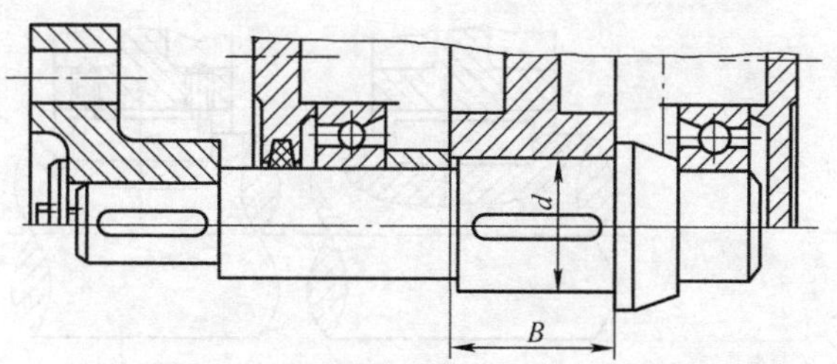

图 3－26　减速器的输出轴与齿轮间的平键连接

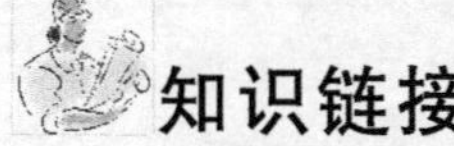

任务目标

1. 了解轴毂连接的作用及类型。
2. 掌握键连接的类型、特点、应用及键的选择和强度校核。
3. 了解花键连接和销钉连接的特点及应用。

知识链接

2.1　轴毂连接的作用及类型

轴与轴上零件(如齿轮、链轮、带轮等)之间的连接称为轴毂连接。轴毂连接主要是用来实现轴与轮毂之间的周向固定,并用来传递运动和动力,有些还可以实现轴上零件的轴向固定或作为轴向移动的导向装置。

轴毂连接一般有键连接、花键连接、销钉连接、过盈配合连接及型面连接等。连接方式的选择主要是根据零件所传递动力的大小和性质、轮毂与轴的对中精度要求、加工的难易程度等因素来进行。

2.2　键连接

键可分为平键、半圆键、楔键和切向键等类型,其中以平键最为常用,且键已标准化。设计时首先根据工作条件和各类键的应用特点选择键的类型,再根据轴颈和轮毂的长度确定键的尺寸,必要时还应对键连接进行强度校核。

2.2.1　平键连接

如图 3－27(a)所示,平键的两侧面为工作面,零件工作时靠键与键槽侧面的挤压来传递运动和动力。平键连接结构简单、对中性好、拆装方便,故应用非常广泛。

平键按用途不同可分为普通平键、导向平键和滑键三种。

1. 普通平键

普通平键用于静连接。根据平键端部形状不同可分为圆头(A 型)、方头(B 型)和单圆头(C 型)三种,如图 3－27(b)所示。A 型平键常用于轴的中部,轴上的键槽用指状铣刀加工,其在轴上的键槽中轴向固定较好,但键槽的应力集中较大。B 型平键常用于轴端或轴的中部,轴上的键槽用盘铣刀加工,其在轴上键槽两端的应力集中较小,但键在轴上的键槽中轴向固定不好,当键的尺寸较大时,需用紧定螺钉压紧。C 型平键只用于轴端连接,轮毂上的键槽一般用插刀或拉刀加工。

b
工作面
h
d
(a)

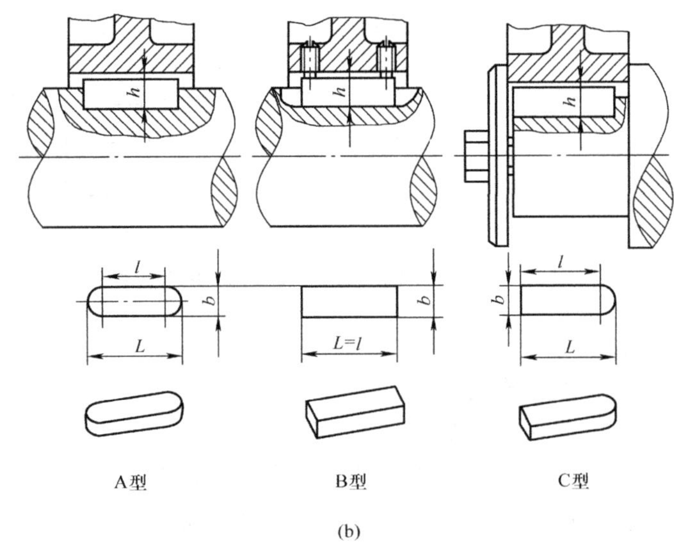

图 3－27　普通平键连接

2. 导向平键和滑键

导向平键和滑键用于动连接，当轮毂需要在轴上沿轴向移动时可采用这种键连接。导向平键连接是用螺钉将导向平键固定在轴上的键槽中，轮毂可沿着键表面作轴向滑动，如变速箱中的滑移齿轮。导向平键用于轮毂移动距离不大的场合，如图 3－28 所示。滑键连接是将滑键固定在轮毂上，与轮毂同时在轴上的键槽中作轴向移动，常用于轮毂移动距离较大的场合，如图 3－29 所示。

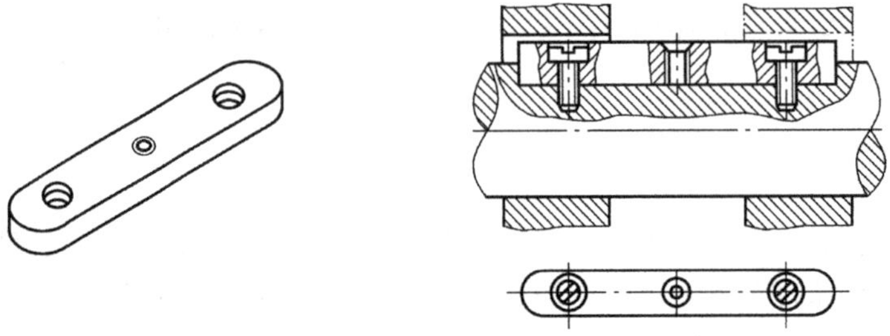

图 3－28　导向平键

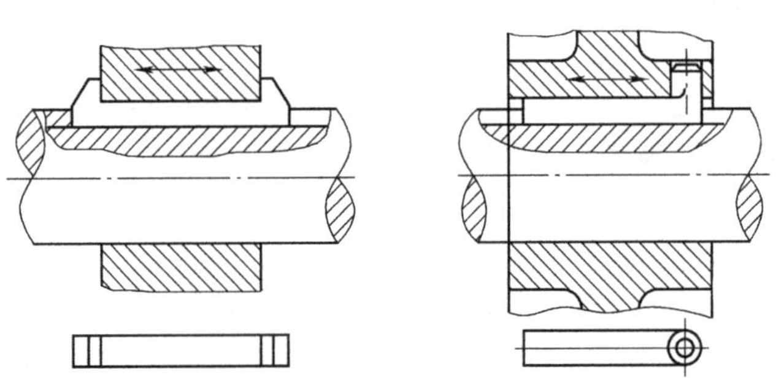

图 3－29　滑键

平键是标准件，其剖面尺寸（键宽 $b\times$ 键高 h）按轴径 d 从有关标准中选定，键的长度 L

应略小于轮毂长度并符合标准系列。键的主要尺寸列于表 3－10 中，设计时根据键连接的结构特点、使用要求、工作条件选择键的类型，根据轴的直径选择标准尺寸，然后进行校核。

表 3－10　键的主要尺寸　(mm)

轴径 d	>10～12	>12～17	>17～22	>22～30	>30～38	>38～40	>40～50
键宽 b	4	5	6	8	10	12	14
键高 h	4	5	6	7	8	8	9
键长 L	8～45	10～56	14～70	18～90	22～110	28～140	36～160
轴径 d	>50～58	>58～65	>65～75	>75～85	>85～95	>95～110	>110～140
键宽 b	16	18	20	22	25	28	32
键高 h	10	11	12	14	14	16	18
键长 L	45～180	50～200	56～220	63～250	70～280	80～320	90～360

注：键的长度系列为 8,10,12,14,16,18,20,22,25,28,32,36,40,45,50,63,70,80,90,100,110,125,140,160,180,200,220,250,280,320,360。

普通平键的标记：对于 $b=28$ mm，$h=16$ mm，$L=110$ mm A 型普通平键，标记为 GB/T1096键 28×16×110；对于 $b=28$ mm，$h=16$ mm，$L=110$ mm B 型普通平键，标记为 GB/T1096 键 B28×16×110。

平键连接工作时的受力情况如图 3－30 所示，其主要失效形式是键、轴、轮毂三者强度较弱的材料表面被压溃，极个别情况下也会出现键被剪断的现象。通常只需按工作面上的挤压强度进行计算。

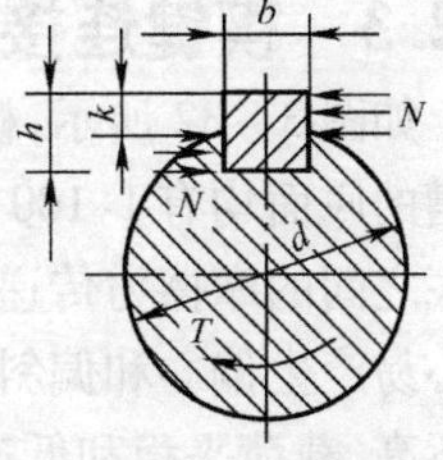

图 3－30　平键连接的受力简图

普通平键连接的挤压强度条件为

$$\sigma_p=\frac{2T}{dkl}\leqslant[\sigma_p] \qquad (3-15)$$

导向平键或滑键连接的主要失效形式为组成键连接的轴或轮毂工作面部分的磨损，需按工作面上的压强进行强度计算，强度条件为

$$p=\frac{2T}{dkl}\leqslant[p] \qquad (3-16)$$

式中：T 为传递转矩，单位 N·mm；k 为键与轮毂的接触高度，$k\approx\frac{h}{2}$，单位为 mm；l 为键工作长度，单位为 mm，且 A 型键的 $l=L-b$，B 型键的 $l=L$，C 型键的 $l=L-0.5b$，且 $L\leqslant(1.6\sim1.8)d$，以免因键过长而增大压力沿键长分布的不均匀性，而对于导向平键，l 则为键与轮毂的接触长度；$[\sigma_p]$、$[p]$ 分别为键连接中强度最弱材料的许用挤压应力、许用压强，单位为 MPa，见表 3－11。

如果验算后强度不够，在不超过轮毂宽度的条件下，可适当增加键的长度，但键的长度一般不超过 $2.5d$，或者相隔 180°装两个平键，考虑到双键受载荷不均匀，故在强度计算时，只能按 1.5 个键进行强度计算。

表 3－11　键连接的许用挤压应力[σ_p]和许用压强[p]　(MPa)

许用值	连接方式	零件材料	载荷性质		
			静载荷	轻微冲击	冲击
[σ_p]	静连接	钢	125～150	100～120	60～90
		铸铁	70～80	50～60	30～45
[p]	动连接	钢	50	40	30

2.2.2　半圆键连接

半圆键用于静连接，如图 3－31 所示。半圆键连接也是靠键与键槽侧面的挤压传递转矩，工作面仍为两侧面，与平键一样有较好的对中性。另外，由于键在轴上的键槽中能绕几何中心摆动，因而能自动适应轮毂底面的倾斜度。半圆键的加工工艺性好、安装方便、结构紧凑，尤其适用于锥形轴与轮毂的连接，但轴上键槽较深、强度削弱大，主要用于轻载或辅助连接，当需两个半圆键时，键槽应布置在同一母线上。

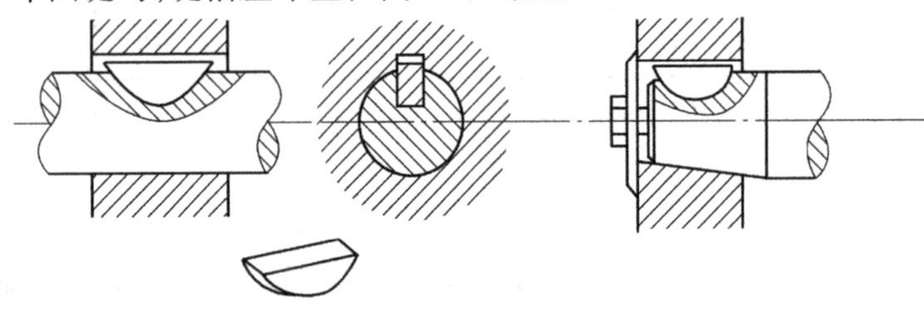

图 3－31　半圆键连接

2.2.3　楔键连接

如图 3－32 所示，楔键连接属紧键连接，楔键的上下表面为工作面。键的上表面和轮毂键槽的底面均有 1∶100 的斜度，装配时需将键打入轴和轮毂的键槽内，其是靠键与轴及轮毂槽底之间的摩擦力传递转矩，并能轴向固定零件和承受单向轴向载荷。但楔紧后，轴与毂的中心易产生偏心和偏斜，在冲击、振动、变载时容易松动。所以，楔键连接仅用于对中精度要求不高、载荷平稳和低速的场合。

为了便于拆装，楔键连接多用于轴端的连接。如果楔键用于轴的中段时，轴上键槽的长度应为键长的两倍以上。

楔键按形状不同可分为普通楔键（图 3－33(a)）和钩头楔键（图 3－33(b)），后者拆卸较方便。

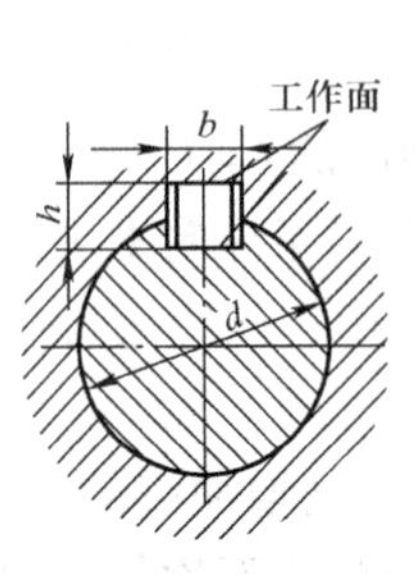

图 3－32　楔键连接断面图

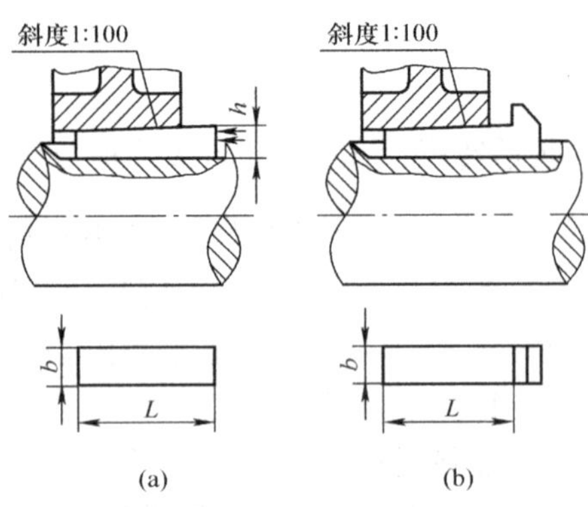

图 3－33　楔键类型

2.2.4 切向键连接

切向键连接属紧键连接，如图 3－34 所示。切向键由两个斜度为 1∶100 的普通楔键组成，其上下面为工作面，装配时两个楔键从轮毂两侧打入，也是靠键与轴及轮毂槽底的挤压传递转矩。其中，一个工作面在过轴心线的平面内，使工作面上的压力沿轴的切向作用，因而能传递较大的转矩；但一个切向键只能传递单向转矩，若要传递双向转矩，则须使用两个切向键，并要相互成 120°～135°布置。切向键主要用于轴径大于 100 mm、对中精度要求不高而载荷很大的重型机械中。

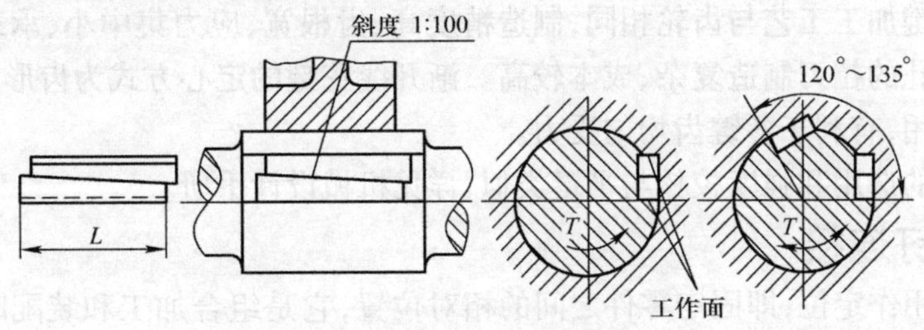

图 3－34　切向键连接

2.3　花键连接和销钉连接

2.3.1　花键连接

轴和轮毂孔沿圆周方向均布的多个键齿构成的连接称为花键连接。花键连接是平键在数量上的增加、形式上的发展。其优点是多齿传递载荷、承载能力高、齿浅、应力集中小、对轴削弱小、定心和导向性好，但花键连接的加工需专用设备，因而成本高，故主要用于定心精度要求高、载荷较大或经常滑移的连接。

花键已标准化，按齿形不同分为矩形花键（GB/T 1144—2001）和渐开线花键（GB/T 3478.1—2008），如图 3－35 所示。

矩形花键加工方便，广泛用于汽车、拖拉机、工程机械中。矩形花键连接的配合尺寸有大径 D、小径 d 和键（或槽）宽 B，如图 3－36 所示。

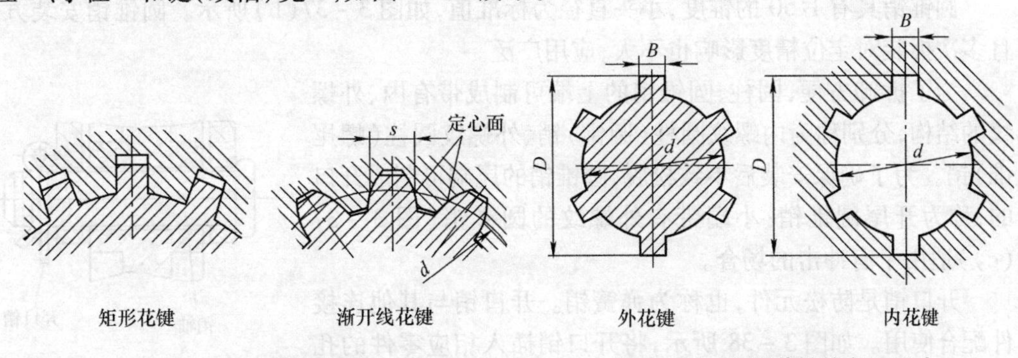

图 3－35　花键类型　　图 3－36　矩形花键的主要尺寸

矩形花键的规格为 N（键数）×d（小径）×D（大径）×B（键宽度），其标注示例为

$$6\times 23\,\frac{\mathrm{H7}}{\mathrm{f7}}\times 26\,\frac{\mathrm{H10}}{\mathrm{a11}}\times 6\,\frac{\mathrm{H11}}{\mathrm{d10}}\text{（GB/T 1144—2001）}$$

要保证三个配合面同时达到高精度的配合是很困难的,也没有必要。因此,为保证使用性能、改善加工工艺,只能选择一个接合面作为主要配合面,对其规定较高精度,该表面称为定心表面。由于花键配合面的硬度通常要求较高,需淬火热处理。为了保证定心表面的尺寸精度和形状精度,淬火后需进行磨削加工。从加工工艺性看,小径便于磨削(内花键小径可在内圆磨床上磨削,外花键小径可用成形砂轮磨削),因此国家标准规定采用小径定心,而在大径处留有较大的间隙。矩形花键是靠键侧接触传递转矩的,所以键宽和槽宽应保证足够的精度。

渐开线花键加工工艺与齿轮相同,制造精度高、齿根宽、应力集中小、承载能力大,但加工渐开线花键孔的拉刀制造复杂、成本较高。渐开线花键的定心方式为齿形定心,具有良好的自动对中作用,有利于各键齿均匀受力。

花键连接的选用和强度校核与平键类似,详见机械设计手册。

2.3.2 销钉连接

销钉主要用作定位,即固定零件之间的相对位置,它是组合加工和装配时的辅助零件,也可以传递不大的载荷。

按形状的不同,可分为圆柱销、圆锥销、开口销等,销钉均为标准件,可根据使用要求选取,承受载荷的可作强度校核。

圆柱销靠微量过盈固定在孔中,经多次拆装后定位精度会降低,如图 3 – 37(a)所示。

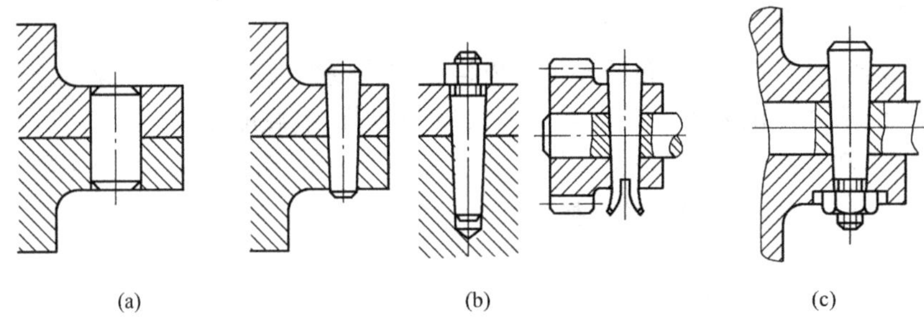

图 3 – 37 销钉连接

圆锥销具有 1∶50 的锥度,小头直径为标准值,如图 3 – 37(b)所示。圆锥销安装方便,且多次拆装对定位精度影响也不大,应用广泛。

为了拆卸方便,圆柱、圆锥销的上端可制成带有内、外螺纹的结构,分别称为内螺纹圆柱(圆锥)销、外螺纹圆柱(螺尾锥)销。为了确保安装后不致松脱,圆锥销的尾端可制成开口的,称为开尾圆锥销;小端带有外螺纹的圆锥销(图 3 – 37(c))适用于有冲击的场合。

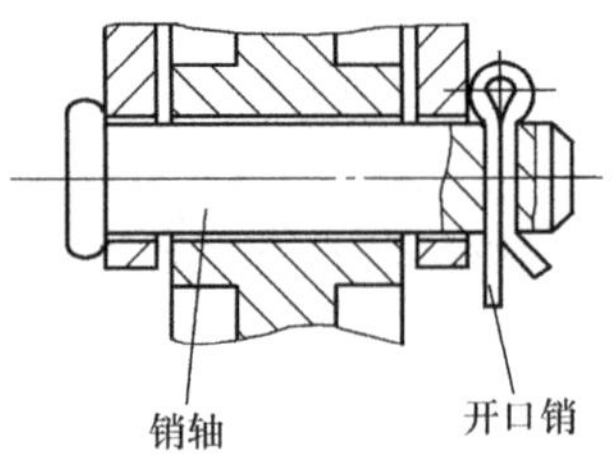

图 3 – 38 销轴及开口销

开口销是防松元件,也称为弹簧销。开口销与其他连接件配合使用。如图 3 – 38 所示,将开口销插入相应零件的孔中,并将开口销尾部扳开,即可防止两个零件的相对移动。

任务落实

1. 键连接的类型有哪些?各具有什么特点?主要应用在什么场合?

2. 在图 3－27 中，已知传递的转矩 $T=400\ \text{N}\cdot\text{m}$，齿轮宽度 $b=70$ mm，齿轮处轴径 $d=45$ mm，齿轮材料为铸钢，轴和键的材料为 45 钢，载荷有轻微冲击，试选择键连接的类型和尺寸，并验算其挤压强度。

3. 一钢轴与铸铁齿轮采用平键连接，已知轴的直径为 70 mm，齿轮的轮毂长度为 120 mm，试选择平键的类型和尺寸，并确定该连接所能传递的最大转矩 T_{max}。

任务 3　两轴连接

任务引入

在机械中，有时需要将两轴沿轴向连接以传递运动和动力；有时需要在机器运转过程中将两轴随时接合或分离；有时还需要使机器迅速停止运动或降速。那么，这种“轴－轴”连接是靠什么部件来实现的？另外，弹簧在机器中的应用也非常广泛，弹簧的结构如何？有哪些功用呢？

如图 3－39 所示的带式输送机传动装置，电动机与减速器之间用联轴器相连，载荷平稳。已知电动机功率 P、转速 n、两外伸轴的轴径 d 和长度，该如何选择联轴器呢？

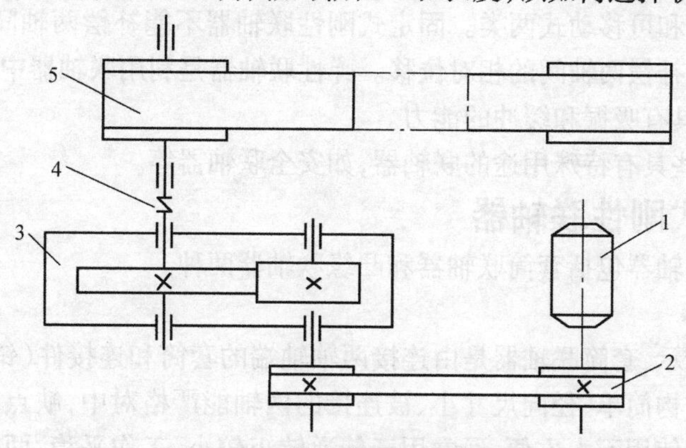

图 3－39　带式输送机传动装置

1—电动机；2—V 带传动；3—减速器；4—联轴器；5—带式输送机

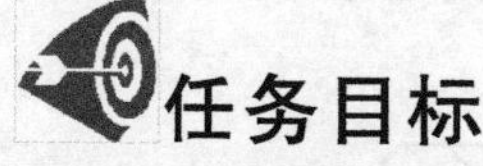

任务目标

1. 掌握联轴器和离合器的类型、特点和选用。
2. 了解制动器、弹簧的构造、特点和应用。

知识链接

3.1　联轴器

联轴器主要是用于轴向连接两轴并传递运动和动力，有时也可作为一种安全装置，用来防止被连接机件承受过大的载荷，起到过载保护作用。在机器运转时，联轴器不能使两轴随时分离，只有在机器停止转动并将其拆开后，两轴才能分离。

联轴器所连接的两轴，由于存在着制造及安装误差、受载后的变形以及温度变化等影响因素，往往存在着轴向、径向或偏角等相对位置的偏移，如图3－40所示。故联轴器除了传递运动和动力外，还要求具有一定的补偿相对位移的能力，否则就会在轴、联轴器和轴承中引起附加载荷，导致工作情况的恶化。

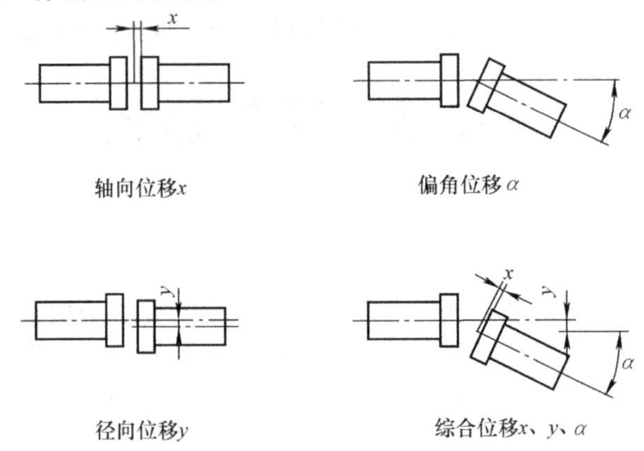

图3－40　两轴之间的相对位移

根据联轴器补偿两轴偏移能力的不同可分为刚性联轴器和弹性联轴器两大类。刚性联轴器又分为固定式和可移动式两类。固定式刚性联轴器不能补偿两轴间的相对位移；可移动式刚性联轴器能补偿两轴间的相对位移。弹性联轴器是利用联轴器中弹性元件的变形来补偿相对位移，还具有吸振和缓冲的能力。

此外，还有一些具有特殊用途的联轴器，如安全联轴器等。

3.1.1　固定式刚性联轴器

固定式刚性联轴器包括套筒联轴器和凸缘联轴器两种。

1. 套筒联轴器

如图3－41所示，套筒联轴器是由连接两轴轴端的套筒和连接件（销或键）组成。这种联轴器的优点是结构简单、径向尺寸小、被连接的两轴能严格对中，缺点是装拆时因被连接轴需作轴向移动而使用不太方便，通常用于传递转矩较小、工作平稳、两轴严格对中并要求联轴器径向尺寸小的场合。另外，如图3－41（a）所示销连接套筒联轴器，当机械过载时，联轴器中的销被剪断，可起安全保护作用；如图3－41（b）所示键连接套筒联轴器，联轴器中的螺钉起轴向定位作用。

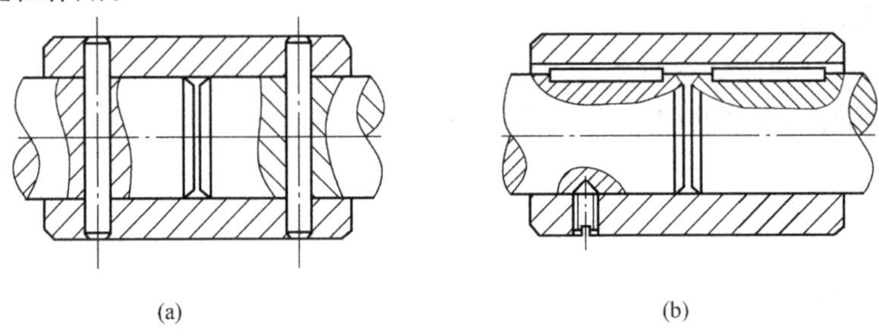

图3－41　套筒联轴器

2. 凸缘联轴器

如图3－42所示，凸缘联轴器是由两个带有凸缘的半联轴器组成。半联轴器分别用键与轴连接，两半联轴器用一组螺栓连接在一起。这种联轴器结构简单、能传递较大的转矩、对中精确可靠，因而应用广泛；缺点是不能缓冲和吸振，不能消除两轴的安装误差所引起的不良后果。如果提高其制造和装配精度，也可用于高速重载的轴连接。

凸缘联轴器的结构分 YLD 型和 YL 型两种。如图 3－42(a)所示的 YLD 型是利用两半联轴器的凸肩和凹槽来对中，用普通螺栓连接，靠两个半联轴器接合面的摩擦来传递扭矩，装拆时轴需作轴向移动，多用于不常拆卸的场合。如图 3－42(b)所示的 YL 型是利用铰制孔用螺栓与孔的紧密配合对中，靠螺栓杆承受剪切来传递转矩，装拆方便，可用于经常装拆的场合。

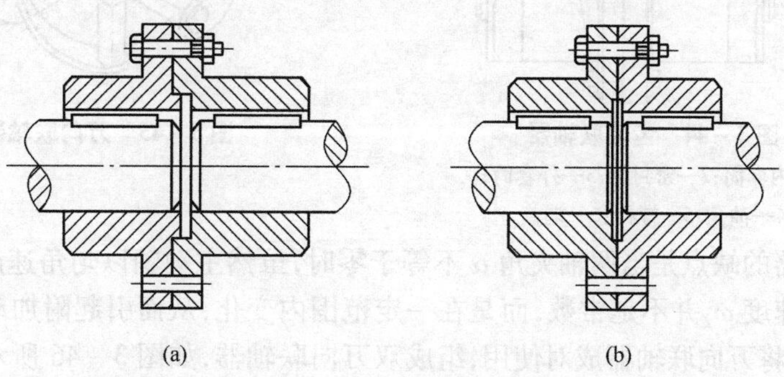

图 3－42　凸缘联轴器

3.1.2　可移动式刚性联轴器

1. 十字滑块联轴器

如图 3－43 所示，十字滑块联轴器由两个在端面上具有径向通槽的半联轴器和一个两端面上均具有相互垂直凸榫的滑块组成。由于滑块能在半联轴器的凹槽中滑动，故可补偿安装和运转时两轴间的相对位移和倾斜。一旦两轴间有偏移，中间滑块就会产生很大的离心力，故其工作转速不宜过大，一般用于低速、轴的刚性较大、无剧烈冲击的场合。

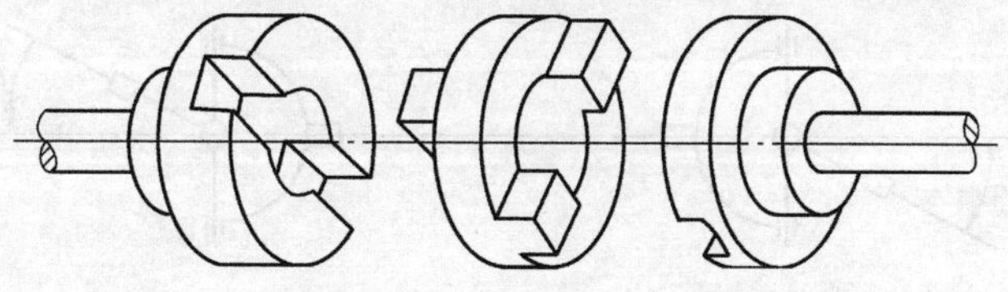

图 3－43　十字滑块联轴器

2. 齿轮联轴器

如图 3－44 所示，齿轮联轴器是由两个带有内齿的外套筒 3 和两个带有外齿的内套筒 1 组成。安装时两个内套筒分别用键(或过盈配合)与主、从动轴相连，两个外套筒用螺栓 5 连成一体，依靠内外齿相啮合传递动力。为了减少磨损，由油孔注入润滑油，并在内套筒 1 和外套筒 3 之间装有密封圈 2 以密封。

由于内、外齿啮合时具有较大的顶隙和侧隙，因此这种联轴器具有径向、轴向和角度等综合补偿功能，且补偿位移功能强、传递动力大，但由于结构复杂、笨重、制造成本高，故常用于重载高速的水平轴连接。

3. 万向联轴器

如图 3－45 所示，万向联轴器是由两个分别装在两轴端的叉形接头和一个十字销组成的。十字销分别与固定在两根轴上的叉形接头用铰链连接，从而形成一个可动的连接，这种联轴器允许两轴间有较大的夹角，而且在运转过程中夹角发生变化仍可正常工作，夹角 α 最大可达 35° ~45°。但当夹角过大时，传动效率明显降低，这种联轴器也称单万向联轴器。

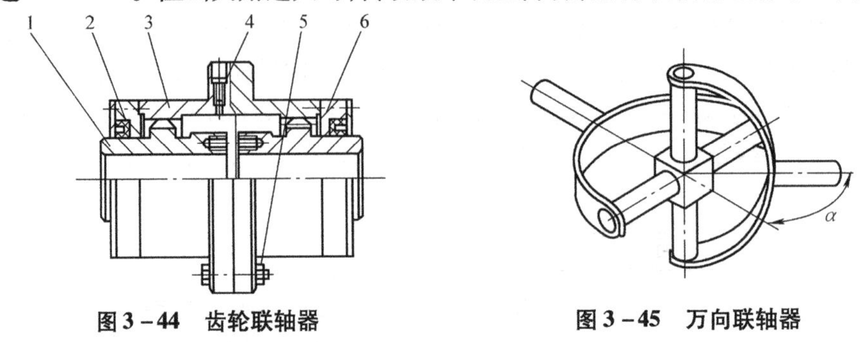

图 3-44　齿轮联轴器

1—内套筒；2—密封圈；3—外套筒；
4—油孔；5—螺栓；6—端盖

图 3-45　万向联轴器

这种联轴器的缺点是当两轴夹角 α 不等于零时，虽然主动轴以匀角速度 ω_1 转动，但从动轴的瞬时角速度 ω_2 并不是常数，而是在一定范围内变化，从而引起附加动载荷。为了改善这种情况，常将万向联轴器成对使用，组成双万向联轴器，如图 3-46 所示。但安装时应保证主、从动轴与中间轴的夹角相等，而且中间轴的两端叉形接头应在同一平面内，这样才可以保证 $\omega_1=\omega_2$。

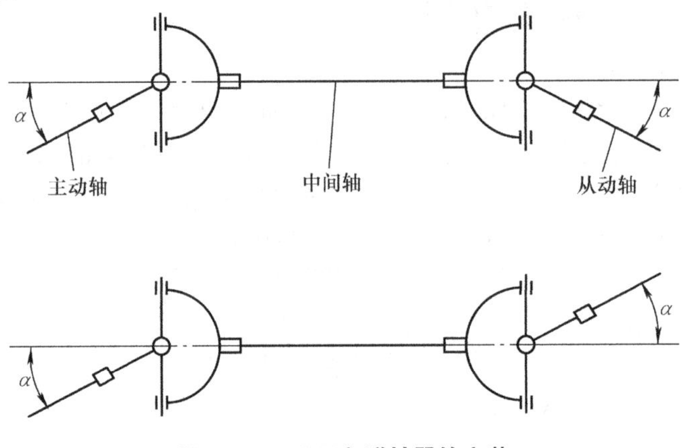

图 3-46　双万向联轴器的安装

万向联轴器的结构紧凑、维修方便、能补偿较大的角位移，广泛用于汽车、轧钢机、矿山及其他重型机械的传动系统中。

3.1.3　弹性联轴器

弹性联轴器是利用其内部装有弹性元件的变形来补偿两轴间的线位移和角位移，并有缓冲和吸振的能力。它适合于承受变载荷、频繁启动以及经常正反转的场合，尤其在高速轴上应用十分广泛。常用的弹性联轴器有弹性套柱销联轴器、弹性柱销联轴器、轮胎式联轴器等。

1. 弹性套柱销联轴器

如图 3-47 所示为弹性套柱销联轴器，其结构类似凸缘联轴器，只是用套有弹性套的柱销代替了连接螺栓，利用弹性套的弹性变形来补偿两轴的相对位移。这种联轴器重量轻、结构简单、装拆方便、易于制造,但存在着弹性套容易磨损和老化、寿命较短等缺点,故适用于启动频繁、载荷较平稳的中、小功率传动中,使用温度限制在 -20°~50 ℃的范围内。

2. 弹性柱销联轴器

如图 3-48 所示,弹性柱销联轴器与弹性套柱销联轴器很相似,仅是用尼龙柱销代替弹性套柱销。在半联轴器的外侧,采用螺钉固定挡板防止柱销脱落。与弹性套柱销联轴器相比较,其传递转矩的能力更大、结构更为简单、安装制造更为方便、寿命更长,也有一定的缓冲和吸振能力,允许被连接两轴间有一定的轴向位移以及少量的径向位移和角位移,适用于轴向窜动较大、正反转或启动频繁的场合。由于尼龙对温度较敏感,故使用温度限制在 -20°~70 ℃的范围内。

弹性套柱销联轴器(GB/T 4323—2002)和弹性柱销联轴器(GB/T 5014—2003)均已标准化。

3. 轮胎式联轴器

如图 3-49 所示,轮胎式联轴器是用橡胶或橡胶织物制成轮胎状的弹性元件,两端用压板及螺钉分别压在两个半联轴器上。这种联轴器弹性变形大,具有良好的吸振能力,能有效地降低载荷和补偿较大的相对位移,适用于启动频繁、正反转、冲击振动严重的场合。

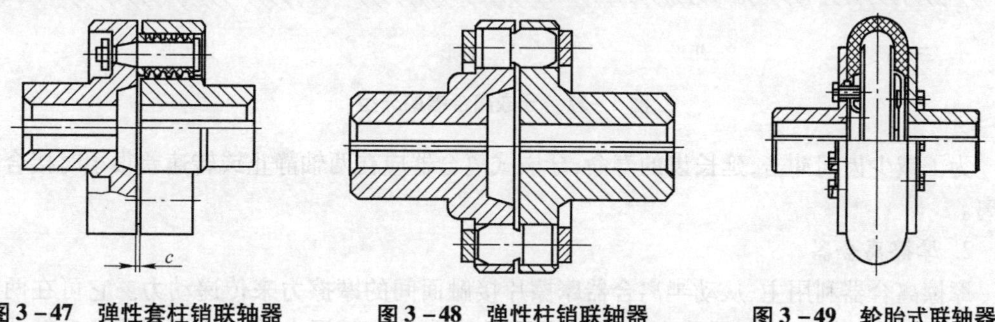

图 3-47　弹性套柱销联轴器　　图 3-48　弹性柱销联轴器　　图 3-49　轮胎式联轴器

3.2　离合器

离合器亦用于两轴之间的轴向连接,但是离合器在机器运转过程中可随时完成两轴的平稳接合或分离。

根据工作原理不同,离合器可分为啮合式和摩擦式两类,它们分别利用牙齿啮合和工作面间的摩擦力传递转矩。

1. 牙嵌式离合器

如图 3-50 所示,牙嵌式离合器是由两个端面带牙的半离合器 1、2 组成,主动半离合器 1 用键紧配在主动轴上,另一半离合器 2 用导向平键与从动轴连接,并通过操纵系统拨动滑环 4 使其作轴向移动,使离合器分离或接合。为了保证两轴能很好地对中,在主动轴上的半离合器内装有对中环 5,从动轴可在对中环中自由转动。

牙嵌式离合器的常用牙型有三角形、矩形、梯形和锯齿形,如图 3-51 所示。三角形牙离合器接合与分离方便,但磨损快、牙强度较弱、传递动力小,适用于低速;矩形牙不便于接合与分离,牙侧面磨损后无法补偿其间隙,故使用较少;梯形牙强度高、传递动力大、可以双向工作,能自动补偿由于磨损造成的牙侧间隙,能避免牙侧间隙产生的冲击,故应用广泛;锯

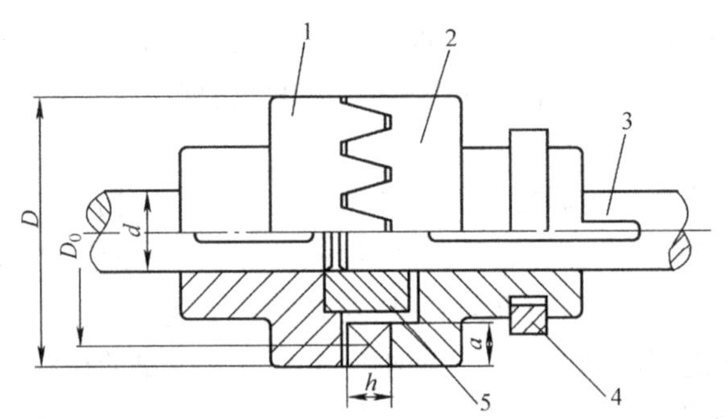

图 3-50　牙嵌式离合器

1、2—半离合器；3—键；4—滑环；5—对中环

齿形牙容易离合，且牙根强度高、能传递很大的动力，但只能单向工作。

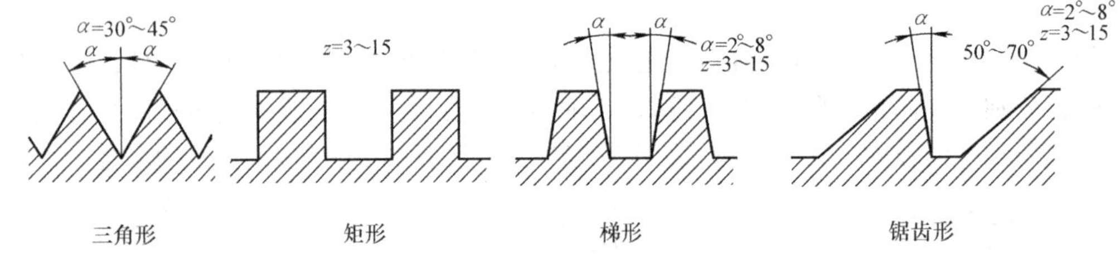

图 3-51　牙嵌离合器的牙型

为了减少齿间冲击，延长齿的寿命，牙嵌式离合器应在两轴静止或转速差很小时接合或分离。

2. 摩擦离合器

摩擦离合器利用主、从动半离合器摩擦片接触面间的摩擦力来传递动力。它可在两轴运转中或转速不同时进行平稳离合，也可以用改变摩擦面间压力的方法来调节从动轴的加速时间，实现平稳接合，减小冲击振动，避免过载时摩擦面间发生打滑，可防止其他零件损坏，起安全装置的作用。

摩擦离合器的类型很多，常用的是圆盘摩擦离合器，其又可分为单片式和多片式两种。

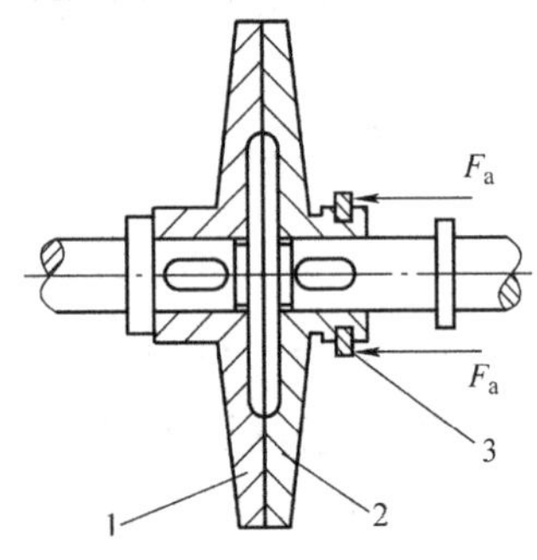

图 3-52　单片圆盘摩擦离合器

1、2—圆盘；3—滑环

如图 3-52 所示为单片圆盘摩擦离合器。圆盘 1 用平键与主动轴连接，圆盘 2 用导向平键与从动轴连接，并通过操纵系统拨动滑环 3 使其轴向移动实现离合器的分离或接合。轴向压力 F_a 使两圆盘压紧以产生摩擦力。摩擦离合器在正常的接合过程中，从动轴转速从零逐渐加速到主动轴的转速，因而两摩擦面不可避免地会发生相对滑动，这种相对滑动要消耗一部分能量，并引起摩擦片的磨损和发热。因此，单片圆盘摩擦离合器多用于转矩较小的轻型机械。

如图 3-53 所示为多片圆盘摩擦离合器。主动轴 1 用键与外壳 2 相连接，一组外摩擦片的外圆与外壳之间通过花键连接，组成主动部分。从动轴 3 也用键与套筒 4 相连接，另一组内摩擦片的内圈与套筒之间也通过花键连接，组成从动部分。两组摩擦片交错排列，当滑环 7 沿轴向移动时，将拨动曲臂压杆 8，使压板 9 压紧或松开两组摩擦片，以实现离合器的接合与分离。

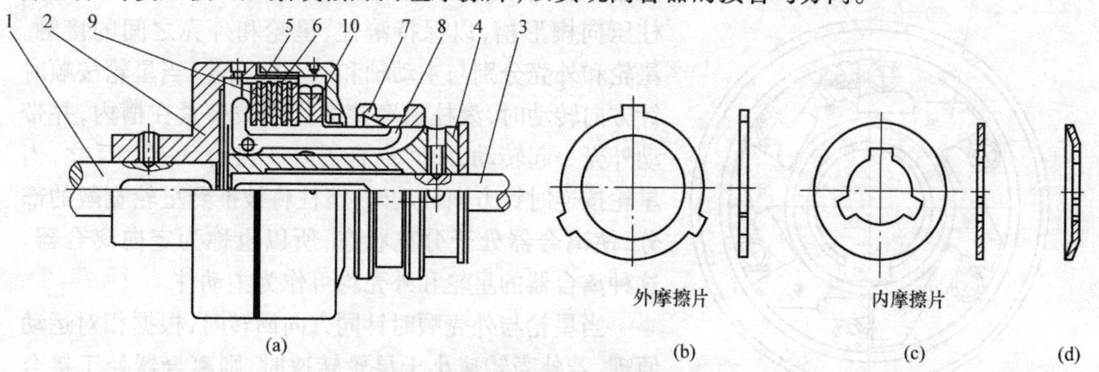

图 3-53　多片圆盘摩擦离合器

1—主动轴；2—外壳；3—从动轴；4—套筒；5、6 摩擦片；7—滑环；8—曲臂压杆；9—压板；10—调节螺母

通常内摩擦片做成中部凸起的蝶形，如图 3-53(d) 所示。在离合器分离时能借助其弹性自动恢复原状，有利于离合的平稳分离和接合。

3. 电磁粉末离合器

如图 3-54 所示为电磁粉末离合器，励磁线圈 1 的磁轭 2 为离合器的固定部分，套筒 3 与左右轮辐 7、8 组成离合器的主动部分，转子 6 与从动轴（图中未画出）组成离合器的从动部分，在套筒 3 的中间嵌装着隔磁环 4，轮辐 7 或 8 上可连接主动件（图中未画出），在转子 6 与套筒 3 之间有 0.5～2 mm 的间隙，其中充填磁粉 5。图 3-54(a) 表示磁粉被离心力甩在圆筒的内壁，疏松并且散开，此时离合器处于分离状态。图 3-54(b) 表示通电后励磁线圈产生磁场，磁力线跨越空隙穿过圆筒到达转子形成图示回路，此时磁粉受到磁场的影响而被磁化，磁化了的磁粉彼此吸引串成磁粉链，而在圆筒与转子间聚合，依靠磁粉的接合力和磁粉与工作面间的摩擦力来传递动力。

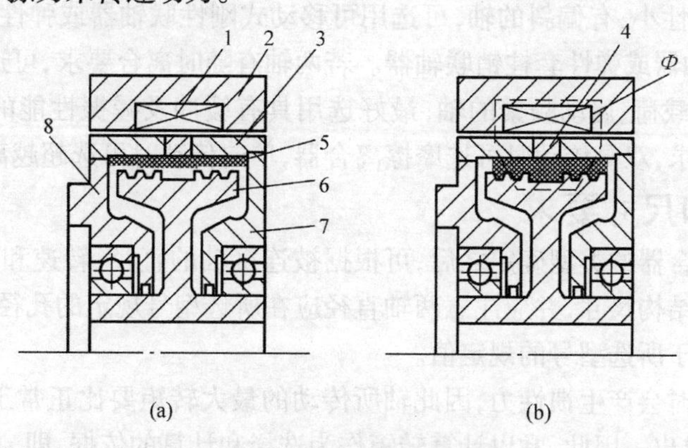

图 3-54　电磁粉末离合器

1—励磁线圈；2—磁轭；3—套筒；4—隔磁环；5—磁粉；6—转子；7、8—轮辐

磁粉的性能是决定离合器性能的重要因素。磁粉应具有磁导率高、剩磁小、流动性好、耐磨、耐热、不烧结等性能，一般常用铁钴镍、铁钴钒等合金粉末，并加入适量的二硫化钼。电磁粉末离合器常用于自动控制、防止过载的场合，如数控机床、包装机、纺织机等。

4. 超越离合器

如图 3-55 所示为常见的滚柱式超越离合器，又称为定向离合器。它由星轮 1、外壳 2、

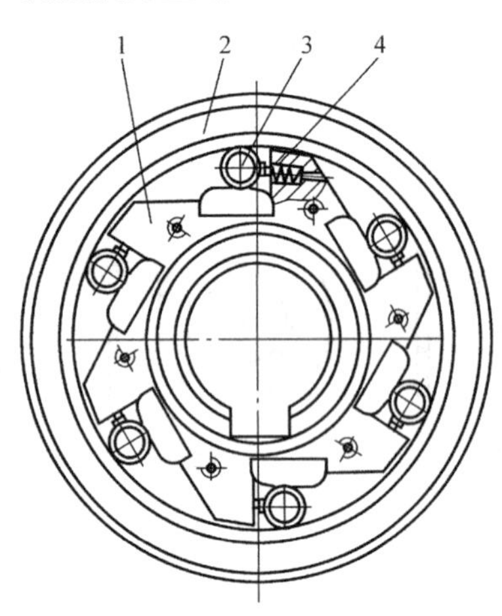

图3-55 滚柱式超越离合器

1—星轮;2—外壳;3—滚柱;4—弹簧推杆

滚柱3和弹簧推杆4所组成。弹簧推杆的作用是将滚柱压向楔形槽,以保持滚柱、星轮和外壳之间的接触。星轮和外壳分别与主动轴和从动轴相连,当星轮按顺时针方向转动时,滚柱借摩擦力作用被楔紧在槽内,并带动外壳一起转动,此时离合器处于接合状态。反之,当星轮按逆时针方向转动时,滚柱将被推到星轮宽敞的部分,使离合器处于分离状态,所以也称为定向离合器。这种离合器的星轮和外壳均可作为主动件。

当星轮与外壳顺时针同方向回转时,根据相对运动原理,若外壳转速小于星轮转速时,则离合器处于接合状态;反之,如外壳转速大于星轮转速时,则离合器处于分离状态,因此称为超越离合器。这种离合器可以实现快、慢速自动转换,常用于汽车、机床的传动装置中。

3.3 联轴器和离合器的选用

联轴器与离合器的种类很多,且多数已经标准化和系列化,一般不必另行设计。如果根据工作要求需要自行设计时,可参照同类联轴器和离合器的主要尺寸关系来确定结构尺寸,然后再作必要的校核计算。

3.3.1 类型选择

选择联轴器和离合器的类型时可参考下述原则。

(1)对低速、重载、要求对中、刚性大的轴,可选用刚性联轴器,如凸缘联轴器。若两轴有离合要求,可选牙嵌式离合器。

(2)对低速、刚性小、有偏斜的轴,可选用可移动式刚性联轴器或弹性联轴器,如十字滑块联轴器、齿轮联轴器或弹性套柱销联轴器。若两轴有随时离合要求,可选用摩擦离合器。

(3)对高速、变载荷、启动频繁的轴,最好选用具有缓冲及减振性能的弹性联轴器。若两轴有随时离合要求,双向传动时可选摩擦离合器,单向传动时可选超越离合器。

3.3.2 型号和尺寸要求

当联轴器或离合器的类型确定之后,可根据被连接轴的直径、转速和计算转矩,从手册中选定具体型号和结构尺寸,并应注意两轴直径应在所选型号规定的孔径范围之内,轴的最大转速应小于或等于所选型号的规定值。

由于机器转动时会产生惯性力,因此轴所传动的最大转矩要比正常工作时的转矩大得多,并且不易准确求出。因此,常以计算转矩作为选择和计算的依据,即

$$T_c = KT \tag{3-13}$$

式中:T_c为计算转矩,单位为N·m;T为工作转矩,单位为N·m;K为载荷系数,见表3-12。

在选用联轴器型号时,应同时满足下列两式:

$$\left.\begin{aligned} T_c &\leqslant T_m \\ n &\leqslant [n] \end{aligned}\right\} \tag{3-14}$$

式中:T_m为联轴器的额定转矩,单位为N·m;$[n]$为联轴器的许用转速,单位为r/min。此二

值可在相关手册中查出。

表 3－12　联轴器和离合器的载荷系数 K

原动机	工作机	K
电动机	皮带运输机、鼓风机、连续运转的金属切削机床	1.25～1.5
	链式运输机、刮板运输机、螺旋运输机、离心泵、木工机床	1.5～2.0
	往复运动的金属切削机床	1.5～2.5
	往复式泵、往复式压缩机、球磨机、破碎机、冲剪床	2.0～3.0
	起重机、升降机、轧钢机	3.0～4.0
汽轮机	发电机、离心泵、鼓风机	1.2～1.5
往复式发动机	发电机	1.5～2.0
	离心泵	3～4
	往复式工作机（如压缩机、泵）	4～5

注：1. 刚性联轴器选用较大的 K 值，弹性联轴器选用较小的 K 值。

2. 牙嵌式离合器 $K=2\sim3$，摩擦离合器 $K=1.2\sim1.5$。

3. 从动件的转动惯量小，载荷平稳时 K 取小值。

3.4　制动器

制动器主要用于降低正在运行着的机械或机构的速度或使其停止，是保护机械安全、控制机械速度的主要部件。对制动器的要求是制动可靠、操纵灵活、散热好、体积小等。在机器中，常用的制动器为摩擦式制动器。

3.4.1　抱块式制动器

如图 3－56 所示为常闭（通电时松闸，断电时制动）抱块式制动器。其工作原理是：主弹簧 3 通过制动臂 4 使闸瓦块 2 压紧在制动轮 1 上，制动器处于闭合状态，当松闸器 6 通电时，电磁力顶起立柱 7，通过推杆 5 和制动臂 4 操纵闸瓦块 2 松开制动轮 1，停止制动。这种制动器的闸瓦块 2 的磨损可以通过调节推杆 5 的长度来进行补偿。

这种制动器结构简单、性能可靠、制动力矩调整方便且散热较好，但由于接触面有限，使制动力矩较小，且外形尺寸较大，一般用于制动频繁且空间较大的场合。常闭式制动器比较安全，一般用于起重和运输机械。常开（通电时制动，断电时松闸）抱块式制动器适用于车辆的制动。

3.4.2　内涨蹄式制动器

如图 3－57 所示是内涨蹄式制动器。其工作原理是：两个制动蹄 2 和 7（外表面安装了摩擦片 3）的一端分别通过销轴 1 和 8 与机架铰接，另一端与双向作用泵 4 的左右两个活塞接触，当双向作用泵工作时，两个制动蹄 2 和 7 被活塞推开压紧在制动轮 6 上，起到制动作用，当泵 4 活塞收起后，压力油卸载后，两个制动蹄 2 和 7 在弹簧 5 的作用下与制动轮 6 分离，停止制动。这种制动器结构紧凑，在各种车辆及结构尺寸受限制的机械中应用广泛。

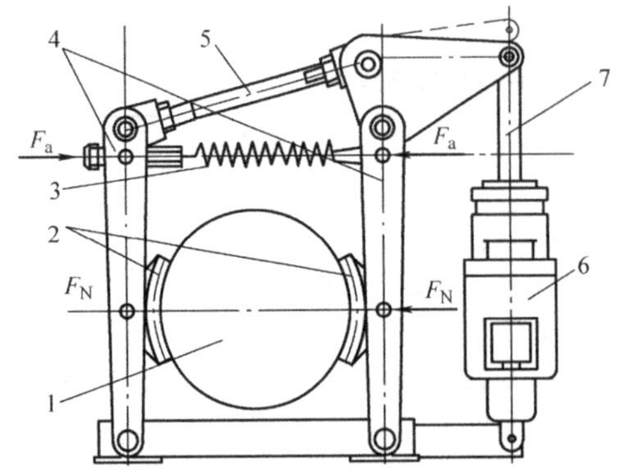

图 3-56　常闭抱块式制动器

1—制动轮；2—闸瓦块；3—主弹簧；
4—制动臂；5—推杆；6—松闸器；7—立柱

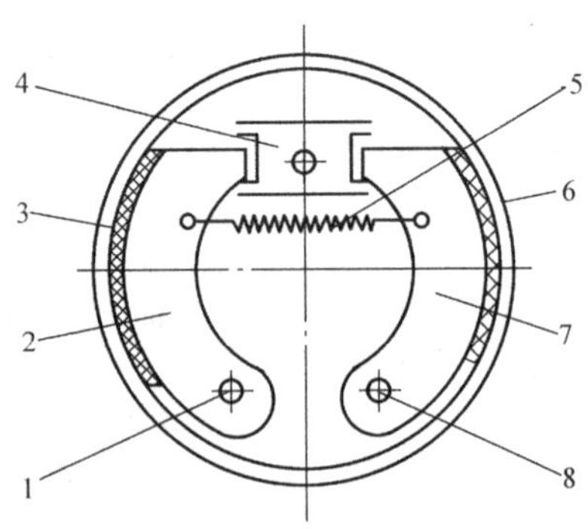

图 3-57　内涨蹄式制动器

1、8—销轴；2、7—制动蹄；3—摩擦片；
4—泵；5—弹簧；6—制动轮

3.4.3　带式制动器

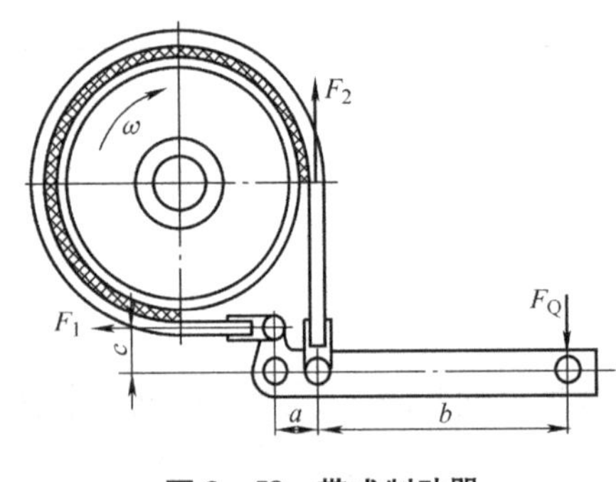

图 3-58　带式制动器

如图 3-58 所示是由杠杆控制的带式制动器。其制动力 F_Q 通过杠杆放大后使环绕于制动的轮缘上的钢带张紧，从而实现制动。这种制动器的结构简单、制动力矩较大，但被制动的轮轴要受到弯矩作用，制动带通常会磨损不均，工作过程中的发热也较大，故常在一些小型起重机械和汽车的制动中应用。

应当指出，制动器的选用和制动力矩的计算，主要取决于工况、价格、制动器种类等因素，应视具体情况而定。

3.5　弹簧

3.5.1　弹簧概述

弹簧是一种弹性元件，具有多次重复地随外载荷的变化产生相应弹性变形，而卸载后又立即恢复原状的特性。很多机械就是利用弹簧的这一特性来满足某些特殊要求，因而被广泛应用于各种机器、仪表及日常用品中。

在不同的场合，弹簧所起的作用也不同，其主要功用有：

(1) 减振和缓冲，如汽车、火车的减振弹簧和各种缓冲器中的弹簧；

(2) 控制机构的运动，如控制内燃机气缸阀门开启的弹簧；

(3) 储存及输出能量，如钟表弹簧、枪闩弹簧；

(4) 测量力的大小，如测力器和弹簧秤中的弹簧。

弹簧的类型很多，按所承受的载荷不同可分为拉伸弹簧、压缩弹簧、扭转弹簧和弯曲弹簧；按结构的不同可分为螺旋弹簧、碟形弹簧、环形弹簧、盘簧和板弹簧等。弹簧的主要类型、特点及应用见表 3-13。在一般机械中，最常用的是圆柱螺旋弹簧。

表 3-13　弹簧的主要类型、特点及应用

<table>
<tr><th colspan="2">类型</th><th>承载形式</th><th>简图</th><th>特点及应用</th></tr>
<tr><td rowspan="4">螺旋弹簧</td><td rowspan="3">圆柱形</td><td>拉伸</td><td></td><td>承受拉力，结构简单，制造方便，应用广泛</td></tr>
<tr><td>压缩</td><td></td><td>承受压力，结构简单，制造方便，应用广泛</td></tr>
<tr><td>扭转</td><td></td><td>承受转矩，在各种装置中用于压缩、储能或传递扭矩</td></tr>
<tr><td>圆锥形</td><td>压缩</td><td></td><td>承受压力，结构紧凑，稳定性好，可防止共振，多用于需要承受较大载荷和减振的场合</td></tr>
<tr><td colspan="2">碟形</td><td>压缩</td><td></td><td>承受压力，刚度大，缓冲吸振能力强，适用于载荷很大而弹簧的轴向尺寸受限制的场合，如常用作重型机械、火炮等的缓冲和减振弹簧</td></tr>
<tr><td rowspan="3">其他弹簧</td><td>环形</td><td>压缩</td><td></td><td>承受压力，能吸收较多能量，有很高的缓冲和吸振能力，常用作重型车辆和飞机起落架等的缓冲弹簧</td></tr>
<tr><td>盘簧</td><td>扭转</td><td></td><td>承受转矩，圈数多，变形角大，储存能量大，轴向尺寸较小，多用于钟表、仪器中的储能弹簧</td></tr>
<tr><td>板簧</td><td>弯曲</td><td></td><td>承受弯矩，缓冲和吸振性能好，主要用作汽车、拖拉机、火车车辆等悬挂装置中的缓冲和减振作用</td></tr>
</table>

弹簧常在变载荷和冲击载荷作用下工作，而且要求在较大的弹性变形下不能产生塑性变形。因此，要求弹簧材料具有较高的抗拉强度和疲劳强度，同时要求有良好的热处理性能。常用弹簧材料主要是热轧和冷拉弹簧钢。

选择材料时，应考虑弹簧的用途、工作条件、加工方法、热处理和经济性等诸多因素。如碳素弹簧钢的价格低、强度高、性能好，广泛用于受静载荷和变载荷作用次数有限的场合；合金钢的强度高、弹性好、耐高温，适用于尺寸较大及承受冲击载荷的场合；不锈钢耐腐蚀、耐高温，适用于在腐蚀介质中工作的场合；铜合金的耐腐蚀和抗磁性好，但强度低，适用于受力较小而又要求有防腐蚀和防磁的场合。

螺旋弹簧的制造工艺包括卷绕、两端面加工（压缩弹簧）或制作挂钩（拉伸弹簧和扭转弹簧）、热处理和工艺性实验，必要时还需进行强压处理或喷丸处理。

大量生产时，在万能自动卷簧机上卷制；单件及小批生产时，则在普通车床上或在手动卷绕机上卷制。弹簧的卷绕方法有冷卷和热卷两种。弹簧直径在 8～10 mm 以下时，弹簧用经过热处理的优质碳素弹簧钢丝（如 65Mn、60Si2Mn 等）经冷卷成形制造，然后经低温回火处理以消除内应力。弹簧直径大于 8 mm 时,采用热卷(热卷温度为 800 ~ 1 000 ℃)法,热卷后经淬火和中温回火处理。为了提高弹簧的承载能力,在弹簧制成后,可再进行强压处理或喷丸处理,以提高弹簧疲劳寿命。

3.5.2 圆柱螺旋弹簧的结构

1. 端部结构

如图 3 - 59 所示,压缩弹簧的两端各有 3/4 ~ 5/4 圈与邻圈并紧,起支承作用,称为支承圈(或死圈)。支承圈端面与弹簧座接触,最常见的端部结构有并紧磨平的 YⅠ型和并紧不磨平的 YⅡ型两种。在重要场合应采用 YⅠ型以保证两支承端面与弹簧的轴线垂直,从而使弹簧受压时不致歪斜。两端磨平部分的长度不少于 3/4 圈,簧丝末端厚度一般为 $d/4$。

如图 3 - 60 所示,拉伸弹簧的端部制出挂钩,以便安装和加载。常用的端部结构形式有四种,其中 LⅠ型和 LⅡ型制造方便、应用广泛,但因在挂钩过渡处产生很大的弯曲应力,故只宜用于弹簧丝直径 $d \leqslant 10$ mm 的弹簧;LⅦ型和 LⅧ型挂钩受力情况较好,且可转向任何位置而便于安装,适用于变载荷或载荷较大的场合,但其制造成本较高。

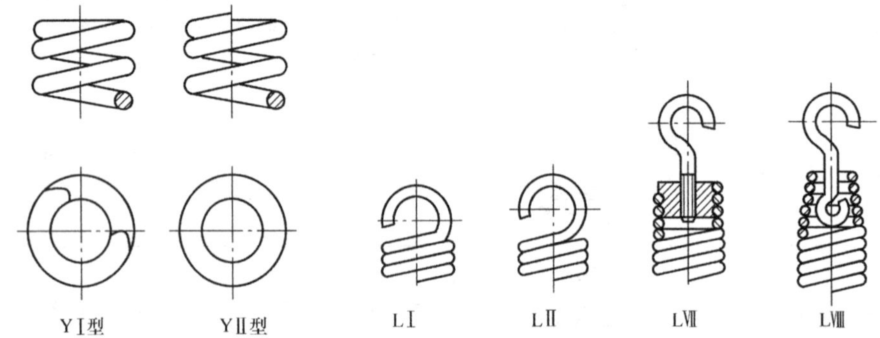

图 3 - 59 圆柱螺旋压缩弹簧的端面图

图 3 - 60 圆柱螺旋拉伸弹簧的端部结构

2. 基本参数和几何尺寸

圆柱螺旋弹簧的主要参数和几何尺寸如图 3 - 61 所示,其中主要有弹簧丝直径 d,弹簧外径 D、内径 D_1 和中径 D_2,节距 t,螺旋升角 α,工作圈数 n 和自由高度 H_0 等。

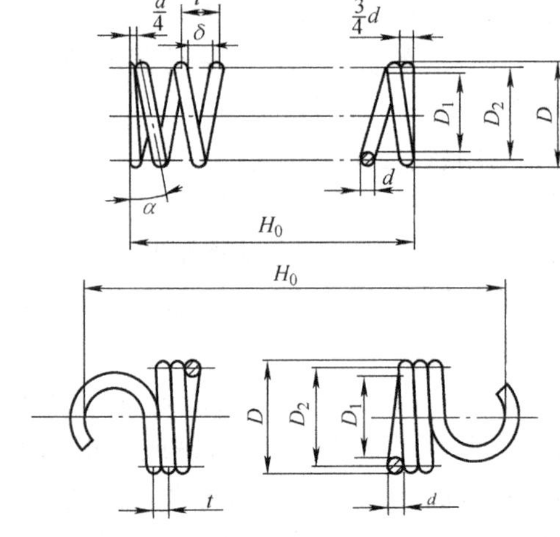

图 3 - 61 圆柱螺旋弹簧的几何参数和几何尺寸

圆柱螺旋压缩(拉伸)弹簧的结构尺寸计算公式见表 3 - 14。

表 3 - 14 圆柱螺旋弹簧的结构尺寸计算公式

参数和尺寸名称及代号	压缩弹簧	拉伸弹簧
弹簧丝直径 d/mm	由强度计算确定	
弹簧中径 D_2/mm	$D_2 = Cd$(C 为弹簧指数)	
弹簧外径 D/mm	$D = D_2 + d = (C+1)d$	
弹簧内径 D_1/mm	$D_1 = D_2 - d = (C-1)d$	
工作圈数 n	由刚度计算确定	
支承圈数 n_2	1.5 ~ 2.5	0
总圈数 n_1	$n_1 = n + n_2$	$n_1 = n$
节距 t/mm	$t = (0.28 \sim 0.5)D_2$	$t = d$
螺旋角 α/(°)	$\alpha = \arctan \frac{t}{\pi D_2}$,一般不应超过 5° ~ 9°	
自由高度 H_0/mm	YⅠ型 $H_0 = nt + (n_2 - 0.5)d$ YⅡ型 $H_0 = nt + (n_2 + 1)d$	$H_0 = nd$ + 挂钩尺寸
弹簧丝展开长度 L/mm	$L = \frac{\pi D_2 n_1}{\cos \alpha}$	$L = \pi D_2 n$ + 挂钩展开长度

关于弹簧的设计、制造请参阅有关资料,这里不作介绍。

任务落实

1. 选择如图 3 - 39 所示带式输送机传动装置中电动机与减速器之间的联轴器。已知电动机功率 $P = 7.5$ kW,转速 $n = 960$ r/min,从电动机到工作机间各运动副的总效率 $\eta = 0.8$,总传动比 $i = 9.6$,两外伸轴径 d 均为 35 mm,长度为 70 mm,载荷平稳。

2. 常用的联轴器和离合器有哪些主要类型?各具有什么特点?

3. 弹簧的功用有哪些?圆柱螺旋弹簧的端部结构形状如何?基本参数有哪些?

思考与练习

1. 思考题

1.1 常用的螺纹牙型有哪几种?各有何特点?

1.2 螺纹的主要参数有哪些?常用的螺纹牙型有哪几种?各有何特点?

1.3 铰制孔螺栓连接有何特点?主要用于承受何种载荷?

1.4 紧螺栓连接强度计算时,为什么要将螺栓拉力增强 30%?

1.5 键连接的功用是什么?有哪几种类型?

1.6 普通平键有哪几种结构形式?

1.7 普通平键当强度校核不足时,应用什么措施进行补救?

1.8 联轴器和离合器的主要功用是什么?各有哪些类型?各个类型常应用于哪种场合?

1.9 试述常用弹簧的类型、功能和材料选择原则。

2. 练习题

2.1 图 3 - 12 所示起重吊钩的松螺栓连接,最大起吊重量为 30 000 N,螺栓由 Q235 钢制成,试确定螺栓直径。

2.2 普通螺栓连接如图所示，采用两个 M10 的螺栓，被连接件接合面间的摩擦系数 $f=0.2$，可靠性系数 $c=12$，螺栓的许用应力$[\sigma]=160$ MPa，试计算该连接允许承受的最大静载荷 F_s。

2.3 一刚性凸缘联轴器如图所示，用 4 个力学性能等级为 4.6 级的 M10 的普通螺栓连接，均布在直径 $D_0=80$ mm 的圆周上。传递的转矩为 $T=50$ N·m，两个半联轴器接触面间的摩擦因数 $f=0.15$，试验算螺栓选择是否合理。

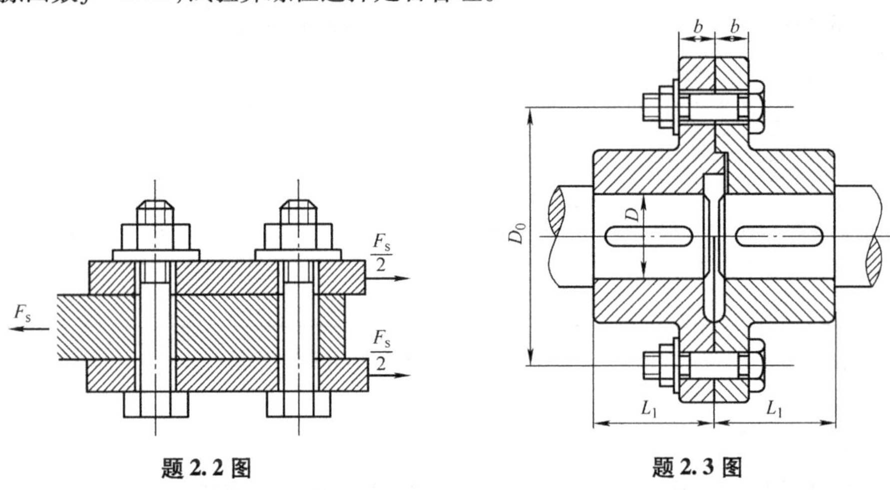

题 2.2 图 **题 2.3 图**

2.4 如图所示的凸缘联轴器及圆柱齿轮分别用键与减速器的低速轴相连接。试选择两处键的类型及尺寸，并校核其强度。已知轴的材料为 45 钢，传递的转矩 $T=1\ 000$ N·m，齿轮用锻钢制成，半联轴器用灰铸铁制成，工作时有轻微冲击。

2.5 试选择驱动某电动机与联轴器的平键连接。已知电动机轴的输出转矩 $T=50$ N·m，轴径 $d=34$ mm，铸铁联轴器的轮毂长为 85 mm，载荷有轻微冲击。

2.6 试选择图示蜗杆蜗轮减速器与电动机及卷筒之间的联轴器。已知电动机的功率 $P=7.5$ kW，转速 $n=970$ r/min，电动机轴直径 $d_1=42$ mm，减速器传动比 $i=30$，传动效率 $\eta=0.8$，输出轴直径 $d=60$ mm，工作机为轻型起重机。

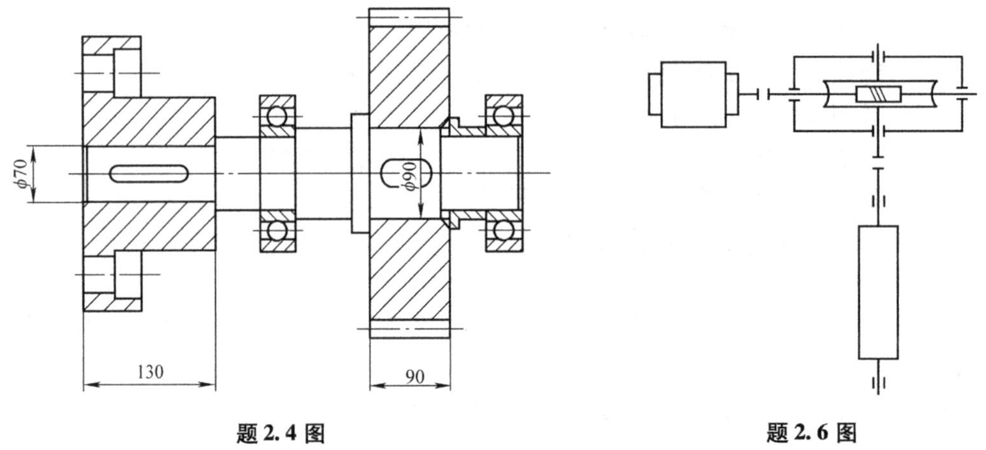

题 2.4 图 **题 2.6 图**

2.7 离心式水泵与驱动电动机用尼龙柱销联轴器连接，传递功率为 38 kW，转速为 960 r/min，两被连接轴的直径分别为 $d_1=60$ mm，$d_2=50$ mm。试选择联轴器的型号。

项目四　齿轮变速机构的设计

任务1　齿轮传动的设计

子任务1　认知渐开线直齿圆柱齿轮及其啮合

任务引入

齿轮传动是现代机械、仪器仪表和自动控制装置中最重要,也是应用最广泛的一种传动形式。那么,齿轮传动有哪些类型？渐开线标准直齿圆柱齿轮的齿廓是如何形成的？渐开线齿廓的啮合特点是什么？主要参数有哪些？如何进行标准齿轮的几何尺寸计算？

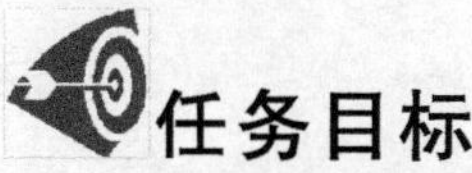

任务目标

1. 了解齿轮传动的类型、特点及应用。
2. 理解渐开线的形成及特性。
3. 掌握渐开线齿廓的基本参数及几何尺寸的计算。
4. 掌握渐开线齿廓的啮合特性。

知识链接

1.1.1　齿轮传动的应用和特点

齿轮传动用于传递空间任意两轴之间的运动和动力。其圆周速度可达 300 m/s,传递功率可达 10^5 kW,齿轮直径可从 1 mm 到 150 m 以上,是现代机械中应用最广泛的一种机械传动。与带传动和摩擦轮传动相比,其主要有以下特点。

齿轮传动的优点:工作平稳,传动效率高,可靠性强,工作寿命长(可达 10 ~ 20 年);传递的功率和速度范围广(传递功率可从几千瓦到几十万千瓦,圆周速度可从很小到 300 m/s 以上);一般齿轮传动的外廓尺寸小、结构紧凑、维护简便;能保证恒定的传动比;能传递空间任意两轴之间的运动和动力。

齿轮传动的缺点:没有过载保护的功能;齿轮的制造、安装精度高,因而成本也高;不适用于两轴中心距较大的场合;传动中振动和噪声大。

1.1.2　齿轮传动的类型

按轴的布置方式,可将齿轮传动分为平行轴齿轮传动(圆柱齿轮传动)、相交轴齿轮传动(锥齿轮传动)和交错轴齿轮传动,如图 4 - 1 所示。

按齿线形状,可将齿轮传动分为直齿轮(齿线与齿轮轴线平行)传动、斜齿轮(齿线与齿轮轴线不平行)传动、人字齿轮(齿线与齿轮轴线不平行,并呈“人”状)传动和曲线齿轮(齿

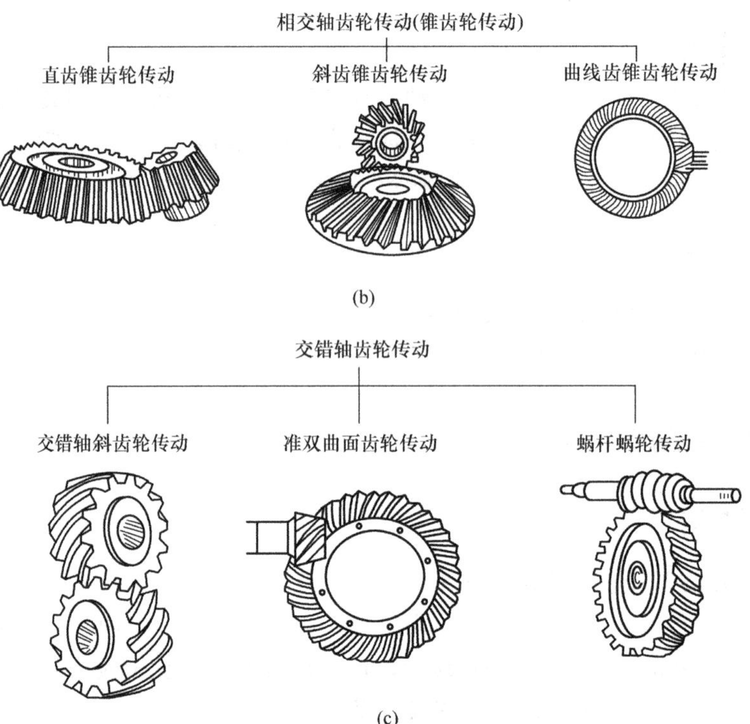

图4－1　常见的齿轮传动类型

线为曲线)传动。

按齿廓曲线形状,可将齿轮传动分为渐开线齿轮传动、摆线齿轮传动和圆弧齿轮传动等。下面仅讨论制造、安装方便,应用最广的渐开线齿轮传动。

按工作条件,可将齿轮传动分为开式、半开式和闭式齿轮传动。开式齿轮传动的齿轮完全外露,易落入灰砂和杂物,润滑差,轮齿易磨损,适用于低速及不重要的场合,如水泥搅拌机齿轮、卷扬机齿轮等。半开式齿轮传动的齿轮浸入油池中,装有防护罩,但不密封,适用于农业机械、建筑机械及简单机械设备,如车床交换齿轮架齿轮等。闭式齿轮传动的齿轮和轴承完全封闭在箱体内,润滑条件好,啮合精度高,适用于汽车、机床及航空发动机等齿轮传动。

按照齿面硬度,可将齿轮传动分为软齿面(硬度≤350 HBS)齿轮传动和硬齿面(硬度>350 HBS)齿轮传动。

1.1.3　渐开线齿轮的齿廓形成及传动比

1.1.3.1　渐开线的形成

如图4－2所示，当平面上一直线 nn 沿着半径为 r_b 的圆周作纯滚动时，该直线上任意一点 K 的轨迹 AK，称为该圆的渐开线。该圆称为渐开线的基圆，r_b 称为基圆半径，而直线 nn 称为渐开线的发生线。线段 OK 称为渐开线的向径，以 r_K 表示；角 θ_K 称为渐开线在 K 点的展角。

1.1.3.2　渐开线的特性

根据渐开线的形成原理可知，渐开线具有以下特性：

（1）发生线在基圆上滚过的线段之长 $\overline{KB}$ 等于基圆上被滚过的相应的一段弧长 $\overset{\frown}{AB}$，即 $\overline{KB}=\overset{\frown}{AB}$。

（2）渐开线上任一点 K 的法线必与基圆相切，如图4－2所示。切点 B 是渐开线上 K 点的曲率中心，线段 KB 是渐开线在 K 点的曲率半径和 K 点的法线。由此可知，K 点离基圆越远，其曲率半径越大，渐开线越平直；反之，K 点离基圆越近，其曲率半径越小，渐开线弯曲程度越大；当 K 点与基圆上的 A 点重合时，其曲率半径为零。

（3）渐开线的形状取决于基圆的大小，如图4－3所示。基圆越小，渐开线越弯曲；基圆越大，渐开线越平直；同一基圆的渐开线形状是完全相同的。当基圆半径为无穷大时，其渐开线变成垂直于 KB 的直线，齿条式的齿廓就是这种直线齿廓。

（4）基圆内无渐开线。

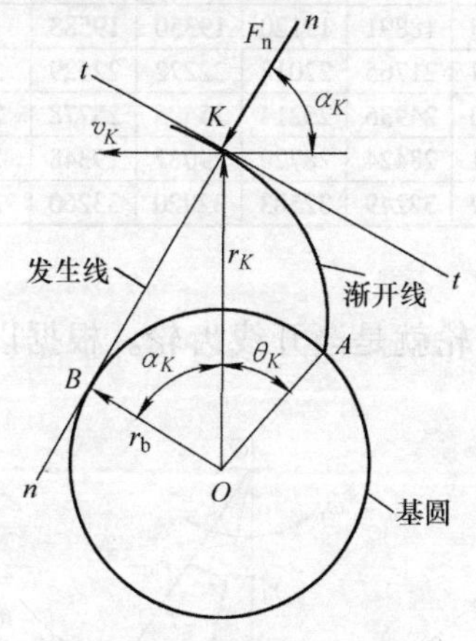

图4－2　渐开线的形成

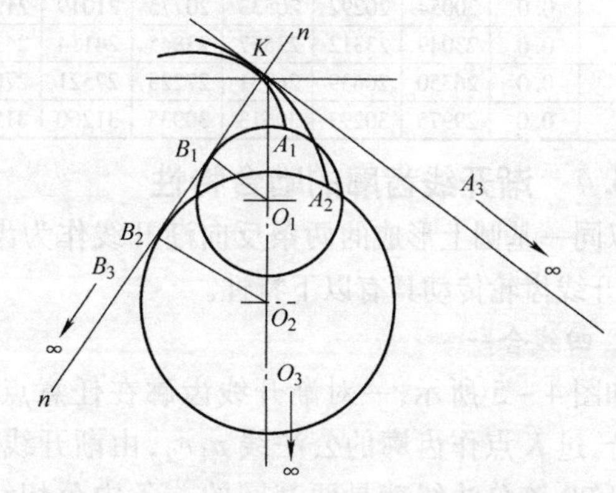

图4－3　渐开线的形状与基圆半径关系

1.1.3.3　渐开线方程

如图4－2所示，渐开线上任意一点 K 的位置可用向径 r_K 和展角 θ_K 来表示。若以此渐开线作为齿轮的齿廓，当两齿廓在 K 点啮合时，其正压力方向是沿着 K 点的法线（BK）方向，而 K 点的速度方向则垂直于 OK，故 K 点所受的法向力 F_n 与速度 v_K 方向所夹的锐角 α_K，称为渐开线上 K 点的压力角。由图4－2可知，在△KOB 中，∠$KOB=\alpha_K$，故

$$\cos\alpha_K=\frac{r_b}{r_K}$$

由此可见，渐开线上压力角 α_K 是随向径 r_K 的变化而变化的，且渐开线上的点离基圆越远，其压力角 α_K 越大，反之则越小，基圆上的压力角为0，如图4－4所示。

又在图 4－2 中的△BOK 中，有

$$\tan\alpha_K=\frac{BK}{OB}=\frac{AB}{OB}=\frac{r_b(\alpha_K+\theta_K)}{r_b}=\alpha_K+\theta_K$$

即
$$\theta_K=\tan\alpha_K-\alpha_K$$

则渐开线的极坐标方程为

$$\left.\begin{aligned}r_K&=r_b/\cos\alpha_K\\\theta_K&=\tan\alpha_K-\alpha_K\end{aligned}\right\}\qquad(4-1)$$

上式表明，θ_K随 α_K 而改变，称 θ_K 为压力角 α_K 的渐开线函数（也称之为展角），记作 $inv\ \alpha_K$，即 $\theta_K=inv\ \alpha_K=\tan\alpha_K-\alpha_K$，$\theta_K$以弧度度量。工程已将不同压力角的渐开线函数 $inv\ \alpha_K$的值列成表格（表 4－1）已备查用。

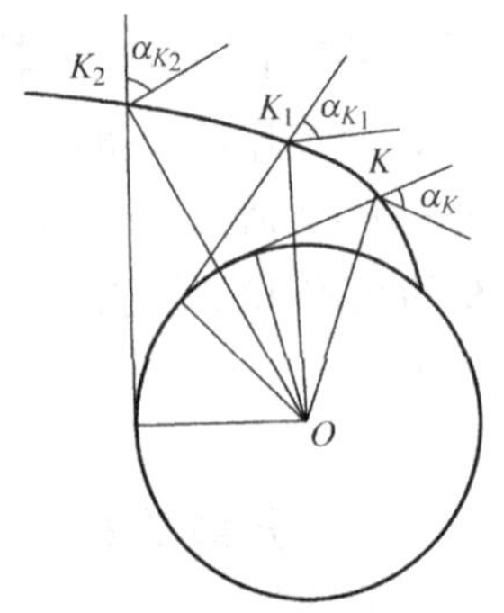

图 4－4　渐开线上不同点的压力角

表 4－1　渐开线函数表（节选）

α_K/(°)		0′	5′	10′	15′	20′	25′	30′	35′	40′	45′	50′	55′
14	0.00	49819	50729	51650	52582	53526	54482	55448	56427	57417	58420	59434	60460
15	0.00	61498	62548	63611	64686	65773	66873	67985	69110	70248	71398	72561	73738
16	0.0	07493	07613	07735	07857	07928	08107	08243	08362	08492	08623	08756	08889
17	0.0	09025	09161	09299	09439	09580	09722	09886	10012	10158	10307	10456	10608
18	0.0	10760	10915	11071	11228	11387	11547	11709	11837	12038	12205	12373	12543
19	0.0	12715	12888	13063	13240	13418	13598	13779	13963	14148	14334	14523	14731
20	0.0	14904	15098	15293	15490	15689	15890	16092	16296	16502	16710	16920	17132
21	0.0	17345	17560	17777	17996	18271	18440	18665	18891	19120	19350	19583	19817
22	0.0	20054	20292	20533	20775	21019	21266	21514	21765	22018	22272	22529	22788
23	0.0	23049	23312	23577	23845	24114	24386	24660	24936	25214	25495	25778	26062
24	0.0	26350	26639	26931	27225	27521	27820	28121	28424	28729	29037	29348	29660
25	0.0	29975	30293	30613	30935	31260	31587	31917	32249	32583	32920	33260	33602

1.1.3.4　渐开线齿廓的啮合特性

以同一基圆上形成的两条反向渐开线作为齿廓的齿轮就是渐开线齿轮。根据以上分析，渐开线齿轮传动具有以下特性。

1. 四线合一

如图 4－5 所示，一对渐开线齿廓在任意点 K 相啮合，过 K 点作齿廓的公法线 n_1n_2，由渐开线的性质可知，该公法线就是两基圆的一条内公切线。由于齿轮基圆的大小和位置关系都是固定的，故公法线 n_1n_2是唯一的。因此，不管齿轮在哪一点啮合，啮合点始终在这条公法线上，也就是说，N_1N_2是啮合点 K 的轨迹，称为啮合线。由于两个齿轮啮合传动时其正压力是沿着公法线方向的，因此对渐开线齿廓的齿轮传动来说，啮合线、过啮合点的公法线、基圆的内公切线和正压力 F_n的作用线“四线合一”。

图 4－5　渐开线齿轮的啮合

2. 中心距可分离性

由图 4－5 可知，啮合线 N_1N_2与两齿轮的中心连线 O_1O_2交于一点 C，C 点称为节点。分别以 O_1和 O_2为圆心，过节点 C 作出两个相切的圆，称为节圆。齿轮 1 的节圆半径 r'_1 =

O_1C,齿轮 2 的节圆半径 $r_2' = O_2C$。一对渐开线齿轮的啮合传动可以看作两个节圆的纯滚动,且 $v_{c1} = v_{c2}$,设齿轮 1、齿轮 2 的角速度分别为 ω_1、ω_2,则 $v_{c1} = \omega_1 \cdot O_1C$,$v_{c2} = \omega_2 \cdot O_2C$,从图 4 - 5 可以看出,$\triangle O_1N_1C \sim \triangle O_2N_2C$,则两轮的传动比为

$$i_{12} = \frac{\omega_1}{\omega_2} = \frac{O_2C}{O_1C} = \frac{r_{b2}}{r_{b1}} = \frac{r_2'}{r_1'} = 常数 \tag{4-2}$$

由于相啮合的两齿轮已经加工成形,其基圆半径是不变的。由式(4 - 2)可知,当一对渐开线齿轮安装时的实际中心距与设计中心距稍有差别时,不会改变它们的瞬时传动比,这个性质称为渐开线齿轮啮合时的中心距可分离性,这是渐开线齿轮传动的又一重要优点,对于渐开线齿轮的加工、安装和使用具有很大的实用价值。

3. 啮合角为常数

过节点 C 作两节圆的公切线 tt,如图 4 - 5 所示。两渐开线齿轮啮合时,啮合线与公切线 tt 之间所夹的锐角称为啮合角,以 α' 表示,它也是渐开线在节圆上的压力角。由几何关系可得

$$\cos\alpha' = \frac{r_{b1}}{r_1'} = \frac{r_{b2}}{r_2'} = 常数 \tag{4-3}$$

显然,在齿轮传动过程中,其啮合线和啮合角始终不变,两齿轮作用力 F_n 的方向不变。若传递的扭矩不变,其压力大小也保持不变,因而传动较平稳。

4. 齿面滑动

在图 4 - 5 中,设两齿轮的齿廓在 K 点啮合,齿轮 1 在 K 点的速度为 v_{K1},$v_{K1} \perp O_1K$;齿轮 2 在 K 点的速度为 v_{K2},$v_{K2} \perp O_2K$。由于两齿轮啮合时,两齿廓既不相互分离,也不相互嵌入,所以 v_{K1} 和 v_{K2} 在公法线上的分速度相等,则有 ba 延长线应垂直于 N_1N_2,并交于 Q 点。即在任一点 K 啮合时,由于两轮在 K 点的线速度(v_{K1},v_{K2})不重合,必会产生沿着齿面方向的相对滑动,造成齿面的磨损。

1.1.3.5　渐开线标准直齿圆柱齿轮的基本参数及几何尺寸计算

1. 标准直齿圆柱齿轮各部分的名称和符号

如图 4 - 6 所示为渐开线标准直齿圆柱齿轮的一部分,其各部分的名称与符号如下。

(1)齿:齿轮上均匀分布的参与啮合的凸起部分称为齿,每一个齿都具有同一基圆上展出的对称分布的渐开线齿廓。

(2)齿顶圆:过齿轮各齿顶端所作的圆称为齿顶圆,其直径和半径分别用 d_a 和 r_a 表示。

(3)齿根圆:过齿轮各齿根底部所作的圆称为齿根圆,其直径和半径分别用 d_f 和 r_f 表示。

(4)齿槽宽、齿厚和齿距:齿轮上相邻轮齿之间的空间,称为齿槽;在半径为 r_k 的任意圆周上,齿槽的两侧齿廓之间的弧长称为该圆周上的齿槽宽,用 e_k 表示;轮齿两侧齿廓之间的弧长称为该圆周上的齿厚,用 s_k 表示;而相邻两轮齿同侧齿廓间的弧长称为该圆周上的齿距,用 p_k 表示。显然,$p_k = s_k + e_k$。

(5)分度圆:为设计制造方便,人为取定一个圆,使该圆上的模数和压力角为标准值,这个圆称为分度圆,该圆上所有尺寸和参数符号都不带下标。如分度圆上的模数为 m,直径为 d,压力角为 α 等。显然,在分度圆上,$p = s + e$,$s = e = p/2$。

(6)齿顶高、齿根高、全齿高:齿顶圆与分度圆之间的径向距离称为齿顶高,用 h_a 表示;

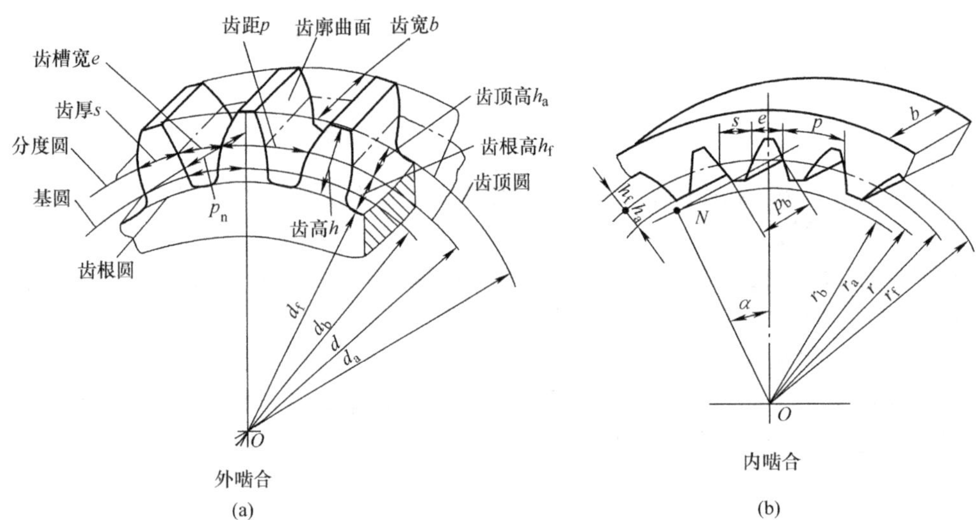

图 4-6 渐开线标准直齿圆柱齿轮各部分的名称和符号

齿根圆与分度圆之间的径向距离称为齿根高，用 h_f 表示；齿顶圆与齿根圆之间的径向距离称为全齿高，用 h 表示。显然，$h = h_a + h_f$。

(7) 基圆、法向齿距：形成齿轮渐开线齿廓的圆称为该齿轮的基圆，其直径和半径分别用 d_a 和 r_b 表示；基圆上的齿距称为基圆齿距，用 p_b 表示，如图 4-6(b) 所示。相邻两轮齿同侧齿廓之间的法向距离称为法向齿距，即图 4-6(a) 中的 p_n。由渐开线性质可知，渐开线齿轮的基圆齿距和法向齿距相等，所以通常不用法向齿距 p_n，而是用基圆齿距 p_b 表示。

(8) 齿宽：齿轮的有齿部位沿分度圆柱面的母线方向度量的宽度称为齿宽，用 b 表示。

2. 标准直齿圆柱齿轮的基本参数

渐开线标准直齿圆柱齿轮的基本参数有 5 个：齿数 z、模数 m、压力角 α、齿顶高系数 h_a^* 和顶隙系数 c^*。上述参数除齿数外，均已标准化。

1) 齿数

在齿轮整个圆周上轮齿的总数称为齿数，用 z 表示。

2) 模数

由上述可知，分度圆是齿轮各部分尺寸计算的基准，显然其周长 $L = \pi d = zp$。于是

$$d = z\frac{p}{\pi}$$

由此可知，一个齿数为 z 的齿轮，只要其齿距 p 一定，就可以求出其分度圆的直径 d。由于 π 为无理数，将给齿轮的尺寸计算、制造和检验带来不便。所以，为方便计算、制造和检验，将 p/π 的比值规定为一有理数列，如 1,2,2.5,3,4,…，并称之为模数，用 m 表示。其单位为 mm，即

$$m = \frac{p}{\pi}$$

因此，分度圆直径

$$d = mz \tag{4-4}$$

在齿数一定的条件下，齿轮的直径与模数成正比，模数越大，则齿轮与轮齿的尺寸越大，轮齿的抗弯曲能力也越强。

为了便于设计、制造、检验和互换使用，齿轮的模数已标准化。我国国家标准《通用机械和重型机械用圆柱齿轮　模数》（GB/T 1357—2008）规定的标准模数系列见表4－2。

表4－2　渐开线齿轮的模数（GB/T 1357—2008）　mm

第一系列	1　1.25　1.5　2　2.5　3　4　5　6　8　10　12　16　20　25　32　40　50
第二系列	1.75　2.25　2.75　(3.25)　3.5　(3.75)　4.5　5.5　7　9　(11)　14　18　22　28　(30)　36　45

注：1. 选取时优先采用第一系列，括号内的模数尽可能不用。

2. 对斜齿轮，该表所示为法面模数。

3）压力角

通常所说的压力角是指分度圆上的压力角，用α表示。显然，由式（4－1）可知

$$\cos\alpha=\frac{r_b}{r}\text{或}r_b=r\cos\alpha=\frac{mz\cos\alpha}{2}\tag{4-5}$$

由式（4－5）可知，即使分度圆大小相同的齿轮，如果压力角α不同，则其齿廓渐开线的基圆半径大小就不同，故其渐开线齿廓的形状也就不同。所以，压力角是决定渐开线齿廓形状的一个基本参数，故又称为齿形角。

同样，为了设计、制造、检验及互换方便，规定分度圆上的压力角取标准值，称为标准压力角。我国国家标准（GB/T 1356—2001）和国际标准化组织标准（ISO R53）等都规定了标准压力角$\alpha=20°$。

4）齿顶高系数h_a^*和顶隙系数c^*

齿轮的齿顶高是用模数的倍数表示的，标准齿顶高

$$h_a=h_a^*m\tag{4-6}$$

一对齿轮相互啮合时，还应使一齿轮的齿顶圆与另一齿轮的齿根圆之间留有一定的间隙，称为顶隙，用c表示，如图4－7所示。顶隙的作用是防止啮合齿轮彼此之间的齿顶与齿槽底相抵触，还有利于润滑剂的驻留。顶隙沿径向测量，也用模数的倍数表示，标准顶隙为

$$c=c^*m\tag{4-7}$$

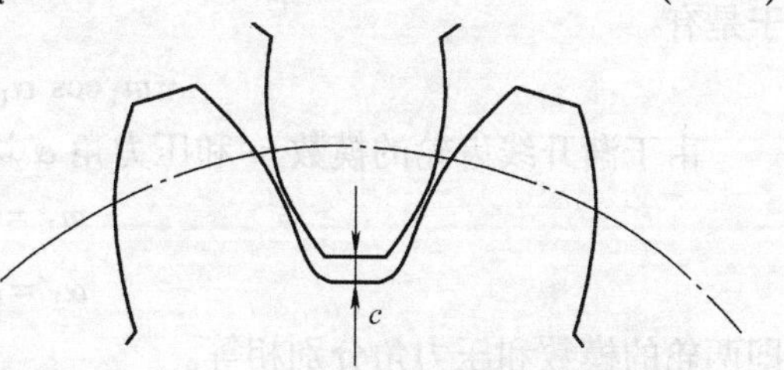

图4－7　渐开线圆柱齿轮的顶隙

式（4－6）及式（4－7）中的系数h_a^*称为齿顶高系数，c^*称为顶隙系数，均已标准化。我国规定的标准值为$h_a^*=1$，$c^*=0.25$。显然，标准齿轮齿根高和全齿高为

$$h_f=(h_a^*+c^*)m\tag{4-8}$$

$$h=h_a+h_f=(2h_a^*+c^*)m\tag{4-9}$$

3. 标准直齿圆柱齿轮的几何尺寸计算

渐开线标准直齿圆柱齿轮是指m、α、h_a^*、c^*均取标准值，且分度圆齿厚等于齿槽宽（$s=e=p/2$）的齿轮。否则，就是非标准齿轮。

渐开线标准直齿圆柱齿轮几何尺寸计算公式列于表4－3中。

表 4-3 渐开线标准直齿圆柱齿轮几何尺寸的计算公式

序号	名称	符号	计算公式
1	齿顶高	h_a	$h_a = h_a^* m = m$
2	齿根高	h_f	$h_f = (h_a^* + c^*)m = 1.25m$
3	全齿高	h	$h = h_a + h_f = (2h_a^* + c^*)m = 2.25m$
4	顶隙	c	$c = c^* m = 0.25m$
5	分度圆直径	d	$d = mz$
6	基圆直径	d_b	$d_b = d\cos\alpha$
7	齿顶圆直径	d_a	$d_a = d \pm 2h_a = m(z \pm 2h_a^*)$
8	齿根圆直径	d_f	$d_f = d \mp 2h_f = m(z \mp 2h_a^* \mp 2c^*)$
9	齿距	p	$p = \pi m$
10	齿厚	s	$s = \frac{p}{2} = \frac{\pi m}{2}$
11	齿槽宽	e	$e = \frac{p}{2} = \frac{\pi m}{2}$
12	标准中心距	a	$a = \frac{1}{2}(d_2 \pm d_1) = \frac{1}{2}m(z_2 \pm z_1)$

注:表中正负号处,上面符号用于外齿轮,下面符号用于内齿轮。

4. 渐开线直齿圆柱齿轮的正确啮合条件

渐开线齿轮传动是靠圆周上的轮齿依次啮合来实现的。如前所述,一对渐开线齿轮在啮合过程中,它们的齿廓啮合点都应在啮合线(即齿廓公法线)N_1N_2上。因此要使处于啮合线上的各对轮齿都能正确地进入啮合,显然两个齿轮的相邻两轮齿的同侧齿廓之间的法向齿距必须相等。由渐开线性质可知,轮齿法向齿距等于齿轮的基圆上的齿距,因此要使两轮正确啮合,必须满足 $p_{b1} = p_{b2}$,而基圆齿距 p_b 与齿距 p 的关系为

$$p_b = p\cos\alpha = \pi m\cos\alpha \tag{4-10}$$

于是有

$$\pi m_1\cos\alpha_1 = \pi m_2\cos\alpha_2$$

由于渐开线齿轮的模数 m 和压力角 α 均为标准值,所以两轮正确啮合的条件为

$$\left.\begin{aligned} m_1 = m_2 = m \\ \alpha_1 = \alpha_2 = \alpha \end{aligned}\right\} \tag{4-11}$$

即两轮的模数和压力角分别相等。

于是,一对渐开线直齿圆柱齿轮的传动比又可表达为

$$i_{12} = \frac{\omega_1}{\omega_2} = \frac{r_{b2}}{r_{b1}} = \frac{m_2 z_2\cos\alpha_2/2}{m_1 z_1\cos\alpha_1/2} = \frac{z_2}{z_1} \tag{4-12}$$

也就是说,其传动比不仅与两轮的基圆、节圆、分度圆直径成反比,而且与两轮的齿数成反比。

5. 渐开线直齿圆柱齿轮连续传动的条件

在齿轮传动过程中,必须始终保持在同一时间内至少有一对轮齿在啮合,这样才能保证从动轮的连续传动。从轮齿啮合过程可以看出,齿轮的啮合是从主动轮的齿根推动从动轮的齿顶开始的。因此,啮合点是从从动轮的齿顶与啮合线的交点 B_2 点开始,一直啮合到主动轮的齿顶与啮合线的交点 B_1 为止,如图 4-8(a)所示。所以,欲保证连续传动,则必须有

$$B_1B_2 \geqslant p_b$$

即必须使实际啮合线段 B_1B_2 的长度大于或者等于齿轮的基圆齿距 p_b。通常把 B_1B_2 与 p_b 的比值用 ε 来表示，则齿轮连续传动的条件为

$$\varepsilon=\frac{B_1B_2}{p_b}\geqslant 1 \tag{4-13}$$

ε 称为重合度，它表明同时参与啮合的轮齿的对数。若 $\varepsilon=1$，表明在传动过程中始终有一对轮齿在啮合，从而齿轮传动刚好连续。若 $\varepsilon>1$，则表明在整个啮合周期内，一部分时间是一对轮齿在啮合，另一部分时间是多于一对轮齿在啮合，如图 4-8(b)所示。若 $\varepsilon<1$，则表明当前一对轮齿在 B_1 点退出啮合时，后一对轮齿还没有进入啮合，如图 4-8(c)所示，此时传动中断，轮齿间会产生冲击和噪声，严重影响传动的平稳性。

综上所述，重合度愈大，表示同时参与啮合的轮齿的对数越多。同时，参与啮合轮齿的对数越多，则每对轮齿所受的载荷就越小，相对来说，必然是提高了齿轮的承载能力。所以，在生产实践中，一般的齿轮传动要求 $\varepsilon=1.1\sim1.4$ 即可满足使用要求。

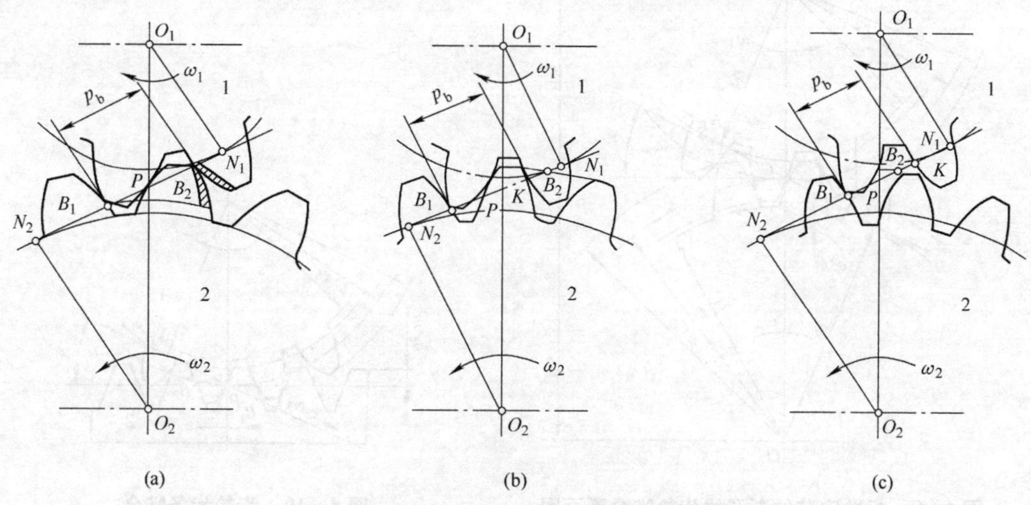

图 4-8　渐开线齿轮啮合过程

6. 渐开线齿轮的无侧隙啮合

1)外啮合传动

为了避免冲击、振动、噪声等，理论上齿轮传动应为无侧隙啮合。如图 4-9 所示，表示一对外啮合的渐开线标准齿轮传动，假设没有齿侧间隙(实际齿侧间隙是由齿轮制造的负公差来控制的)，则因标准齿轮在分度圆上的齿厚与齿槽宽相等，即 $s=e=\pi m/2$，而两轮要正确啮合必须保证 $m_1=m_2$，所以若要保证无侧隙啮合，就要求两轮的分度圆相切，且作纯滚动，这时两轮的节圆与分度圆重合($\alpha=\alpha'$)，这样的齿轮安装称为标准安装，此时的中心距称为标准中心距。

显然，在标准安装下，两齿轮之间的中心距为

$$a=r_1'+r_2'=r_1+r_2=\frac{m(z_1+z_2)}{2} \tag{4-14}$$

而顶隙 $c=h_f-h_a=(h_a^*+c^*)m-h_a^*m=c^*m$。显然，顶隙 c 亦为标准值。

当安装中心距不等于标准中心距(即非标准安装)时，节圆半径要发生变化，但分度圆

半径是不变的，这时分度圆和节圆不重合，啮合线位置变化，啮合角也不再等于压力角，此时的中心距为

$$a' = r_1' + r_2' = \frac{r_{b1}}{\cos \alpha_1'} + \frac{r_{b2}}{\cos \alpha_2'} = (r_1 + r_2)\frac{\cos \alpha}{\cos \alpha'} = a\frac{\cos \alpha}{\cos \alpha'} \qquad (4-15)$$

但无论是标准安装还是非标准安装，其传动比 i_{12} 均按式(4－12)计算，其值为一恒值。

2)齿轮齿条传动

当齿轮齿条啮合时，相当于齿轮的节圆与齿条的节线作纯滚动，如图 4－10 所示。当采用标准安装时，齿条的节线与齿轮的分度圆相切，此时啮合角等于压力角。当齿条远离或靠近齿轮时，由于齿条的齿廓是直线，则啮合线位置不变，啮合角不变，节点位置不变，所以不管是否标准安装，齿轮与齿条啮合时齿轮的分度圆永远与节圆重合，啮合角恒等于压力角，但只有在标准安装时，齿条的分度线才与节线重合。

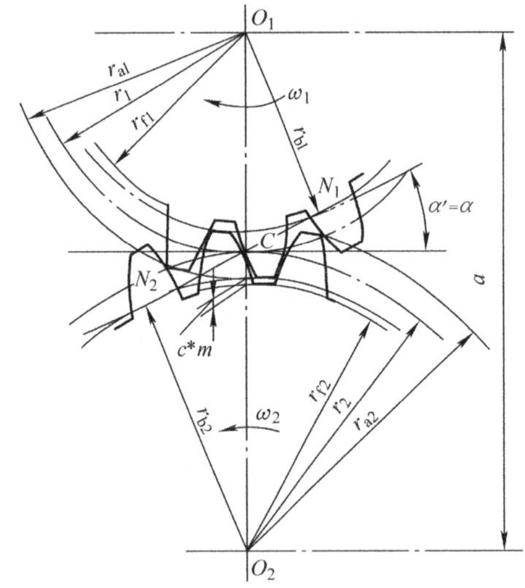

图 4－9　标准安装的渐开线齿轮啮合断面图

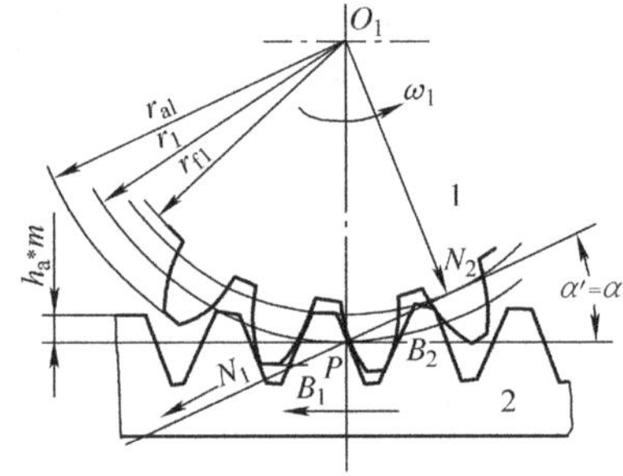

图 4－10　齿轮齿条啮合

必须指出，为了保证齿面润滑，避免轮齿因摩擦发生热膨胀而产生卡死现象以及为了补偿加工误差等，齿轮传动应留有很小的侧隙。此侧隙一般在制造齿轮时由齿厚负偏差来保证，而在设计计算齿轮尺寸时仍按无侧隙计算。

7. 渐开线齿轮的加工方法

加工渐开线齿轮的方法分为仿形法和范成法两种，现简单介绍如下。

1)仿形法

仿形法是在普通铣床上用轴向剖面形状与被切齿轮齿槽形状完全相同的铣刀切制齿轮的方法，如图 4－11 所示。铣完一个齿槽后，分度头将齿坯转过 360°/z，再铣下一个齿槽，直到铣出所有的齿槽。

由于渐开线齿廓的形状取决于基圆大小，而基圆直径 $d_b = d\cos\alpha = mz\cos\alpha$，故齿廓形状与 m、z、α 有关。欲加工精确齿轮，对于模数和压力角相同而齿数不同的齿轮，应采用不同刀具。但这实际上是不可能的。在实际生产中，对相同模数、不同齿数的齿轮，一般只备有 1 至 8 号八种铣刀。每一号铣刀的刀刃形状都是按对应的该组齿轮中齿数最少的那个齿轮的齿形制成的。表 4－4 列出了 1 至 8 号圆盘铣刀加工齿轮的齿数范围。

表 4-4　圆盘铣刀加工齿数的范围

刀号	1	2	3	4	5	6	7	8
加工齿数范围	12~13	14~16	17~20	21~25	26~34	35~54	55~134	135 以上

2)范成法

范成法也称为展成法。它是利用一对齿轮无侧隙啮合时两轮的齿廓互为包络线的原理加工齿轮的。加工时刀具与齿坯的运动就像一对互相啮合的齿轮,最后刀具将齿坯切出渐开线齿廓,如图 4-12 所示。

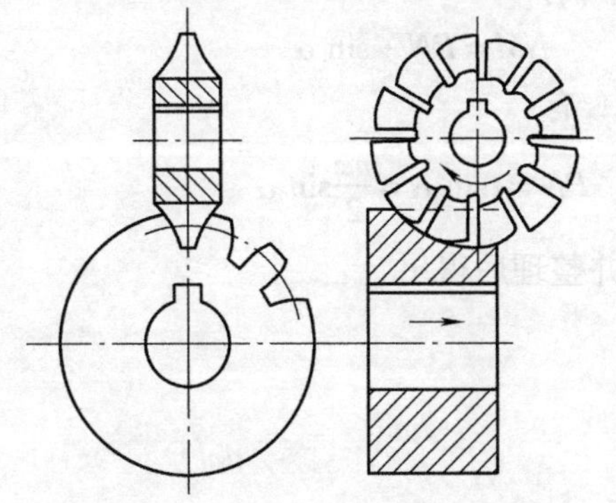

图 4-11　仿形法切制齿轮

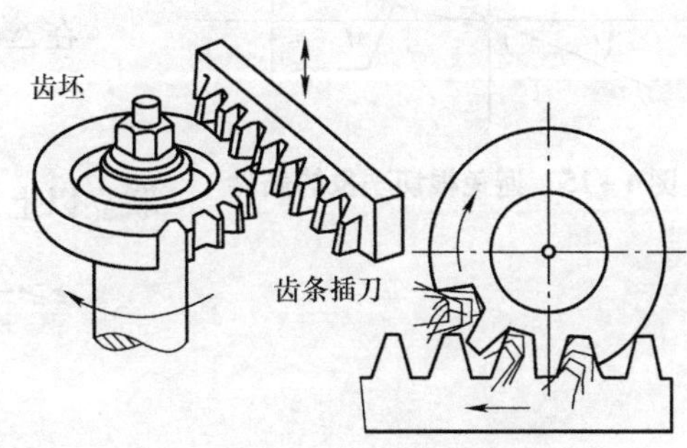

图 4-12　范成法切制齿轮

范成法切制齿轮常用的刀具有三种:

(1)齿轮插刀,是齿廓为刀刃的外齿轮;

(2)齿条插刀,是齿廓为刀刃的齿条;

(3)齿轮滚刀,像梯形螺纹的螺杆,轴向剖面齿廓为精确的直线齿廓,滚刀转动时相当于齿条在移动,可以实现连续加工,生产率较高。

用范成法加工齿轮时,只要刀具与被切齿轮的模数和压力角相同,不论被加工齿轮的齿数是多少,都可以用同一把刀具来加工,这给生产带来了很大的方便,因此展成法得到了广泛的应用。

8. 渐开线齿廓的根切现象与标准外啮合直齿轮最少齿数

1)根切现象

用范成法加工齿轮时,若刀具的齿顶线(或齿顶圆)超过理论极限啮合点 N 时(图 4-13),被加工齿轮齿根附近的渐开线齿廓将被切去一部分,这种现象称为根切,如图 4-14所示。

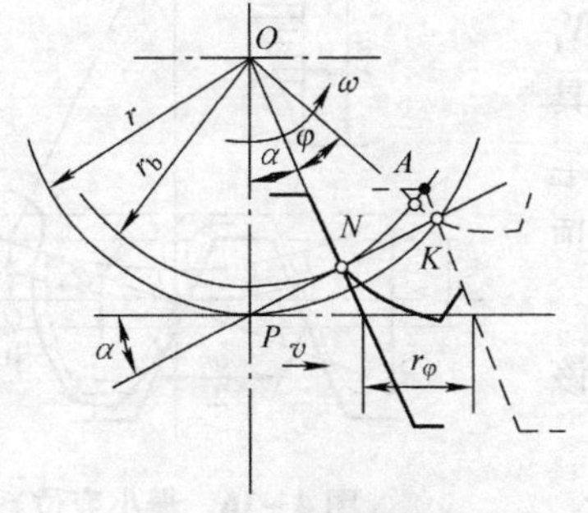

图 4-13　根切的产生

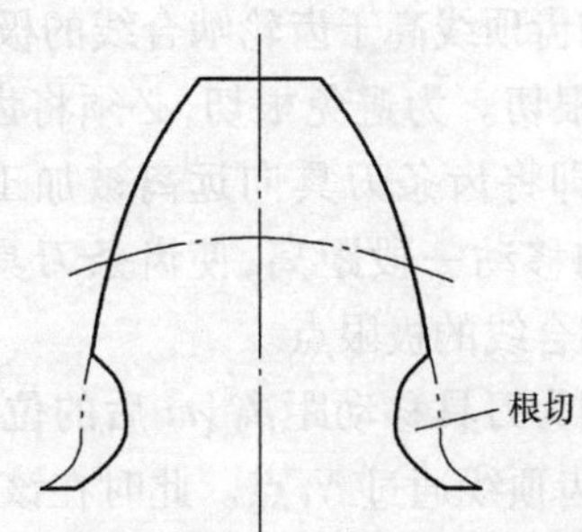

图 4-14　轮齿的根切现象

轮齿的根切破坏了渐开线齿廓的形状，也大大削弱了轮齿的弯曲强度，降低了齿轮传动的平稳性和重合度，因此应力求避免。

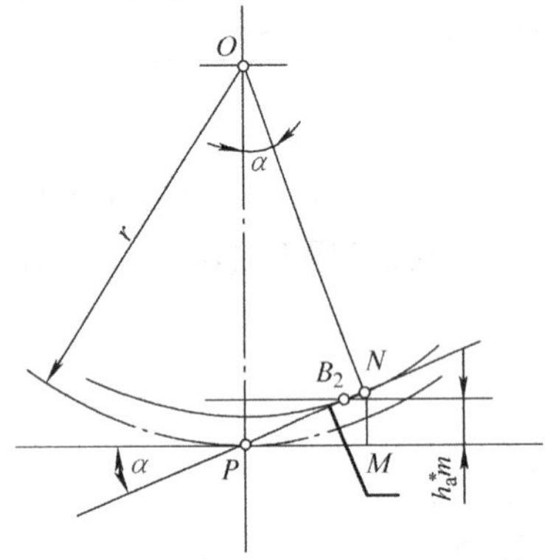

图 4－15　避免根切现象的条件

2）标准外啮合直齿轮的最少齿数

如图 4－15 所示为齿条插刀加工标准外齿轮的情况，齿条插刀的分度线与齿轮的分度圆相切。要使被切齿轮不产生根切，刀具的齿顶线不可超过 N 点，即

$$h_a^* m \leqslant NM$$

在△PMN 中，有

$$NM = PN \cdot \sin\alpha$$

在△OPN 中，有

$$PN = r\sin\alpha = \frac{mz}{2}\sin\alpha$$

联立以上三式，并整理后得出

$$z \geqslant \frac{2h_a^*}{\sin^2\alpha}$$

即

$$z_{\min} = \frac{2h_a^*}{\sin^2\alpha} \tag{4-16}$$

当 $\alpha = 20°$、$h_a^* = 1$ 时，$z_{\min} = 17$。

9. 变位齿轮传动

前面讨论的都是渐开线标准齿轮，它们的设计和计算简单，且互换性好。但是，标准齿轮也存在一定的局限性。如在用范成法加工渐开线标准齿轮时，若最少齿数少于 17，则会发生根切现象，所以齿轮的最小尺寸受到了限制；当齿轮的安装中心距不等于标准中心距时，齿轮或不能安装或轮齿间的侧隙过大，引起冲击振动，影响齿轮传动的平稳性；一对标准齿轮传动时，小齿轮的齿根厚度小而啮合次数多，小齿轮易磨损，等等。为了改善齿轮传动的性能，出现了变位齿轮。

在加工齿轮时，将齿轮刀具向远离被加工齿轮轴线的方向移动一定距离，使其中线与被加工齿轮的分度圆分离，保证刀具顶部不会切到轮齿的根部。这样加工出的齿轮称为变位齿轮，变位齿轮是非标准齿轮。

1）变位齿轮的形成

如图 4－16 所示，虚线为刀具移动前的位置，当齿条刀具的齿顶线高于齿轮啮合线的极限点 N_1 时，齿廓发生根切。为避免根切，必须将齿条刀具的位置后撤，即将齿条刀具向远离被加工齿轮毛坯中心的方向移动一段距离，使齿条刀具的齿顶线低于齿轮啮合线的极限点。

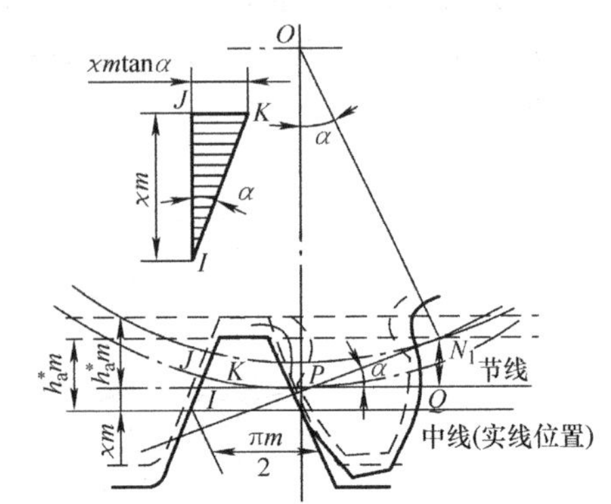

图 4－16　最小变位系数

图中实线为刀具移动距离 χm 后的位置，在该位置，刀具的齿顶线通过 N_1 点。此时在该位置上，用标准齿条刀具加工出来的齿轮称为变位齿轮，

该方法称为变位修正法。刀具移动的距离χm称为变位量,χ称为变位系数。同时规定:刀具向远离被加工齿轮毛坯中心方向移动时,χ为正,称此时的变位为正变位;刀具向被加工齿轮毛坯中心方向移动时,χ为负,称此时的变位为负变位;χ为零时,为标准齿轮。

2)最小变位系数

用范成法切制齿数少于$z_{\min}$的齿轮时,为使轮齿不发生根切,齿轮必须作正变位。当刀具的齿顶线恰好通过N_1点时,刀具的移动量最小。此时的变位系数称为最小变位系数,用$\chi_{\min}$表示。由图4-16可知,渐开线直齿圆柱齿轮不发生根切的条件是

$$\chi m + N_1 Q \geqslant h_a^* m$$

而

$$N_1 Q = PN_1 \sin\alpha = r\sin^2\alpha = \frac{mz}{2}\sin^2\alpha$$

联立以上二式得

$$\chi \geqslant h_a^* - \frac{z}{2}\sin^2\alpha \tag{4-17}$$

由式(4-16)可得,$\frac{\sin^2\alpha}{2} = \frac{h_a^*}{z_{\min}}$,代入式(4-17)整理后可得

$$\chi \geqslant h_a^*\left(1 - \frac{z}{z_{\min}}\right) \tag{4-18}$$

由此可得最小变位系数

$$\chi_{\min} = h_a^*\left(1 - \frac{z}{z_{\min}}\right) \tag{4-19}$$

当$\alpha = 20°$、$h_a^* = 1$时,有

$$\chi_{\min} = 1 - \frac{z}{17} \tag{4-20}$$

结论:当$z < z_{\min}$时,$\chi_{\min} > 0$,说明此时必须采用正变位方可避免根切;当$z > z_{\min}$时,$\chi_{\min} < 0$,说明只要$\chi > \chi_{\min}$,虽采用了负变位齿轮也不会产生根切。

3)变位齿轮的特点

标准渐开线齿轮分度圆上的齿厚等于齿槽宽。当采用变位修正法加工齿轮时,虽然分度圆上的齿距和基圆直径都不变,但是齿轮分度圆上的齿厚与齿槽宽都发生了变化。

加工变位齿轮时,齿轮的模数、压力角、齿数以及分度圆、基圆均与标准齿轮相同,所以两者的齿廓曲线是相同的渐开线,只是截取了不同的部位而已,如图4-17所示。由图4-17可知,正变位($\chi > 0$)时,齿轮齿根部分的齿厚增大,提高了齿根的抗弯曲强度,但齿槽变窄,齿顶变薄;负变位($\chi < 0$)时,齿轮齿根部分的齿厚减小,齿槽变宽,齿顶变厚,齿根的抗弯曲强度降低。所以,是否采用变位齿轮,是采用正变位还是负变位,不仅与齿轮的齿数有关,而且还与齿轮的承载情况有关。

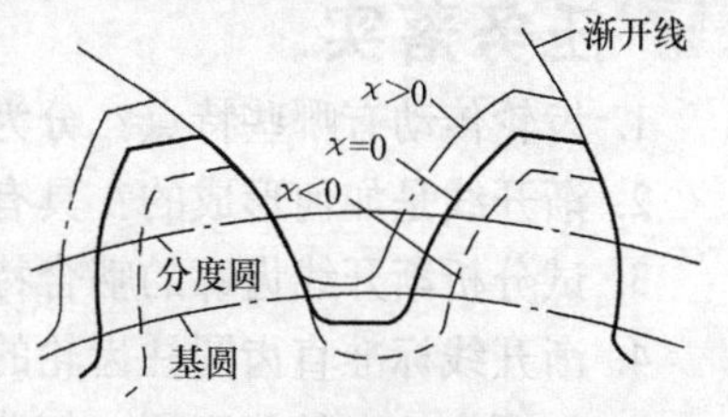

图4-17　变位齿轮的齿厚

10. 变位齿轮传动的类型与特点

一对相互啮合齿轮的变位系数分别为χ_1和χ_2,则按χ_1与χ_2之和的组合关系,变位齿轮

传动的类型可以分为零传动、正传动和负传动三种类型。

1)零传动

零传动又可分为如下两种情况。

$\chi_1=\chi_2=0, z_1=z_2>2z_{\min}$,这是一对标准齿轮啮合,安装中心距 a' 等于标准中心距 a,为避免根切,两个齿轮的齿数都必须大于最少齿数 $z_{\min}$。

$\chi_1=-\chi_2\neq 0, z_1=z_2>2z_{\min}$,由于两齿轮变位系数的绝对值相等,又称该种传动为等变位(或高变位)齿轮传动。此时,这一对相互啮合的齿轮都是变位齿轮,一般小齿轮取正变位,大齿轮取负变位,但安装中心距 a' 仍然等于标准中心距 a。

为保证两齿轮都不发生根切,应使

$$z_1+z_2\geqslant 2z_{\min}$$

等变位(或高变位)齿轮传动的特点是:①小齿轮取正变位,允许 $z_1<z_{\min}$,从而减少了齿轮传动的尺寸;②提高了小齿轮齿根强度,减小了小齿轮的齿面磨损情况;③使大小齿轮的强度接近,相对提高了齿轮传动的承载能力;④互换性差,必须成对设计、制造和使用;⑤重合度略有减小;⑥小齿轮齿顶易变尖。

2)正传动

$\chi_1+\chi_2>0, z_1=z_2<2z_{\min}$,称该齿轮传动为正传动。此时,两齿轮的安装中心距 a' 大于标准中心距 a,啮合角 α' 大于压力角 α,即

$$a'>a, \alpha'>\alpha$$

正传动的特点是:①传动机构更加紧凑;②提高了齿轮的接触强度和抗弯曲强度;③可以满足 $a'>a$ 的中心距要求;④互换性差,必须成对设计、制造和使用;⑤重合度减小较多;⑥齿顶变尖。

3)负传动

$\chi_1+\chi_2<0, z_1=z_2>2z_{\min}$,称该齿轮传动为负传动。此时,两齿轮的安装中心距 a' 小于标准中心距 a,啮合角 α' 小于压力角 α,即

$$a'<a, \alpha'<\alpha$$

负传动的特点是:①重合度略有增加;②可以满足 $a'<a$ 的中心距要求;③轮齿的强度有所降低;④轮齿磨损加剧;⑤互换性差,必须成对设计、制造和使用。

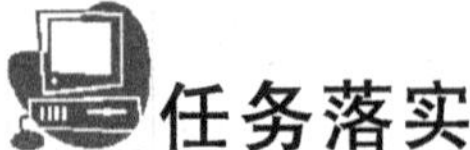

任务落实

1. 齿轮传动有哪些特点?分为哪几种类型?
2. 渐开线是如何形成的?具有什么特性?
3. 试分析渐开线齿廓的啮合特性。
4. 渐开线标准直齿圆柱齿轮的基本参数有哪几个?
5. 何谓齿轮中的分度圆?何谓节圆?二者的直径是否一定相等或一定不相等?
6. 一对标准外啮合直齿圆柱齿轮传动,已知 $z_1=19, z_2=68, m=2$ mm, $\alpha=20°$,计算小齿轮的分度圆直径、齿顶圆直径、齿根圆直径、基圆直径、齿距以及齿厚和齿槽宽。
7. 渐开线直齿圆柱齿轮正确啮合和连续传动的条件各是什么?
8. 简述渐开线齿轮的加工方法、特点及应用场合。
9. 何谓变位齿轮?什么情况下选用变位齿轮?

子任务2 渐开线标准直齿圆柱齿轮传动的设计

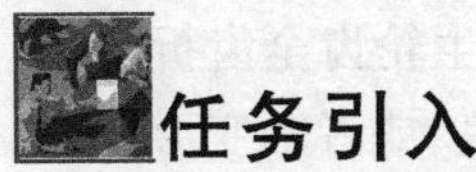

任务引入

齿轮传动是靠轮齿的啮合来传递运动和动力的,轮齿失效是齿轮常见的主要失效形式。那么,常见轮齿的主要失效形式有哪些?齿轮传动的设计准则是什么?轮齿的失效对齿轮材料提出了哪些要求?如何选择齿轮材料及热处理方式?另外,轮齿失效的原因主要是由于轮齿受力而引起的。那么,齿轮工作时,轮齿受到哪些力的作用?强度条件是什么?如何进行设计或校核?

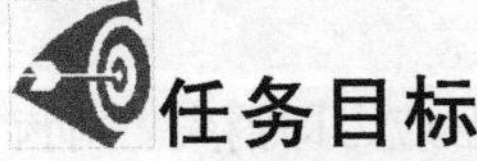

任务目标

1. 掌握齿轮常见的失效形式和设计准则。
2. 了解齿轮常用材料的基本要求、选用及许用应力。
3. 掌握齿轮传动的受力分析和齿轮的强度校核和设计计算。

知识链接

1.2.1 轮齿的失效形式和设计准则

齿轮传动是靠轮齿的啮合来传递运动和动力的,轮齿的失效是齿轮常见的主要失效形式。由于传动装置有开式、半开式、闭式,齿面硬度有软齿面(硬度≤350 HBS)和硬齿面(硬度>350 HBS),齿轮转速有高与低,载荷有轻与重之分,所以实际应用中常会出现各种不同的失效形式。分析研究失效形式有助于建立齿轮设计准则,提出防止和减轻失效的措施。

1.2.1.1 轮齿常见的失效形式

1. 轮齿折断

轮齿折断是指齿轮的一个或多个轮齿整体或局部的折断,如图4-18所示。轮齿折断一般发生在齿根部分,按其原因又分为疲劳折断和过载折断。

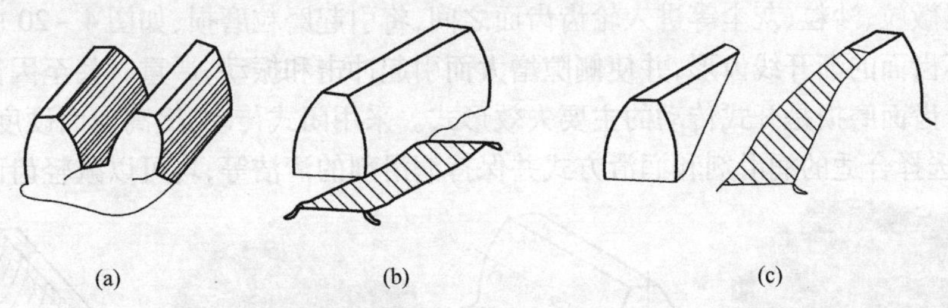

图4-18 轮齿折断

齿轮工作时,轮齿像一个悬臂梁,受载后轮齿根部产生的弯曲应力最大,而且是交变应力。当轮齿单侧受载时,应力为脉动循环变化,当轮齿两侧受载时,应力按对称循环变化。在交变应力的反复作用下,又加之齿根过渡部分存在应力集中,当应力值超过材料的弯曲疲劳极限时,齿根部将产生疲劳裂纹,如图4-18(a)所示。随着应力循环次数的增加,疲劳裂纹逐渐扩展，致使轮齿折断，这种折断称为疲劳折断。

当轮齿突然过载，或经严重磨损齿厚变薄时，也会发生轮齿折断，称为过载折断。

对于直齿圆柱齿轮，齿根裂纹一般从齿根沿轮齿齿向扩展，所以发生轮齿全齿折断，如图 4－18(b)所示。对于齿宽较大的直齿圆柱齿轮，如果制造和安装不良，或者轴变形过大，局部受载严重时，也会发生轮齿局部折断，如图 4－18(c)所示。轮齿折断是闭式硬齿面钢制齿轮和铸铁齿轮传动的主要失效形式。

提高轮齿抗折断能力的措施：增大齿根圆角半径，消除加工刀痕以降低齿根应力集中；增大轴及支承物的刚度以减轻齿面局部过载的程度；对轮齿进行喷丸、碾压等冷作处理，以提高齿面硬度，保持芯部的韧性等。

2. 齿面疲劳点蚀

轮齿进入啮合时，齿面接触处产生很大的接触应力，脱离啮合后接触应力即消失。对齿廓工作面上的某一固定点来说，它受到了近乎于脉动变化的接触应力。如果接触应力超过了齿轮材料的接触疲劳极限值，随着应力循环次数的增加，齿面上便产生一些不规则的疲劳裂纹，又加之封闭在微裂纹中的润滑油在压力作用下产生楔挤的作用，使裂纹逐渐扩展，随着应力循环次数的继续增大，最终导致齿面上金属微粒剥落，形成麻点状的小凹坑，这种现象称为齿面疲劳点蚀，如图 4－19 所示。齿面疲劳点蚀使齿面的渐开线齿形遭到破坏，致使齿轮工作时产生强烈的振动和噪声，甚至不能工作。

齿面疲劳点蚀一般发生在闭式软齿面齿轮传动中，开式齿轮由于磨损严重，很少出现点蚀。为了防止齿面过早发生点蚀，可采取提高齿面硬度、降低齿面粗糙度值、增大润滑油黏度等主要措施。

3. 齿面磨损

对于新的齿轮传动装置来说，在开始运行一段时间内，会发生跑合磨损，这对传动是有利的，会使齿面表面粗糙度值降低，提供了传动的承载能力。但跑合结束后，应更换润滑油，以免发生磨粒磨损。

齿面磨损分为摩擦磨损和磨粒磨损。所谓摩擦磨损，是指轮齿在啮合过程中，齿面之间存在相对滑动，使齿面之间摩擦而磨损，这是渐开线齿轮传动不可避免的，其磨损量非常小。如果有金属微粒、沙粒、灰尘等进入轮齿齿面之间，将引起磨粒磨损，如图 4－20 所示。磨粒磨损将破坏齿面的渐开线齿形，并使侧隙增大而引起冲击和振动，严重时甚至因齿厚减薄过多而折断。齿面磨损是开式传动的主要失效形式。采用闭式传动、提高齿面硬度、降低表面粗糙度值、选择合适的润滑剂和润滑方式并保持润滑剂的清洁等，均可以减轻齿面磨损。

图 4－19　齿面疲劳点蚀

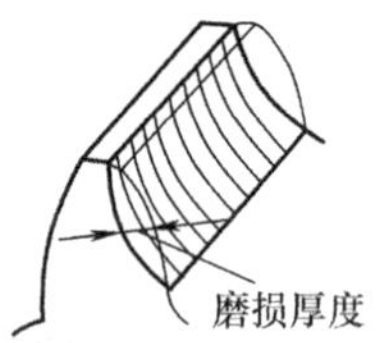

图 4－20　齿面磨损

4. 齿面胶合

齿面之间的润滑是靠油膜来实现的，形成油膜需要一定黏度的润滑油和一定的相对速度。齿轮传动在低速、重载时，由于速度较低而无法形成润滑油膜，导致润滑失效；而在高速、重载时，由于啮合区齿面间的高温高压，使润滑油黏度降低，从而使油膜破裂，导致润滑失效。这两种情况都将使轮齿齿面的金属相互粘连而又相互滑动，金属从表面被撕落下来，在齿面上沿滑动方向出现条状伤痕，产生齿面胶合。产生胶合后，齿面的渐开线齿形被破坏，如图 4－21 所示，振动和噪声增大，甚至不能正常工作。

采用黏度较大或抗胶合性能好的润滑油（如硫化油）、提高齿面硬度、降低齿面粗糙度值、限制油温、选择胶合能力强的材料组合等，都可以提高齿面的抗胶合能力。

5. 齿面塑性变形

当齿轮材料硬度不足，而载荷又较大（特别是冲击载荷）时，轮齿啮合过程中，材料容易沿着摩擦力的方向产生塑性变形。由于主动轮齿面上所受到的摩擦力方向背离节线，故产生塑性变形后，齿面上节线附近将出现凹沟；而从动轮齿面上所受到的摩擦力方向则指向节线，故产生塑性变形后，齿面上节线附近就产生凸棱。齿面塑性变形使齿形被破坏，影响齿轮的正常啮合，如图 4－22 所示。为了防止齿面塑性变形，应当采用提高齿面硬度、选用黏度较高的润滑油、避免频繁启动和过载等措施。

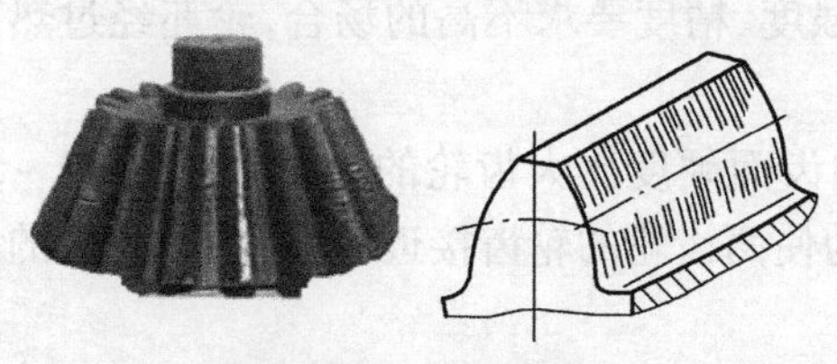

图 4－21　齿面胶合

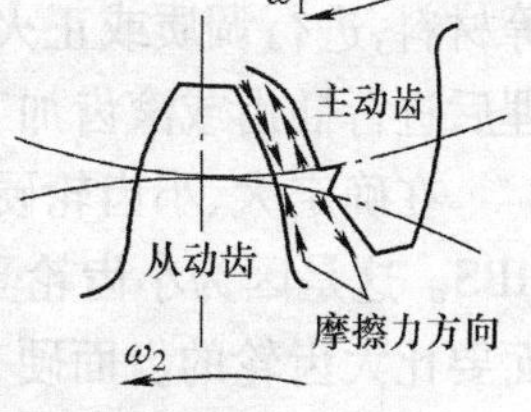

图 4－22　齿面塑性变形

1.2.1.2　设计准则

理论上，对于轮齿的每一种失效形式，都应建立相应的设计准则，以防止传动失效。但是，对于齿面塑性变形和磨粒磨损，至今国内还没有成熟和公认的计算方法；对于齿面胶合，我国虽已制定出渐开线圆柱齿轮胶合承载能力计算方法（GB/T 6413—2003），但只是在高速、重载齿轮传动时，才作胶合计算。所以，目前在设计普通齿轮传动时，一般只对点蚀和轮齿折断建立设计准则，即只按保证齿面的接触疲劳强度和轮齿的弯曲疲劳强度两个准则进行。

对于闭式软齿面齿轮（齿面硬度≤350 HBS）传动，齿面点蚀是主要失效形式，为减少反复计算的次数，应首先按齿面接触疲劳强度进行设计计算，确定齿轮的主要参数和尺寸，然后再按轮齿的弯曲疲劳强度校核齿根的弯曲强度。对于闭式硬齿面齿轮（齿面硬度 > 350 HBS）传动，常因齿根的折断而失效，故应先按轮齿的弯曲疲劳强度进行设计计算，确定模数和其他尺寸，然后再按接触疲劳强度校核齿面的接触强度。

对于开式和半开式的齿轮传动，齿面磨损为其主要失效形式，鉴于目前没有可行的抗磨损计算方法，所以通常按照齿根弯曲疲劳强度进行设计计算，用以确定齿轮的模数。在工程实际中，考虑磨损因素，再将模数增大 10% ~20%，而无须校核接触强度。

1.2.2　齿轮常用的材料及许用应力

1.2.2.1　齿轮材料的基本要求

由轮齿的失效分析可知，工程上对齿轮材料提出的基本要求是：

(1)齿面应有足够的硬度以抵抗齿面磨损、疲劳点蚀、齿面胶合及塑性变形等;

(2)轮齿芯部应有足够的强度和良好的韧性,以抵抗冲击载荷和防止轮齿齿根疲劳折断;

(3)应有良好的加工工艺性能及热处理性能,使之便于加工且便于提供其力学性能。

1.2.2.2 齿轮的常用材料及选用

在一般齿轮传动设计中,为满足上述要求,最常用的齿轮材料是锻钢,也可用铸钢、球墨铸铁、灰铸铁及一些非金属材料等。

1. 锻钢

锻钢包括各种牌号的优质非合金和合金结构钢。因锻钢具有强度高、韧性好、耐冲击、便于制造、可通过热处理或化学热处理改善材料的力学性能等优点,故最适合制造齿轮。常用的是含碳量为0.15%~0.60%的非合金钢。下面介绍软齿面齿轮和硬齿面齿轮常用的材料。

1)软齿面齿轮

软齿面齿轮的齿面硬度≤350 HBS,常用中碳钢和中碳合金钢,如45钢、40Cr、35SiMn等材料,进行调质或正火处理。这种齿轮适用于强度、精度要求不高的场合,轮坯经过热处理后进行插齿或滚齿加工,生产便利,成本较低。

在确定大、小齿轮硬度时,应注意使小齿轮的齿面硬度比大齿轮的齿面硬度高30~50 HBS。这是因为小齿轮受载荷次数比大齿轮多,为使两齿轮的轮齿接近等强度,小齿轮的齿面要比大齿轮的齿面硬一些。

2)硬齿面齿轮

硬齿面齿轮的齿面硬度>350 HBS,常用的材料为中碳钢或中碳合金钢经表面淬火处理,硬度可达40~55 HRC。若采用低碳钢或低碳合金钢,如20钢、20Cr、20CrMnTr等,齿面需渗碳淬火,其硬度可达56~62 HRC。热处理后需磨齿,如内齿轮不便于磨削,可采用渗氮处理(采用此种方法,在热处理过程中齿的变形较小)。

软齿面的齿轮传动常用于中速、中载以及对机构尺寸不加限制的场合;硬齿面的齿轮传动常用于高速、重载以及要求结构紧凑的场合;如果传动比较大($i>5$)时,亦可采用软齿面大齿轮和硬齿面小齿轮组合,此时齿面硬度差值大,有利于大齿轮产生冷作硬化效应。

2. 铸钢

当齿轮直径较大($d>400$ mm)或齿轮的结构形状复杂而不便锻造时,可选用铸造方法制成铸钢齿坯。铸钢的耐磨性及强度较好,但由于铸造齿轮的内应力较大,故应经过退火或正火处理以细化晶粒。

3. 铸铁

灰铸铁的抗弯性能和抗冲击性能较差,但其抗胶合及抗点蚀性能尚好,铸铁中的石墨又有自润滑作用,故主要用来制造低速、载荷平稳、传递功率不大以及对结构尺寸和重量无严格要求的齿轮传动,特别是开式齿轮传动。

高强度的球墨铸铁作为齿轮新材料,其力学性能比灰铸铁好,与铸钢接近,可以代替铸钢铸造大直径齿轮。

4. 非金属材料

非金属材料的弹性模量小,传动时轮齿的变形可减轻动载荷和噪声,适用于高速、轻载、精度要求不高的场合，常用的有夹布胶木、工程塑料等。

齿轮常用材料的力学性能及应用范围见表 4－5。

表 4－5　齿轮常用材料的力学性能及其应用范围

类别	材料牌号	热处理	硬度	强度极限 σ_b/MPa	屈服极限 σ_s/MPa	应用范围
优质碳素钢	45	正火	169～217 HBS	580	290	低速轻载
		调质	217～255 HBS	650	360	低速中载
		表面淬火	48～55 HRC	750	450	高速中载或低速重载，冲击很小
	50	正火	180～220 HBS	620	320	低速轻载
合金钢	40Cr	调质	240～269 HBS	700	550	中速中载
		表面淬火	45～55 HRC	900	650	高速中载，无剧烈冲击
	42SiMn	调质 表面淬火	217～260 HBS 48～55 HRC	700	470	高速中载，无剧烈冲击
	20Cr	渗碳淬火	56～62 HRC	650	400	高速中载，承受冲击
	20CrMnTi	渗碳淬火	56～62 HRC	1100	850	
铸钢	ZG310－570	正火 表面淬火	163～197 HBS 40～50 HRC	570	320	中速、中载、大直径
	ZG340－640	正火	170～230 HBS	650	350	
		调质	240～270 HBS	700	380	
灰铸铁	HT200	人工时效 （低温退火）	170～230 HBS	200		低速轻载，冲击很小
	HT300		187～255 HBS	300		
球墨铸铁	QT500－5	正火	140～241 HBS	600		低中速轻载，有小的冲击
	QT600－2		220～280 HBS	500		

1.2.2.3　许用应力

齿轮的许用应力$[\sigma]$是以试验齿轮在特定的条件下，经疲劳试验测得的试验齿轮的疲劳极限应力$\sigma_{\lim}$，并对其进行适当的修正得出的。修正时主要考虑应力循环次数的影响和可靠度。

齿面接触疲劳许用应力

$$[\sigma_H]=\frac{Z_{NT}\sigma_{Hlim}}{S_H} \tag{4-21}$$

齿根弯曲疲劳许用应力

$$[\sigma_F]=\frac{Y_{NT}\sigma_{Flim}}{S_F} \tag{4-22}$$

式中：带 lim 下标的应力是试验齿轮在持久寿命期内失效概率为 1% 的疲劳极限应力。因为材料的成分、性能、热处理的结果和质量都不能统一，故该应力值不是一个定值，有很大的离散区。在一般情况下，可取中间值，即 MQ 线。按齿轮材料和齿面硬度，接触疲劳极限σ_{Hlim}查图 4－23，弯曲疲劳极限σ_{Flim}查图 4－24，其值已计入应力集中的影响。应注意：①若硬度超出线图中范围，可近似按外插法查取σ_{Hlim}值；②当轮齿承受对称循环应力时，对于弯曲疲劳应力将图 4－24 中所得σ_{Flim}值乘以 0.7。S_H、S_F分别为齿面接触疲劳强度安全系数和齿根弯曲疲劳强度安全系数，可查表 4－6。Y_{NT}、Z_{NT}分别为弯曲疲劳寿命系数和接触疲劳

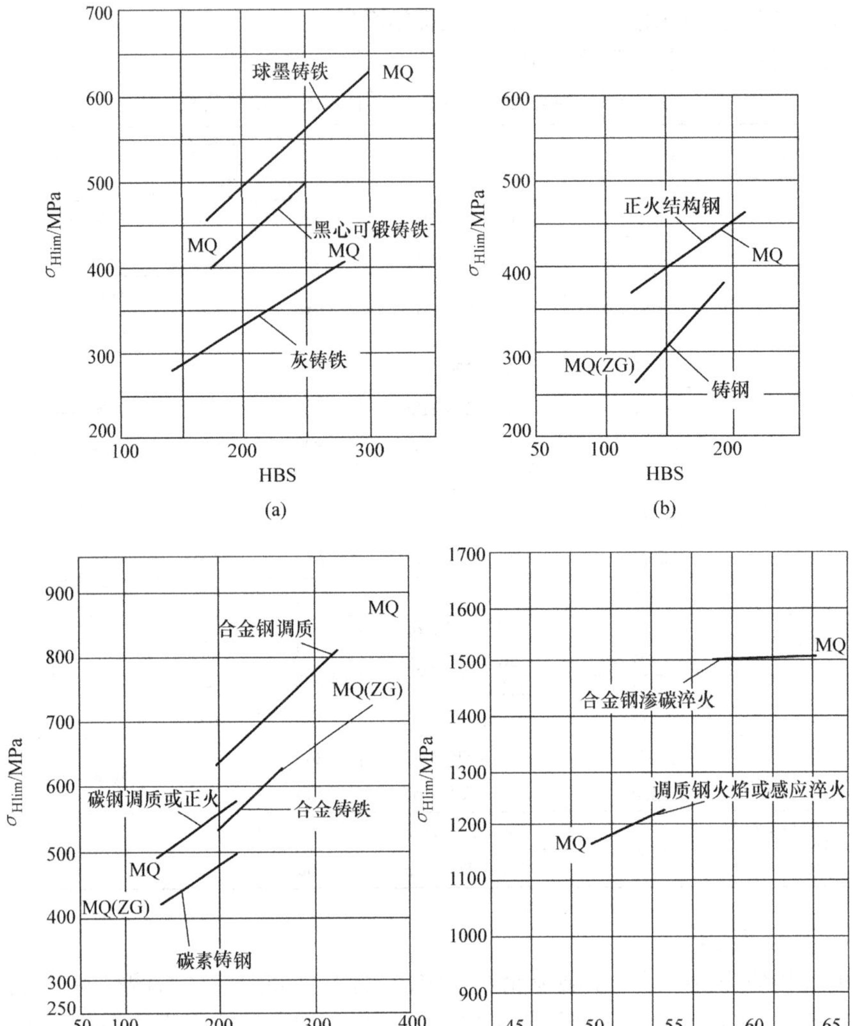

图 4-23　试验齿轮的接触疲劳极限 σ_{Hlim}

寿命系数,为考虑应力循环次数影响的寿命系数。弯曲疲劳寿命系数 Y_{NT} 查图4-25,接触疲劳寿命系数 Z_{NT} 查图 4-26,图中 N 为应力循环次数,有

$$N=60njL_h$$

式中:n 为齿轮的转速,单位为 r/min;j 为齿轮转一转时同侧齿面的啮合次数;L_h 为齿轮工作寿命,单位为 h。

表 4-6　安全系数 S_H 和 S_F

安全系数	软齿面(≤350 HBS)	硬齿面(>350 HBS)	重要的传动、渗碳淬火齿轮或者铸造齿轮
S_H	1.0~1.1	1.1~1.2	1.3
S_F	1.3~1.4	1.4~1.6	1.6~2.2

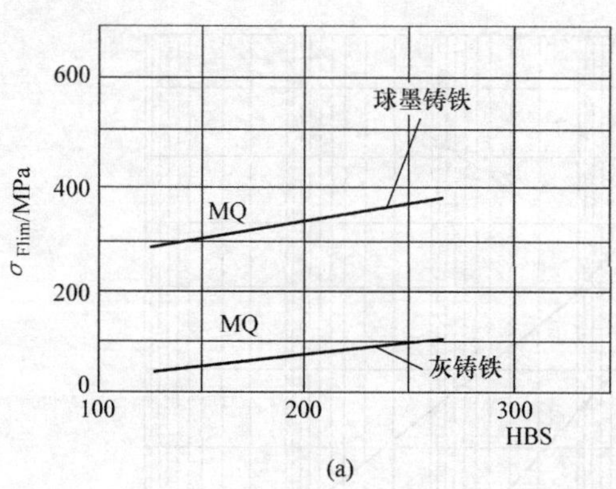

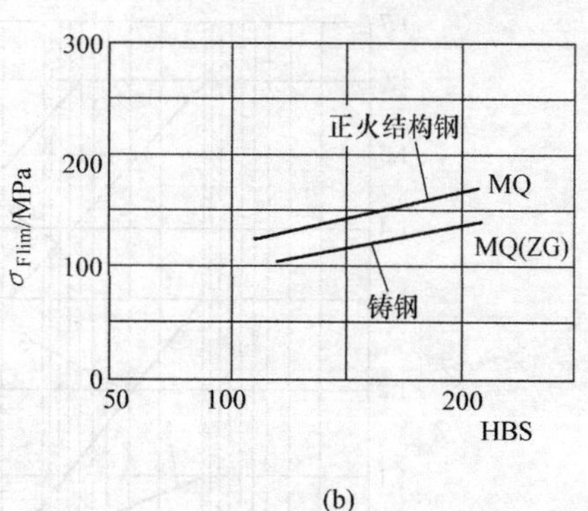

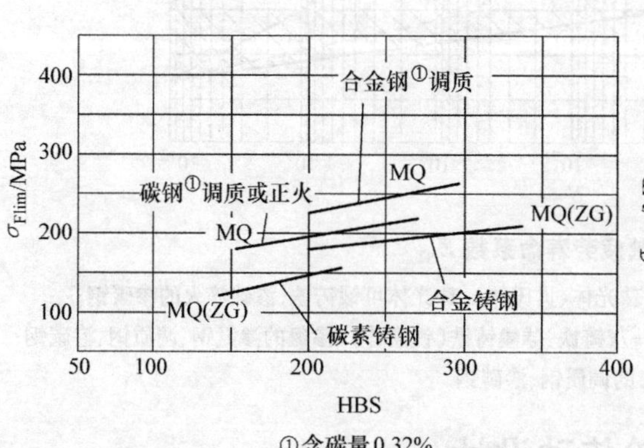

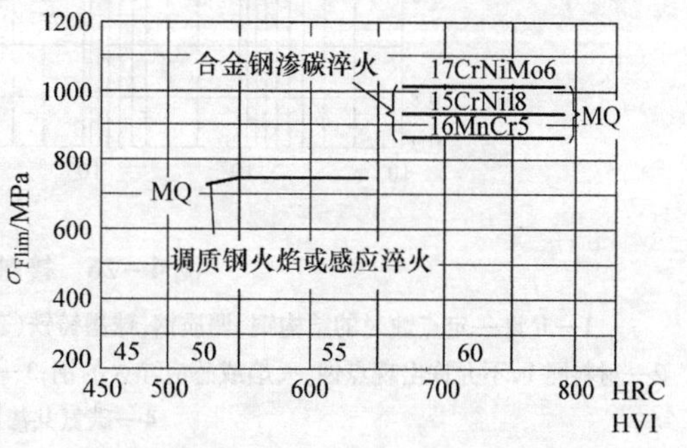

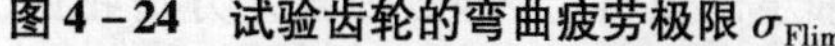
图 4－24　试验齿轮的弯曲疲劳极限 σ_{Flim}

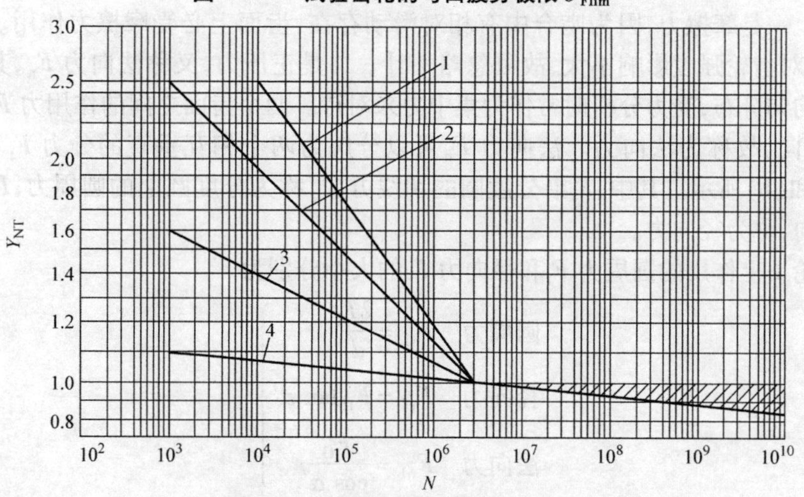

图 4－25　弯曲疲劳寿命系数 Y_{NT}

1—调质钢，球墨铸铁（珠光体、贝氏体），珠光体可锻铸铁；

2—渗碳淬火的渗碳钢，火焰或感应表面淬火的钢、球墨铸铁；

3—渗氮的渗氮钢、球墨铸铁（铁素体）、结构钢、灰铸铁；

4—碳氮共渗的调质钢、渗碳钢

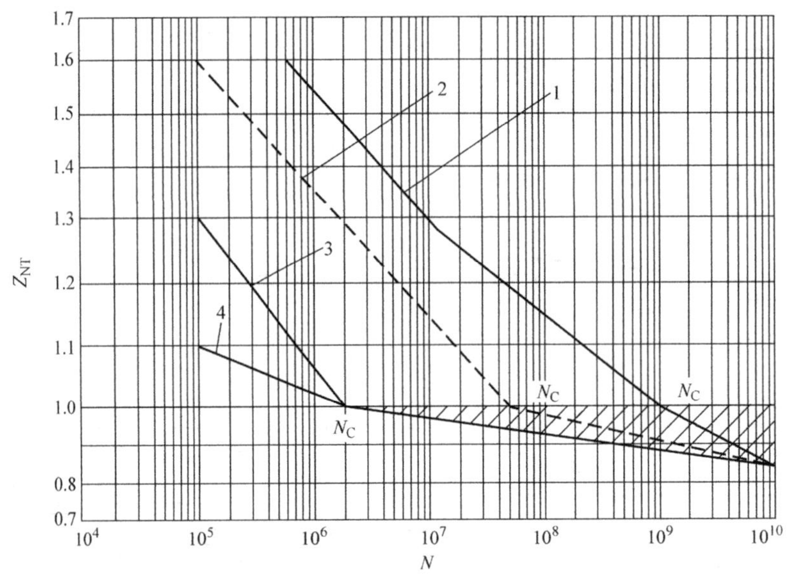

图 4－26　接触疲劳寿命系数 Z_{NT}

1—允许一定点蚀时的结构钢，调质钢，球墨铸铁（珠光体、贝氏体），珠光体可锻铸铁，渗碳淬火的渗碳钢；2—材料同 1，不允许出现点蚀，火焰或感应淬火的钢；3—灰铸铁、球墨铸铁（铁素体）、渗氮的渗氮钢、调质钢、渗碳钢；4—碳氮共渗的调质钢、渗碳钢

1.2.3　渐开线标准直齿圆柱齿轮传动设计

1.2.3.1　轮齿的受力分析

轮齿的强度计算、轴和轴承的设计等，都必须首先分析轮齿上的作用力。轮齿间的作用力有两个。一是摩擦力，因为啮合中有相对滑动存在，齿面上必受摩擦力作用。由试验得出，摩擦力对齿轮强度影响不大，故可忽略不计。二是正压力，又称法向力 F_n，其沿着齿宽接触线上均匀分布，受力分析时常作为集中力来对待。两个齿面之间的作用力 F_n 沿其公法线 N_1N_2 方向，故称为法向力。法向力 F_n 可以分解为两个相互垂直的分力 F_t 和 F_r，如图 4－27（a）和（b）所示。其中，F_t 沿分度圆的切线方向，称为分度圆上的圆周力；F_r 沿分度圆的半径方向，称为径向力。

主动轮 1 上作用的圆周力 F_t 和径向力 F_r 的大小分别为

$$\left.\begin{aligned}&\text{圆周力}\quad F_{t1}=\frac{2T_1}{d_1}\\&\text{径向力}\quad F_{r1}=F_{t1}\tan\alpha'\\&\text{法向力}\quad F_{n1}=\frac{F_{t1}}{\cos\alpha'}\end{aligned}\right\}\tag{4-23}$$

式中：d_1 为小齿轮的节圆直径，单位为 mm；T_1 为作用于主动轮 1 上的扭矩，单位为 N · mm；α' 为节圆上的压力角，对于标准齿轮，在标准安装条件下，有 $\alpha'=\alpha(=20°)$。一般主动轮传递的功率 P 和转速 n_1 为已知，则小齿轮上作用的扭矩

$$T_1=9.55\times10^6\,\frac{P}{n_1}\tag{4-24}$$

式中：T_1 单位为 N · mm；P 单位为 kW；n_1 单位为 r/min。

各分力方向:主动轮所受圆周力的方向与其节点的圆周速度相反,为阻力;而从动轮所受圆周力方向则与其节点的圆周速度相同,为动力;各齿轮所受径向力的方向始终指向各自的轮心。齿轮所受各力在传动简图上的标注如图 4-27(c)所示。

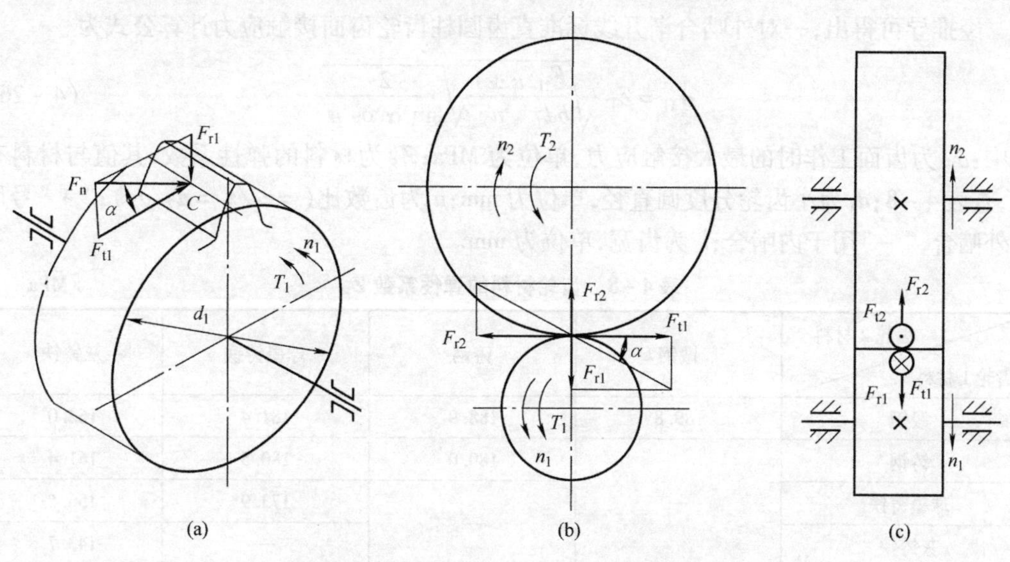

图 4-27 标准直齿圆柱齿轮传动的受力分析

1.2.3.2 轮齿的计算载荷

齿轮的实际工作条件比较复杂,因此在设计齿轮传动时,必须考虑到由于原动机和工作机载荷变化所产生的外部附加动载荷以及由于齿轮、轴、轴承及支座等的制造误差、安装误差和弹性变形所引起的载荷集中,这都使实际载荷增加。这样,前面讲的齿轮的法向力 F_n 就变成了名义载荷,考虑到各种实际情况对法向力的影响,通常用计算载荷 KF_n 取代名义载荷 F_n,其中 K 称为载荷系数,由表 4-7 查取。计算载荷用符号 F_{nc} 表示,即

$$F_{nc}=KF_n \tag{4-25}$$

在设计齿轮传动时,要按计算载荷进行计算。

表 4-7 载荷系数 K

工作机械	载荷性质	原动机		
		电动机	多缸内燃机	单缸内燃机
均匀加料的运输机和加料机、轻型卷扬机、发电机、机床辅助传动	均匀、轻微冲击	1~1.2	1.2~1.6	1.6~1.8
不均匀加料的运输机和加料机、重型卷扬机、球磨机、机床主传动	中等冲击	1.2~1.6	1.6~1.8	1.8~2.0
冲床、钻床、轧机、破碎机、挖掘机	大冲击	1.6~1.8	1.9~2.1	2.2~2.4

注:圆周速度低、精度高于 6 级、齿宽系数小、轴承对称布置、轴的刚度较大、螺旋角较大时,取小值;反之,取大值。

1.2.3.3 齿面接触疲劳强度计算

根据对齿面疲劳点蚀失效情况分析可知,节点附近的齿根面最易发生点蚀。同时,在节

点啮合时往往是一对齿在啮合,故在强度计算中以节点作为计算点较为安全。

齿面点蚀的原因是由于接触应力过大,其最大接触应力可由弹性力学中赫兹应力公式计算。因此,一般以节点处的接触应力来计算齿面的接触疲劳强度。

经推导可得出,一对外啮合渐开线标准直齿圆柱齿轮齿面接触应力计算公式为

$$\sigma_H = Z_E \sqrt{\frac{F_{t1}}{bd_1}\frac{u \pm 1}{u}}\sqrt{\frac{2}{\sin\alpha\cos\alpha}} \tag{4-26}$$

式中:σ_H为齿面工作时的最大接触应力,单位为 MPa;Z_E为材料的弹性系数,其值与材料有关,查表 4-8;d_1为小齿轮分度圆直径,单位为 mm;u 为齿数比($=z_2/z_1=d_2/d_1$);“+”号用于外啮合,“-”用于内啮合;b 为齿宽,单位为 mm。

表 4-8　齿轮材料的弹性系数 Z_E　　$\sqrt{\text{MPa}}$

齿轮 1 材料 \ 齿轮 2 材料	锻钢	铸钢	球墨铸铁	灰铸铁
锻钢	189.8	188.9	181.4	162.0
铸钢	—	180.0	180.5	161.4
球墨铸铁		—	173.9	156.6
灰铸铁			—	143.7

令 $Z_H=\sqrt{\frac{2}{\sin\alpha\cos\alpha}}=\sqrt{\frac{4}{\sin 2\alpha}}=2.49$,$Z_H$称为节点区域系数,代入上式可得

$$\sigma_H = 2.49Z_E\sqrt{\frac{F_{t1}}{bd_1}\frac{u \pm 1}{u}} \tag{4-27}$$

为计算方便,用转矩 T_1表示载荷,即 $F_t=2T_1/d_1$,并引入载荷系数 K,则根据强度条件可得齿面接触疲劳强度的校核公式为

$$\sigma_H = 3.52Z_E\sqrt{\frac{KT_1(u \pm 1)}{bd_1^2u}} \leqslant [\sigma_H] \tag{4-28}$$

式中:$[\sigma_H]$为齿轮材料的许用接触应力,单位为 MPa。

为了便于设计、计算,引入齿宽系数 $\psi_d=b/d_1$并代入上式,得到齿面接触疲劳强度的设计公式为

$$d_1 \geqslant \sqrt[3]{\frac{KT_1(u \pm 1)}{\psi_d u}\left(\frac{3.52Z_E}{[\sigma_H]}\right)^2} \tag{4-29}$$

若两齿轮材料都选用锻钢时,由表 4-8 查得 $Z_E=189.8\ \sqrt{\text{MPa}}$,将其分别代入设计公式(4-29)和校核公式(4-28),可得一对钢齿轮的设计公式为

$$d_1 \geqslant 76.43\sqrt[3]{\frac{KT_1(u \pm 1)}{\psi_d u[\sigma_H]^2}} \tag{4-30}$$

校核公式为

$$\sigma_H = 668\sqrt{\frac{KT_1(u \pm 1)}{bd_1^2u}} \leqslant [\sigma_H] \tag{4-31}$$

应用上述公式时应注意以下几点:

(1)两齿轮齿面的接触应力 σ_{H1} 与 σ_{H2} 大小相同；

(2)两齿轮的许用接触应力 $[\sigma_{H1}]$ 与 $[\sigma_{H2}]$ 一般不同，进行强度计算时应取小值；

(3)当一对齿轮的材料、齿宽系数、齿数比一定时，由齿面接触强度所决定的承载能力仅与齿轮的直径或中心距有关。

1.2.3.4 齿根弯曲疲劳强度计算

为了防止轮齿根部的疲劳折断，在进行齿轮设计时要计算齿根的弯曲疲劳强度。轮齿的弯曲疲劳折断主要与齿根所受弯曲应力的大小有关。原则上可用任何适宜的方法(如有限元法、积分法等)或实际测量(如光弹测量、应变测量)来确定，但是对于总体设计或非重要齿轮计算来说，一般不需要这样精确计算。所以，为简化计算，通常是按照全部载荷由一对齿承担，且载荷作用于齿顶的极限状态作为计算模型，因为此时在齿根部分产生的弯曲应力最大。

当载荷作用在齿顶时，轮齿可看作宽度为 b 的悬臂梁，齿根处的危险截面可由 30°截面法确定：作与轮齿对称中线成 30°角并与齿根过渡曲线相切的切线，通过两切点且平行于齿轮轴线的截面，即齿根危险截面，如图 4－28 所示。

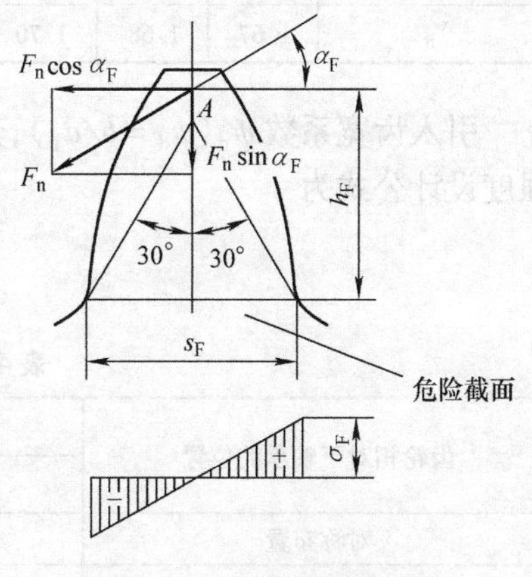

图 4－28 轮齿的弯曲强度

沿啮合线作用在齿顶的法向力 F_n 可分解为互相垂直的两个分力 $F_n\cos\alpha_F$ 和 $F_n\sin\alpha_F$，前者对齿根产生弯曲应力，后者产生压缩应力。因压应力较小，对抗弯强度计算影响较小，故可忽略不计。

齿根危险截面的弯曲应力为

$$\sigma_F=\frac{M}{W}$$

式中：M 为齿根的最大弯矩，单位为 N · mm，$M=F_n\cos\alpha_F\cdot h_F=\frac{F_t}{\cos\alpha}\cdot\cos\alpha_F\cdot h_F$；$W$ 为危险截面的弯曲截面系数，单位为 mm³，$W=\frac{bs_F^2}{6}$，其中 b 为齿宽，单位为 mm。故上式改写为

$$\sigma_F=\frac{M}{W}=\frac{F_n\cos\alpha_F\cdot h_F}{\frac{1}{6}bs_F^2}=\frac{6F_th_F\cdot\cos\alpha_F}{bs_F^2\cdot\cos\alpha}$$

将分子、分母同除以 m^2 得

$$\sigma_F=\frac{F_t}{bm}\frac{6(h_F/m)\cos\alpha_F}{(s_F/m)^2\cos\alpha}=\frac{F_t}{bm}Y_F$$

式中：$Y_F=\frac{6(h_F/m)\cos\alpha_F}{(s_F/m)^2\cos\alpha}$ 称为齿形系数，是考虑齿形对齿根弯曲应力影响的系数。因 h_F 和 s_F 都与模数 m 成正比，故 Y_F 只与齿形有关，而与模数无关，是一个无因次的系数。齿形系数取决于齿数和变位系数，对于标准齿轮则仅取决于齿数，标准外齿轮的齿形系数 Y_F 值可查表 4－9。

考虑到齿根圆角处的应力集中以及齿根危险截面上压应力等的影响，引入应力修正系

数 Y_S(表4－9),计入载荷系数 K(表4－7),即可得出轮齿根部弯曲疲劳强度的校核公式为

$$\sigma_F=\frac{2KT_1}{bmd_1}Y_FY_S=\frac{2KT_1}{bm^2z_1}Y_FY_S\leqslant[\sigma_F] \tag{4-32}$$

式中:T_1 为主动轮的转矩,单位为 N·mm;b 为轮齿的接触宽度,单位为 mm;m 为模数;z_1 为主动轮齿数;$[\sigma_F]$ 为轮齿的许用弯曲应力,单位为 MPa,计算见公式(4－22)。

表4－9　标准外齿轮的齿形系数 Y_F 和应力修正系数 Y_S

$z(z_v)$	17	18	19	20	21	22	24	26	28	30	35
Y_F	2.97	2.91	2.85	2.80	2.76	2.72	2.65	2.6	2.55	2.52	2.45
Y_S	1.52	1.53	1.54	1.55	1.56	1.57	1.58	1.59	1.60	1.625	1.65
$z(z_v)$	40	45	50	60	70	80	90	100	150	200	∞
Y_F	2.40	2.35	2.32	2.28	2.24	2.22	2.20	2.18	2.14	2.12	2.06
Y_S	1.67	1.68	1.70	1.73	1.75	1.77	1.78	1.79	1.83	1.865	1.97

引入齿宽系数 ψ_d($\psi_d=b/d_1$),其经验值查表4－10,并将其代入上式,可得出弯曲疲劳强度设计公式为

$$m\geqslant\sqrt[3]{\frac{2KT_1}{\psi_d z_1^2}\frac{Y_FY_S}{[\sigma_F]}} \tag{4-33}$$

表4－10　齿轮的齿宽系数 ψ_d

齿轮相对于轴承的位置	齿面硬度	
	软齿面(≤350 HBS)	硬齿面(>350 HBS)
对称布置	0.8～1.4	0.4～0.9
不对称布置	0.6～1.2	0.6～0.6
悬臂布置	0.3～0.4	0.2～0.25

注:1. 对于直齿圆柱齿轮取小值,对斜齿轮取大值。

2. 载荷稳定、轴刚性大时取大值,反之取小值。

应注意:通常两个相啮合齿轮的齿数是不相同的,故齿形系数 Y_F 和应力修正系数 Y_S 都不相等,而且齿轮的许用应力 $[\sigma_F]$ 也不一定相等,因此必须分别校核两齿轮的齿根弯曲疲劳强度。在设计、计算时,应将两齿轮的 $Y_FY_S/[\sigma_F]$ 值进行比较,取其中较大者代入式(4－33)中计算,计算所得模数应圆整成标准值。

任务落实

1. 齿轮的失效形式有哪些？采取什么措施可以减缓失效的发生？

2. 齿轮强度设计准则是如何确定的？

3. 工程中,对齿轮材料有哪些基本要求？在一般齿轮传动设计中,常用哪几种材料？各有什么特点？

3. 设计直齿圆柱齿轮传动时,其许用接触应力如何确定？设计中如何选择合适的许用接触应力值代入公式计算？

4. 何谓轮齿的计算载荷？试分析渐开线齿廓的啮合特性。

5. 齿面接触疲劳强度与哪些参数有关？若接触强度不够时,采取什么措施提高接触

强度？

6. 齿根弯曲疲劳强度与哪些参数有关？若弯曲强度不够时，采取什么措施提高弯曲强度？

7. 齿形系数 Y_F 与哪些参数有关？

子任务 3　斜齿圆柱齿轮传动的设计

任务引入

直齿圆柱齿轮啮合时，齿面的接触线均平行于齿轮轴线。轮齿是沿整个齿宽同时进入啮合，又同时退出啮合的，载荷沿齿宽方向突然加载或突然卸载。因此，直齿轮传动的平稳性差，容易产生冲击和噪声，不适用于高速和重载传动。那么，在高速和重载场合，该选用什么齿轮传动呢？又该如何进行设计呢？

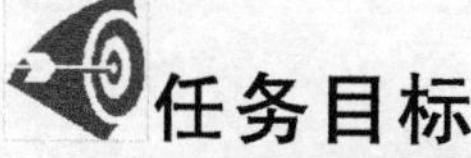

任务目标

1. 掌握斜齿圆柱齿轮的基本参数和几何尺寸计算。
2. 掌握斜齿圆柱齿轮正确啮合和连续传动的条件。
3. 了解斜齿圆柱齿轮传动的强度计算。

知识链接

1.3.1　斜齿圆柱齿轮齿廓曲面的形成及其啮合特点

直齿轮的齿廓曲线是由发生线在基圆上作纯滚动而形成的。同理，圆柱齿轮齿廓曲面则是由发生面在基圆柱面上作纯滚动而形成的，如图 4－29(a)所示。

斜齿轮齿廓曲面的形成原理与直齿轮基本相同，只是使发生面上的直线 KK 不与基圆柱上的母线 AA 相平行，而是形成一个倾角 β_b，如图 4－29(b)所示。当发生面沿基圆柱面作纯滚动时，直线 KK 就展出一个螺旋形的渐开面，称为渐开螺旋面，角度 β_b 称为基圆柱面上的螺旋角。

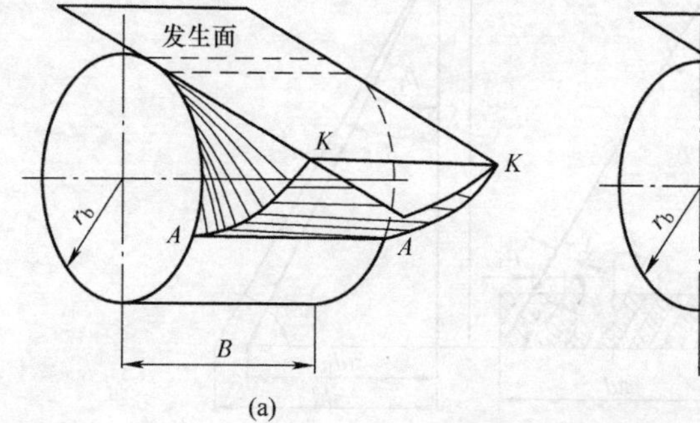

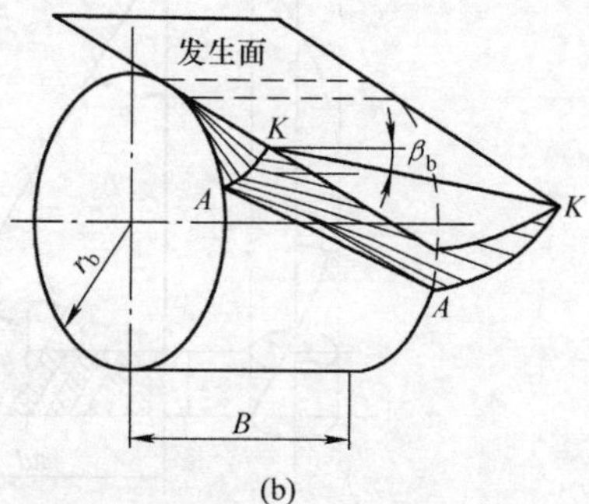

图 4－29　圆柱齿轮渐开线齿面的形成

由齿廓曲面形成可知，一对直齿轮在啮合过程中，每一瞬时都是直线接触，各接触线均为平行于轴线的直线。因此，在一对轮齿啮合的始点和终点，轮齿突然沿整个齿宽同时开始啮合或同时脱离啮合，所以轮齿上所受的力也是突然产生或突然卸载，如图 4－30(a)所示。

因此，直齿轮传动平稳性较差，容易产生冲击和噪声，不适用于高速和重载的场合。

一对平行轴斜齿圆柱齿轮啮合时，斜齿轮的齿廓是逐渐进入、逐渐脱离啮合的。开始为点接触，随后变为线接触，且接触线逐渐加长，到达一定的数值后再逐渐减小，到啮合终了时又变为点接触，如图 4－30(b)所示。因此，一对斜齿轮的轮齿在啮合过程中，载荷不是突然产生也不是突然卸载的，故斜齿轮传动较平稳。

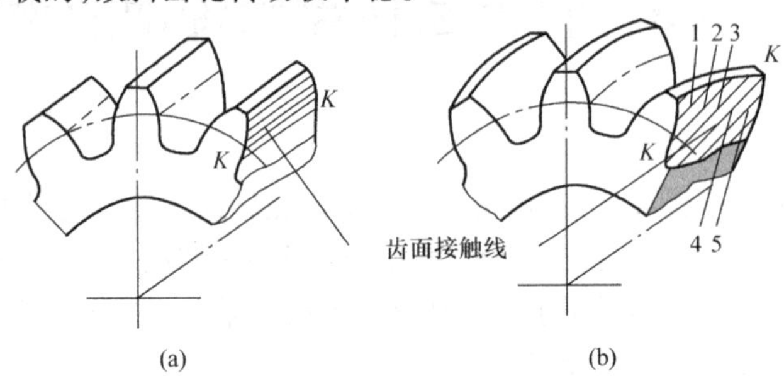

图 4－30 齿轮啮合的接触线

1.3.2 斜齿轮的基本参数和几何尺寸计算

斜齿轮齿廓曲面为渐开线螺旋面，轮齿呈螺旋形，在垂直于齿轮轴线的端面（下标以 t 表示）和垂直于齿廓螺旋面的法面（下标以 n 表示）上有不同的参数。由于加工斜齿轮时，常采用齿条型刀具或齿轮铣刀，且切齿时刀具沿齿廓螺旋线方向切入，斜齿轮的法面参数与刀具的参数相同，因此斜齿轮的法面参数（模数、压力角、齿顶高系数、顶隙系数）应该为标准值。

1. 螺旋角

如图 4－31 所示为斜齿轮分度圆柱面展开图，螺旋线展开成一直线，该直线与轴线的夹角为 β，称为斜齿轮在分度圆柱上的螺旋角，简称斜齿轮的螺旋角。由图可知：

$$\tan\beta = \frac{\pi d}{p_s}$$

式中：p_s 为螺旋线的导程，即螺旋线绕圆柱一周时沿齿轮轴线方向前进的距离。

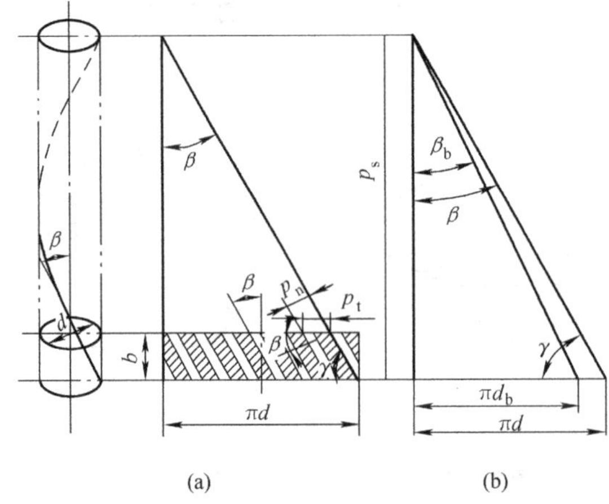

图 4－31 斜齿轮分度圆柱面的展开

因为斜齿圆柱齿轮各圆柱上螺旋线的导程相同，所以对于基圆柱同理可得其螺旋角 β_b 满足

$$\tan\beta_b=\frac{\pi d_b}{p_s}$$

联立以上两式得

$$\tan\beta_b=\tan\beta\left(\frac{d_b}{d}\right)=\tan\beta\cdot\cos\alpha_t \tag{4-34}$$

斜齿轮按其齿廓渐开螺旋面的旋向，可分为右旋和左旋两种，如图 4－32 所示。

2. 模数

如图 4－31 所示，p_t为端面齿距，而 p_n为法面齿距，$p_n=p_t\cos\beta$，因为 $p=\pi m$，所以 $\pi m_n=\pi m_t\cos\beta$，故斜齿轮法面模数与端面模数的关系为

$$m_n=m_t\cos\beta \tag{4-35}$$

3. 压力角

因斜齿圆柱齿轮和斜齿条啮合时，它们的法面压力角和端面压力角应分别相等，所以斜齿圆柱齿轮法面压力角 α_n和端面压力角 α_t的关系可通过斜齿条得到。在图 4－33 所示的斜齿条中，$\triangle abd$ 在端面上，$\triangle ace$ 在法面上，$\angle acb=90°$，在直角三角形$\triangle abd$、$\triangle ace$ 中可得

$$\tan\alpha_t=\frac{ab}{bd}\quad\tan\alpha_n=\frac{ac}{ce}$$

而 $ac=ab\cdot\cos\beta$，又因 $bd=ce$，故

$$\tan\alpha_n=\frac{ac}{ce}=\frac{ab\cdot\cos\beta}{bd}$$

所以

$$\tan\alpha_n=\tan\alpha_t\cdot\cos\beta \tag{4-36}$$

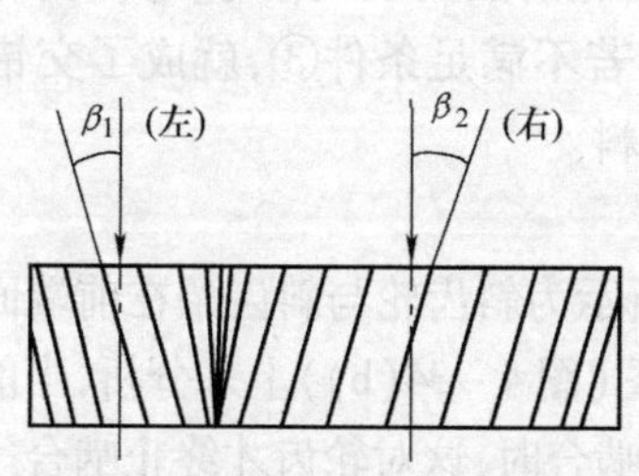

图 4－32　斜齿轮轮齿的旋向

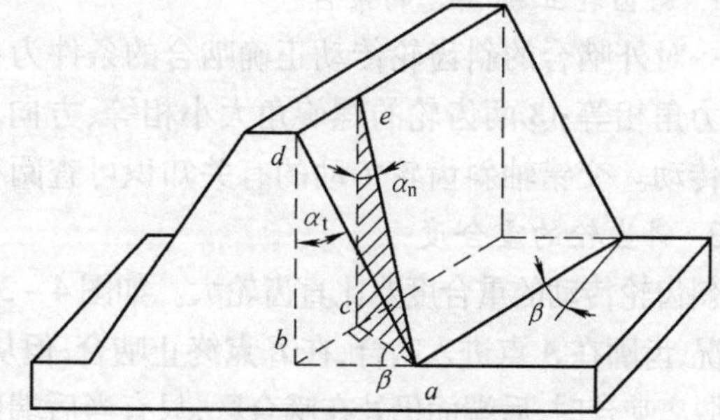

图 4－33　斜齿条的压力角

4. 齿顶高系数和顶隙系数

斜齿轮的齿顶高和齿根高不论从端面还是法面来看都是相等的，即

$$c_n^*m_n=c_t^*m_t$$

将式(4－35)代入以上两式即得

$$\left.\begin{aligned}h_{at}^*&=h_{an}^*\cos\beta\\c_t^*&=c_n^*\cos\beta\end{aligned}\right\} \tag{4-37}$$

5. 斜齿轮的几何尺寸计算

斜齿轮的啮合在端面上相当于一对直齿轮的啮合，因此将斜齿轮的端面参数代入直齿

轮的计算公式,就可得到斜齿轮的相应尺寸,见表4-11。

表4-11 外啮合标准斜齿圆柱齿轮传动的几何尺寸计算公式

名 称	符 号	计 算 公 式
分度圆直径	d	$d=m_t z=\frac{m_n}{\cos\beta}z$
齿顶高	h_a	$h_a=m_n$
齿顶圆直径	d_a	$d_a=d+2h_a$
齿根高	h_f	$h_f=1.25m_n$
齿根圆直径	d_f	$d_f=d-2h_f$
全齿高	h	$h=h_a+h_f$
标准中心距	a	$a=\frac{1}{2}(d_1+d_2)=\frac{1}{2}m_t(z_1+z_2)=\frac{m_n}{2\cos\beta}(z_1+z_2)$

由表4-11可知,斜齿轮传动的中心距与螺旋角β有关。当一对斜齿轮的模数、齿数一定时,可以通过改变其螺旋角β的大小来调整中心距。斜齿轮最少齿数

$$z_{\min}=\frac{2h_{at}^*}{\sin^2\alpha_t}=\frac{2h_{an}^*\cos\beta}{\sin^2\alpha_t} \tag{4-38}$$

由于$\cos\beta<1$,$\alpha_t>\alpha_n$,所以斜齿轮的最少齿数比直齿轮要少,因此斜齿轮机构更加紧凑。

1.3.3 斜齿轮正确啮合的条件和重合度

1. 斜齿轮正确啮合的条件

一对外啮合的斜齿轮传动正确啮合的条件为:①两齿轮的法面模数相等;②两齿轮的法面压力角相等;③两齿轮的螺旋角大小相等、方向相反。若不满足条件③,就成了交错轴斜齿轮传动。交错轴斜齿轮传动的有关知识可查阅有关资料。

2. 斜齿轮的重合度

斜齿轮传动的重合度要比直齿轮大。如图4-34(a)所示为斜齿轮与斜齿条在前端面的啮合情况,齿廓在A点进入啮合,在E点终止啮合;但从俯视图(图4-34(b))上来分析,当前端面开式脱离啮合时,后端面仍处在啮合区,只有当后端面脱离啮合时,这对轮齿才终止啮合。当后端面脱离啮合时,前端面已到达H点,所以前端面走了FH段,故斜齿轮传动的重合度为

$$\varepsilon=\frac{FH}{p_t}=\frac{FG+GH}{p_t}=\varepsilon_t+\frac{b\tan\beta}{p_t} \tag{4-39}$$

式中:ε_t为端面重合度,其值等于与斜齿轮端面齿廓相同的直齿轮传动的重合度;$b\tan\beta/p_t$为轮齿倾斜而产生的附加重合度。ε随齿宽b和螺旋角β的增大而增大,根据传动需要可以达到很大的值,所以斜齿轮传动较平稳。

1.3.4 斜齿圆柱齿轮的当量齿数

在进行强度计算或用仿形法加工斜齿轮选择铣刀时,都必须知道斜齿轮的法面齿形。要精确求出法面形状比较困难,因此通常用下述的近似齿形来代替。

如图4-35所示,过斜齿轮分度圆柱上齿廓的节点P作齿的法面nn,该法面与分度圆

柱面的交线为一椭圆。椭圆的长半轴 $a=d/(2\cos\beta)$，短半轴 $b=d/2$。由高等数学可知，椭圆在 P 点的曲率半径

$$\rho=\frac{a^2}{b}=\frac{d}{2\cos^2\beta}$$

以 ρ 为分度圆半径，以斜齿轮法面模数 m_n 为模数，取压力角 α_n 为标准压力角作一直齿圆柱齿轮，则其齿形近似于斜齿轮的法面齿形。该直齿圆柱齿轮称为斜齿圆柱齿轮的当量齿轮，其齿数称为斜齿圆柱齿轮的当量齿数，用 z_v 表示，计算式为

$$z_v=\frac{2\rho}{m_n}=\frac{d}{m_n\cos^2\beta}=\frac{m_n z}{m_n\cos^3\beta}=\frac{z}{\cos^3\beta} \tag{4-40}$$

标准斜齿轮不发生根切的最少齿数可由其当量直齿轮的最少齿数 z_{vmin} 计算得出，即

$$z_{min}=z_{vmin}\cos^3\beta=17\cos^3\beta \tag{4-41}$$

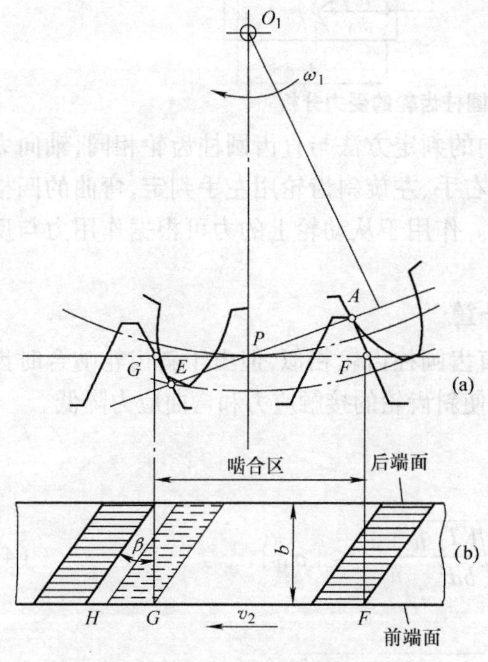

图 4-34　斜齿轮传动的重合度

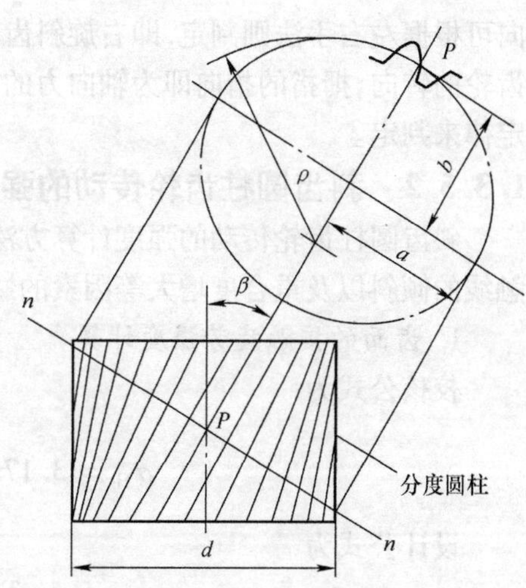

图 4-35　斜齿轮的当量圆柱齿轮

1.3.5　斜齿圆柱齿轮的强度计算

1.3.5.1　受力分析

如图 4-36 所示为斜齿圆柱齿轮传动中主动轮上的受力分析图。图中，F_{n1} 作用在齿面的法面内，忽略摩擦力的影响，F_{n1} 可分解成三个互相垂直的分力，即圆周力 F_{t1}、径向力 F_{r1} 和轴向力 F_{a1}，其值分别为

$$\left.\begin{aligned}&\text{圆周力}\quad F_{t1}=\frac{2T_1}{d_1}\\&\text{径向力}\quad F_{r1}=F_{t1}\frac{\tan\alpha_n}{\cos\beta}\\&\text{轴向力}\quad F_{a1}=F_{t1}\tan\beta\end{aligned}\right\} \tag{4-42}$$

式中：T_1 为主动轮传递的转矩，单位为 N·mm；d_1 为主动轮的分度圆直径，单位为 mm；β 为分度圆的螺旋角；α_n 为法面压力角。

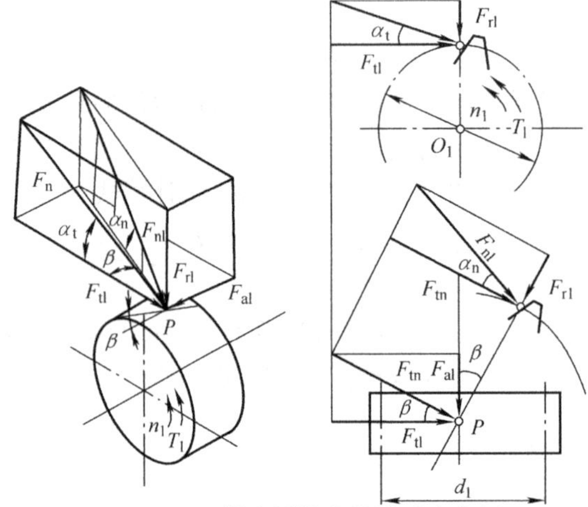

图 4-36 斜齿圆柱齿轮的受力分析

作用于主动轮上的圆周力和径向力方向的判定方法与直齿圆柱齿轮相同，轴向力的方向可根据左右手法则判定，即右旋斜齿轮用右手、左旋斜齿轮用左手判定，弯曲的四指表示齿轮的转向，拇指的指向即为轴向力的方向。作用于从动轮上的力可根据作用力与反作用定律来判定。

1.3.5.2 斜齿圆柱齿轮传动的强度计算

斜齿圆柱齿轮传动的强度计算方法与直齿圆柱齿轮相似，但由于斜齿轮啮合时齿面接触线的倾斜以及重合度增大等因素的影响，使斜齿轮的接触应力和弯曲应力降低。

1. 齿面的接触疲劳强度计算

校核公式为

$$\sigma_H = 3.17Z_E\sqrt{\frac{KT_1}{bd_1^2}\frac{u\pm1}{u}} \leqslant [\sigma_H] \tag{4-43}$$

设计公式为

$$d_1 \geqslant \sqrt[3]{\frac{KT_1}{\psi_d}\frac{u\pm1}{u}\left(\frac{3.17Z_E}{[\sigma_H]}\right)^2} \tag{4-44}$$

校核公式中，根号前的系数比直齿轮计算公式中的系数小，所以在受力条件相同的情况下求得的 σ_H 值也随之减小，即接触应力减小。这说明斜齿轮传动的接触应力强度要比直齿轮传动的高。

2. 齿根的弯曲疲劳强度计算

校核公式为

$$\sigma_F = \frac{1.6KT_1}{bm_nd_1}Y_FY_S = \frac{1.6KT_1\cos\beta}{bm_n^2z_1}Y_EY_S \leqslant [\sigma_F] \tag{4-45}$$

设计公式为

$$m_n \geqslant 1.17\sqrt[3]{\frac{KT_1\cos^2\beta Y_FY_S}{\psi_dz_1^2\quad[\sigma_F]}} \tag{4-46}$$

设计时应将 $Y_{F1}Y_{S1}/[\sigma_F]_1$ 和 $Y_{F2}Y_{S2}/[\sigma_F]_2$ 两比值中较大值代入上式，并将计算所得的法面模数 m_n 按标准模数圆整；Y_F、Y_S 应按斜齿轮的当量齿数 z_v 查取。

有关直齿轮传动的设计方法和参数选择原则对斜齿轮传动基本上都是适用的。

任务落实

1. 与直齿轮相比，斜齿轮传动的啮合特点是什么？
2. 为什么说斜齿轮的法面参数为标准值？
3. 设有一对外啮合斜齿圆柱齿轮，已知 $z_1=21$，$z_2=27$，$m_n=2$ mm，中心距 $a=50$ mm，试求这对斜齿轮的螺旋角。
4. 一对斜齿轮正确啮合的条件是什么？
5. 为什么说斜齿轮传动的重合度比直齿轮大？
6. 斜齿轮的当量齿数是如何作出的？其当量齿数 z_v 在强度计算中有何用处？
7. 在对斜齿轮进行受力分析时，如何判断各个分力的方向？
8. 斜齿轮的强度计算和直齿轮的强度计算有何区别？
9. 已知一对斜齿圆柱齿轮传动，$z_1=25$，$z_2=100$，$m_n=4$ mm，$\beta=15°$，$\alpha=20°$，试计算这对斜齿轮的主要几何尺寸。

子任务 4　直齿圆锥齿轮传动的设计

任务引入

圆柱齿轮传动是用来传递平行两轴之间的运动和动力的。那么，当需要传递相交两轴之间的运动和动力时，该选用什么样的齿轮传动？又该如何进行设计呢？

任务目标

1. 了解锥齿轮传动的特点。
2. 掌握直齿锥齿轮的几何尺寸计算。
3. 了解直齿锥齿轮的强度计算。

知识链接

1.4.1　锥齿轮传动的特点

锥齿轮传动用于传递两相交轴之间的运动和动力。锥齿轮的轮齿分布在圆锥体上，轮齿从大端到小端逐渐减小，如图 4－37(a)所示。锥齿轮两轴线之间的夹角为 Σ，一般情况下 $\Sigma=90°$。因此，一对锥齿轮传动可以看成是两个锥顶共点的圆锥体相互作纯滚动，这两个锥顶共点的圆锥体就是节圆锥。此外，与圆柱齿轮相似，锥齿轮有齿顶圆锥、齿根圆锥、分度圆锥、基圆圆锥和节圆圆锥。对于正确安装的标准锥齿轮传动，其节圆圆锥与其分度圆锥重合。

锥齿轮机构属于空间齿轮机构，锥齿轮的轮齿按齿向可分为直齿、曲齿和斜齿三种。直齿锥齿轮易于制造，适用于低速、轻载传动的场合；曲齿锥齿轮传动平稳、承载能力强，常用于高速、重载传动的场合，但其设计和制造较为复杂；斜齿锥齿轮具有承载能力大、传动平稳等优点,但由于结构的独特性而难以加工,故在机械传动中用得极少。

直齿锥齿轮在设计、制造和安装等方面都比较简单,本节只讨论直齿锥齿轮传动。

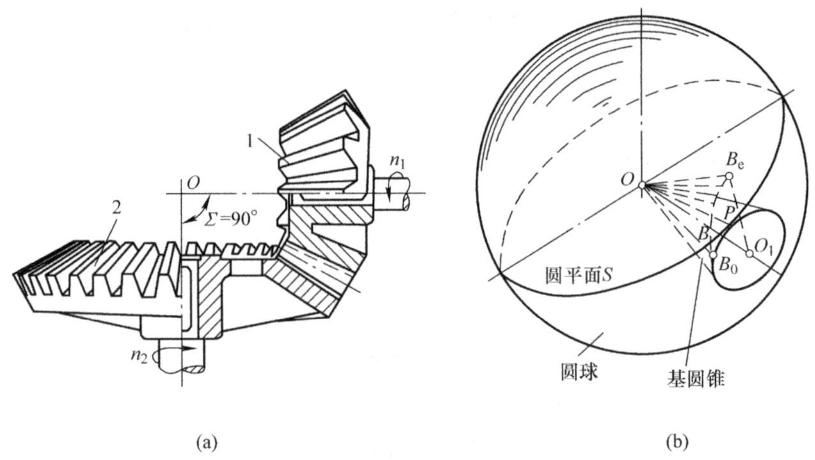

图 4-37 锥齿轮传动

1.4.2 直齿锥齿轮的齿廓曲线、背锥和当量齿数

1. 锥齿轮的齿廓曲线

如图 4-37(b)所示,一基圆锥与一圆平面 S 相切于 OP,基圆锥的锥距与圆平面的半径 R 相等,当圆平面 S 在基圆锥上作纯滚动时,S 面上的任意一点 B 的空间轨迹 B_0B 是位于以锥距 R 为半径的球面上的曲线。故将曲线 B_0B 称为球面渐开线。它是一条空间曲线,理论上应在以锥顶 O 为球心、锥距 R 为半径的球面上。由于球面不能展开为平面,所以球面渐开线不能在平面上展开,这给锥齿轮的设计和制造带来很大困难。所以,通常采用一种近似的方法来解决这个问题。

2. 背锥和当量齿数

如图 4-38 所示,$\triangle OAB$ 为锥齿轮的分度圆锥,过分度圆锥上的点 A 作球面的切线 AO_1 与分度圆锥的轴线交于 O_1 点。以 OO_1 为轴、O_1A 为母线作一圆锥体,它的轴截面为 $\triangle AO_1B$,此圆锥称为背锥。背锥与球面相切于锥齿轮大端的分度圆上。

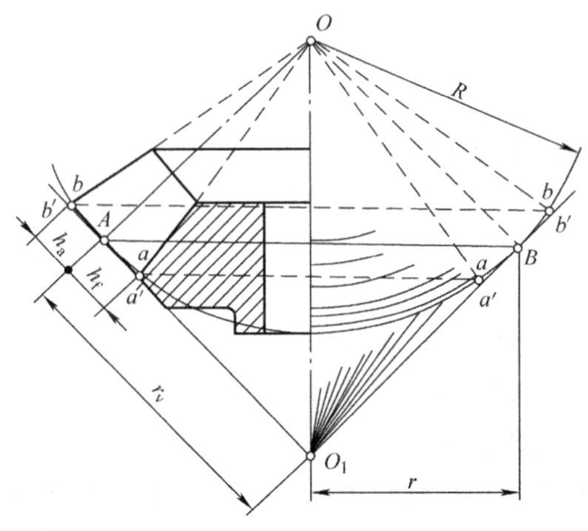

图 4-38 锥齿轮的背锥

将球面上的轮齿向背锥投影，a、b 点的投影为 a'、b' 点，由图可知 $ab \approx a'b'$，即背锥上的齿高部分近似等于球面上的齿高部分，故可用背锥上的齿廓代替球面上的齿廓。

如图 4－39 所示，将背锥展开成平面，则成为两个扇形齿轮，其分度圆半径即为背锥的锥距，分别用 r_{v1} 和 r_{v2} 表示。将两扇形齿轮补足为完整的圆柱齿轮，这两个圆柱齿轮称为锥齿轮的当量齿轮，其齿数称为当量齿数，用 z_v 表示。

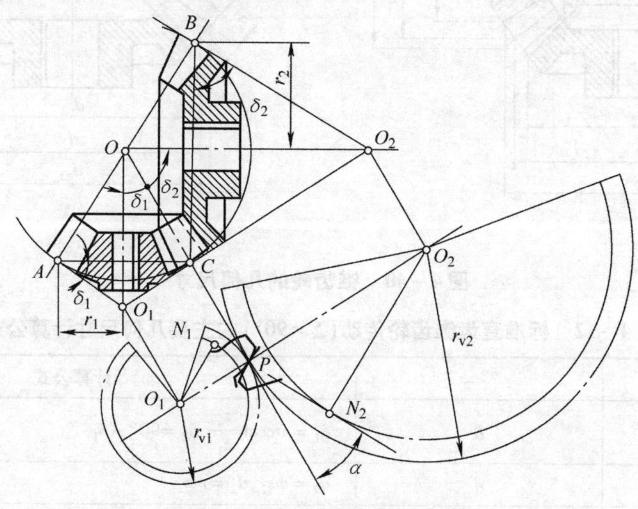

图 4－39　锥齿轮的当量齿轮

由图 4－39 可得

$$r_{v1} = \frac{r_1}{\cos \delta_1} = \frac{mz_1}{2\cos \delta_1}$$

又 $r_{v1} = mr_{v1}/2$，所以

$$\left.\begin{aligned} z_{v1} &= \frac{z_1}{\cos \delta_1} \\ z_{v2} &= \frac{z_1}{\cos \delta_2} \end{aligned}\right\} \tag{4-47}$$

由上式可知，$r_{v1} > z_1$，$r_{v2} > z_2$。

3. 直齿锥齿轮传动的几何尺寸计算

如图 4－40（a）所示为一对不等顶隙收缩锥齿轮，其顶锥顶点、根锥顶点与节锥顶点重合，且两轴交角 $\Sigma = 90°$。如图 4－40（b）所示为一对等顶隙收缩锥齿轮。目前常用的为等顶隙收缩锥齿轮。标准直齿锥齿轮各部分的名称和几何计算公式见表 4－12。

锥齿轮的两个端面尺寸不同，因此将其分为大端参数和小端参数，为了计算和测量方便，通常取锥齿轮大端参数为标准值，即大端分度圆上的压力角 $\alpha = 20°$，大端模数为标准模数。齿宽 b 的取值范围是（0.25～0.3）R，R 为锥距。

直齿锥齿轮的正确啮合条件可从当量圆柱齿轮的正确啮合条件得到，即两齿轮的大端模数必须相等，压力角也必须相等，即 $m_1 = m_2 = m$，$\alpha_1 = \alpha_2 = \alpha$。

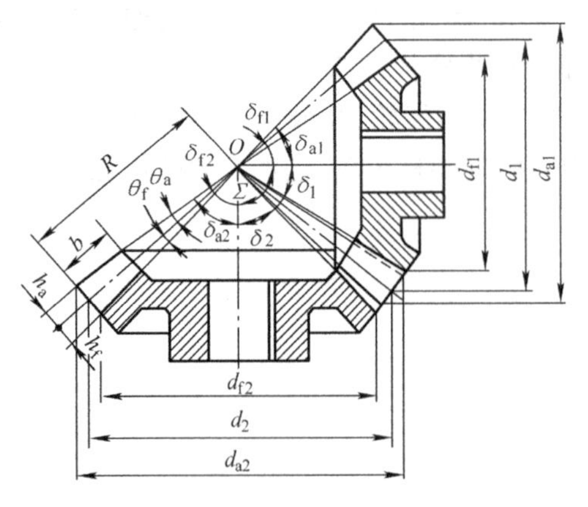

(a)

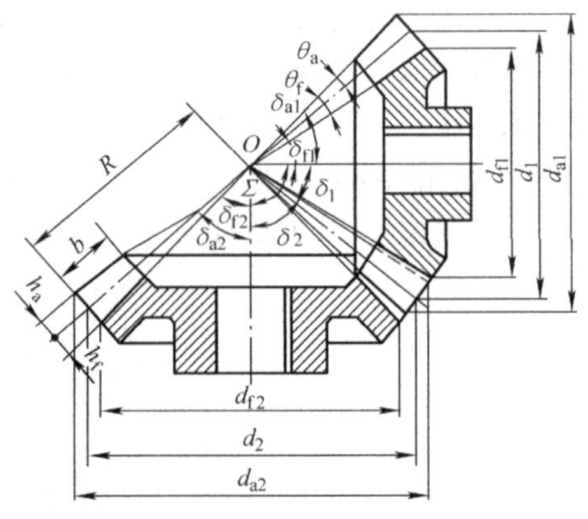

(b)

图 4－40　锥齿轮的几何尺寸

表 4－12　标准直齿锥齿轮传动($\Sigma=90°$)的主要几何尺寸计算公式

名称	符号	计算公式
分度圆锥角	δ	$\delta_1=\operatorname{arccot}\dfrac{z_2}{z_1},\delta_2=90°-\delta_1$
分度圆直径	d	$d_1=mz_1,d_2=mz_2$
齿顶高	h_a	$h_{a1}=h_{a2}=h_a^*m$
齿根高	h_f	$h_{f1}=h_{f2}=(h_a^*+c^*)m$
齿顶圆直径	d_a	$d_{a1}=d_1+2h_a\cos\delta_1,d_{a2}=d_2+2h_a\cos\delta_2$
齿根圆直径	d_f	$d_{f1}=d_1+2h_f\cos\delta_1,d_{f2}=d_1+2h_f\cos\delta_2$
锥距	R	$R=\dfrac{1}{2}\sqrt{d_1^2+d_2^2}$
齿宽	b	$b\leqslant\dfrac{1}{3}R$
齿顶角	θ_a	不等顶隙收缩齿:$\theta_{a1}=\theta_{a2}=\arctan\dfrac{h_a}{R}$ 等顶隙收缩齿:$\theta_{a1}=\theta_{f2},\theta_{a2}=\theta_{f1}$
齿根角	θ_f	$\theta_{f1}=\theta_{f2}=\arctan\dfrac{h_f}{R}$
齿顶圆锥角	δ_a	$\delta_{a1}=\delta_1+\theta_{a1},\delta_{a2}=\delta_2+\theta_{a2}$
齿根圆锥角	δ_f	$\delta_{f1}=\delta_1-\theta_{f1},\delta_{f2}=\delta_2-\theta_{f2}$
当量齿数	z_v	$z_{v1}=\dfrac{z_1}{\cos\delta_1},z_{v2}=\dfrac{z_2}{\cos\delta_2}$

1.4.3　直齿锥齿轮的强度计算

1.4.3.1　受力分析

如图 4－41 所示为锥齿轮传动主动轮上的受力情况。将作用在主动轮上的法向力简化成集中载荷 F_n,并近似认为 F_n 作用在位于齿宽 b 中间位置的节点 P 上,即作用在分度圆锥的平

均直径 d_{m1} 处。当齿轮上作用的转矩为 T_1 时，若忽略接触面上的摩擦力的影响，法向力 F_n 可分解成三个互相垂直的分力，即圆周力 F_{t1}、径向力 F_{r1} 和轴向力 F_{a1}，计算公式分别为

$$\left.\begin{aligned}&\text{圆周力}\quad F_{t1}=2T_1/d_{m1}\\&\text{径向力}\quad F_{r1}=F'\cos\delta_1=F_{t1}\tan\alpha\cdot\cos\delta_1\\&\text{轴向力}\quad F_{a1}=F'\sin\delta_1=F_{t1}\tan\alpha\cdot\sin\delta_1\end{aligned}\right\}\tag{4-48}$$

d_{m1} 可根据几何尺寸关系由分度圆直径 d_1、锥距 R 和齿宽 b 来确定，即

$$\frac{R-0.5b}{R}=\frac{0.5d_{m1}}{0.5d_1}$$

则

$$d_{m1}=\frac{R-0.5b}{R}d_1=(1-0.5\psi_R)d_1\tag{4-49}$$

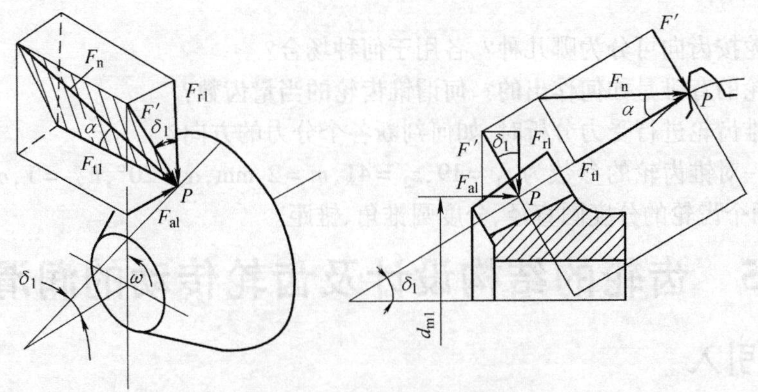

图 4-41　锥齿轮的受力分析

圆周力和径向力方向的确定方法与直齿轮相同，两齿轮的轴向力方向都沿着各自的轴线方向并指向轮齿的大端。从动轮的受力可根据作用与反作用定律确定：$F_{t1}=-F_{t2}$、$F_{r1}=-F_{a2}$、$F_{a1}=-F_{r2}$，负号表示两个力的方向相反。

1.4.3.2　强度计算

计算直齿锥齿轮的强度时，可按齿宽中点处一对当量直齿圆柱齿轮的传动作近似计算。当两轴交角 $\Sigma=90°$时，齿面接触疲劳强度的校核公式为

$$\sigma_H=\frac{4.98Z_E}{1-0.5\psi_R}\sqrt{\frac{KT_1}{\psi_R d_1^3 u}}\leqslant[\sigma_H]\tag{4-50}$$

设计公式为

$$d_1\geqslant\sqrt[3]{\frac{KT_1}{\psi_R u}\left(\frac{4.98Z_E}{(1-0.5\psi_R)[\sigma_H]}\right)^2}\tag{4-51}$$

式中：ψ_R 为齿宽系数，$\psi_R=b/R$，一般 $\psi_R=0.25\sim0.3$。其余各项符号的意义与直齿轮相同。

齿根弯曲疲劳强度的校核公式为

$$\sigma_F=\frac{4KT_1Y_FY_S}{\psi_R(1-0.5\psi_R)^2z_1^2m^3\sqrt{u^2+1}}\leqslant[\sigma_F]\tag{4-52}$$

设计公式为

$$m \geqslant \sqrt[3]{\frac{4KT_1}{\psi_R(1-0.5\psi_R)^2 z_1^2 \sqrt{u^2+1}} \cdot \frac{Y_F Y_S}{[\sigma_F]}} \tag{4-53}$$

计算得到的模数 m 应按表 4－13 进行圆整。

表 4－13　锥齿轮模数系数（GB/T 12368—1990）

0.1	0.35	0.9	1.75	3.25	5.5	10	20	36
0.12	0.4	1	2	3.5	6	11	22	40
0.15	0.5	1.125	2.25	3.75	6.5	12	25	45
0.2	0.6	1.25	2.5	4	7	14	28	50
0.25	0.7	1.375	2.75	4.5	8	16	30	—
0.3	0.8	1.5	3	5	9	18	32	—

任务落实

1. 锥齿轮按齿向可分为哪几种？各用于何种场合？
2. 锥齿轮的背锥是如何作出的？何谓锥齿轮的当量齿数？
3. 在对锥齿轮进行受力分析时，如何判断各个分力的方向？
4. 已知一对锥齿轮的参数为 $z_1=19$，$z_2=41$，$m=2$ mm，$\alpha=20°$，$h_a^*=1$，$c^*=0.2$，$\Sigma=90°$，试计算两个齿轮的分度圆直径、分度圆锥角、锥距。

子任务 5　齿轮的结构设计及齿轮传动的润滑和效率

任务引入

在对齿轮传动进行设计时，除前面讲到的参数确定、强度计算与校核外，还必须对齿轮的结构进行设计，并确定合适的润滑方法。那么，如何进行齿轮的结构设计？又如何选择齿轮传动的润滑方式呢？

任务目标

1. 了解齿轮结构设计所包含的内容。
2. 掌握齿轮传动的润滑方式。

知识链接

1.5.1　齿轮的结构设计

齿轮的结构设计主要包括选择合理适用的结构形式，依据经验公式确定齿轮的轮毂、轮辐、轮缘等各部分的尺寸及绘制齿轮的零件工作图等。

常用的齿轮结构形式大致分为如下几种。

1. 齿轮轴

当圆柱齿轮的齿根圆到键槽底部的距离 $x \leqslant (2 \sim 2.5)m_n$，或当锥齿轮小端的齿根圆至键槽底部的距离 $x \leqslant (1.6 \sim 2)m$ 时，应将齿轮与轴制成一体，称为齿轮轴，如图 4－42 所示。

2. 实体式齿轮

当齿轮的齿顶圆直径 $d_a \leqslant 200$ mm，可采用实体式结构，如图 4－43 所示。这种结构形

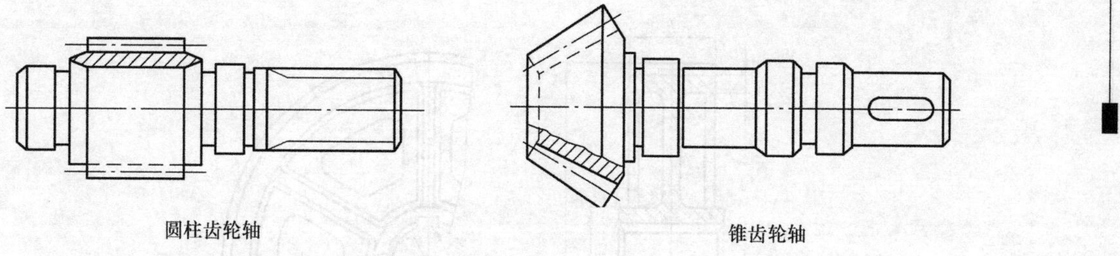

图 4－42　齿轮轴

式的齿轮常用锻造方法制造毛坯。

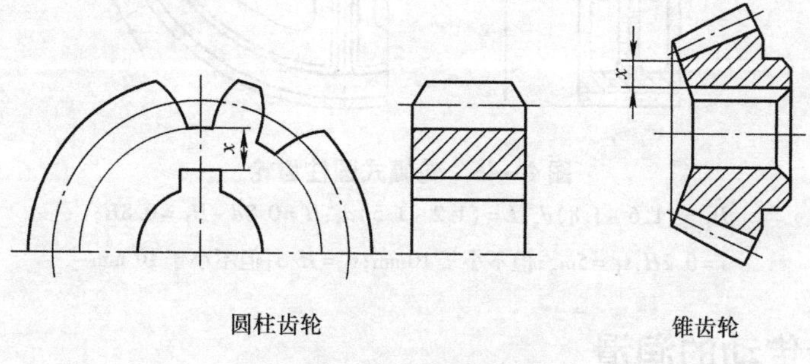

图 4－43　实体式齿轮

3. 腹板式齿轮

当齿轮的齿顶圆直径 $d_a = 200 \sim 500$ mm 时，可采用腹板式结构，如图 4－44 所示。这种结构的齿轮一般多用锻钢制造，其各部分的尺寸由图中经验公式确定。

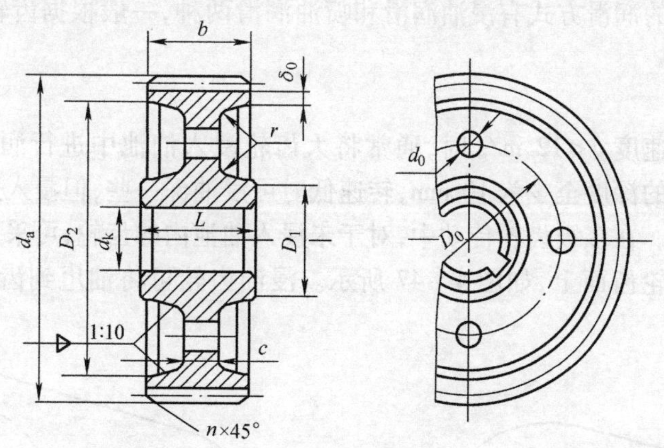

图 4－44　腹板式圆柱齿轮

$D_1 = 1.6d_k$；$L = (1.2 \sim 1.5)d_k$；$L > b$；$\delta_0 = (2.5 \sim 4)m_n$ 且 $\delta_0 = 8 \sim 10$ mm；

$n = 0.5m_n$；$r = 0.5c$；$c = (0.2 \sim 0.3)b$；$D_0 = 0.5(D_1 + D_2)$；$d_0 = 0.25(D_2 - D_1)$

4. 轮辐式齿轮

当齿轮的齿顶圆直径 $d_a > 500$ mm 时，可采用轮辐式结构，如图 4－45 所示。由于锻造困难，这种结构的齿轮常采用铸钢或铸铁制造，其各部分的尺寸由图中经验公式确定。

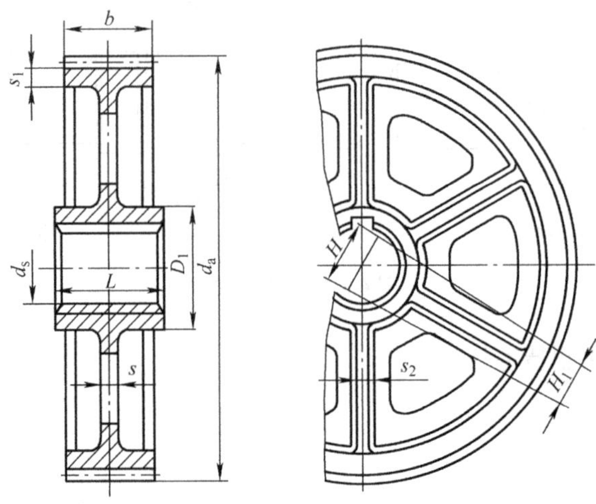

图 4-45　轮辐式圆柱齿轮

$D_1=(1.6\sim1.8)d_s$；$L=(1.2\sim1.5)d_s$；$H=0.8d_a$；$H_1=0.8H$；

$s=0.2H$；$s_1=5m_n$，但不小于 10mm；$s_2=H/6$，但不小于 10 mm

1.5.2　齿轮传动的润滑

齿轮的润滑是一个不容忽视的问题。良好的润滑，不仅可以减小齿面间的摩擦、减轻磨损，还可以起到冷却、防锈蚀、降低噪声、改善齿轮的工作状况、延缓齿轮失效和延长齿轮的使用寿命等作用。

1.5.2.1　润滑方式

闭式齿轮传动的润滑方式有浸油润滑和喷油润滑两种，一般根据齿轮的圆周速度确定采用哪一种方式。

1. 浸油润滑

当齿轮的圆周速度 $v<12$ m/s 时，通常将大齿轮浸入油池中进行润滑，如图 4-46 所示。齿轮浸入油中的深度至少为 10 mm，转速低时可浸油深一些，但浸入过深则会增大运动阻力并使油温升高。在多级齿轮传动中，对于未浸入油池内的齿轮，可采用带油轮将油带到未浸入油池内的齿轮齿面上，如图 4-47 所示。浸油齿轮可将油甩到齿轮箱壁上，有利于散热。

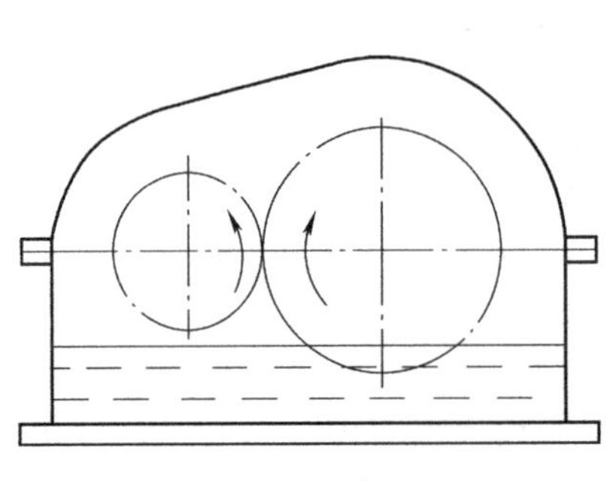

图 4-46　浸油润滑

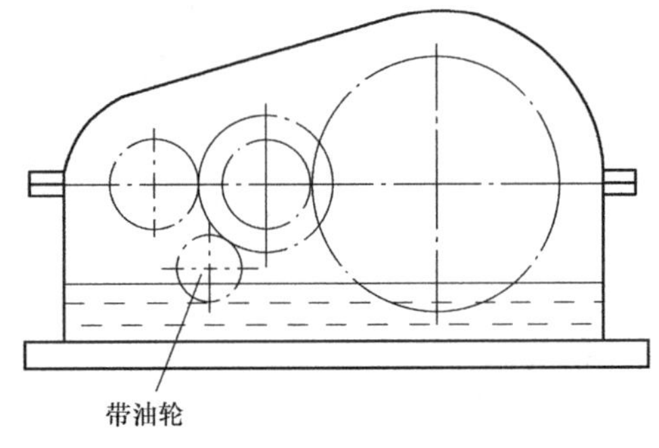

图 4-47　用带油轮带油

2. 喷油润滑

当齿轮的圆周速度 $v > 12$ m/s 时，由于圆周速度大，齿轮搅油剧烈，且粘附在齿廓面上的油易被甩掉，因此不宜采用浸油润滑，而应采用喷油润滑。即用油泵将具有一定压力的润滑油经喷嘴喷到啮合的齿面上，如图 4 - 48 所示。

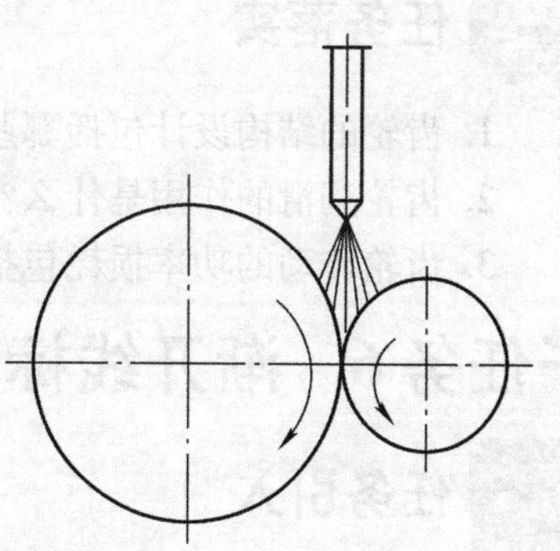

图 4 - 48　喷油润滑

对于开式齿轮传动，由于结构和使用环境的限制，无法采用浸油润滑，因此对该种传动，通常采用人工定期加油润滑的方式。

1.5.2.2　润滑剂的选择

通常情况下，对于高温、重载、低速、有冲击、振动或间隙大的场合，宜选用黏度高的润滑油；反之，对于低温、轻载、高速或喷油润滑的场合宜选用黏度低的润滑油。

选用润滑油时，先根据齿轮的工作条件及圆周速度由表 4 - 14 查得运动黏度值，再根据选定的黏度确定润滑油的牌号。

表 4 - 14　齿轮传动润滑油黏度荐用值

齿轮材料	强度极限 σ_b/MPa	圆周速度 v/(m/s)						
		<0.5	0.5～1	1～2.5	2.5～5	5～12.5	12.5～25	>25
		运动黏度 $v_{50℃}$ ($v_{100℃}$)/(mm²/s)						
塑料、青铜、铸铁	—	180(23)	120(15)	85	60	45	34	—
钢	450～1 000	270(34)	180(23)	120(15)	85	60	45	34
	1 000～1 250	270(34)	270(34)	180(23)	120(15)	85	60	45
渗碳钢或表面淬火钢	1 250～1 580	450(53)	270(34)	270(34)	180(23)	120(15)	85	60

注：1. 多级齿轮传动按各级所选润滑油黏度的平均值来确定润滑油。

2. 对于 σ_b >800 MPa 的镍铬钢制齿轮（不渗碳），润滑油黏度取高一档的数值。

必须经常检查齿轮传动润滑系统的状况（如油面高度等），油面过低则润滑不良，油面过高则会增加搅油功率的损耗。对于压力喷油润滑系统还需检查油压状况，油压过低会造成供油不足；油压过高则可能是由于油路不畅所致，需及时调整油压。

1.5.3　齿轮传动的效率

齿轮传动中的功率损耗，主要包括啮合中的摩擦损失、轴承中的摩擦损失和搅动润滑油的功率损失。进行有关齿轮的计算时通常使用的是齿轮传动的平均效率。

当齿轮轴上装有滚动轴承，并在满载状态下运行时，传动的平均总效率 η 列于表 4 - 15 中，供设计传动系统时参考。

表 4 - 15　装有滚动轴承的齿轮传动的平均总效率 η

传动形式	圆柱齿轮传动	锥齿轮传动
6 级或 7 级精度的闭式传动	0.98	0.97
8 级精度的闭式传动	0.97	0.96
开式传动	0.95	0.94

任务落实

1. 齿轮的结构设计包括哪些内容？常用的结构形式的选用条件是什么？
2. 齿轮润滑的作用是什么？常用的润滑方式有哪几种？
3. 齿轮传动的功率损耗包括哪几个方面？

子任务6　渐开线标准圆柱齿轮传动设计计算及案例分析

任务引入

生产实际中，齿轮传动的设计往往是根据实际工况条件先选择齿轮材料、热处理方法、精度等级及设计原则，再确定齿轮参数、计算齿轮尺寸、校验强度条件，最后选择润滑方式和绘制必要的零件图。那么，如果给出具体工况条件，该如何来设计呢？

任务目标

1. 了解齿轮传动设计中主要参数的选择方法。
2. 了解齿轮精度等级的选择方法。
3. 掌握齿轮传动设计与计算的方法和步骤。

知识链接

1.6.1　主要参数的选择

1. 传动比 i

$i<8$ 时可采用一级齿轮传动。如果传动比过大时仍采用一级传动，将导致结构庞大，所以这种情况下要采用分级传动。如果总传动比 $i=8\sim40$，可分成二级传动；如果总传动比 $i>40$，可分为三级或者三级以上传动。

一般取每对直齿圆柱齿轮的传动比 $i<3$，最大可达5；斜齿圆柱齿轮的传动比可大些，取 $i\leqslant5$，最大可达8；直齿圆锥齿轮的传动比 $i\leqslant3$，最大可达到7.5。

传动比的分配是一个较为复杂的问题，在此不作讨论。

2. 齿数 z_1 和模数 m

齿轮的齿数越多，齿轮传动的重合度 ε 越大，传动越平稳。若分度圆直径不变，齿数增多则模数减小，模数减小则齿顶圆直径减小、齿槽深度减小，这样可减少切削加工量，降低成本。但是，模数过小会影响齿轮的齿根弯曲疲劳强度。因此，传递动力的齿轮，其模数和齿数的选择原则是：在保证齿根弯曲疲劳强度的条件下，按“小模数、多齿数”进行选择。

在软齿面（硬度≤350HBS）闭式齿轮传动中，齿轮的弯曲强度总是足够的，因此小齿轮的齿数可取多些，一般推荐取 $z_1=24\sim40$。

在硬齿面（硬度>350HBS）闭式齿轮传动中，轮齿折断是主要失效形式，因此可适当减少齿数，以保证模数取值合理。

在开式传动中，为保证轮齿在经受相当的磨损后不会发生弯曲破坏，z_1 不易取太大，一般取 $z_1=17\sim20$。

对于不重要的手动机构可取 $z_1 = 10 \sim 12$；对于高速、重载齿轮传动，为防止发生胶合，推荐采用 $z_1 \geqslant 25 \sim 27$；一般减速器中，取 $z_1 + z_2 = 100 \sim 200$。

模数的大小影响齿根的弯曲强度，设计时应在保证弯曲强度的条件下取较小的模数，但对于传动动力的齿轮应保证模数 $m \geqslant 1.5 \sim 2$ mm。

3. 齿数比 u

齿数比 u 和传动比 i 的意义不同，齿数比是大齿轮的齿数与小齿轮的齿数之比，其值大于1；而传动比是主动齿轮的转速与从动齿轮的转速之比，其大小等于从动齿轮的齿数与主动齿轮的齿数之比。对于减速传动 $u = i$，对于增速传动 $u = 1/i$。

齿轮传动设计时，u 不宜过大，否则会因大齿轮的直径过大而使整个装置的尺寸过大，通常取 $u \leqslant 5$。

4. 齿宽系数 ψ_d

齿宽系数 $\psi_d = b/d_1$，当 d_1 一定时，增大齿宽系数，必然增大齿宽，可提高齿轮的承载能力。但齿宽越大，载荷沿齿宽的分布越不均匀，会造成偏载而降低传动能力。因此，设计齿轮传动时应从表4－10中合理选择 ψ_d。

在一般精度的圆柱齿轮减速器中，为补偿加工和装配的误差，应使小齿轮比大齿轮宽一些，小齿轮的齿宽取 $b_1 = b_2 + (5 \sim 10)$ mm。所以，齿宽系数 ψ_d 实际上为 b_2/d_1。齿宽 b_1 和 b_2 都应圆整为整数，最好个位数为0或者5。

1.6.2　齿轮精度等级的选择

渐开线圆柱齿轮的精度等级按 GB/T 10095.1—2001 和 GB/T 10095.2—2001 标准执行，标准中规定了13个精度等级，其中0～2级齿轮要求非常高，属于未来发展级；3～5级称为高精度等级；6～8级为最常用中精度等级；9级为较低精度等级；10～12为低精度等级。范成法粗滚、仿形铣等都属于低精度齿轮的加工方法，而较高精度（7级以上）的齿轮需在精密机床上用精插或粗滚方法加工，对淬火齿轮需进行磨齿或研齿加工。

选择精度等级的主要依据是齿轮的用途、使用要求和工作条件，一般有计算法和类比法。类比法是参考同类产品的齿轮精度，结合所设计齿轮的具体要求来确定精度等级。表4－16为多年来从实践中搜集到的齿轮精度使用情况，可供参考。中等速度和中等载荷的一般齿轮精度等级通常按分度圆处圆周速度来确定，具体选择参考表4－17。

表4－16　各类机械设备的齿轮精度等级

应用范围	精度等级	应用范围	精度等级
测量齿轮	3～5	拖拉机	6～10
汽轮机	3～6	一般用途的减速器	6～9
金属切削机床	3～8	轧钢设备小齿轮	6～10
内燃机与电汽机车	6～7	矿用绞车	8～10
轻型汽车	5～8	起重机	7～10
重型汽车	6～9	农业机械	8～12
航空发动机	4～7		

表 4－17　齿轮精度等级的适用范围

精度等级	圆周速度 $v/(\mathrm{m/s})$		工作条件和适用范围
	直齿	斜齿	
4	$20<v\leqslant35$	$40<v\leqslant70$	1. 特精密分度机构或在最平稳、无噪声的极高速下工作的传动齿轮； 2. 高速透平传动齿轮； 3. 检测 7 级齿轮的测量齿轮
5	$16<v\leqslant20$	$30<v\leqslant40$	1. 精密分度机构或在极平稳、无噪声的高速下工作的传动齿轮； 2. 精密机构用齿轮； 3. 透平齿轮； 4. 检测 8 级和 9 级齿轮的测量齿轮
6	$10<v\leqslant16$	$15<v\leqslant30$	1. 最高效率、无噪声的高速下平稳工作的齿轮； 2. 特别重要的航空、汽车齿轮； 3. 读数装置用的特别精密传动齿轮
7	$6<v\leqslant10$	$10<v\leqslant15$	1. 增速和减速用齿轮； 2. 金属切削机床进给机构用齿轮； 3. 高速减速器齿轮； 4. 航空、汽车用齿轮； 5. 读数装置用齿轮
8	$4<v\leqslant6$	$4<v\leqslant10$	1. 一般机械制造用齿轮； 2. 分度链之外的机床传动齿轮； 3. 航空、汽车用的不重要齿轮； 4. 起重机构用齿轮、农业机械中的重要齿轮； 5. 通用减速器齿轮
9	$v\leqslant4$	$v\leqslant4$	不提出精度要求的粗糙工作齿轮

注：关于锥齿轮精度等级可查 GB/T 11365—1989。

1.6.3　圆柱齿轮传动设计与计算步骤

(1)根据题目提供的工况条件，确定传动形式，选用合适的齿轮材料、热处理方法和精度等级。

(2)查表确定相应的许用应力。

(3)依据设计准则，设计、计算 m 或 d_1。

(4)选择齿轮的主要参数。

(5)计算主要几何尺寸，公式见表 4－3、表 4－11 和表 4－12。

(6)根据设计准则校核接触强度或弯曲强度。

(7)校核齿轮的圆周速度，选择齿轮传动的精度等级和润滑方式等。

(8)绘制齿轮零件工作图。

1.6.4　案例分析与计算

案例 1　设计一单级直齿圆柱齿轮减速器中的齿轮传动。已知：传递的功率 $P=$

10 kW,电动机驱动,小齿轮的转速 $n_1=955$ r/min,传动比 $i=4$,单向运转,载荷平稳,使用寿命是10年,单班制工作。

解　1. 选择齿轮的材料及精度等级

小齿轮选用45钢调质,硬度为217～255HBS;大齿轮选用45钢正火,硬度为169～217HBS。因为是普通减速器,由表4－16选8级精度。

2. 按齿面接触疲劳强度设计

因为两齿轮均为钢制齿轮,应用式(4－29)求出 d_1 值,确定有关参数与系数。

1)转矩 T_1

$$T_1=9.55\times10^6\frac{P}{n_1}=9.55\times10^6\times\frac{10}{955}=10^5\ \text{N}\cdot\text{mm}$$

2)载荷系数 K

查表4－7,取 $K=1.1$。

3)齿数 z_1 和齿宽系数 ψ_d

小齿轮的齿数 $z_1=25$,则大齿轮的齿数 $z_2=iz_1=100$。因单级齿轮传动为对称布置,而齿轮齿面又为软齿面,由表4－10,选取 $\psi_d=1$。

4)弹性系数 Z_E

查表4－8,取 $Z_E=189.8$。

5)许用接触应力 $[\sigma_H]$

由图4－23查得 $\sigma_{\text{Hlim}1}=560$ MPa,$\sigma_{\text{Hlim}2}=530$ MPa;由表4－6查得,$S_H=1$。

$$N_1=60njL_h=60\times955\times1\times(10\times52\times40)=1.19\times10^9$$

$$N_2=N_1/i=1.19\times10^9/4=2.98\times10^8$$

查图4－26得,$Z_{NT1}=1$,$Z_{NT2}=1.06$。

由式(4－21)可得

$$[\sigma_H]_1=\frac{Z_{NT1}\sigma_{\text{Hlim1}}}{S_H}=\frac{1\times560}{1}\text{MPa}=560\ \text{MPa}$$

$$[\sigma_H]_2=\frac{Z_{NT2}\sigma_{\text{Hlim2}}}{S_H}=\frac{1.06\times530}{1}\text{MPa}=562\ \text{MPa}$$

故

$$d_1\geqslant\sqrt[3]{\frac{KT_1(u+1)}{\psi_d u}\left(\frac{3.52Z_E}{[\sigma_H]}\right)^2}=\sqrt[3]{\frac{1.1\times10^5\times(4+1)}{1\times4}\left(\frac{3.52\times189.8}{560}\right)^2}=58.1\ \text{mm}$$

$$m=\frac{d_1}{z_1}=\frac{58.1}{25}=2.32$$

由表4－2取标准模数 $m=2.5$ mm。

3. 计算主要尺寸

$$d_1=mz_1=2.5\times25=62.5\ \text{mm}$$

$$d_2=mz_2=2.5\times100=250\ \text{mm}$$

$$b_2=\psi_d d_1=1\times62.5=62.5\ \text{mm}$$

经圆整后 $b_2=65$ mm,则

$$b_1=b_2+5=70\ \text{mm}$$

$$a=\frac{1}{2}m(z_1+z_2)=\frac{1}{2}\times 2.5(25+100)=156.25\ \text{mm}$$

4. 按齿根弯曲疲劳强度校核

由式(4－22)得出 σ_F,如果 $\sigma_F \leqslant [\sigma_F]$ 则校核合格。

确定有关系数和参数。

1)齿形系数 Y_F

查表 4－9,由插入法得 $Y_{F1}=2.625$,$Y_{F2}=2.18$。

2)应力修正系数 Y_S

查表 4－9 得,$Y_{S1}=1.59$,$Y_{S2}=1.79$。

3)许用弯曲应力$[\sigma_F]$

由图 4－24 查得,$\sigma_{Flim1}=210\ \text{MPa}$,$\sigma_{Flim2}=190\ \text{MPa}$。

由表 4－6 查得,$S_F=1.3$。

由图 4－25 查得,$Y_{NT1}=Y_{NT2}=1$。

由式(4－22)可得

$$[\sigma_F]_1=\frac{Y_{NT1}\sigma_{Flim1}}{S_F}=\frac{1\times 210}{1.3}=162\ \text{MPa}$$

$$[\sigma_F]_2=\frac{Y_{NT2}\sigma_{Flim2}}{S_F}=\frac{1\times 190}{1.3}=146\ \text{MPa}$$

故

$$\sigma_{F1}=\frac{2KT_1}{bm^2z_1}Y_{F1}Y_{S1}=\frac{2\times 1.1\times 10^5}{65\times 2.5^2\times 25}\times 2.625\times 1.59=90\ \text{MPa}<[\sigma_F]_1$$

$$\sigma_{F2}=\sigma_{F1}\frac{Y_{F2}Y_{S2}}{Y_{F1}Y_{S1}}=90\times\frac{2.18\times 1.79}{2.625\times 1.59}=84\ \text{MPa}<[\sigma_F]_2$$

齿根弯曲强度校验合格。

5. 验算齿轮的圆周速度 v

$$v=\frac{\pi d_1 n_1}{60\times 1\,000}=\frac{\pi\times 62.5\times 955}{60\times 1\,000}\text{m/s}=3.12\ \text{m/s}$$

由表 4－16 可知,选 8 级精度是合适的。

6. 计算几何尺寸及绘制齿轮零件图

略。

案例 2 设计一用于重型机械的斜齿圆柱齿轮减速器中的齿轮传动。该减速器由电动机驱动,已知传递的功率 $P=70$ kW,小齿轮的转速 $n_1=960$ r/min,传动比 $i=3$,载荷有中等冲击,单向运转,齿轮相对于轴承为对称布置,工作寿命是 10 年,单班制工作。

解 1. 选择齿轮材料及精度等级

因传递功率较大,选用硬齿面齿轮组合。小齿轮用 20CrMnTi 渗碳淬火,硬度为 56～62HRC;大齿轮用 40Cr 表面淬火,硬度为 50～55HRC。选择齿轮精度等级为 8 级精度。

2. 按齿根的弯曲疲劳强度设计

按斜齿轮传动的设计公式可得

$$m_n \geqslant 1.17\sqrt[3]{\frac{KT_1\cos^2\beta}{\psi_d z_1^2}\frac{Y_F Y_S}{[\sigma_F]}}$$

确定有关参数与系数。

1）转矩 T_1

$$T_1=9.55\times10^6\frac{P}{n_1}=9.55\times10^6\times\frac{70}{960}=6.96\times10^5\ \text{N}\cdot\text{mm}$$

2）载荷系数 K

查表 4－7，取 $K=1.4$。

3）齿数 z、螺旋角 β 和齿宽系数 ψ_d

因为是硬齿面传动，取 $z_1=20$，则

$$z_2=iz_1=3\times20=60$$

初选螺旋角 $\beta=14°$。

当量齿数

$$z_{v1}=\frac{z_1}{\cos^3\beta}=\frac{20}{\cos^3 14°}=21.91\approx22$$

$$z_{v2}=\frac{z_2}{\cos^3\beta}=\frac{60}{\cos^3 14°}=65.74\approx66$$

由表 4－9 查得，齿形系数 $Y_{F1}=2.80$，$Y_{F2}=2.28$；应力修正系数 $Y_{S1}=1.55$，$Y_{S2}=1.73$。

由表 4－10，选取 $\psi_d=\dfrac{b}{d_1}=0.8$。

4）许用弯曲应力［σ_F］

按图 4－24 查 σ_{Flim}，小齿轮按 16MnCr5 查取，大齿轮按调质钢查取，得 $\sigma_{Flim1}=880$ MPa，$\sigma_{Flim2}=740$ MPa。

由表 4－6 查得，$S_F=1.4$。

$$N_1=60njL_h=60\times960\times1\times(10\times52\times40)=1.20\times10^9$$

$$N_2=N_1/i=1.20\times10^9/3=4\times10^8$$

查图 4－25 得，$Y_{NT1}=Y_{NT2}=1$。

由式（4－22）得

$$[\sigma_F]_1=\frac{Y_{NT1}\sigma_{Flim1}}{S_F}=\frac{1\times880}{1.4}\text{MPa}=629\ \text{MPa}$$

$$[\sigma_F]_2=\frac{Y_{NT2}\sigma_{Flim2}}{S_F}=\frac{1\times740}{1.4}\text{MPa}=529\ \text{MPa}$$

$$\frac{Y_{F1}Y_{S1}}{[\sigma_F]_1}=\frac{2.80\times1.55}{629}\text{MPa}^{-1}=0.0069\ \text{MPa}^{-1}$$

$$\frac{Y_{F2}Y_{S2}}{[\sigma_F]_2}=\frac{2.28\times1.73}{529}\text{MPa}^{-1}=0.0075\ \text{MPa}^{-1}$$

由式（4－46）得

$$m_n\geqslant1.17\sqrt[3]{\frac{KT_1\cos^2\beta}{\psi_d z_1^2}\frac{Y_FY_S}{[\sigma_F]}}=1.17\sqrt[3]{\frac{1.4\times6.96\times10^5\times\cos^2 14°\times0.0075}{0.8\times20^2}}=3.25\ \text{mm}$$

因为是硬齿面，m_n 选大些，由表 4－2 取标准值 $m_n=4$ mm。

5)确定中心距及螺旋角 β

传动的中心距

$$a=\frac{m_n}{2\cos\alpha}(z_1+z_2)=\frac{4\times(20+60)}{2\cos 14^\circ}=164.95\ \text{mm}$$

取 $a=165$ mm。

螺旋角

$$\beta=\arccos\frac{m_n(z_1+z_2)}{2a}=\arccos\frac{4(20+60)}{2\times165}=14^\circ8'2''$$

此值与初选 β 值相差不大,故不必重新计算。

3. 校核齿面的接触疲劳强度

$$\sigma_H=3.17Z_E\sqrt{\frac{KT_1}{bd_1^2}\frac{u+1}{u}}\leqslant[\sigma_H]$$

确定有关系数与参数。

1)分度圆直径 d

$$d_1=\frac{m_nz_1}{\cos\beta}=\frac{4\times20}{\cos 14^\circ8'2''}=82.5\ \text{mm}$$

$$d_2=\frac{m_nz_2}{\cos\beta}=\frac{4\times60}{\cos 14^\circ8'2''}=247.5\ \text{mm}$$

2)齿宽 b

$$b=\psi_d d_1=0.8\times82.5=66\ \text{mm}$$

取 $b_2=70$ mm,$b_1=75$ mm。

3)齿数比 u

$$u=i=3$$

4)许用接触应力 $[\sigma_H]$

由图 4-23 查得,$\sigma_{Hlim1}=1\ 500$ MPa,$\sigma_{Hlim2}=1\ 220$ MPa

由表 4-6 查得,$S_H=1.2$。

查图 4-26 得,$Z_{NT1}=1$,$Z_{NT2}=1.04$。

由式(4-21)可得

$$[\sigma_H]_1=\frac{Z_{NT1}\sigma_{Hlim1}}{S_H}=\frac{1\times1\ 500}{1.2}\ \text{MPa}=1\ 250\ \text{MPa}$$

$$[\sigma_H]_2=\frac{Z_{NT2}\sigma_{Hlim2}}{S_H}=\frac{1.04\times1\ 220}{1.2}\ \text{MPa}=1\ 057\ \text{MPa}$$

由表 4-8 查得弹性系数 $Z_E=189.8\ \sqrt{\text{MPa}}$,故

$$\sigma_H=3.17\times189.8\sqrt{\frac{1.4\times6.96\times10^5\times(3+1)}{75\times82.5^2\times3}}=960\ \text{MPa}$$

$\sigma_H<[\sigma_H]_2$,齿面接触疲劳强度校核合格。

4. 验算齿轮圆周速度 v

$$v=\frac{\pi d_1n_1}{60\times1\ 000}=\frac{3.14\times82.5\times960}{60\times1\ 000}=4.14\ \text{m/s}$$

由表 4－17 知选 8 级精度是合适的。

5. 计算几何尺寸及绘制齿轮零件工作图

略。

任务落实

1. 齿轮传动中，传动比、小齿轮齿数和模数的选择主要考虑哪些因素？
2. 圆柱齿轮传动设计步骤包括哪几步？
3. 设计一单级直齿圆柱齿轮传动，已知齿轮传递功率 $P = 4$ kW，小齿轮转速 $n_1 =$ 1 450 r/min，$i = 3.5$，电动机驱动，单向运转，有轻微冲击，使用寿命是 5 年，两班制工作（每年 250 天）。

任务 2　蜗杆传动的设计

子任务 1　蜗杆传动的几何尺寸计算

任务引入

机械传动中，两轴平行可用圆柱齿轮传动，两轴相交可用圆锥齿轮传动。那么，两轴交错采用什么来传动呢？这种传动有哪些类型？具备什么功能特点？对应的主要参数是什么？相应的几何尺寸是如何来计算的？其正确啮合的条件又是什么呢？

任务目标

1. 了解蜗杆传动的类型和特点。
2. 掌握蜗杆传动的主要参数和几何尺寸的计算。
3. 掌握蜗杆传动的正确啮合条件。

知识链接

2.1.1　蜗杆传动的类型和特点

蜗杆传动传递的是空间两交错轴间的运动和动力，两轴线交错的夹角可为任意值，通常为 90°，如图 4－49 所示。这种传动由于具有结构紧凑、传动比大、传动平稳以及在一定的条件下具有可靠的自锁性等优点，应用颇为广泛；其不足之处是传动效率低、常需耗用有色金属等。蜗杆传动通常用于减速装置，但也有个别机器用作增速装置。

随着机器功率的提高，近年来出现了多种新型的蜗杆传动，效率低的缺点正在逐步改善。

2.1.1.1　蜗杆传动的类型

按蜗杆的形状不同，蜗杆传动可分为圆柱蜗杆传动（图 4－50(a)）、圆弧面蜗杆传动（图 4－50(b)）、圆锥面蜗杆传动（图 4－50(c)）等类型，其中圆柱蜗杆传动应用最广。

圆柱蜗杆传动可分为普通圆柱蜗杆传动和圆弧圆柱蜗杆传动两类。普通圆柱蜗杆传动的蜗杆按刀具加工位置的不同又可分为阿基米德蜗杆（ZA 型）、渐开线蜗杆（ZI 型）、法向直齿廓蜗杆（ZN 型）等，括号中 Z 表示圆柱蜗杆，A、I、N 为蜗杆齿形标记。其中，阿基米德蜗杆由于加工方便，应用最广泛。

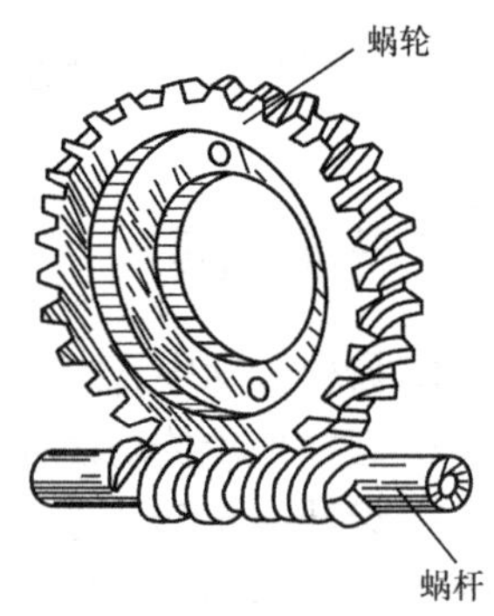

图 4－49　蜗杆传动

如图 4－51 所示为阿基米德蜗杆，其螺旋面的形成与螺纹的形成相同。车削阿基米德蜗杆时，刀具切削刃的平面应通过蜗杆轴线，两切削刃的夹角 $2\alpha=40°$，切得的轴面齿廓两侧边为直线，在垂直于蜗杆轴线的截面上，齿廓为阿基米德螺线，故称阿基米德蜗杆。阿基米德蜗杆较容易车削，但难以磨削，不易得到较高精度。

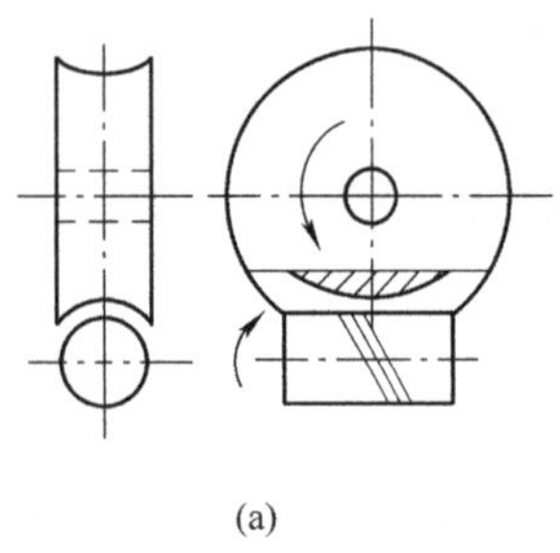
(a)

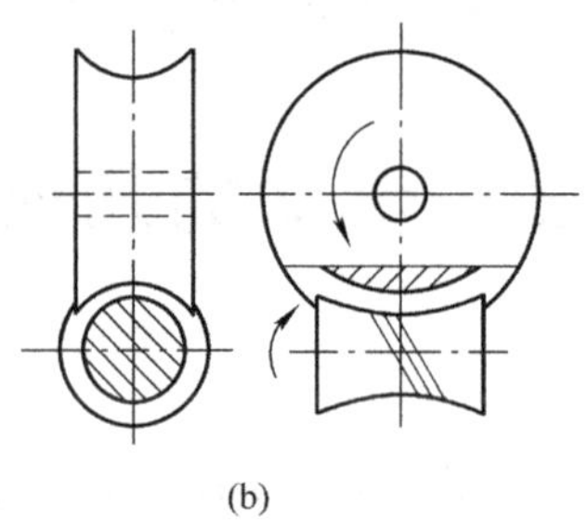
(b)

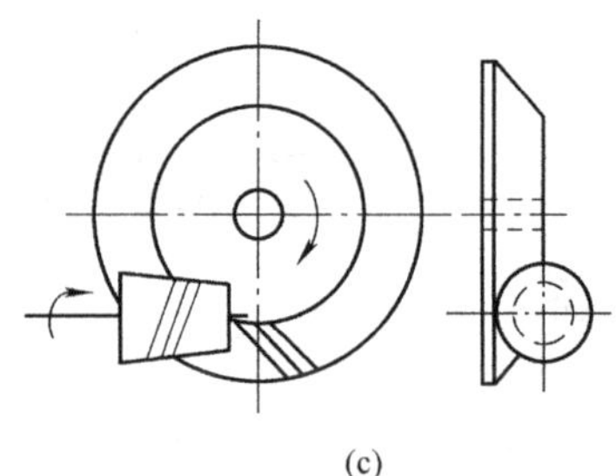
(c)

图 4－50　蜗杆传动的类型

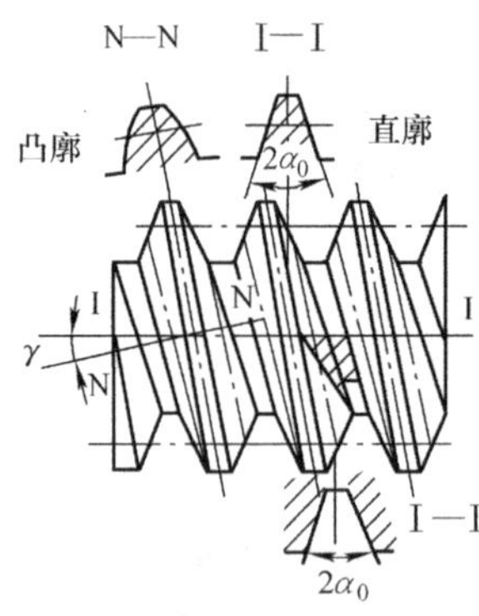

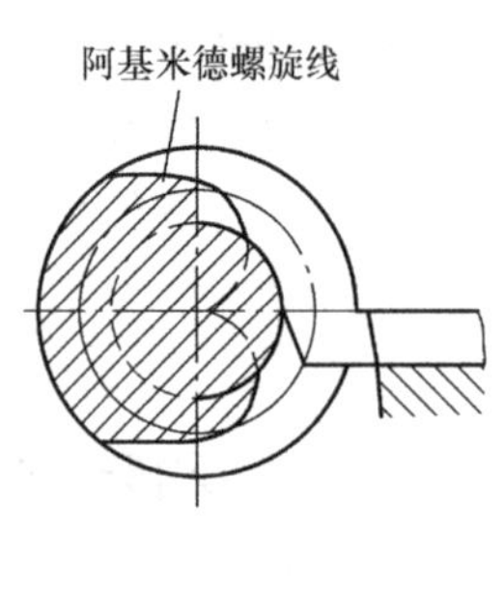

图 4－51　阿基米德蜗杆

如图 4－52 所示为渐开线蜗杆，其断面齿廓为渐开线，加工时刀具的切削刃与基圆相切，两把刀具分别切出左、右侧螺旋面。渐开线蜗杆也可以用滚刀加工，并可在专用机床上磨削，制造精度较高，利于成批生产。

2.1.1.2　蜗杆传动的特点

（1）蜗杆传动的主要优点是结构紧凑、传动比大。其在分度机构中的传动比 i 可达 1 000，在动力传动中传动比 $i=10\sim80$。

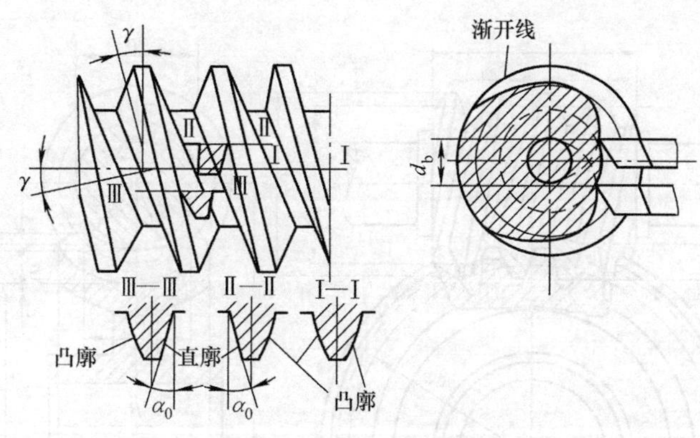

图 4－52　渐开线蜗杆

(2)传动平稳、噪声低。由于蜗杆传动属于啮合传动,蜗杆齿是连续的螺旋齿,与蜗轮逐渐进入和退出啮合,且同时啮合的齿数较多,故传动平稳、噪声低。

(3)在一定条件下,该机构可以自锁。当蜗杆的螺旋线升角小于啮合面的当量摩擦角时,蜗杆传动具有自锁性。

(4)蜗杆传动的主要缺点是效率较低。这是由于二者齿面相对滑移速度大,易磨损和发热。当蜗杆为主动件时,效率一般为 0.7～0.8;具有自锁时,效率仅为 0.4 左右。

(5)蜗轮造价较高。为减轻齿面的磨损及防止胶合,蜗轮齿圈常用青铜制造,故其造价较高。

(6)蜗杆传动对制造安装误差比较敏感,对中心距尺寸精度要求较高。

(7)蜗杆传动不适于传递大功率。常用于传递功率在 50 kW 以下,滑动速度在 15 m/s 以下的机械设备中。

2.1.2　蜗杆传动的主要参数和几何尺寸计算

如图 4－53 所示,通过蜗杆轴线并垂直蜗轮轴线的平面,称为中间平面。在中间平面上,普通圆柱蜗杆传动就相当于齿条与齿轮的啮合传动。故在设计蜗杆传动时,参数和尺寸均在中间平面上确定,并沿用渐开线圆柱齿轮传动的计算关系。

2.1.2.1　普通圆柱蜗杆传动的主要参数及其选择

普通圆柱蜗杆传动的主要参数有模数 m、压力角 α、蜗杆头数 z_1、蜗轮齿数 z_2 及蜗杆的直径 d 等。进行蜗杆传动的设计时,首先要正确选择参数。

1. 蜗杆头数 z_1、蜗轮齿数 z_2 和传动比 i

蜗杆头数(齿数)z_1 即为蜗杆螺旋线的数目,蜗杆的头数 z_1 一般取为 1、2、4。当传动比 >40 或要求蜗杆自锁时,取 $z_1=1$;当传递功率较大时,为提高传动效率、减少能量损失,常取 z_1 为 2、4。蜗杆头数越多,加工精度越难保证。

通常情况下,取蜗轮齿数 $z_2=28\sim80$。若 $z_2<28$,会使传动的平稳性降低,且易产生根切;若 z_2 过大,蜗轮直径增大,与之相应蜗杆的长度增加、刚度减小,从而影响啮合的精度。

通常蜗杆为主动件,蜗杆传动的传动比 i 等于蜗杆与蜗轮的转速之比。当蜗杆转一周时,蜗轮转过 z_1 个齿,即转过 z_1/z_2 周,所以可得出

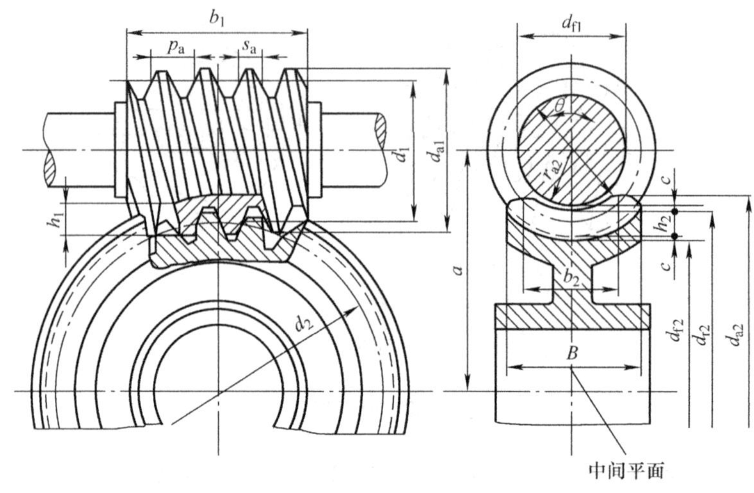

图 4－53 普通圆柱蜗杆传动的主要参数及其选择

$$i = \frac{n_1}{n_2} = \frac{1}{z_1/z_2} = \frac{z_2}{z_1} \tag{4-54}$$

式中：n_1、n_2分别为蜗杆、蜗轮的转速，单位为 r/min；z_1、z_2可根据传动比 i 按表 4－18 选取。

表 4－18 蜗杆头数 z_1 和蜗轮齿数 z_2 的推荐值

传动比 $i = z_2/z_1$	7～13	14～27	28～40	>40
蜗杆头数 z_1	4	2	2、1	1
蜗轮齿数 z_2	28～52	28～54	28～80	>40

值得注意的是，蜗杆传动的传动比 i 仅与 z_1 和 z_2 有关，而不等于蜗轮与蜗杆分度圆直径之比，即 $i = z_2/z_1 \neq d_2/d_1$。

2. 模数 m 和压力角 α

如前所述，在中间平面上蜗杆与蜗轮的啮合可看作齿条与齿轮的啮合，如图 4－53 所示。蜗杆的轴向齿距 p_{a1} 应等于蜗轮的端面齿距 p_{t2}，即蜗杆的轴向模数 m_{a1} 应等于蜗轮的端面模数 m_{t2}，蜗杆的轴向压力角 α_{a1} 应等于蜗轮的端面压力角 α_{t2}。规定中间平面上的模数和压力角为标准值，则

$$m_{a1} = m_{t2} = m$$

$$\alpha_{a1} = \alpha_{t2} = 20°$$

标准模数值见表 4－19。

表 4.19　蜗杆基本参数($\Sigma=90°$)(GB/T 10085—1988)

模数 m/mm	分度圆直径 d_1/mm	蜗杆头数 z_1	直径系数 q	$m^2 d_1$	模数 m/mm	分度圆直径 d_1/mm	蜗杆头数 z_1	直径系数 q	$m^2 d_1$
1	18	1	18.000	18	6.3	(80)	1,2,4	12.698	3 175
1.25	20	1	16.000	31.25		112	1	17.778	4 445
	22.4	1	17.920	35	8	(63)	1,2,4	7.875	4 032
1.6	20	1,2,4	12.500	51.2		80	1,2,4,6	10.000	5 376
	28	1	17.500	71.68		(100)	1,2,4	12.500	6 400
2	(18)	1,2,4	9.000	72		140	1	17.500	8 960
	22.4	1,2,4,6	11.200	89.6	10	(71)	1,2,4	7.100	7 100
	(28)	1,2,4	14.000	112		90	1,2,4,6	9.000	9 000
	35.5	1	17.750	142		(112)	1,2,4	11.200	11 200
2.5	(22.4)	1,2,4	8.960	140		160	1	16.000	16 000
	28	1,2,4,6	11.200	175	12.5	(90)	1,2,4	7.200	14 062
	(35.5)	1,2,4	14.200	221.9		112	1,2,4	8.960	17 500
	45	1	18.000	281		(140)	1,2,4	11.200	21 875
3.15	(28)	1,2,4	8.889	278		200	1	16.000	31 250
	35.5	1,2,4,6	11.270	352	16	(112)	1,2,4	7.000	28 672
	45	1,2,4	14.286	447.5		140	1,2,4	8.750	35 840
	56	1	17.778	556		(180)	1,2,4	11.250	46 080
4	(31.5)	1,2,4	7.875	504		250	1	15.625	64 000
	40	1,2,4,6	10.000	640	20	(140)	1,2,4	7.000	56 000
	(50)	1,2,4	12.500	800		160	1,2,4	8.000	64 000
	71	1	17.750	1 136		(224)	1,2,4	11.200	89 600
5	(40)	1,2,4	8.000	1 000		315	1	15.750	126 000
	50	1,2,4,6	10.000	1 250	25	(180)	1,2,4	7.200	112 500
	(63)	1,2,4	12.600	1 575		200	1,2,4	8.000	125 000
	90	1	18.000	2 250		(280)	1,2,4	11.200	175 000
6.3	(50)	1,2,4	7.936	1 985		400	1	16.000	250 000
	63	1,2,4,6	10.000	2 500					

注:1. 表中模数均系第一系列,$m<1$ mm 的未列入,$m>25$ mm 的还有 31.5、40 mm 两种。属于第二系列的模数有 1.5、33.5、4.5、5.5、6、7、12、14 mm。

2. 表中蜗杆分度圆直径 d_1 均属于第一系列,$d_1<18$ mm 的未列入,此外还有 355 mm。属于第二系列的有 30、38、48、53、60、67、75、85、95、106、118、132、144、170、190、300 mm。

3. 模数和分度圆直径均应优先选用第一系列,括号中的数字尽可能不采用。

3. 蜗杆螺旋线升角 λ

蜗杆螺旋面与分度柱面的交线为螺旋线。如图 4－54 所示,将蜗杆分度圆柱展开,其螺旋线与端面的夹角即为蜗杆分度圆柱上的螺旋线升角 λ,或称蜗杆的导程角。由图可得蜗杆螺旋线的导程为

$$L = z_1 p_{a1} = z_1 \pi m$$

蜗杆分度圆柱上螺旋线升角 λ 与导程的关系为

$$\tan \lambda = \frac{L}{\pi d_1} = \frac{z_1 \pi m}{\pi d} = \frac{z_1 m}{d_1} \tag{4-56}$$

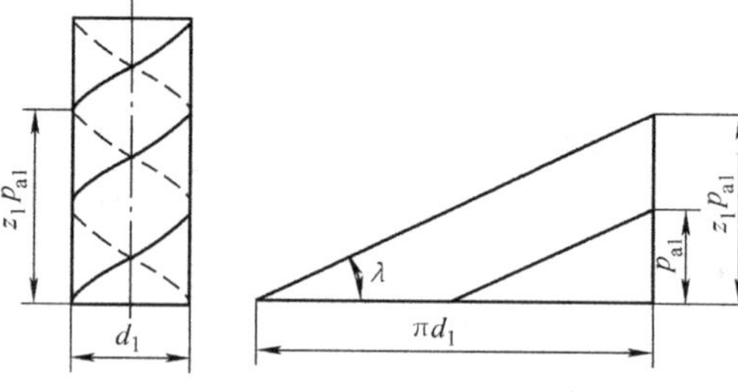

图 4-54 蜗杆分度圆柱展开图

与螺纹相似，蜗杆螺旋线也有左旋、右旋之分，一般情况多为右旋。

通常蜗杆螺旋线的升角 λ =3.5°~27°，升角小时传动效率低，但可实现自锁（λ =3.5°~4.5°）；升角大时传动效率高，但蜗杆的车削加工较困难。

4. 蜗杆分度圆直径 d_1和蜗杆直径系数 q

加工蜗轮时，蜗轮滚刀的参数应与相啮合的蜗杆完全相同。由式(4-56)可得蜗杆的分度圆直径为

$$d_1 = \frac{m z_1}{\tan \lambda} \tag{4-57}$$

由此可知，蜗杆的分度圆直径 d_1不仅与模数 m 有关，而且与 z_1 和 λ 有关。即同一模数的蜗杆，由于 z_1、λ 的不同，d_1随之变化，致使滚刀数目较多，很不经济。为了减少滚刀的数量和有利于标准化，GB/T 10085—1988 规定，对应于每一个模数规定了一至四种蜗杆分度圆直径 d_1并已标准化，见表 4-19。现令 $q = \frac{d_1}{m}$，q 称为蜗杆直径系数。即

$$\tan\lambda = \frac{z_1 m}{d_1} = \frac{z_1}{q} \tag{4-58}$$

5. 中心距 a

蜗杆传动的中心距

$$a = \frac{d_1 + d_2}{2} = \frac{d_1 + m z_2}{2} = m(q + z_2)/2 \tag{4-59}$$

6. 蜗杆、蜗轮的转动方向确定

蜗杆、蜗轮转动方向采用左右手法则来确定，即右旋蜗杆用右手，左旋蜗杆用左手，四指弯曲方向与蜗杆转向一致，此时拇指指向的反方向即为蜗轮上节点处线速度的方向，由此就可确定蜗轮的转向。

2.1.2.2 蜗杆传动的几何尺寸计算

标准圆柱蜗杆传动的几何尺寸计算公式见表 4-20。

表 4－20　标准圆柱蜗杆传动的几何尺寸计算

名称	计算公式	
	蜗杆	蜗轮
齿顶高	$h_{a1}=m$	$h_{a2}=m$
齿根高	$h_{f1}=1.2m$	$h_{f2}=1.2m$
分度圆直径	$d_1=mq$	$d_2=mz_2$
齿顶圆直径	$d_{a1}=m(q+2)$	$d_{a2}=m(z_2+2)$
齿根圆直径	$d_{f1}=m(q-2.4)$	$d_{f2}=m(z_2-2.4)$
顶隙	$c=0.2m$	
蜗杆轴向齿距和蜗轮端面齿距	$p_{a1}=p_{t2}=\pi m$	
蜗杆分度圆柱的导程角	$\lambda=\arctan\dfrac{z_1}{q}$	
蜗轮分度圆上轮齿的螺旋角		$\beta=\lambda$
中心距	$a=\dfrac{m}{2}(q+z_2)$	
蜗杆螺纹部分长度	$z_1=1、2,b_1\geqslant(11+0.06z_2)m;z_1=4,b_1\geqslant(12.5+0.09z_2)m$	
蜗轮咽喉母圆半径		$r_{g2}=a-\dfrac{1}{2}d_{a2}$
蜗轮最大外圆直径		$z_1=1,d_{e1}\leqslant d_{a2}+2m$; $z_1=2,d_{e1}\leqslant d_{a2}+1.5m$; $z_1=4,d_{e1}\leqslant d_{a2}+m$
蜗轮轮缘宽度		$z_1=1、2,b\leqslant0.75d_{a1}$; $z_1=4,b\leqslant0.67d_{a1}$
蜗轮轮齿包角		$\theta=2\arcsin\dfrac{b_2}{d_1}$ 一般动力传动 $\theta=70°\sim90°$ 高速动力传动 $\theta=70°\sim130°$ 分度传动 $\theta=45°\sim60°$

2.1.2.3　蜗杆传动的正确啮合条件

在如图 4－53 所示的蜗杆传动的中间平面内，蜗轮、蜗杆的齿距相等，即蜗轮的端面模数等于蜗杆的轴向模数，蜗轮的端面压力角等于蜗杆的轴面压力角。

此外，还应保证 $\lambda=\beta_2$，且蜗杆与蜗轮的旋向要相同。

任务落实

1. 通过观察蜗杆传动实物或模型，进一步了解蜗杆传动的组成、分类以及特点。
2. 结合蜗杆传动主要参数的叙述，区分并掌握各参数的意义，准确运用各参数的计算公式。
3. 掌握蜗杆传动几何尺寸的计算方法，熟悉蜗杆传动正确啮合的条件。

子任务2 蜗杆传动的设计计算

任务引入

蜗杆传动也是啮合传动,必然存在轮齿承载能力的核算问题。另外,由于蜗杆传动还存在着发热量大、传动效率低等特点,必要时还应进行强度和热平衡计算。那么,蜗杆传动存在哪些失效形式?常用材料及结构如何?如何进行强度计算和热平衡计算呢?

任务目标

1. 了解蜗杆传动的类型和特点。
2. 掌握蜗杆传动的主要参数和几何尺寸的计算。
3. 掌握蜗杆传动的正确啮合条件。

知识链接

2.2.1 蜗杆传动的失效形式和计算准则

2.2.1.1 蜗杆传动的失效形式

1. 齿廓间相对滑动速度 v_s

蜗杆传动中,齿廓间有较大的相对滑动,滑动速度 v_s 沿蜗杆螺旋线的切线方向。如图 4-55 所示,v_1 为蜗杆的圆周速度,v_2 为蜗轮的圆周速度,v_1 与 v_2 相互垂直,所以

$$v_s=\sqrt{v_1^2+v_2^2}=\frac{v_1}{\cos\lambda} \qquad (4-60)$$

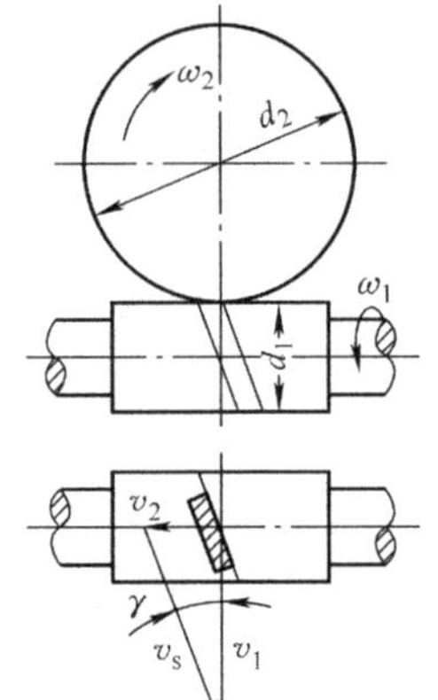

图 4-55 蜗杆传动的滑动速度

由于齿廓间较大的相对滑动产生热量,使润滑油温度升高而变稀。润滑条件变差,传动效率降低。

2. 轮齿的失效形式

在蜗杆传动中,由于材料及结构的原因,蜗杆轮齿的强度高于蜗轮轮齿的强度,所以失效常常发生在蜗轮的轮齿上。由于蜗杆、蜗轮的齿廓间相对滑动速度较大、发热量大而效率低,因此蜗杆传动的主要失效形式为胶合、磨损和齿面点蚀等。当润滑条件差及散热不良时,闭式传动极易出现胶合。开式传动以及润滑油不清洁的闭式传动中,轮齿磨损的速度很快。

2.2.1.2 蜗杆传动的计算准则

目前,对于胶合和磨损的计算还缺乏成熟的方法,因此通常只是参照圆柱齿轮传动的计算方法,进行齿面接触疲劳强度和齿根弯曲疲劳强度的条件性计算,在选取材料的许用应力时适当考虑胶合和磨损的影响。

对于闭式蜗杆传动,通常按齿面接触疲劳强度来设计,并校核齿根弯曲疲劳强度。如果载荷平稳、无冲击,可以只按齿面接触疲劳强度设计,不必校核齿根弯曲疲劳强度。实践证明,蜗轮轮齿因弯曲疲劳强度不足而引起失效的情况较少。

对于开式传动，或传动时载荷变动较大，或蜗轮齿数 $z_2>90$ 时，通常只需按齿根弯曲疲劳强度进行设计。

此外，由于蜗杆传动时摩擦严重、发热大、效率低，对闭式蜗杆传动还必须作热平衡计算，以免发生胶合失效。

2.2.2　蜗杆传动的材料和结构

2.2.2.1　蜗杆传动的材料

由蜗杆传动的失效形式可知，蜗杆、蜗轮的材料不仅要求具有足够的强度，更重要的是要有良好的跑合性、耐磨性和抗胶合能力。

蜗杆一般用碳钢和合金钢制成，常用材料为40、45钢或40Cr并经淬火。高速重载蜗杆常用15Cr或20Cr，并经渗碳淬火（硬度为40～55HRC）和磨削。对于速度不高、载荷不大的蜗杆可采用40、45钢调制处理，硬度为220～250HBS。

蜗轮常用材料为青铜和铸铁。锡青铜耐磨性能及抗胶合性能较好，但价格较贵，常用的有ZCuSn10P1（铸锡磷青铜）、ZCuSn5Pb5Zn5（铸锡锌铅青铜）等，并用于滑动速度较高的场合。铝铁青铜的力学性能较好，但抗胶合性略差，常用的有ZCuAl9Fe4Ni4Mn2（铸铝铁镍青铜）等，并用于滑动速度较低的场合。灰铸铁只用于滑动速度 $v\leqslant2$ m/s 的传动中。

常用蜗杆、蜗轮的配对材料见表4－21。

表4－21　常用蜗杆、蜗轮的配对材料

相对滑动速度 v_s/(m/s)	蜗轮材料	蜗杆材料
≤25	ZCuSn10P1	20CrMnTi渗碳淬火，56～62HRC；20Cr
≤12	ZCuSn5Pb5Zn5	45钢高频淬火，40～50HRC，40Cr
≤10	ZCuAl9Fe4Ni4Mn2 ZCuAl9Mn2	45钢高频淬火，40～50HRC；40Cr，50～55HRC
≤2	HT150 HT200	45调质，220～250 HBS

2.2.2.2　蜗杆、蜗轮的结构

蜗杆的直径较小，常和轴制成一个整体，如图4－56所示。螺旋部分常用车削加工，也可用铣削加工。车削加工时需有退刀槽，因此刚性较差。

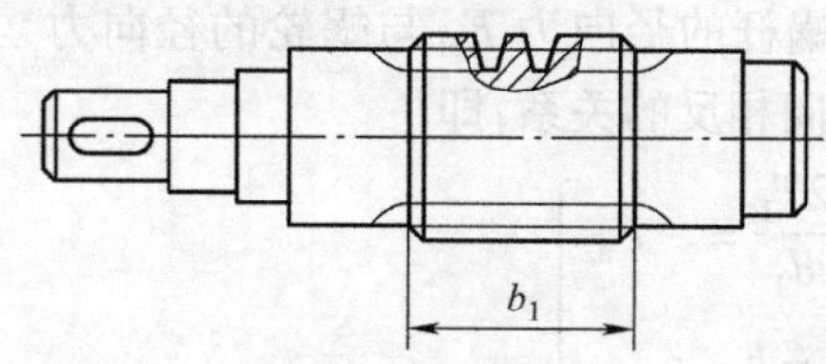

图4－56　蜗杆轴

按材料和尺寸的不同，蜗轮的结构分为多种形式，如图4－57所示。

1. 齿圈式蜗轮

如图4－57(a)所示，为了节省贵重金属，直径较大的蜗轮常采用组合结构，齿圈用青铜材料，轮芯用铸铁或铸钢制造。两者采用H7/r6配合，并用4～6个直径为(1.2～1.5)m的

螺钉加固，m 为蜗轮模数。为便于钻孔，应将螺孔中心线向材料较硬的轮芯部分偏移 2～3 mm。这种结构用于尺寸不太大且工作温度变化较小的场合。

2. 螺栓连接式蜗轮

如图 4－54(b)所示，这种结构的齿圈与轮芯由普通螺栓或铰制孔用螺栓连接，由于装拆方便，常用于尺寸较大或磨损后需更换蜗轮齿圈的场合。

3. 整体式蜗轮

如图 4－57(c)所示，主要用于直径较小的青铜蜗轮或铸铁蜗轮。

4. 镶铸式蜗轮

如图 4－57(d)所示，将青铜轮缘铸在铸铁轮芯上，轮芯上制出榫槽，以防轴向滑动。

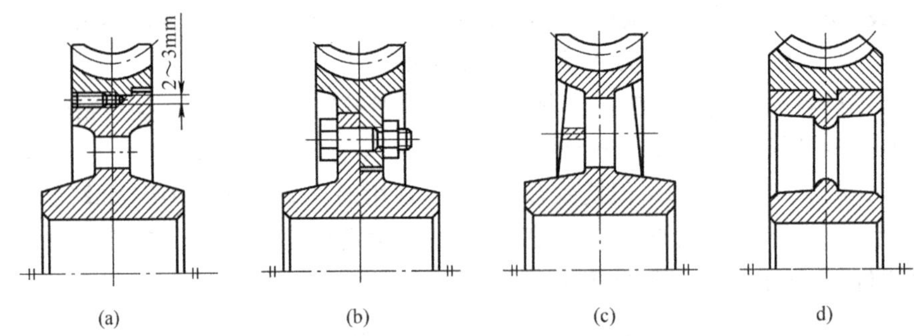

图 4－57　蜗轮结构

2.2.3　蜗杆传动的强度计算

2.2.3.1　蜗杆传动的受力分析

蜗杆传动的受力分析与斜齿圆柱齿轮相似。如图 4－58 所示为一下置蜗杆传动，蜗杆为主动件，旋向为右旋，按图示方向转动。假定：①蜗轮轮齿和蜗杆螺旋面之间的相互作用力集中于节点 C，并按单齿对啮合考虑；②暂不考虑啮合齿面间的摩擦力。图 4－58 所示为蜗杆、蜗轮的受力情况及转向。

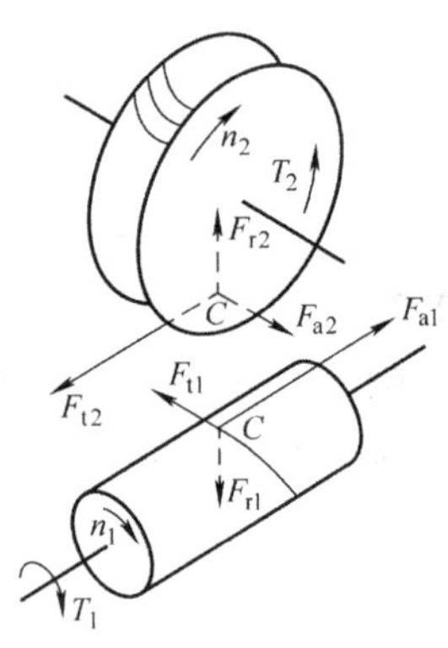

图 4－58　蜗杆、蜗轮的受力情况及转向

如图所示，由于蜗杆与蜗轮轴交错成 90°角，根据作用与反作用定律，蜗杆的圆周力 F_{t1} 与蜗轮的轴向力 F_{a2}、蜗杆的轴向力 F_{a1} 与蜗轮的圆周力 F_{t2}、蜗杆的径向力 F_{r1} 与蜗轮的径向力 F_{r2} 分别存在着大小相等、方向相反的关系，即

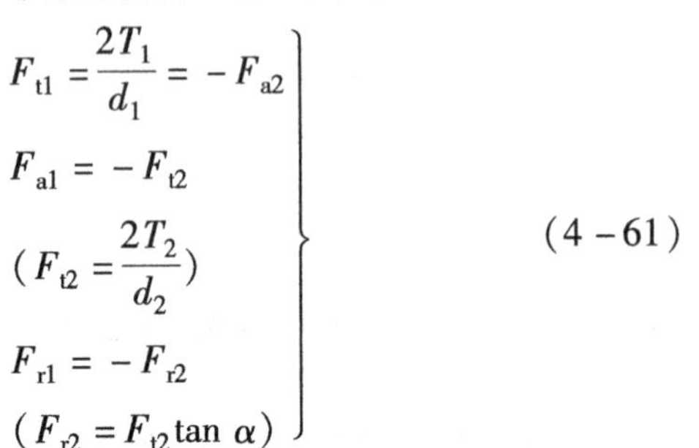

$$\left.\begin{aligned} &F_{t1}=\frac{2T_1}{d_1}=-F_{a2}\\ &F_{a1}=-F_{t2}\\ &\left(F_{t2}=\frac{2T_2}{d_2}\right)\\ &F_{r1}=-F_{r2}\\ &(F_{r2}=F_{t2}\tan\alpha) \end{aligned}\right\}\tag{4-61}$$

式中：T_1、T_2 分别为作用在蜗杆和蜗轮上的转矩，单位为 N · mm，$T_2=T_1 i\eta$，η 为蜗杆传动的

效率；d_1、d_2分别为蜗杆和蜗轮的分度圆直径，单位为 mm；α 为压力角，$\alpha=20°$。

蜗杆、蜗轮受力方向的判别方法与斜齿轮相同。当蜗杆为主动件时，圆周力 F_{t1} 与转向相反；径向力 F_{r1} 的方向由啮合点指向蜗杆中心；轴向力 F_{a1} 的方向取决于螺旋线的旋向和蜗杆的转向，按“主动轮左右手法则”来确定。作用于蜗轮上的力可根据作用与反作用定律来确定，并可判定蜗轮的转向，图示为顺时针转向。

2.2.3.2　蜗轮齿面接触疲劳强度计算

蜗轮齿面接触疲劳强度的计算可以参照齿轮的计算方法进行。以赫兹公式为基础，按节点处的啮合条件计算齿面的接触应力，可以推导出蜗轮齿面接触疲劳强度的校核公式为

$$\sigma_H = 480\sqrt{\frac{KT_2}{d_1 d_2^2}} = 480\sqrt{\frac{KT_2}{d_1 m^2 z_2^2}} \leqslant [\sigma_H] \tag{4-62}$$

上式适用于钢制蜗杆对青铜或铸铁蜗轮。经整理得蜗轮齿面接触疲劳强度的设计公式为

$$d_1 m^2 \geqslant KT_2\left(\frac{480}{z_2[\sigma_H]}\right)^2 \tag{4-63}$$

式中：K 为载荷系数，$K=1\sim1.4$，当载荷平稳，$v_s\leqslant 3$ m/s，7 级以上精度时取小值，否则取大值；T_2为蜗轮转矩，单位为 N·mm；$[\sigma_H]$ 为蜗轮材料的许用接触应力，单位为 MPa；其余符号的意义同前。

当按式(4-63)算出 $d_1 m^2$ 值后，可由表 4-19 查到适当的 m 和 d_1 值。

2.2.3.3　蜗轮轮齿的齿根弯曲疲劳强度计算

由于蜗轮轮齿的形状复杂，所以很难精确计算齿根的弯曲应力，通常按斜齿圆柱齿轮的计算方法作近似计算。但蜗轮轮齿的弯曲疲劳强度高于斜齿轮轮齿。

将蜗轮的有关参数代入斜齿轮的有关计算公式中，经过化简得出蜗轮齿根弯曲强度的校核公式为

$$\sigma_F = \frac{1.53KT_2\cos\lambda}{d_1 d_2 m}Y_{F2} \leqslant [\sigma_F] \tag{4-64}$$

设计公式为

$$d_1 m^2 \geqslant \frac{1.53KT_2\cos\lambda}{z_2[\sigma_F]}Y_{F2} \tag{4-65}$$

式中：Y_{F2}为蜗轮的齿形系数，按蜗轮的实用齿数 z_2查表 4-22 可得出；$[\sigma_F]$为蜗轮材料的许用弯曲应力，单位为 MPa；其余符号的意义同前。

表 4-22　蜗轮的齿形系数 Y_{F2}($\alpha=20°$，$h_a^*=1$)

z_2	10	11	12	13	14	15	16	17	18	19	20	22	24	26
Y_{F2}	4.55	4.14	3.70	3.55	3.34	3.22	3.07	2.96	2.89	1.82	2.76	2.66	2.57	2.51
z_2	28	30	35	40	45	50	60	70	80	90	100	150	200	300
Y_{F2}	2.48	2.44	2.36	2.32	2.27	2.24	2.20	2.17	2.14	2.12	2.10	2.07	2.04	2.04

在闭式蜗杆传动中，蜗轮轮齿的弯曲疲劳强度所限定的承载能力，大多超过由齿面接触疲劳强度和热平衡计算所限定的承载能力，故不必进行弯曲强度计算。只有在开式蜗杆传动中，或在经受强烈冲击的传动中，或当蜗轮采用脆性材料时，才需进行齿根弯曲疲劳强度

计算。

2.2.3.4 蜗轮材料的许用应力

1. 蜗轮材料的许用接触应力[σ_H]

蜗轮材料的许用接触应力[σ_H]由材料的抗失效能力决定。如蜗轮材料为铸锡青铜时，其失效形式主要为疲劳点蚀，许用应力的大小与应力循环次数有关，其计算公式为

$$[\sigma_H] = [\sigma_H]' K_{HN} \tag{4-66}$$

式中，[σ_H]′为蜗轮的基本许用接触应力，可从表4－23中查到；K_{HN}为寿命系数，$K_{HN} = \sqrt[8]{\frac{10^7}{N}}$，其中$N$为应力循环次数，$N = 60n_2jL_h$，且$n_2$为蜗轮转速，单位为r/min，$L_h$为工作寿命，单位为h，$j$为蜗轮每转一周单个轮齿参与啮合的次数。当$N=10^7$时，$K_{HN}=1$；当$N>25\times10^7$时，取$N=25\times10^7$；当$N<2.6\times10^5$时，取$N=2.6\times10^5$。

如蜗轮材料为铸铝铁青铜或铸铁时，其失效形式为胶合，此时接触强度计算为条件性计算，许用应力可根据材料和滑动速度由表4－24查得，其值与应力循环次数无关。

表4－23 铸锡青铜蜗轮的基本许用接触应力[σ_H]′($N=10^7$) (MPa)

蜗轮材料	铸造方法	适用的滑动速度 v_s/(m/s)	蜗杆齿面硬度	
			≤350HBS	>45HRC
铸锡磷青铜 ZCuSn10P1	砂　型 金属型	≤12 ≤25	180 200	200 220
铸锡铅锌青铜 ZCuSn5Pb5Zn5	砂　型 金属型	≤10 ≤12	110 135	125 150

表4－24 铸铝铁青铜及铸铁蜗轮的许用接触应力[σ_H] (MPa)

蜗轮材料	蜗杆材料	滑动速度 v_s/(m/s)						
		0.5	1	2	3	4	6	8
ZCuAl10Fe3	淬火钢	250	230	210	180	160	120	90
HT150 HT200	渗碳钢	130	115	90	—	—	—	—
HT150	调质钢	110	90	70	—	—	—	—

注：蜗杆未经淬火时，需将表中[σ_H]值减小20%。

2. 蜗轮的许用弯曲应力[σ_F]

蜗轮的许用弯曲应力[σ_F]的计算公式为

$$[\sigma_F] = [\sigma_F]' K_{FN} \tag{4-67}$$

式中，[σ_F]′为基本许用弯曲应力，可从表4－25中查到；K_{FN}为寿命系数，$K_{FN} = \sqrt[9]{\frac{10^6}{N}}$，其中$N$为应力循环次数，计算方法同前，当$N>25\times10^7$时，取$N=25\times10^7$，当$N<10^5$时，取$N=10^5$。

表 4-25　蜗轮材料的基本许用弯曲应力$[\sigma_F]'(N=10^6)$　(MPa)

蜗轮材料及铸造方法	与硬度≤45HRC 的蜗杆相配时	与硬度 >45HRC 并经磨光或抛光的蜗杆相配时
铸锡磷青铜(ZCuSn10P1),砂模铸造	46(32)	58(40)
铸锡磷青铜(ZCuSn10P1),金属模铸造	58(42)	73(52)
铸锡磷青铜(ZCuSn10P1),离心铸造	66(46)	83(58)
铸锡铅铝青铜(ZCuSn5Pb5Zn5),砂模铸造	32(24)	40(30)
铸锡铅铝青铜(ZCuSn5Pb5Zn5),金属模铸造	41(32)	51(40)
铸铝铁青铜(ZCuAl10Fe3),砂模铸造	112(91)	140(116)
灰铸铁(HT150),砂模铸造	40	50

注:表中括号内的值用于双向传动的场合。

2.2.4　蜗杆传动的效率、润滑及热平衡计算

2.2.4.1　蜗杆传动的效率

蜗杆传动的功率损耗一般包括三部分:轮齿啮合时的摩擦损耗、轴承摩擦损耗及浸油零件搅动润滑油的功率损耗。因此,其总效率

$$\eta=\eta_1\eta_2\eta_3$$

式中:η_1、η_2、η_3 分别为蜗杆传动的啮合效率、轴承效率和搅油效率,其中决定蜗杆传动总效率的主要因素为计入啮合摩擦损耗的效率 η_1 。当蜗杆为主动件时,啮合效率按螺旋传动的效率公式求出,即

$$\eta_1=\frac{\tan\lambda}{\tan(\lambda+\rho_v)}$$

通常取 $\eta_2\eta_3=0.95\sim0.97$,则蜗杆传动的总效率为

$$\eta=(0.95\sim0.97)\frac{\tan\lambda}{\tan(\lambda+\rho_v)}\tag{4-68}$$

式中:λ 为蜗杆的螺旋升角(导程角);ρ_v 为当量摩擦角,$\rho_v=\arctan f_v$,见表 4-26。

表 4-26　当量摩擦系数 f_v 和当量摩擦角 ρ_v

蜗轮材料	锡青铜				无锡青铜		灰铸铁			
蜗杆齿面硬度	≥45HRC		<45HRC		≥45HRC		≥45HRC		<45HRC	
滑动速度 v_s/(m/s)	f_v	ρ_v	f_v	ρ_v	f_v	ρ_v	f_v	ρ_v	f_v	ρ_v
0.01	0.11	6°17′	0.120	6°51′	0.18	10°12′	0.18	10°12′	0.19	10°45′
0.10	0.08	4°34′	0.090	5°09′	0.13	7°24′	0.13	7°24′	0.14	7°58′
0.25	0.065	3°43′	0.075	4°17′	0.10	5°43′	0.10	5°43′	0.12	6°51′
0.50	0.055	3°09′	0.065	3°43′	0.09	5°09′	0.09	5°09′	0.10	5°43′
1.00	0.045	2°35′	0.055	3°09′	0.07	4°00′	0.07	4°00′	0.09	5°09′
1.50	0.040	2°17′	0.050	2°52′	0.065	3°43′	0.065	3°43′	0.08	4°34′
2.00	0.035	2°00′	0.045	2°35′	0.055	3°09′	0.055	3°09′	0.07	4°00′
2.50	0.03	1°43′	0.040	2°17′	0.050	2°52′				

续表

蜗轮材料	锡青铜				无锡青铜		灰铸铁			
蜗杆齿面硬度	≥45HRC		<45HRC		≥45HRC		≥45HRC		<45HRC	
3.00	0.028	1°36′	0.035	2°00′	0.045	2°35′				
4.00	0.024	1°12′	0.031	1°47′	0.040	2°17′				
5.00	0.022	1°16′	0.029	1°40′	0.035	2°00′				
8.00	0.018	1°02′	0.026	1°29′	0.030	1°43′				
10.00	0.016	0°55′	0.024	1°22′						
15.00	0.014	0°48′	0.020	1°09′						
24.00	0.013	0°45′								

注：硬度≥45HRC时的ρ_v值是指蜗杆齿面经磨削、蜗杆传动经跑合，并有充分润滑的情况。

由式(4－68)可知，在λ值的一定范围内，η随λ的增大而增大，即增大λ角可提高传动的效率。多头蜗杆的λ角较大，故一般多采用多头蜗杆。但如果λ角过大，蜗杆的加工较困难，且$\lambda>27°$时效率增加的幅度很小，因此一般取$\lambda\leqslant27°$。当$\lambda\leqslant\rho_v$时，蜗杆传动具有自锁性，此时蜗杆传动的效率很低（小于50%）。

在进行设计时，开始η可按所选z_1估计取值，具体见表4－27。

表4－27　z_1和η的关系

	闭式传动			开式传动
z_1	1	2	3	1.2
η	0.7～0.75	0.75～0.82	0.82～0.92	0.60～0.70

2.2.4.2　蜗杆传动的润滑

由于蜗杆传动有较大的相对滑动，发热量大、效率低，所以润滑对蜗杆传动显得十分重要。当润滑不良时，蜗杆传动的效率将显著降低，并会导致剧烈的磨损和胶合。为了防止传动中金属直接接触，通常采用黏度较大的润滑油，这样有利于形成动压油膜，从而减小磨损、缓和冲击，使传动平稳，以利于提高传动效率和蜗轮蜗杆的寿命。

闭式蜗杆传动的润滑油黏度和给油方法，一般可根据蜗轮、蜗杆的相对滑动速度、载荷类型等参考表4－28选择。对于青铜蜗轮，不允许采用抗胶合能力强的活性润滑油，以免腐蚀青铜齿面。对于开式传动，则采用黏度较高的齿轮油或润滑脂进行润滑。

表4－28　蜗杆传动的润滑油黏度及给油方法

滑动速度v_s/(m/s)	<1	<2.5	<5	>5～10	>10～15	>15～25	>25
工作条件	重载	重载	中载	—	—	—	—
黏度$\nu_{40℃}$/(mm^2/s)	900	500	350	220	150	100	80
给油方法	油池润滑			油池润滑或喷油润滑	压力喷油润滑及其压力/MPa		
					0.07	0.2	0.3

对闭式蜗杆传动采用油池润滑时，在搅油损失不致过大的情况下，应使油池保持适当的油量，以利于蜗杆传动的散热。一般情况下，下置式蜗杆传动的浸油深度为蜗杆的一个齿高，上置式蜗杆传动的浸油深度约为蜗轮外径的1/3。

2.2.4.3　蜗杆传动的热平衡计算

由于蜗杆传动的效率低、发热量大,如果散热条件差、工作温度过高,将使润滑油黏度降低,而油膜破坏,引起润滑失效,导致齿面胶合,并加剧磨损。所以,对闭式蜗杆传动应进行热平衡计算。传动消耗于摩擦而转变成热量的功率

$$P_S = 1\,000P_1(1-\eta) \tag{4-69}$$

自然冷却时,经箱体表面散发的热量的相当功率

$$P_C = K_S A(t_1 - t_0) \tag{4-70}$$

蜗杆传动的热平衡条件为 $P_S = P_C$,即

$$1\,000P_1(1-\eta) = K_S A(t_1 - t_0)$$

换算得

$$t_1 = \frac{1\,000P_1(1-\eta)}{K_S A} + t_0 \leqslant [t_1] \tag{4-71}$$

式中:P_1为蜗杆的输入功率,单位为 kW; η 为传动效率;t_0为箱体周围空气的温度,单位为℃,通常取 $t_0=20$ ℃;t_1为润滑油的工作温度,单位为℃,t_1应小于 70 ~ 90 ℃;K_S为表面传热系数,单位为 W/(m^2·℃),通风良好时取大值,反之取小值;A 为箱体散热面积,单位为 m^2,是指内壁被油浸溅,而外壳与空气接触的箱壳外表面积,对于箱体上的散热片及凸缘的表面积,可近似按 50% 计算,设计时其散热面积可按 $A=0.33(a/100)^{1.75}$ m^{2}初估,其中 a 为中心距;$[t_1]$为齿面间润滑油允许的油温,通常取$[t_1]=70\sim90$ ℃。

如果工作温度超过允许的范围,可采取下列措施:①在箱体外表面设置散热片以增加散热面积 A;②在蜗杆轴上安装风扇,如图 4-59(a)所示;③在箱体油池内装蛇形冷却水管,如图 4-59(b)所示;④用循环油冷却,如图 4-59(c)所示。

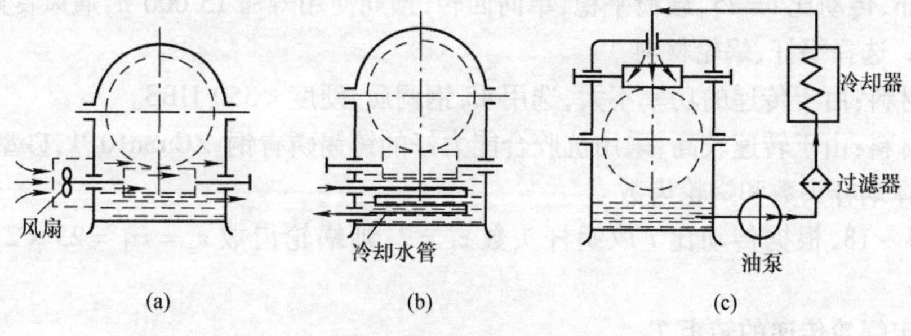

图 4-59　蜗杆传动的散热方法

2.2.5　普通圆柱蜗杆传动的精度等级选择及安装和维护

2.2.5.1　蜗杆传动的精度等级选择

国家标准 GB/T 10089—1988 对普通圆柱蜗杆传动规定了 1 ~ 12 精度等级,1 级精度最高,其余等级依次降低,12 级为最低,一般 6 ~ 9 级精度应用最多。6 级精度的传动可用于中等精度机床的分度机构中,允许的蜗轮圆周速度 $v_2>5$ m/s。7 级精度常用于中等精度的运输机或高速传递动力场合,允许的蜗轮圆周速度 $v_2\leqslant7.5$ m/s。8 级精度用于一般的动力传动中,允许的圆周速度 $v_2\leqslant3$ m/s。9 级精度用于不重要的低速传动机构或手动机构,允许的圆周速度 $v_2\leqslant1.5$ m/s。

2.2.5.2 蜗杆传动的安装

蜗杆传动的安装精度要求很高。根据蜗杆传动的啮合特点,应使蜗轮的中间平面通过蜗杆的轴线。因此,装配时必须调整蜗轮的轴向位置。调整时可以采用垫片组调整蜗轮的轴向位置及轴承的间隙,也可以改变套筒的长度,实践中这两种方法有时可以联用。

为保证蜗杆传动的正确啮合,工作时蜗轮的中间平面不允许有轴向移动,因此蜗轮轴的支承应采用两端固定的支承方式,不允许有游动端。

由于蜗杆轴的支承跨距和轴的热伸长量较大,其支承多采用一端固定、另一端游动的支承方式。支承的固定端一般采用套杯结构,以便于固定轴承,游动端根据具体需要确定是否采用套杯。对于支承跨距较短($L \leqslant 300$ mm)、传动功率小的上置式蜗杆,或间断工作、发热量不大的蜗杆传动,蜗杆轴的热伸长量较小,此时也可采用两端固定的支承方式。

蜗杆传动装配后要进行跑合,以使齿面接触良好。跑合时采用低速运转(通常 $n_1 = 50 \sim 100$ r/min),逐步加载至额定载荷跑合 1 ~ 5 h。若发现蜗杆齿面上粘有青铜,应立即停车,用细砂纸打去后再继续跑合。跑合完成后,应清洗全部零件、更换润滑油。

2.2.5.3 蜗杆传动的维护

由于蜗杆传动发热量大,应随时注意周围的通风散热条件是否良好。蜗杆传动工作一段时间后应测试油温,如果超过油温的允许范围应停机或改善散热条件,还要经常检查蜗轮齿面是否保持完好。润滑对于保证蜗杆传动的正常工作及延长其使用期限很重要。蜗杆置于下方时应设法使蜗轮能得到润滑,如采用加刮油板、溅油轮等方法。蜗杆浸油润滑时油面不宜太高,为防止过多的油进入轴承,轴承内侧应设挡油环。当蜗杆圆周速度较大($v >$ 4 m/s)时可采用蜗杆上置式。

案例 3 设计一运输机的闭式蜗杆传动,已知蜗杆输入功率 $P_1 = 5.5$ kW,蜗杆转速 $n_1 = 960$ r/min,传动比 $i = 25$,载荷平稳,单向回转,预期使用寿命 15 000 h,通风良好。

解 1. 选择蜗杆、蜗轮材料

蜗杆材料:由于传递的功率不大,选用 45 钢调质,硬度 <350 HBS。

蜗轮材料:由于转速较高,采用抗胶合能力好的铸锡磷青铜,ZCuSn10P1,砂型。

2. 选择蜗杆头数和蜗轮齿数

由表 4 - 18,根据传动比 i 取蜗杆头数 $z_1 = 2$,则蜗轮齿数 $z_2 = iz_1 = 25 \times 2 = 50$,满足要求。

3. 确定蜗轮传递的转矩 T_2

估计效率,根据 $z_1 = 2$,取 $\eta = 0.82$。则

$$T_2 = T_1 i\eta = 9.55 \times 10^6 \times \frac{5.5}{960} \times 25 \times 0.82 = 11.22 \times 10^5 \text{ N} \cdot \text{mm}$$

4. 确定许用接触应力 $[\sigma_H]$

蜗轮转速 $n_2 = n_1/i = 960/25 = 38.4$ r/min

应力循环次数 $N = 60 n_2 j L_h = 60 \times 38.4 \times 1 \times 15\ 000 = 3.5 \times 10^7$

寿命系数 $K_{HN} = \sqrt[8]{\dfrac{10^7}{3.5 \times 10^7}} = 0.86$

由表 4 - 23 查得基本许用应力 $[\sigma_H]' = 180$ MPa,则

许用接触应力 $[\sigma_H] = [\sigma_H]' K_{HN} = 180 \times 0.86 \text{ MPa} = 155 \text{ MPa}$

5. 确定模数和蜗杆分度圆直径

取载荷系数 $K=1.15$，由式(4-63)可得

$$m^2 d_1 \geqslant KT_2 \left(\frac{480}{z_2[\sigma_H]}\right)^2 = 1.15 \times 11.22 \times 10^5 \times \left(\frac{480}{50 \times 155}\right)^2 = 4\ 950\ \text{mm}^3$$

查表4-19，选取 $m^2 d_1 = 5\ 376\ \text{mm}^2$，得 $m=8$，$d_1=80$ mm。

蜗杆分度圆直径　$d_2 = mz_2 = 8 \times 50 = 400$ mm

中心距　$a = \dfrac{d_1 + mz_2}{2} = \dfrac{80 + 8 \times 50}{2} = 240$ mm

6. 计算蜗杆螺旋线升角 λ

$$\lambda = \arctan \frac{z_1}{q} = \arctan \frac{2}{10} = 11.31°$$

7. 按齿根弯曲强度校核

查表4-25，蜗轮材料的基本许用弯曲应力 $[\sigma_F]' = 46$ MPa。

寿命系数　$K_{FN} = \sqrt[9]{\dfrac{10^6}{N}} = \sqrt[9]{\dfrac{10^6}{3.5 \times 10^7}} = 0.67$

许用弯曲应力　$[\sigma_F] = [\sigma_F]' K_{FN} = 46 \times 0.67\ \text{MPa} = 31$ MPa

计算齿根弯曲应力 σ_F，查表4-22得 $Y_{F2}=2.24$，再由式(4-64)，可得

$$\sigma_F = \frac{1.53 K T_2 \cos \lambda}{d_1 d_2 m} Y_{F2}$$

$$= \frac{1.53 \times 1.15 \times 11.22 \times 10^5 \times \cos 11.31°}{8 \times 10 \times 8 \times 50 \times 8} \times 2.24\text{MPa} = 17\ \text{MPa} < [\sigma_F]$$

故齿根弯曲疲劳强度校核合格。

8. 验算传动效率 η

蜗杆分度圆速度

$$v_1 = \frac{\pi d_1 n_1}{60 \times 1\ 000} = \frac{\pi \times 80 \times 960}{60 \times 1\ 000} = 4.02\text{m/s}$$

$$v_s = \frac{v_1}{\cos \lambda} = \frac{4.02}{\cos 11.31°} = 4.1\text{m/s}$$

查表4-26得，$f_v = 0.031$，$\rho_v = 1°47' = 1.783°$，则

$$\eta = (0.95 \sim 0.97) \frac{\tan 11.31°}{\tan(11.31° + 1.783°)} = 0.82 \sim 0.83$$

与原估计 $\eta = 0.82$ 相近。

9. 热平衡计算

箱体散热面积

$$A = 0.33 \left(\frac{a}{100}\right)^{1.75} = 0.33 \times \left(\frac{240}{100}\right)^{1.75} = 1.53\ \text{m}^2$$

取室温 $t_0 = 20$ ℃，因通风散热条件较好，可取表面传热系数 $K_S = 15$ W/(m²·℃)，由式(4-71)计算得

$$t_1 = \frac{1\ 000 P_1 (1-\eta)}{K_S A} + t_0 = \frac{1\ 000 \times 5.5 \times (1-0.82)}{15 \times 1.53} + 20$$

$$=43+20=63\ ℃<70\ ℃$$

符合要求。

10. 绘制蜗杆、蜗轮零件工作图

略。

2.2.6 常用各类齿轮传动的选择

2.2.6.1 各类齿轮传动性能的比较

如前所述,常用的齿轮传动有直齿圆柱齿轮传动、斜齿圆柱齿轮传动、直齿锥齿轮传动、普通圆柱蜗杆传动等。这些齿轮传动常用于各种传动装置或各种减速器。

下面介绍各类齿轮传动的主要性能,并进行分析比较,以便于正确地选用传动形式。

1. 功率 P

圆柱齿轮可传递的功率范围最大,一般不超过 3 000 kW,但随着现代工业向大型化发展,目前最大的传递功率可达到 60 000 kW。

锥齿轮传动中直齿锥齿轮传动功率一般小于 450 kW,而曲线齿锥齿轮传动则可大得多。

蜗轮传动由于传动效率低,大功率下长期运行极不经济。对于连续运转的蜗杆传动,最大功率一般都在 50 kW 之内,最大不超过 150 kW。

2. 传动比 i

圆柱齿轮单级传动比一般不超过 7,最大到 10。

直齿锥齿轮单级齿轮传动比一般小于 3,最大不超过 5。

蜗杆传动的传动比由于受效率和蜗轮尺寸的限制,传递动力的传动比一般小于 60,最大小于 100;当只传运动时(如分度运动),传动比可达 1 000。

3. 速度 v

对于普通精度等级(6 级)的直齿圆柱齿轮,其圆周速度不超过 18 m/s。斜齿圆柱齿轮不超过 25 m/s,高精度时可达到 100 m/s 以上。高速时宜采用斜齿轮传动。

直齿锥齿轮由于制造精度和安装精度方面难以保证啮合精度,在普通精度等级时,一般不超过 5 m/s,经磨削可达到 15 m/s,曲线齿可达到 25 m/s 以上。

蜗杆传动的最高允许圆周速度受蜗杆形式和滑动速度的限制,一般不超过 10 m/s,润滑良好时可达 15 m/s。

4. 效率 η

圆柱齿轮传动的平均效率最高。对于普通精度齿轮传动,开式 $\eta=0.92\sim0.96$,闭式 $\eta=0.95\sim0.99$,一般平均效率取 0.96 左右。斜齿轮由于有轴向滑动,其效率一般低于直齿圆柱齿轮。

锥齿轮传动的效率比圆柱齿轮的低,一般为 $0.92\sim0.96$,曲线齿锥齿轮传动的效率比直齿锥齿轮传动略低。

蜗杆传动的效率,开式 $\eta=0.5\sim0.7$,闭式 $\eta=0.7\sim0.94$,自锁 $\eta=0.4\sim0.45$。

5. 尺寸、单位功率的重量和价格

齿轮传动的尺寸、重量和价格主要取决于材料、热处理及精度等级等因素。锥齿轮的尺寸与重量一般比圆柱齿轮大,价格也较高。

蜗杆传动的尺寸和重量一般比同一功率和同一传动比的圆柱齿轮小,价格低一些,传动比大时尤为明显。但蜗轮需用青铜制造,当尺寸较大时,价格较贵。

以上所说的尺寸是以中心距(或锥距)为参照尺寸的。

6. 噪声、抗冲击能力及寿命

齿轮传动的噪声比较大,精度越低,速度越高,噪声越大。直齿圆柱齿轮的噪声比斜齿圆柱齿轮的噪声大,锥齿轮的噪声比圆柱齿轮的噪声大,蜗杆传动的噪声最小。

齿轮传动的抗冲击能力较差,蜗杆传动的抗冲击能力较好。

齿轮传动是所有机械传动中寿命最长的一种,蜗杆传动的寿命最短。

2.2.6.2　常用齿轮传动类型的选择

各类齿轮传动均有其优缺点。通常能满足工作机性能要求的传动类型有多种可供选择。因此,确定传动类型时除应满足工作机性能要求、适应工作条件、工作可靠外,还应满足结构尺寸紧凑、成本低、传动率高等要求。在选择传动类型时应考虑以下几个方面。

(1)传递大功率时,一般均采用圆柱齿轮。锥齿轮只能用于传递小功率的场合,除非结构和布置上有需要,一般应尽量避免采用锥齿轮。

(2)在联合使用圆柱、锥齿轮时,应将锥齿轮放在高速级,这样可使锥齿轮上所受的载荷相对减小,从而减小锥齿轮的尺寸。

(3)圆柱直齿轮和斜齿轮相比,一般斜齿轮的强度比直齿轮高,且传动平稳,所以斜齿轮适用于高速传动场合。如果圆周速度 $v>5$ m/s,建议采用斜齿轮。但直齿轮构造简单,适用于低速($v<2\sim3$ m/s)的场合。在圆周速度相同的条件下,斜齿轮可选用较低的制造精度,使制造成本降低。

(4)直齿锥齿轮仅用于 $v<5$ m/s 的场合,高速时可采用曲齿锥齿轮。

(5)由工作条件确定选用开式传动或闭式传动。

(6)蜗杆减速器主要有蜗杆在上方(上置式)和蜗杆在下方(下置式)两种形式。当蜗杆的圆周速度 $v<4$ m/s 时,最好采用下置式蜗杆传动;$v>4$ m/s 时,最好采用上置式蜗杆传动。

(7)联合使用齿轮、蜗杆传动时,有齿轮传动在高速级和蜗杆传动在高速级两种布置形式。前者结构紧凑,后者传动效率较高。

任务落实

1. 通过对蜗杆传动相关知识点的叙述,掌握蜗杆传动的失效形式和计算准则。

2. 了解蜗杆传动的设计方法,会选择蜗杆传动的材料,并能进行蜗杆传动的强度、效率及热平衡计算。

3. 设计一用于带式输送机的普通圆柱蜗杆传动。已知传递功率 $P_1=5.0$ kW,$n_1=960$ r/min,传动比 $i=23$,电动机驱动,载荷平稳,蜗杆材料为 20Cr,渗碳淬火,硬度≥58HRC,蜗轮材料为 ZCuSn10P1,金属模铸造,蜗杆减速机每日工作 8 h,要求工作寿命为 7 年(每年按 300 工作日计)。

任务 3　轮系传动比的计算

用一对齿轮可以传递运动和动力,并达到减速、增速或改变从动轴转动方向等目的。但是在实际机械中,为了满足变速、换向、分路传动等各种不同的需要,常常采用一系列相互啮合的齿轮，将主动轴和从动轴连接起来，这种由一系列相啮合齿轮组成的传动系统称为齿轮系或轮系。

根据轮系运转时各齿轮几何轴线在空间的相对位置是否固定，可将轮系分为定轴轮系和周转轮系两种基本类型。传动时所有齿轮的几何轴线相对于机架位置都是固定不变的轮系，称为定轴轮系，如图4-60所示。传动时至少有一个齿轮的几何轴线绕位置固定的另一齿轮的几何轴线转动的轮系，称为周转轮系，如图4-61所示。若轮系中同时含有定轴轮系和周转轮系或多个周转轮系，则称为混合轮系。

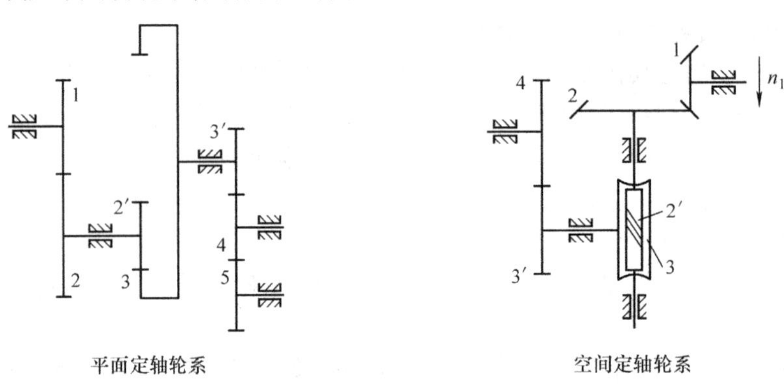

图4-60　定轴轮系

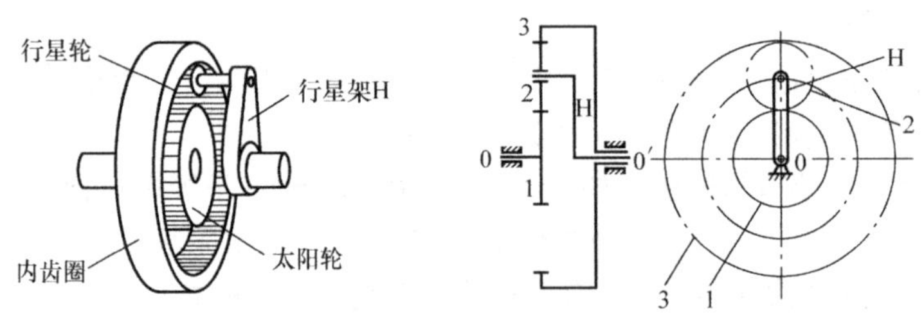

图4-61　周转轮系

子任务1　定轴轮系传动比的计算

任务引入

如图4-62所示为一电动提升机的传动系统，它是由三对相互啮合的齿轮组成的一个定轴轮系。如果已知各齿轮的齿数、蜗杆旋向及主动轴的转速，该如何求解重物 G 的运动速度和运动方向呢？

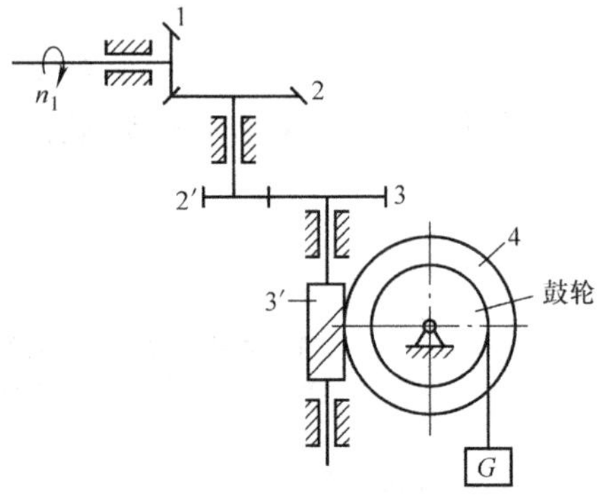

图4-62　电动提升机的传动系统

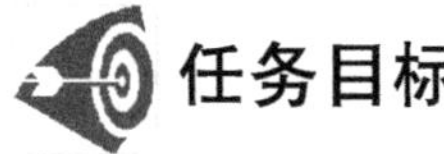

任务目标

1. 巩固定轴轮系的概念，会分析其结构

组成。

2. 掌握定轴轮系传动比大小的计算方法和从动轮与主动轮之间转向关系的判断方法。

知识链接

3.1.1 轮系的传动比

在轮系中,输入轴和输出轴的转速(或角速度)之比称为轮系的传动比,常用字母 i 表示。有

$$i_{AB}=\frac{n_A}{n_B}$$

式中:n_A 为主动轮 A 的转速,单位为 r/min;n_B 为从动轮 B 的转速,单位为 r/min。

确定轮系的传动比包括计算传动比的大小和确定输出轴(轮)的转动方向。

3.1.2 定轴轮系传动比的计算

3.1.2.1 单级齿轮传动时传动比的计算

设主动轮 1 的转速和齿数分别为 n_1 和 z_1,从动轮 2 的转速和齿数分别为 n_2 和 z_2,其传动比

$$i_{12}=\frac{n_1}{n_2}=\frac{z_2}{z_1}$$

如图 4-63 所示,对于两轴线平行的单级圆柱齿轮传动,两齿轮的转向关系可以用传动比的正负表示。规定"+"用于内啮合,表示 2 轮的转向与 1 轮相同;"-"用于外啮合,表示 2 轮的转向与 1 轮相反。故传动比

$$i_{12}=\frac{n_1}{n_2}=\pm\frac{z_2}{z_1}$$

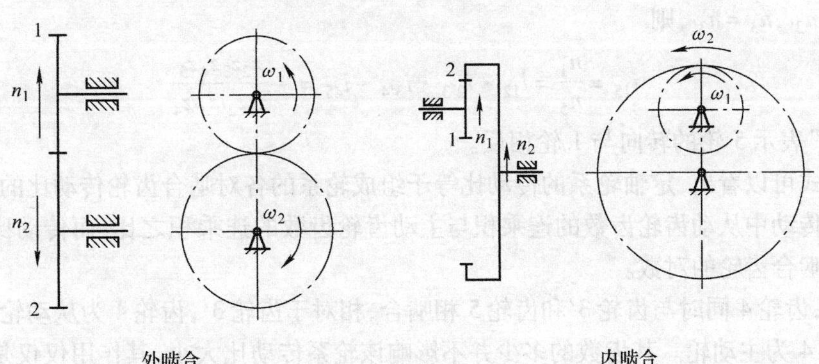

图 4-63 平面齿轮传动

上述两齿轮的转向关系亦可以在图上用箭头表示,如图 4-63 所示。

对于两轴线相交的圆锥齿轮传动,其转向关系不能用传动比的正负表示,只能在图上用箭头表示。两轮的转向箭头必须同时指向节点或同时背离节点,如图 4-64(a)所示。

对于两轴线交错的蜗杆蜗轮传动,其转向关系亦不能用传动比的正负表示,只能在图上

用箭头表示,如图 4 -64(b)所示。

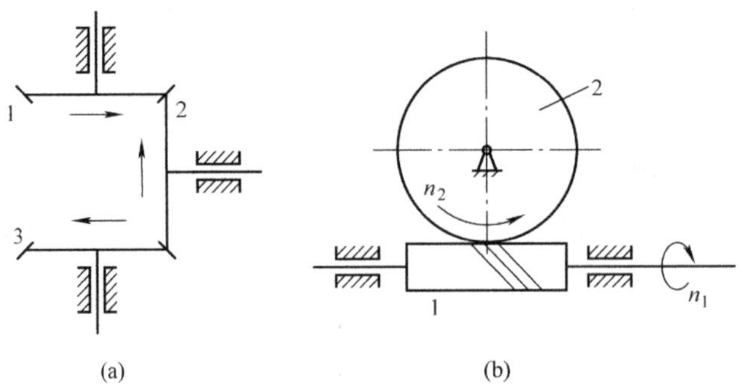

图 4 -64 空间齿轮传动

3.1.2.2 平面定轴轮系传动比的计算

以图 4 -60 所示平面定轴轮系为例,推导其计算公式。

由多对齿轮组成的平面定轴轮系中,设齿轮 1 为首轮,齿轮 5 为末轮,其传动比 $i_{15} = n_1/n_5$。

设各齿轮齿数分别为 z_1、z_2、$z_{2'}$、z_3、$z_{3'}$、z_4、z_5,各对齿轮传动的传动比

$$i_{12} = \frac{n_1}{n_2} = -\frac{z_2}{z_1};\ i_{2'3} = \frac{n_{2'}}{n_3} = \frac{z_3}{z_{2'}};$$

$$i_{3'4} = \frac{n_{3'}}{n_4} = -\frac{z_4}{z_{3'}};\ i_{45} = \frac{n_4}{n_5} = -\frac{z_5}{z_4}$$

将以上各式连乘可得

$$i_{12} \cdot i_{2'3} \cdot i_{3'4} \cdot i_{45} = \frac{n_1}{n_2} \cdot \frac{n_{2'}}{n_3} \cdot \frac{n_{3'}}{n_4} \cdot \frac{n_4}{n_5} = (-1)^3 \frac{z_2}{z_1} \cdot \frac{z_3}{z_{2'}} \cdot \frac{z_4}{z_{3'}} \cdot \frac{z_5}{z_4}$$

其中 $n_2 = n_{2'}$,$n_3 = n_{3'}$,则

$$i_{15} = \frac{n_1}{n_5} = i_{12} \cdot i_{2'3} \cdot i_{3'4} \cdot i_{45} = -\frac{z_2 z_3 z_4 z_5}{z_1 z_{2'} z_{3'} z_4}$$

其中,“ - ”表示 5 轮的转向与 1 轮相反。

由上式可以看出,定轴轮系的传动比等于组成轮系的各对啮合齿轮传动比的连乘积,也等于各级传动中从动齿轮齿数的连乘积与主动齿轮齿数的连乘积之比;而传动比的正负则取决于外啮合齿轮的对数。

图中,齿轮 4 同时与齿轮 3′和齿轮 5 相啮合,相对于齿轮 3′,齿轮 4 为从动轮;相对于齿轮 5,齿轮 4 为主动轮。其齿数的多少并不影响该轮系传动比大小,其作用仅仅是改变齿轮 5 的转向,轮系中的这种齿轮称为惰轮。

将上述结论进行推广,设 j 为首轮,k 为末轮,q 为外啮合齿轮对数,则平面定轴轮系传动比的计算公式为

$$i_{jk} = \frac{n_j}{n_k} = (-1)^q \frac{\text{从} j \text{至} k \text{各从动齿轮齿数的连乘积}}{\text{从} j \text{至} k \text{各主动齿轮齿数的连乘积}} \tag{4-72}$$

计算结果中,“ + ”表示 k 轮的转向与 j 轮相同,“ - ”表示 k 轮的转向与 j 轮相反。

3.1.2.3　空间定轴轮系传动比的计算

轮系中包含有非平行轴线齿轮传动的定轴轮系，称为空间定轴轮系，如图 4－60 所示。空间定轴轮系传动比的大小也可用式（4－72）来计算，但由于各齿轮的几何轴线不全部平行，所以不能用$(-1)^q$来确定末轮的转向，而要采用画箭头的方法来确定。

案例 4　如图 4－65 所示，一空间定轴轮系中，各齿轮的齿数 $z_1=20$，$z_2=40$，$z_{2'}=15$，$z_3=60$，$z_{3'}=18$，$z_4=18$，$z_7=20$，齿轮 7 的模数 $m=3$ mm，蜗杆头数为 1，蜗轮齿数 $z_6=40$，齿轮 1 为主动轮，转向如图所示，转速 $n_1=100$ r/min，试求齿条 8 的速度和移动方向。

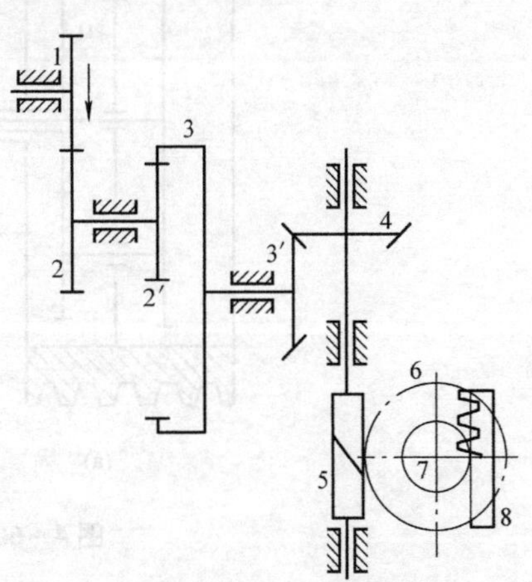

图 4－65　空间定轴轮系

解　空间定轴轮系的传动比

$$i_{16}=\frac{n_1}{n_6}=\frac{z_2z_3z_4z_6}{z_1z_{2'}z_{3'}z_5}=320$$

蜗轮 6 的转速

$$n_6=\frac{n_1}{i_{16}}=\frac{100}{320}=0.312\ 5\ \text{r/min}$$

齿轮 7 与蜗轮 6 转速相同，即

$$n_7=n_6=0.312\ 5\ \text{r/min}$$

齿条 8 的线速度与齿轮 7 的线速度相等，故

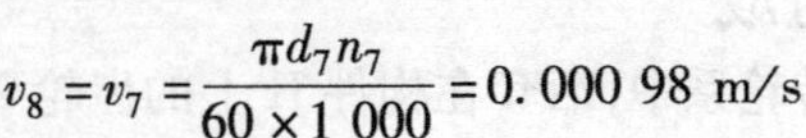

$$v_8=v_7=\frac{\pi d_7n_7}{60\times 1\ 000}=0.000\ 98\ \text{m/s}$$

用画箭头的方法确定齿条 8 的移动方向

任务落实

1. 定轴轮系中首末两轮的转向关系如何判断？
2. 什么是惰轮？惰轮的作用是什么？
3. 如图 4－62 所示电动提升机传动系统，已知 $z_1=18$，$z_2=39$，$z_{2'}=20$，$z_3=41$，$z_{3'}=2$（右旋），$z_4=50$，$n_1=1\ 460$ r/min，鼓轮直径 $D=200$ mm，鼓轮与蜗轮同轴。试求：(1) 蜗轮的转速；(2) 重物 G 的运动速度；(3) 当 n_1 转向如图所示时，重物 G 运动的方向。

子任务 2　周转轮系传动比的计算

任务引入

如图 4－66（a）所示为某机床上带轮处的周转轮系传动机构，齿轮 1 轴接机床主轴，其运动简图如图 4－66（b）所示。如果给出各个齿轮的齿数，该如何求解该轮系的传动比 i_{H1} 呢？

任务目标

1. 巩固周转轮系的概念，能分析周转轮系的结构组成。

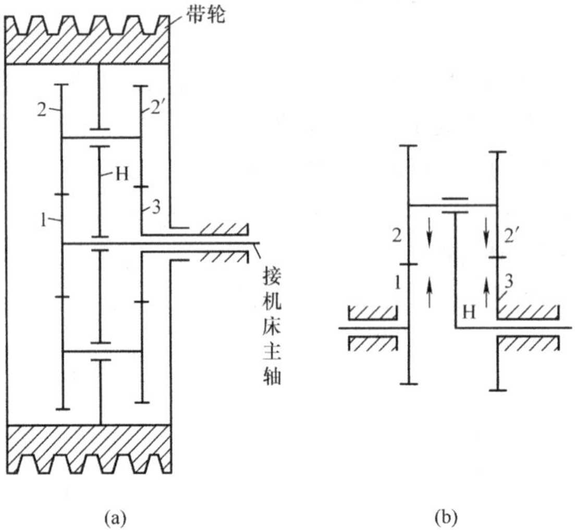

(a) (b)

图 4－66 机床中的周转轮系传动

2. 掌握周转轮系传动比大小的计算方法和从动轮与主动轮之间的转向关系判定方法。

知识链接

3.2.1 周转轮系的组成

如图 4－61 所示，在周转轮系中，活套在构件 H 上的齿轮 2，称为行星齿轮。支承行星齿轮作公转的构件，称为行星架或系杆（用 H 表示）。与行星齿轮相啮合且轴线固定的齿轮 1 和 3，称为中心轮（用 K 表示）。传动时，中心轮和行星架绕机架上的固定轴线转动，行星轮一方面受行星架的牵连，围绕机架上的固定轴线作公转，同时又绕其自身的轴线作自转。

3.2.2 周转轮系的分类

1. 根据周转轮系自由度的不同分类

自由度为 1 的周转轮系称为行星轮系，如图 4－67（a）和（b）所示。在此类周转轮系中有固定的中心轮。

自由度为 2 的周转轮系称为差动轮系，其中心轮均不固定，如图 4－67（c）所示。

2. 根据周转轮系的基本构件组成分类

周转轮系按中心轮个数的不同可分为 2K－H 型周转轮系（图 4－67（a）（b）（c））、K－H－V 型周转轮系（V 为输出机构，图 4－67（d））和 3K 型周转轮系（图 4－67（e））。

3.2.3 周转轮系传动比计算方法

周转轮系和定轴轮系之间的根本区别就在于周转轮系中有着转动的行星架，使得行星轮既有自转又有公转，因此周转轮系的传动比就不能直接利用定轴轮系的方法进行计算了。但是根据相对运动原理，假如给整个周转轮系加上一个与行星架 H 的转速大小相等、方向相反的附加转速“$-n_H$”，此时各齿轮之间及齿轮与其他各构件间（行星架、机架）的相对运动关系是不变的，这样原来的周转轮系就转化为一个假想的“定轴轮系”。这种经过一定条件转化得到的假想定轴轮系，称为原周转轮系的转化机构或转化轮系。利用这种方法求解

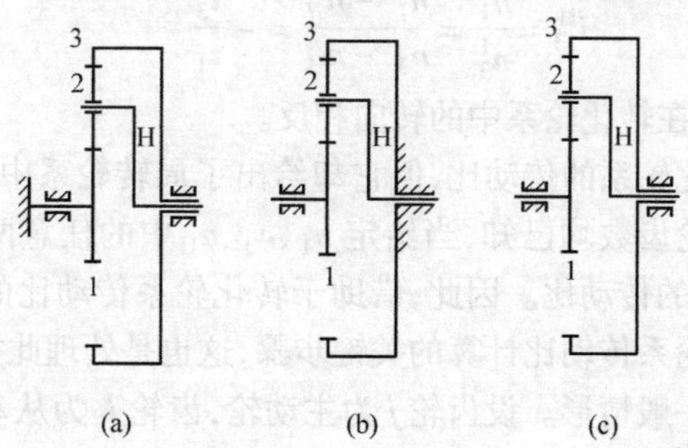

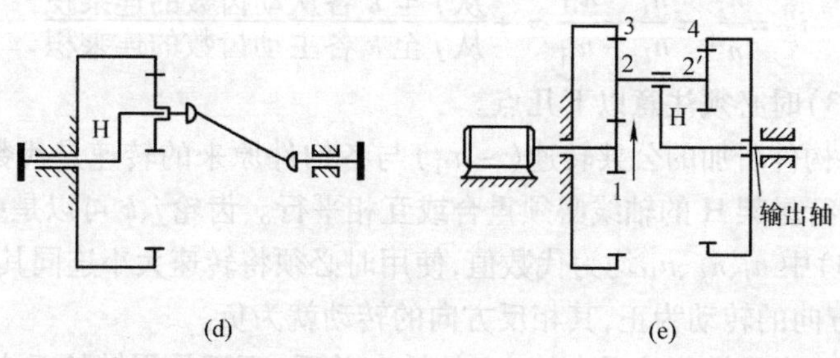

图 4－67　周转轮系的分类

轮系的方法称为转化机构法。

如图 4－68 所示周转轮系中各构件转速见表 4－28。

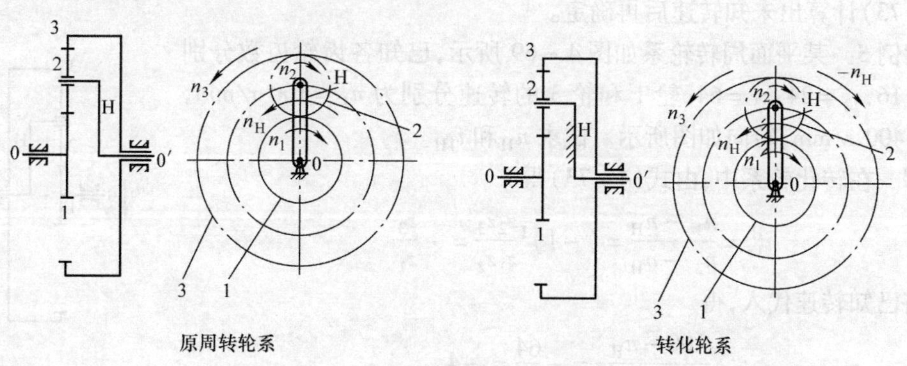

图 4－68　周转轮系传动比计算

表 4－28　原周转轮系与转化轮系的转速关系

构件	原轮系中转速	转化轮系中转速
1	n_1	$n_1^H = n_1 - n_H$
2	n_2	$n_2^H = n_2 - n_H$
3	n_3	$n_3^H = n_3 - n_H$
H	n_H	$n_H^H = n_H - n_H = 0$

在转化轮系中，各构件的转速右上角都带有上角标 H，表示这些转速是各构件相对于行星架 H 的相对转速（此时的行星架 H 已不动）。应用定轴轮系的传动比计算方法可得

$$i_{13}^{H}=\frac{n_1^H}{n_3^H}=\frac{n_1-n_H}{n_3-n_H}=-\frac{z_3}{z_1}$$

式中:负号表示齿轮 3 和 1 在转化轮系中的转向相反。

上式虽然求出的是转化轮系的传动比,但它却给出了周转轮系中构件的绝对转速与齿轮齿数的关系。由于各齿轮齿数均已知,当给定 n_1、n_3、n_H 中的任意两个,便可求出第三个转速,从而计算出周转轮系的传动比。因此,借助于转化轮系传动比的计算,求出各构件绝对转速之间的关系是周转轮系传动比计算的关键步骤,这也是处理此类问题的基本方法。

可将上述分析推广到一般情形。设齿轮 j 为主动轮,齿轮 k 为从动轮,则周转轮系的转化轮系传动比的一般计算式为

$$i_{jk}^{H}=\frac{n_j^H}{n_k^H}=\frac{n_j-n_H}{n_k-n_H}=\pm\frac{\text{从}j\text{至}k\text{各从动齿数的连乘积}}{\text{从}j\text{至}k\text{各主动齿数的连乘积}} \quad (4-73)$$

应用式(4-73)时必须注意以下几点。

(1)由于对各构件所加的公共转速($-n_H$)与各构件原来的转速是代数相加的,所以齿轮 j 和 k 的轴线与行星架 H 的轴线必须重合或互相平行。齿轮 j、k 可以是中心轮或行星轮。

(2)式(4-73)中 n_j、n_k、n_H 均为代数值,使用时必须将转速大小连同其符号一同代入公式。若假定某一方向的转动为正,其相反方向的转动就为负。

(3)i_{jk}^{H} 的正负只表示转化轮系中轮 j、k 的转向关系,而不是周转轮系中轮 j、k 的转向关系。漏判和错判将影响 n_j、n_k、n_H 之间的转速关系。

(4)$i_{jk}^{H}\neq i_{jk}$。i_{jk}^{H} 为转化轮系中轮 j、k 的传动比,其大小及正负号应在转化轮系中按定轴轮系传动比的计算方法确定。而 i_{jk} 是周转轮系中轮 j、k 的传动比,其大小及正负号只能由式(4-73)计算出未知转速后再确定。

案例 5 某平面周转轮系如图 4-69 所示,已知各齿轮齿数分别为 $z_1=16$,$z_2=24$,$z_3=64$,轮 1 和轮 3 的转速分别为 $n_1=100$ r/min,$n_3=-400$ r/min,转向如图所示。试求 n_H 和 i_{1H}。

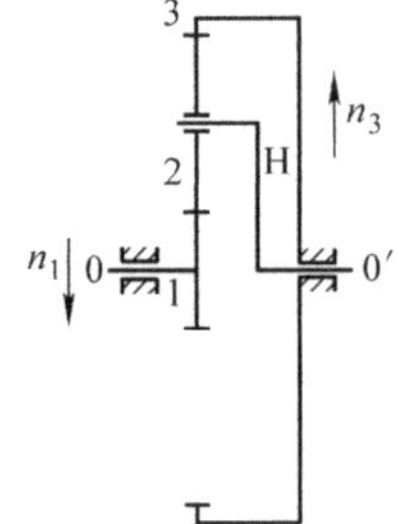

图 4-69 平面周转轮系传动比计算

解 在转化轮系中,由式(4-73)得

$$i_{13}^{H}=\frac{n_1-n_H}{n_3-n_H}=(-1)^1\frac{z_2z_3}{z_1z_2}=-\frac{z_3}{z_1}$$

将已知转速代入,得

$$\frac{100-n_H}{-400-n_H}=-\frac{64}{16}=-4$$

解得

$$n_H=-300\ \text{r/min}$$

其中,负号表示 n_H 转向与 n_1 相反,与 n_3 相同。

$$i_{1H}=\frac{n_1}{n_H}=\frac{100}{-300}=-\frac{1}{3}$$

案例 6 在图 4-70(a)所示的空间周转轮系中,已知 $z_1=48$,$z_2=42$,$z_{2'}=18$,$z_3=21$,$n_1=80$ r/min,$n_3=100$ r/min,转向如图所示。试求行星架 H 的转速 n_H。

解 在空间周转轮系中,因中心轮与行星架的轴线平行,故其转速可由式(4-73)求得(n_2 不能用本式求出)。正负号在转化轮系中由画箭头法来确定,如图 4-70(b)中虚线箭头所示。

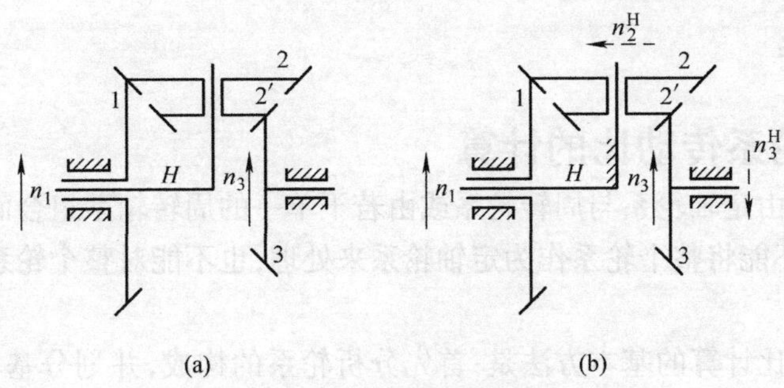

图 4-70 空间周转轮系传动比计算

$$i_{13}^{H}=\frac{n_1-n_H}{n_3-n_H}=-\frac{z_2z_3}{z_1z_2}$$

代入已知数据，得

$$\frac{80-n_H}{100-n_H}=-\frac{42\times21}{78\times18}$$

解得

$$n_H=90.10\ \ \mathrm{r/min}$$

其中，正号表示 n_H 转向与 n_1 相同。

任务落实

1. 什么是周转轮系？怎样找出周转轮系中的行星轮、中心轮和行星架？
2. 周转轮系是如何分类的？
3. 如图 4-66(a)所示为某机床上带轮处的行星传动机构，齿轮 1 轴接机床主轴，其运动简图如图 4-66(b)所示。已知各轮齿数为 $z_1=39, z_2=38, z_{2'}=39, z_3=38$。试计算该轮系的传动比 i_{H1}，并判断齿轮 1 的转向与带轮 H 的转向关系。对于图 4-66(b)，若另取齿数 $z_1=100, z_2=100, z_{2'}=100, z_3=101$，试计算该轮系的传动比 i_{H1}。若再改变齿轮 2 的齿数，使 $z_2=99$，再计算该轮系的传动比 i_{H1}，并分析其传动比 i_{H1} 与齿轮齿数的关系。

子任务 3 混合轮系传动比的计算

任务引入

如图 4-71 所示为某机床变速传动装置简图，该轮系的结构组成如何？若已知各轮齿数，A 为快速进给电动机，B 为工作进给电动机，齿轮 4 与输出轴相连。该如何求解工作进给传动比 i_{64} 和快速进给传动比 i_{14} 呢？

任务目标

1. 能识别混合轮系并能分析其结构组成。
2. 掌握混合轮系传动比大小的计算方法和从动轮转速与主动轮转速之间的转向关系判定方法。
3. 熟悉轮系在工程机械中的功用。

知识链接

3.3.1 混合轮系传动比的计算

混合轮系一般由定轴轮系与周转轮系或由若干单一的周转轮系组合而成。在计算混合轮系传动比时，既不能将整个轮系作为定轴轮系来处理，也不能对整个轮系作为周转轮系的转化轮系来求解。

混合轮系传动比计算的基本方法是：首先分析轮系的构成，并划分基本轮系，然后分别列出这些基本轮系传动比的方程，最后联立求解所需传动比。

案例 7 如图 4－72 所示为电动卷扬机的减速器。已知各齿轮齿数为 $z_1=24$，$z_2=48$，$z_{2'}=30$，$z_3=90$，$z_{3'}=20$，$z_4=30$，$z_5=80$，试求传动比 i_{1H}。

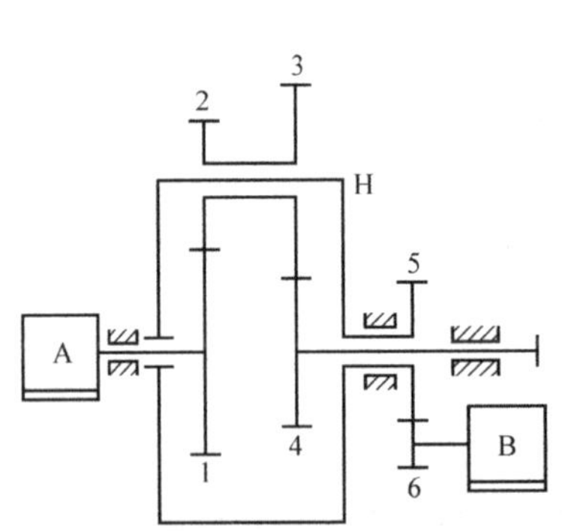

图 4－71 机床变速传动装置

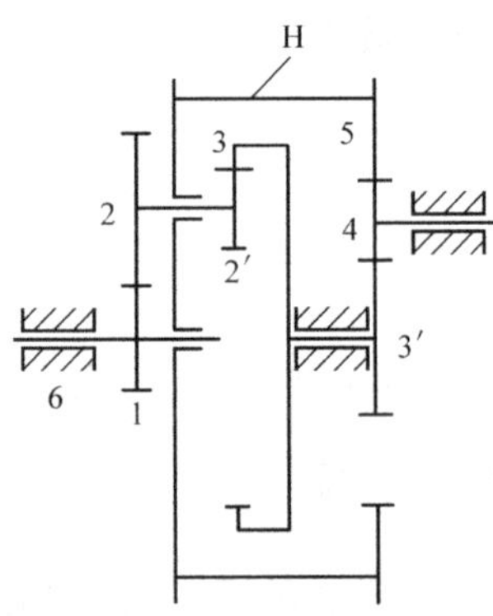

图 4－72 电动卷扬机减速器

解 该混合轮系由两个基本齿轮系组成，即齿轮 1、2、2′、3、系杆 H（即卷筒）组成周转轮系，齿轮 3′、4、5 组成定轴轮系，其中 $n_H=n_5$，$n_3=n_{3'}$。

对于周转轮系，有

$$i_{13}^{H}=\frac{n_1-n_H}{n_3-n_H}=-\frac{z_2z_3}{z_1z_{2'}}=-\frac{48\times90}{24\times30}=-6$$

对于定轴轮系，有

$$i_{3'5}=\frac{n_{3'}}{n_5}=-\frac{z_5}{z_{3'}}=-\frac{80}{20}=-4$$

联立以上两式解方程组得

$$i_{1H}=\frac{n_1}{n_H}=31$$

3.3.2 轮系的功用

随着机械制造业的发展和齿轮加工工艺及测量技术的不断改进及完善，轮系在工程中的应用十分广泛。其功用可大致概括为以下几个方面。

1. 传递相距较远的两轴之间的运动和动力

当主动轴与从动轴之间的距离较远时，若仅用一对齿轮传动，会使齿轮的外廓尺寸庞大，如图 4－73 中的虚线所示。这样，既浪费材料，又给制造和安装等带来不便。如采用轮系传动，便能避免上述缺点，如图 4－73 中的点画线所示。

2. 获得较大的传动比

采用定轴轮系或周转轮系均可获得较大的传动比。

若用定轴轮系来获得大的传动比，需要多级齿轮传动，这样会使传动装置的结构复杂和庞大。而采用周转轮系，用较少的齿轮即可获得很大的传动比。图4-74所示的轮系，如取$z_1=100$，$z_2=99$，$z_{2'}=100$，$z_3=101$时，其传动比i_{H1}可达10 000。

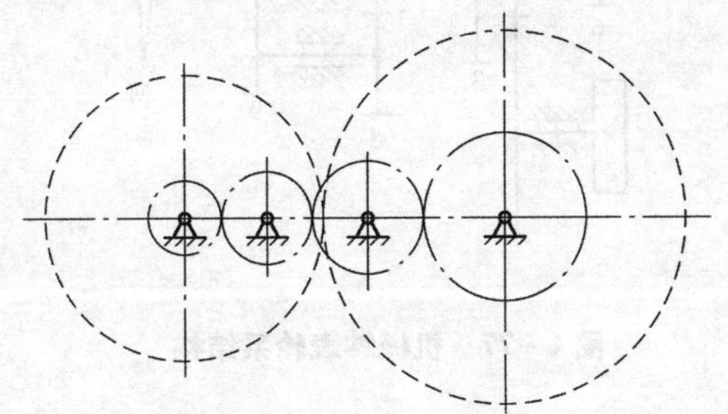

图4-73　相距较远的两轴间传动

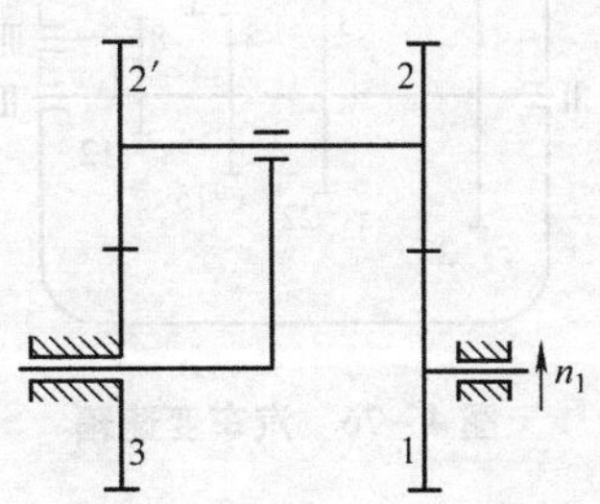

图4-74　少齿差周转轮系

3. 实现变速、换向传动

如图4-75所示为三星轮换向机构，扳动手柄可实现两种传动方案。由于两方案仅相差一次外啮合，故从动轮4相对于主动轮1有两种输出转向。

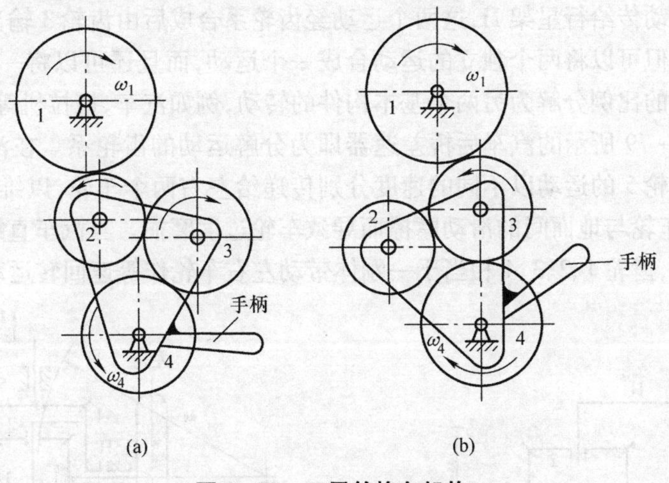

图4-75　三星轮换向机构

在输入轴转速不变的情况下，利用齿轮系可使输出轴获得多种工作转速(即变速传动)。如图4-76所示的汽车变速箱，操纵滑移齿轮4、6，可使输出轴得到三个前进挡和一个倒挡。一般机床、起重机等设备上也都需要这种变速传动。

4. 实现分路传动

利用轮系可以使一根主动轴带动若干根从动轴同时旋转，获得所需的各种转速。如图4-77所示的机械钟表轮系结构中，由发条盘驱动齿轮1转动时，通过轮系可以实现H、M、S三个从动轴的分路输出运动。如适当选择各齿轮的齿数，便可得到时针、分针、秒针之间所需的走时关系。

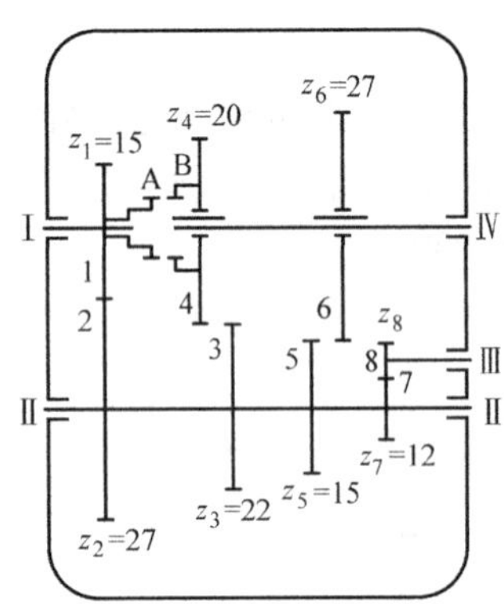

图 4-76　汽车变速箱

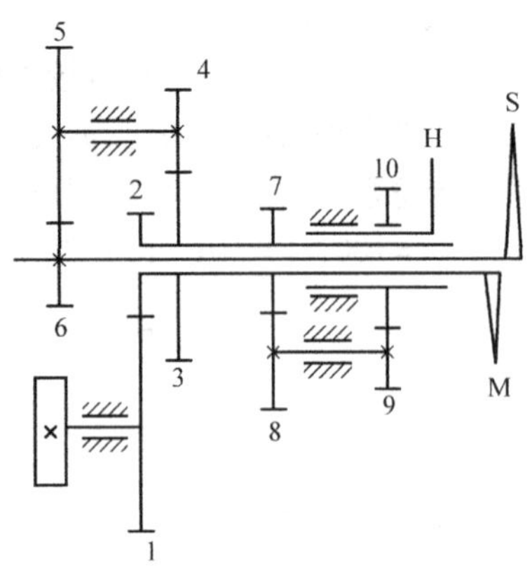

图 4-77　机械钟表轮系结构

5. 实现运动的合成与分解

运动的合成是将两个输入运动合成为一个输出运动。对于差动轮系来说，它的 3 个基本构件都是运动的，必须给定其中任意两个基本构件的运动，第 3 个构件才有确定的运动。这就是说，第 3 个构件的运动是另外两个构件运动合成的。如图 4-78 所示为滚齿机中的合成机构（差动轮系）。滚切斜齿轮时，由齿轮 4 传递来的展成运动传给中心轮 1，由蜗轮 5 传递来的附加运动传给行星架 H，这两个运动经齿轮系合成后由齿轮 3 输出至工作台。

差动轮系不但可以将两个独立的运动合成一个运动，而且还可以将一个主动的基本构件的转动按所需的比例分解为另两个基本构件的转动，例如汽车、拖拉机等车辆中常用的差速装置。如图 4-79 所示的汽车后桥差速器即为分解运动的齿轮系。在汽车转弯时，它可将发动机传到齿轮 5 的运动以不同的速度分别传递给左右两个车轮，以维持车轮与地面间的纯滚动，避免车轮与地面间的滑动摩擦而导致车轮过度磨损。当汽车直线行驶时，行星齿轮没有自转运动，齿轮 1、2、3、4 相当于一刚体带动左右车轮作等速回转运动。

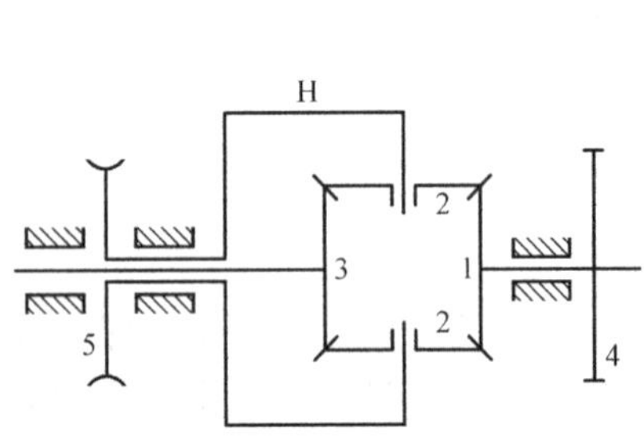

图 4-78　滚齿机中的差动轮系

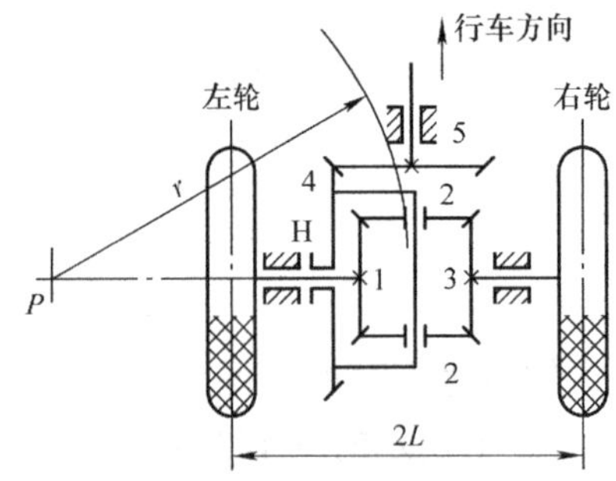

图 4-79　汽车后桥差速器

任务落实

1. 分析如图 4-71 所示机床变速传动装置的组成，求当 A 不动时工作进给传动比 i_{64}，当 B 不动时快速进给传动比 i_{14}。

2. 联系实际，说明轮系的功用。

思考与练习

1. 思考题

1.1　齿轮传动有哪些优缺点？对齿轮传动的基本要求是什么？

1.2　渐开线直齿圆柱齿轮的正确啮合条件是什么？何谓标准齿轮？

1.3　轮齿有哪几种失效形式？齿轮的常用材料有哪些？

1.4　解释下列名词：分度圆、节圆、基圆、压力角、啮合角、啮合线、重合度。

1.5　渐开线标准直齿圆柱齿轮正确啮合与连续传动的条件是什么？

1.6　蜗杆传动有哪些类型和特点？什么情况下宜采用蜗杆传动？

1.7　普通圆柱蜗杆传动的正确啮合条件是什么？

1.8　为什么蜗杆传动中对每一个模数 m 规定了一定数量的标准的蜗杆分度圆直径 d_1？d_1 的大小对蜗杆传动的刚度、效率和尺寸有何影响？

1.9　蜗杆传动的热平衡如何计算？可采取哪些措施来改善散热条件？

1.10　蜗杆传动的主要失效形式有哪些？蜗杆传动的设计准则是什么？

1.11　常用的蜗轮、蜗杆的材料组合有哪些？设计时如何选择材料？

1.12　什么叫定轴轮系？什么叫周转轮系？二者的根本区别在哪里？

1.13　计算周转轮系的传动比时，为什么要引入转化机构？应用转化机构法的条件是什么？怎样确定转化机构传动比的正负号？

1.14　计算混合轮系传动比的步骤有哪些？计算的关键步骤是什么？如何进行？

1.15　如何划分一个混合轮系的定轴轮系部分和各基本周转轮系部分？

1.16　轮系的功用有哪些？

2. 练习题

2.1　一渐开线齿轮的基圆半径 $r_b = 60$ mm。试求：(1) $r_K = 70$ mm 时渐开线的展角 θ_K、压力角 α_K 以及曲率半径 ρ_K；(2) 压力角 $\alpha = 20°$ 时的向径 r、展角 θ 及曲率半径 ρ。

2.2　为修配两个损坏的标准直齿圆柱齿轮，现测得齿轮 1 的参数为 $h = 4.5$ mm，$d_a = 44$ mm；齿轮 2 的参数为 $P = 6.28$ mm，$d_a = 162$ mm。试计算两齿轮的模数 m 和齿数 z。

2.3　若已知一对标准安装的直齿圆柱齿轮中心距 $a = 188$ mm，传动比 $i = 3.5$，小齿轮齿数 $z_1 = 21$。试求这对齿轮的 m、d_1、d_2、d_{a1}、d_{a2}、d_{f1}、d_{f2}、P。

2.4　已知一对斜齿圆柱齿轮传动的参数 $z_1 = 25$，$z_2 = 100$，$m_n = 4$ mm，$\beta = 15°$，$\alpha = 20°$。试计算这对齿轮的主要几何尺寸。

2.5　图示两级斜齿轮传动，已知第一对齿轮 $z_1 = 20$，$z_2 = 40$，$m_{n1} = 5$ mm；第二对齿轮 $z_3 = 17$，$z_4 = 52$，$m_{n2} = 7$ mm。今使轴Ⅱ上传动件的轴向力相互抵消，试确定：(1) 斜齿轮 3、4 的螺旋角 β_2 的大小及轮齿的旋向；(2) 用图表示轴Ⅱ上传动件的受力情况（用各分力表示）。

2.6　设计一单级直齿圆柱齿轮传动。已知齿轮传递功率 $P = 4$ kW，小齿轮转速 $n_1 = 1\,450$ r/min，$i = 3.5$，电动机驱动，单向运转，有轻微冲击，使用寿命 5 年，两班制工作。

2.7　试分析如图所示蜗杆传动中各轴的回转方向，蜗杆轮齿的螺旋方向及蜗杆、蜗轮所受各力的作用位置及方向。

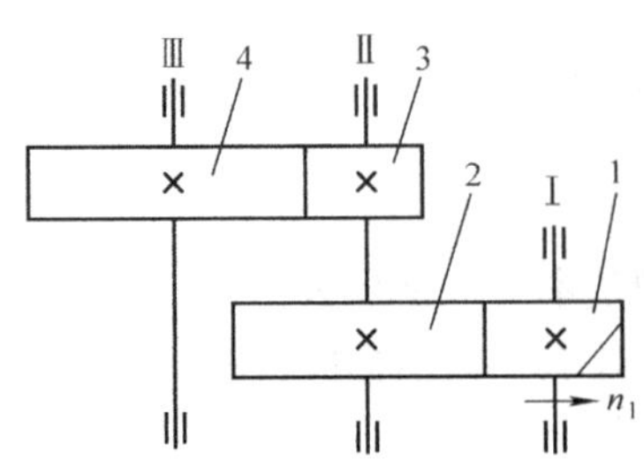

题 2.5 图

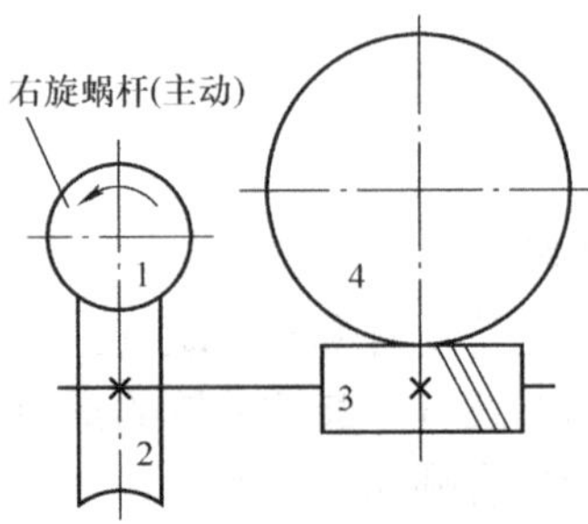

题 2.7 图

2.8　图示为蜗杆、齿轮传动装置,右旋蜗杆Ⅰ为主动件,为使轴Ⅱ、Ⅲ上传动件的轴向力能相互抵消,试确定:(1)蜗杆1的转向;(2)一对斜齿轮3、4轮齿的旋向;(3)用图表示轴Ⅱ上传动件的受力(用各分力表示)情况。

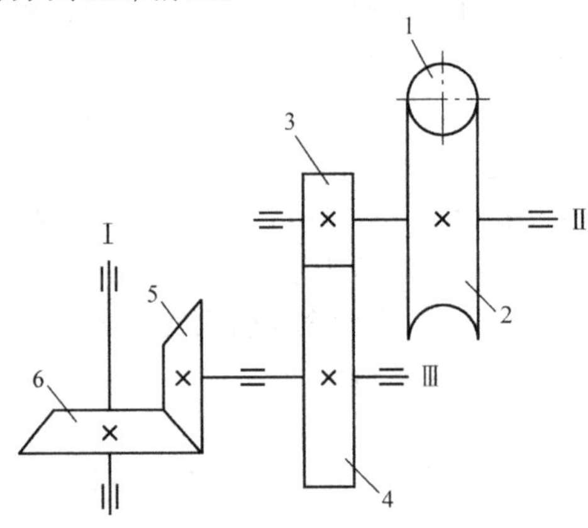

题 2.8 图

2.9　图示轮系中,已知各标准齿轮的齿数为 $z_1=18$, $z_2=20$, $z_3=55$, $z_{3'}=23$, $z_4=30$, $z_{4'}=22$, $z_5=34$。试计算传动比 i_{15}。

2.10　图示为一滚齿机工作台的传动系统,各轮齿数为 $z_1=15$, $z_2=28$, $z_3=15$, $z_4=35$, $z_8=1$(右旋), $z_9=40$, B为被切齿轮轮坯,现欲加工64个齿的齿轮($z_B=64$),求传动比 i_{75}。

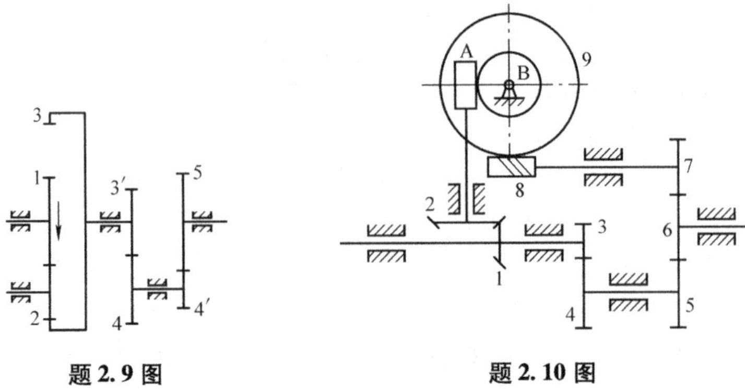

题 2.9 图　　题 2.10 图

2.11　图示为机床主轴变速箱传动简图。已知电动机转速 $n_1=1\ 440$ r/min,带轮直径 $D_1=125$ mm, $D_2=250$ mm,各齿轮齿数如图所示。求:(1)机床主轴可获得多少种转速;(2)机床主轴的最低及最高输出转速各是多少。

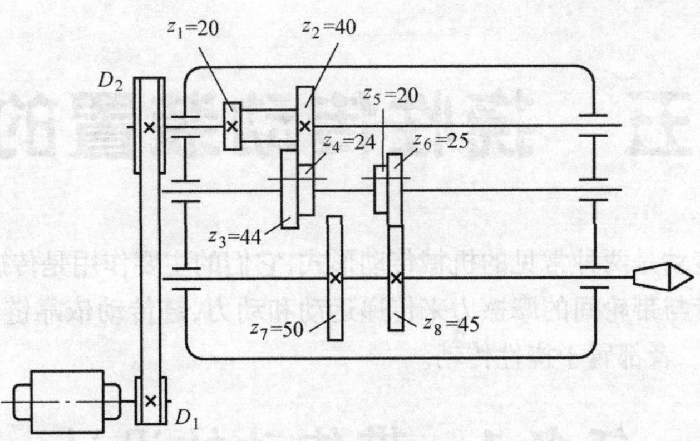

题 2.11 图

2.12　图示为一电动提升装置,其中各轮齿数均为已知,试求传动比 i_{15},并画出当提升重物时电机的转向。

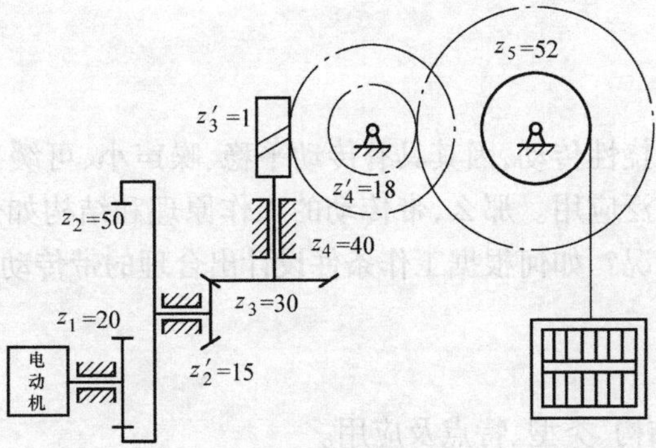

题 2.12 图

2.13　在图示钟表传动示意图中,E 为擒纵轮,N 为发条盘,S、M 及 H 分别为秒针。分针和时针,设 $z_1=72$,$z_2=12$,$z_3=64$,$z_4=z_6=z_9=8$,$z_7=60$,$z_8=z_{11}=6$,$z_{12}=24$。求 z_5 和 z_{10} 的齿数。

2.14　图示为驱动输送带的行星减速器,动力由电动机输给齿轮 1,由齿轮 4 输出。已知 $z_1=18$,$z_2=36$,$z_{2'}=33$,$z_3=90$,$z_4=87$,求传动比 i_{14}。

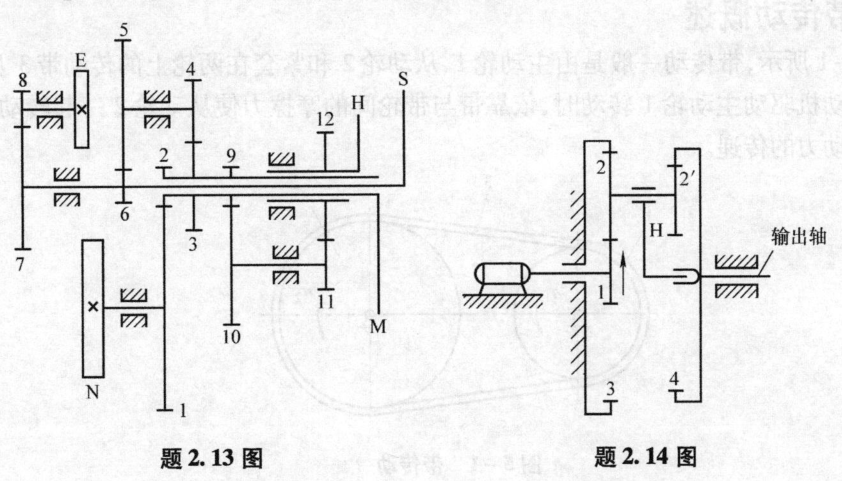

题 2.13 图　　**题 2.14 图**

项目五　挠性传动装置的设计

带传动和链传动是两种常见的机械传动形式，它们的主要作用是传递动力和改变转速。带传动依靠传动带与带轮间的摩擦力来传递运动和动力，链传动依靠链条与链轮的啮合来传递运动和动力，二者都属于挠性传动。

任务1　带传动的设计

子任务1　认知带传动

任务引入

大部分带传动属于挠性传动，因其具有传动平稳、噪声小、可缓冲、吸振等优点，因此在机械传动装置中得到广泛应用。那么，带传动的工作原理和结构如何？有哪几种类型？如何分析带传动的工作状况？如何根据工作条件设计出合理的带传动呢？

任务目标

1. 了解带传动的结构、类型、特点及应用。
2. 熟悉普通V带的结构及标准。
3. 掌握带传动的受力分析和应力分析。
4. 掌握弹性滑动与打滑的区别。

知识链接

1.1.1　带传动概述

如图5－1所示，带传动一般是由主动轮1、从动轮2和紧套在两轮上的传动带3及机架组成。当原动机驱动主动轮1转动时，依靠带与带轮间的摩擦力使从动轮2一起转动，从而实现运动和动力的传递。

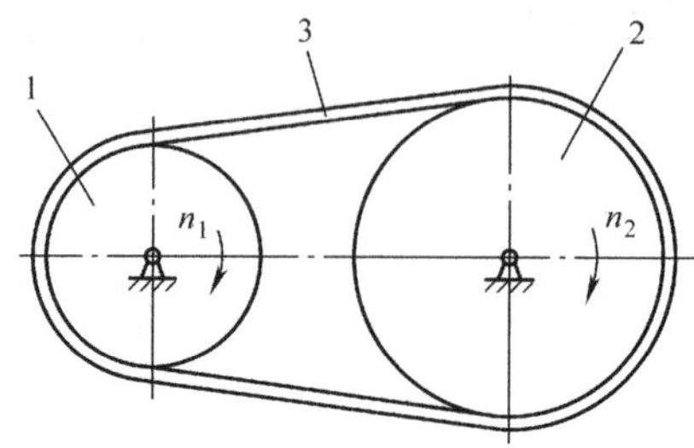

图5－1　带传动

1. 带传动的类型

带传动的分类见表5－1。

表5－1　带传动的分类

带传动	按传动原理分	摩擦带传动	靠带与带轮间的摩擦力实现传动，如V带传动、平带传动等
		啮合带传动	靠带内侧凸齿与带轮外缘上的齿槽相啮合实现传动，如同步带传动
	按带截面形状分	平带	截面形状为扁平矩形，工作面为内表面，如图5－2(a)所示。平带传动结构最简单，带轮制造容易，在传动中心距较大的场合应用较多。常见的平带有胶带、编织带和强力锦纶带等
		V带	截面形状为等腰梯形，工作面为两侧面，如图5－2(b)所示。在同样压紧力作用下，V带传动比平带传动传递的功率大。另外，V带传动允许的传动比较大，结构较紧凑，V带多数已经标准化并大量生产。因此，V带传动比平带传动应用广泛
		多楔带	在平带基体上由多根V带组成的传动带，如图5－2(c)所示。多楔带结构紧凑，可传递很大的功率
		圆带	截面形状为圆形，只适用于小功率传动，如图5－2(d)所示
		同步带	截面为齿形，如图5－2(e)所示。同步带传动是靠带与带轮上齿的啮合来传递运动和动力的，多用于要求传动平稳、传动精度较高的场合
	按用途分	传动带	用于传递运动和动力
		输送带	用于输送物品

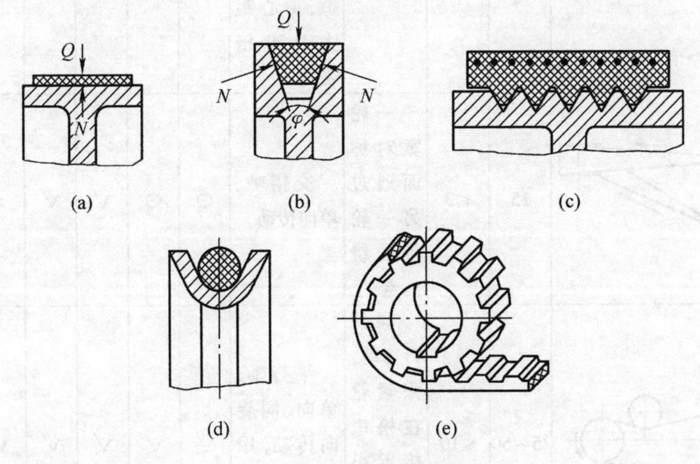

图5－2　带传动的类型

2. 带传动的特点及应用

除齿轮传动外，带传动的应用是最为广泛的。带传动属于挠性传动，能缓冲吸振，且传动平稳，噪声小；过载时，带会在带轮上打滑，从而起到防止其他零件损坏的作用；带传动允许较大的中心距，结构简单，制造、安装和维护方便；但由于带与带轮之间存在着滑动，不能保证准确的传动比；带传动的外廓尺寸较大，传动效率较低，带的寿命较短，不宜在易燃易爆的场合下工作。

带传动主要用于要求传动平稳、传动比不要求准确的中小功率的远距离传动。一般情况下，传递功率$P \leqslant 100$ kW，带速$v = 5 \sim 25$ m/s，平均传动比$i \leqslant 5$，传动效率$\eta = 0.94 \sim 0.98$。高速带传动的带速可达 60 ~ 100 m/s，传动比 $i \leq 7$。同步齿形带的带速为40 ~ 50 m/s，传动比 $i \leq 10$，传递功率可达 200 kW，传递效率高达 0.98 ~ 0.99。

1.1.2 带传动的形式

带传动的主要形式及对各带型的适用性见表 5-2。应该注意 V 带传动一般均采用开口传动形式。

表 5-2 带传动的主要形式及对各带型的适用性

传动形式	简图	允许带速 v/(m/s)	传动比 i	安装条件	工作特点	V带		平带			特殊带		
						普通V带	窄V带	胶帆布平带	锦纶片复合平带	高速环形带	多楔带	圆形带	同步带
开口传动		25 ~ 50	≤5	两轮轮宽对称面应重合	平行轴、双向、同旋向传动	√	√	√	√	√	√	√	√
交叉传动		15	≤6		平行轴、双向、反旋向传动，交叉处有摩擦，中心距大于 20 倍带宽	×	×	√	○	×	×	√	×
半交叉传动		15	≤3	一轮宽对称面通过另一轮带的绕出点	交错轴、单向传动	○	○	√	√	×	×	√	×
有张紧轮的平行轴传动		25 ~ 50	≤10	同开口传动，张紧轮在松边接近小带轮处，接头要求高	平行轴、单向、同旋向传动，用于 i 大、α 小的场合	√	√	√	√	√	√	√	√
有导轮的相交轴传动		15	≤4	两轮轮宽对称面应与导轮圆柱面相切	交错轴、双向传动	×	×	√	○	×	×	√	×

续表

传动形式	简图	允许带速 v/(m/s)	传动比 i	安装条件	工作特点	V带		平带			特殊带		
						普通V带	窄V带	胶帆布平带	锦纶片复合平带	高速环形带	多楔带	圆形带	同步带
多从动轮传动		25	≤6	两轮宽对称面重合	带的曲绕次数多，寿命短	√	√	√	√	○	√	√	√

注：√—适用，○—可用，×—不可用。

1.1.3　V带和带轮的结构

V带有普通V带、窄V带、宽V带、齿形V带、大楔形V带、汽车V带等多种类型，其中普通V带和窄V带应用最广。

1.1.3.1　普通V带的结构和尺寸标准

标准V带均制成无接头的环形带，其截面结构如图5－3所示。V带由顶胶1、抗拉体2、底胶3和包布4等部分组成。顶胶和底胶分别承受弯曲时的拉伸和压缩。包布采用耐磨的橡胶帆布。抗拉体用于承受拉力，其结构形式有帘布结构（图5－3(a)）和线绳结构（图5－3(b)）两种。帘布结构抗拉强度高，但柔韧性及抗弯强度不如线绳结构好。线绳结构V带适用于转速较高、带轮直径较小的场合。

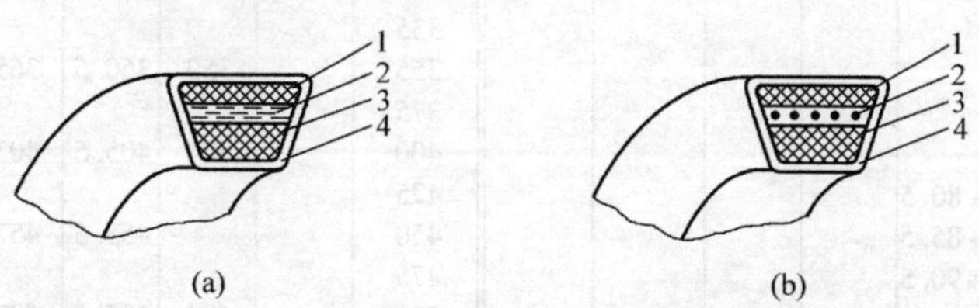

图5－3　标准V带的结构

V带绕在带轮上产生弯曲，带的弯曲致使顶胶受拉伸长，底胶受压缩短，而在两者之间必然存在一长度不变的中性层，称为节面。带的节面宽度称为节宽 b_d，显然带弯曲时节宽保持不变。普通V带的截面高度 h 与其节宽 b_d 之比 h/b_d 称为相对高度，其值已标准化。其中，楔角 $\varphi=40°$、相对高度约为0.7的V带称为普通V带，普通V带已标准化，按截面尺寸的不同，分为Y、Z、A、B、C、D、E七种型号（截面尺寸按顺序排列依次增大，带的承载能力也依次增大）；楔角 $\varphi=40°$、相对高度为0.9的V带称为窄V带，窄V带分为SPZ、SPA、SPB、SPC四种型号，窄V带具有普通V带的特点，并且能承受较大张紧力。当窄V带的带高与普通V带相同时，其带宽较普通V带约减小1/3，而承载能力可提高1.5～2.5倍，因此窄V带适用于传递大功率且传动装置要求紧凑的场合。V带的截面尺寸见表5－3。

表 5-3　V 带的截面尺寸(摘自 GB/T 11544—2012)　　(mm)

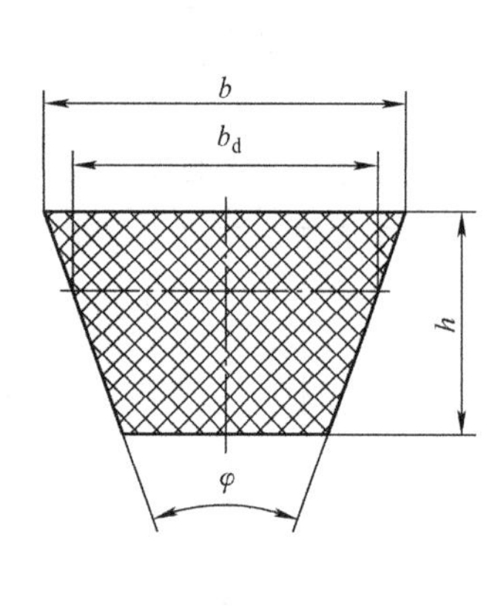

带型		顶宽 b	节宽 b_d	高度 h	楔角 φ
普通 V 带	窄 V 带				
Y		6	5.3	4	40°
Z	SPZ	10	8.5	6 8	
A	SPA	13	11.0	8 10	
B	SPB	17	14.0	11 14	
C	SPC	22	19.0	14 18	
D		32	27.0	19	
E		38	32.0	23	

V 带装在带轮上,与节宽 b_d 相对应的带轮直径称为基准直径,用 d_d 表示,基准直径系列见表 5-4。V 带在规定的张紧力下,位于带轮基准直径上的周线长度称为基准长度 L_d,V 带

表 5-4　V 带轮基准直径系列(摘自 GB/T 13575.1—2008)　　(mm)

基准直径 d_d	带型							基准直径 d_d	带型						
	Y	Z SPZ	A SPA	B SPB	C SPC	D	E		Y	Z SPZ	A SPA	B SPB	C SPC	D	E
	外径 d_a								外径 d_a						
20	23.2							212				219	+221.6		
22.4	25.6							224				231	233.6		
25	28.2							236		228	229.5	243	245.6		
28	31.2							250		254	255.5	257	259.6		
31.5	34.7							265					274.6		
35.5	38.7							280		284	285.5	287	289.6		
40	43.2							300					309.6		
45	48.2							315		319	320.5	322	324.6		
50	53.2	+54*						335					344.6		
56	59.2	+60*						355		359	360.5	365	364.6	371.2	
63	66.2	67						375						391.2	
71	74.2	75						400		404	405.5	407	409.6	416.2	
75		79	+80.5					425						441.2	
80	83.2	84	+85.5					450			455.5	457	459.6	466.2	
85			+90.5					475						491.2	
90	93.2	94	95.5					500		504	505.5	507	509.6	516.2	519.2
95			100.5					530							549.2
100	103.2	104	105.5					560			565.5	567	569.6	576.2	579.2
106			111.5					630		634	635.5	637	639.6	646.2	649.2
112	115.2	116	117.5					710			715.5	717	719.6	726.2	729.2
118			123.5					800			805.5	807	809.6	816.2	819.2
125	128.2	129	130.5	+132*				900				907	909.6	916.2	919.2
132		136	137.5	+139*				1000				1007	10096	10162	10192
140		144	145.5	147				1120				11274	1129.6	1136.2	1139.2
150		154	155.5	157				1250					1259.6	12662	12692
160		164	165.5	167				1600						1616.2	1619.2
170				177				2000						2016.2	2019.2
180		184	185.5	187				2500							25192
200		204	205.5	207	+209.6										

注:1. “*”只用于普通 V 带。

2. 直径的极限偏差:基准直径按 c11,外径按 h12。

3. 没有外径值的基准直径不推荐采用。

的公称长度以基准长度 L_d 表示。V 带的基准长度 L_d 已标准化，见表 5－5。

表 5－5　V 带的基准长度 L_d 系列和带长系数 K_L（摘自 GB/T 11544—2012、GB/T 13575.1—2008）

（mm）

基准长度 L_d	带长系数 K_L										
	普通 V 带							窄 V 带			
	Y	Z	A	B	C	D	E	SPZ	SPA	SPB	SPC
200	0.81										
224	0.82										
250	0.84										
280	0.87										
315	0.89										
355	0.92										
400	0.96	0.87									
450	1.00	0.89									
500	1.02	0.91									
560		0.94									
630		0.96	0.81					0.82			
710		0.99	0.83					0.84			
800		1.00	0.85					0.86	0.81		
900		1.03	0.87	0.82				0.88	0.83		
1 000		1.06	0.89	0.84				0.90	0.85		
1 120		1.08	0.91	0.86				0.93	0.87		
1 250		1.11	0.93	0.88				0.94	0.89	0.82	
1 400		1.14	0.96	0.90				0.96	0.91	0.84	
1 600		1.16	0.99	0.92	0.83			1.00	0.93	0.86	
1 800		1.18	1.01	0.95	0.86			1.01	0.95	0.88	
2 000			1.03	0.98	0.88			1.02	0.96	0.90	0.81
2 240			1.06	1.00	0.91			1.05	0.98	0.92	0.83
2 500			1.09	1.03	0.93			1.07	1.00	0.94	0.86
2 800			1.11	1.05	0.95	0.83		1.09	1.02	0.96	0.88
3 150			1.13	1.07	0.97	0.86		1.11	1.04	0.98	0.90
3 550			1.17	1.09	0.99	0.89		1.13	1.06	1.00	0.92
4 000			1.19	1.13	1.02	0.91			1.08	1.02	0.94
4 500				1.15	1.04	0.93	0.90		1.09	1.04	0.96
5 000				1.18	1.07	0.96	0.92			1.06	0.98
5 600					1.09	0.98	0.95			1.08	1.00
6 300					1.12	1.00	0.97			1.10	1.02
7 100					1.15	1.03	1.00			1.12	1.04
8 000					1.18	1.06	1.02			1.14	1.06
9 000					1.21	1.08	1.05				1.08
10 000					1.23	1.11	1.07				1.10

普通 V 带与窄 V 带的标记由带型、基准长度和标准号组成。例如，A 型普通 V 带，基准长度为 1 440 mm，其标记为

A—1440GB/T 11544—2012

又如，SPA 型窄 V 带，基准长度为 1 250 mm，其标记为

SPA—1250GB/T 12730—2008

带的标记通常压印在带的外表面上，以便选用识别。

1.1.3.2 普通 V 带轮的结构

1. V 带轮的设计要求

带轮应具有足够的强度和刚度，无过大的铸造内应力；质量小且分布均匀，结构工艺性好，便于制造；工作表面应光滑，以减少带的磨损。轮槽的尺寸和角度具有一定的精度。当 5 m/s $< v <$ 25 m/s 时，带轮要进行静平衡；当 $v >$ 25 m/s 时，带轮应进行动平衡。

2. 带轮的材料

带轮的材料可采用灰铸铁、钢、铝合金或工程塑料等，灰铸铁应用最为广泛。当带速 $v \leq$ 25 m/s时，采用 HT150；当 $v =$ 25 ~ 30 m/s 时，采用 HT200；速度更高的带轮可采用球墨铸铁、铸钢或锻钢，也可采用钢板冲压后焊接带轮。小功率传动时带轮可采用铸铝或工程塑料等材料。

3. 带轮的结构

带轮由轮缘、轮辐（腹板）、轮毂三部分组成。V 带轮的轮槽尺寸见表 5－6。表中带轮轮槽的基准宽度 b_d 通常与 V 带的节面宽度 b_p 相等，即 $b_d = b_p$。

表 5－6 V 带轮的轮槽尺寸（摘自 GB/T 13575.1—2008） （mm）

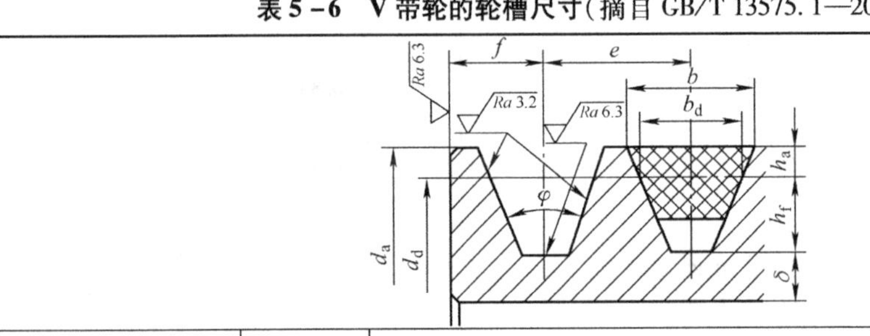

项目	符号	槽型 Y	Z / SPZ	A / SPA	B / SPB	C / SPC	D	E
基准宽度	b_d	5.3	8.5	11.0	14.0	19.0	27.0	32.0
基准线上槽深	h_{amin}	1.6	2.0	2.75	3.5	4.8	8.1	9.6
基准线下槽深	h_{fmin}	4.7	7.0 9.0	8.7 11.0	10.8 14.0	14.3 19.0	19.9	23.4
槽间距	e	8 ±0.3	12 ±0.3	15 ±0.3	19.0 ±0.4	25.5 ±0.5	37 ±0.6	44.5 ±0.7
槽边距	f_{min}	6	7	9	11.5	16	23	28
最小轮缘厚	δ_{min}	5	5.5	6	7.5	10	12	15
带轮宽	B	$B=(z-1)e+2f$，z 为轮槽数						
圆角半径	r_1	0.2 ~ 0.5						
外轮	d_a	$d_a = d_d + 2h_a$						
轮槽角 φ 32°	相应的基准直径 d_d	≤60	—	—	—	—	—	—
轮槽角 φ 34°	相应的基准直径 d_d	—	≤80	≤118	≤190	≤315	—	—
轮槽角 φ 36°	相应的基准直径 d_d	>60	—	—	—	—	≤475	≤600
轮槽角 φ 38°	相应的基准直径 d_d	—	>80	>118	>190	>315	>475	>600
轮槽角 φ 极限偏差		±30′						

V 带轮按轮辐（腹板）结构不同分为四种形式，如图 5－4 所示。当带轮基准直径 $d_d \leq$

$(2.5\sim3)d_0$（d_0为带轮轴直径）时，采用S型（实心带轮），如图5-4（a）所示；当$d_d\leqslant300$ mm时，采用P型（腹板式带轮），如图5-4（b）所示；当$d_d-d_1\geqslant100$ mm时，可采用H型（孔板式带轮），如图5-4（c）所示；当$d_d>300$ mm时，采用E型（轮辐式带轮），如图5-4（d）所示。每种形式还根据轮毂相对轮辐（腹板）位置不同分为Ⅰ、Ⅱ、Ⅲ、Ⅳ等几种，带轮的结构尺寸见表5-7。

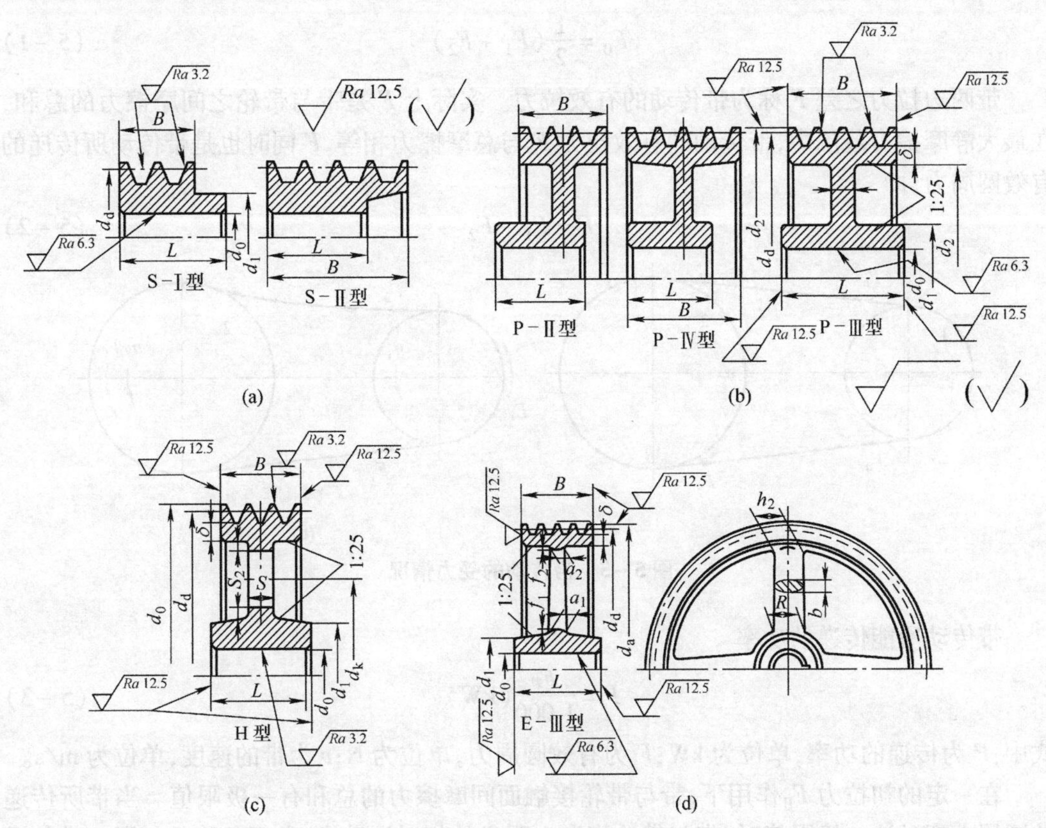

图5-4　V带轮的结构

表5-7　V带轮的结构尺寸　(mm)

结构尺寸	计算用经验公式							
d_1	$d_1=(1.8\sim2)d_0$，d_0为轴的直径							
L	$L=(1.5\sim2)d_0$，当$B<1.5d_0$时，$L=B$							
d_k	$d_k=0.5[d_d-2(h_f+\delta)+d_1]$							
S_{min}	型号	Y	Z	A	B	C	D	E
	S_{min}	6	8	10	14	18	22	28
h_1	$h_1=290\sqrt[3]{P/(nm)}$，P为功率kW；n为转速r/min；m为轮辐数							
h_2、a_1、a_2、S_2、f_1、f_2	$h_2=0.8h_1$，$a_1=0.4$，$a_2=0.8a_1$，$S_2\geqslant0.5S$，$f_1=0.2h_1$，$f_2=0.2h_2$							

1.1.4　带传动工作能力分析

1.1.4.1　带传动的受力分析

为保证带传动正常工作，传动带必须以一定的张紧力紧套在带轮上。当传动带静止时，带两边承受的拉力相等,称为初拉力 F_0,如图 5-5(a)所示。当传动带工作时,由于带轮与传动带间摩擦力的作用,传动带两边的拉力发生了变化,绕入主动轮的一边被拉紧,拉力由 F_0 增加到 F_1,称为紧边;绕入从动轮的一边被放松,拉力由 F_0 减少到 F_2,称为松边,如图 5-5(b)所示。设带工作时带的总长度不变,则紧边拉力的增加量 F_1-F_0 等于松边拉力的减少量 F_0-F_2,即

$$F_0=\frac{1}{2}(F_1+F_2) \tag{5-1}$$

带两边拉力之差 F 称为带传动的有效拉力。实际上 F 是带与带轮之间摩擦力的总和,在最大静摩擦力范围内,带传动的有效拉力 F 与总摩擦力相等,F 同时也是带传动所传递的有效圆周力,即

$$F=F_1-F_2 \tag{5-2}$$

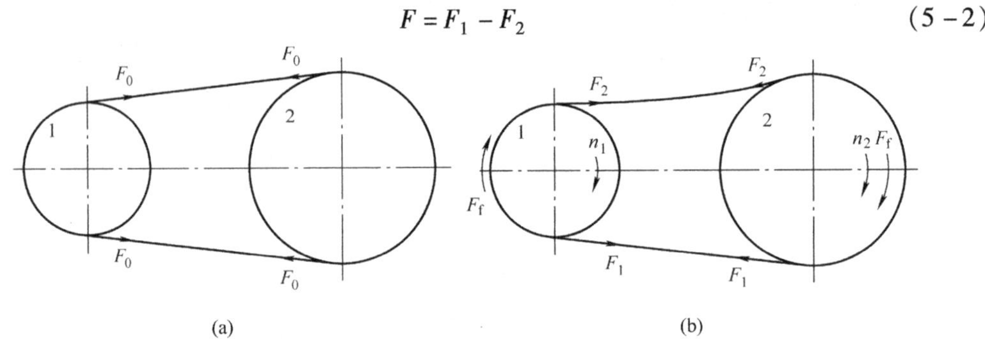

图 5-5 带传动的受力情况

带传动所能传递的功率

$$P=\frac{Fv}{1\ 000}(\mathrm{kW}) \tag{5-3}$$

式中:P 为传递的功率,单位为 kW;F 为有效圆周力,单位为 N;v 为带的速度,单位为 m/s。

在一定的初拉力 F_0 作用下,带与带轮接触面间摩擦力的总和有一极限值。当带所传递的圆周力超过这一极限值时,带与带轮将发生明显的相对滑动,这种现象称为打滑。带打滑时从动带轮转速急剧下降,使传动失效,同时也加剧了带的磨损,因此应避免出现带打滑现象。

当传动带与带轮间有全面滑动趋势时,摩擦力达到最大值,即有效圆周力达到最大值。此时,忽略离心力的影响,紧边拉力 F_1 与松边拉力 F_2 之间的关系可以用欧拉公式表示,即

$$F_1=F_2e^{f\alpha} \tag{5-4}$$

式中:F_1、F_2 分别为带的紧边拉力和松边拉力,单位为 N;e 为自然对数的底,e = 2.71 828;f 为带和带轮接触面间的摩擦系数(V 带用当量摩擦系数 f_v 代替 f,$f_v=\frac{f}{\sin\varphi/2}$);$\alpha$ 为包角,即带与小带轮接触弧所对应的中心角,单位为 rad。

将式(5-1)和式(5-2)代入式(5-4)并整理,可得

$$F=2F_0\frac{e^{f\alpha}-1}{e^{f\alpha}+1} \tag{5-5}$$

由式(5-5)可知,带所传递的圆周力 F 与下列因素有关。

(1)初拉力 F_0。F 与 F_0 成正比,F_0 增大,带与带轮间的正压力就增大,则传动时带与带

轮之间产生的摩擦力就越大,故有效圆周力 F 也就越大。但 F_0 过大会加剧带的磨损,导致带过快松弛、寿命降低。

(2)摩擦系数 f。摩擦系数 f 越大,摩擦力也越大,F 就增大。摩擦系数 f 与带和带轮的材料、表面状况及工作环境等有关。

(3)包角 α。F 随 α 增大而增大,因为增加 α,会使整个接触弧上所产生的摩擦力总和也增大,从而提高传动能力。因此,应尽量减少不利于增大包角的因素。例如,呈水平布置的带传动,通常将松边放置在上侧,以增大包角。由于大带轮的包角 α_2 大于小带轮的包角 α_1,打滑首先发生在小带轮上,所以只需考虑小带轮的包角 α_1。

联立式(5-2)和式(5-4),可得带传动在不打滑条件下所能传递的最大圆周力

$$F_{\max}=F_1\left(1-\frac{1}{e^{f\alpha_1}}\right) \tag{5-6}$$

1.1.4.2　带传动的应力分析

带传动工作时,传动带的应力由以下三部分组成。

1. 由拉力产生的拉应力

紧边拉应力

$$\sigma_1=F_1/A$$

松边拉应力

$$\sigma_2=F_2/A$$

式中:A 为带的横截面面积,单位为 mm^2。

2. 由离心力所产生的离心拉应力 σ_c

工作时,绕在带轮上的传动带随带轮作圆周运动,产生离心拉力 F_c,计算公式为

$$F_c=qv^2$$

式中:v 为带传动的速度,单位为 m/s;q 为传动带单位长度的质量,单位为 kg/m,各种型号 V 带的 q 值见表 5-8。

表 5-8　V 带单位长度的质量 q 及带轮最小基准直径 d_{dmin}

型号	Y	Z	SPZ	A	SPA	B	SPB	C	SPC	D	E
q/(kg/m)	0.02	0.06	0.07	0.10	0.12	0.17	0.20	0.30	0.37	0.62	0.90
d_{dmin}/mm	20	50	63	75	90	125	140	200	224	355	500

离心力只产生在接触弧上,但由它引起的拉应力 F_c 却作用在整个带长上,带上产生的离心拉应力

$$\sigma_c=\frac{F_c}{A}=\frac{qv^2}{A} \tag{5-7}$$

3. 弯曲应力

带绕上带轮后发生弯曲变形,因而产生弯曲应力,带的弯曲应力

$$\sigma_b\approx E\,\frac{h}{d} \tag{5-8}$$

式中:E 为带的弹性模量,单位为 MPa;d 为带轮直径,单位为 mm,对于 V 带轮则为其基准直径;h 为带的高度,单位为 mm。

弯曲应力只发生在带上包角所对应的圆弧部分。式(5-8)表明,h 越大、d 越小,带的

弯曲应力就越大。因此,带在绕上小带轮时的弯曲应力 σ_{b1} 要大于带在绕上大带轮时的弯曲应力 σ_{b2}。为了避免弯曲应力过大,小带轮的直径就不能过小。

带在工作时的应力分布情况如图 5-6 所示。由图可知,带在工作时各点的应力情况是不同的,带的最大应力发生在带的紧边与小带轮接触处,其值为

$$\sigma_{max}=\sigma_1+\sigma_c+\sigma_{b1} \tag{5-9}$$

显然,带是在交变应力下工作的,所以带易产生疲劳破坏。为保证带具有足够的疲劳寿命,应满足

$$\sigma_{max}=\sigma_1+\sigma_c+\sigma_{b1}\leqslant[\sigma] \tag{5-10}$$

式中:$[\sigma]$为带的许用应力。$[\sigma]$是在 $\alpha_1=\alpha_2=180°$、规定带长和应力循环次数、载荷平稳等条件下通过试验确定的。

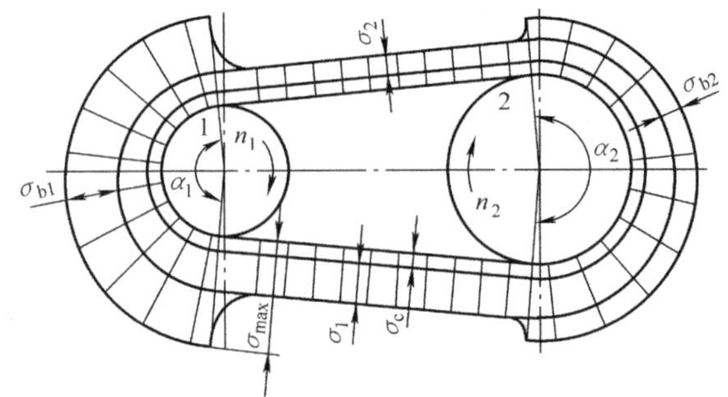

图 5-6 带的应力分布图

1.1.4.3 带传动的弹性滑动和打滑

传动带是弹性体,受到拉力后要产生弹性伸长,伸长量随拉力大小的变化而改变。带传动工作时,由于紧边拉力和松边拉力不相等,故弹性变形也不相同。如图 5-7 所示,当传动带在 D 点绕上主动轮 1 时,其所受的拉力为 F_1,带的线速度 v 等于主动轮的圆周速度 v_1。而带在由 D 点转到 A 点的过程中,带所受的拉力由 F_1逐渐降低到 F_2,带的弹性变形也随之减小,使得带的速度 v 落后于主动轮的圆周速度 v_1,这说明带与带轮之间存在相对滑动。同样,在从动轮处也存在相对滑动,不同的是带沿从动轮的运动是一边绕进,一边向前伸长,使得带的速度 v 超前于从动轮的圆周速 v_2。这种由于带的弹性变形而引起的带与带轮间的滑动,称为弹性滑动,这是带正常工作时固有的特性。

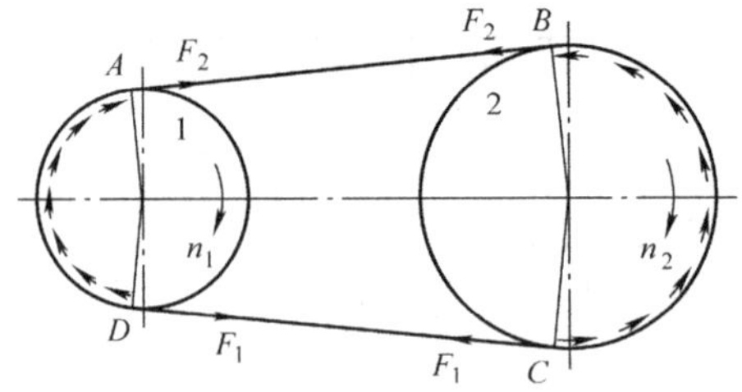

图 5-7 带传动的弹性滑动

弹性滑动和打滑是两个截然不同的概念。打滑是指由过载引起的全面滑动,是可以避免的。而弹性滑动是由拉力差引起的,只要传递圆周力,就必然会发生弹性滑动,所以弹性滑动是不可避免的。

由于弹性滑动的不可避免,将使从动轮的圆周速度 v_2 总是低于主动轮的圆周速度 v_1,其速度降低率用滑动率 ε 表示,即

$$\varepsilon=\frac{v_1-v_2}{v_1}\times100\%$$

把 $v_1=\frac{\pi d_1 n_1}{60\times 1\ 000}$、$v_2=\frac{\pi d_2 n_2}{60\times 1\ 000}$代入上式，整理后可得带传动的传动比

$$i=\frac{n_1}{n_2}=\frac{d_2}{d_1(1-\varepsilon)} \tag{5-11}$$

在一般情况下，带传动的滑动率 $\varepsilon=0.01\sim0.02$，其值甚微，故在一般传动的计算中可不予考虑，取传动比为

$$i=\frac{n_1}{n_2}\approx\frac{d_2}{d_1} \tag{5-12}$$

任务落实

1. 举例说明 V 带、平带、圆带、多楔带在工程中的应用。
2. 如何提高 V 带传动的工作能力？
3. 说明弹性滑动与打滑的区别。
4. 为了提高传动能力，不是将带轮工作面加工粗糙以增大摩擦系数，而是将带轮工作面加工精细，这是为什么？

子任务 2　V 带传动的设计

任务引入

如图 5-8 所示为带式运输机传动装置，其异步电动机 1 与齿轮减速器 3 之间用普通 V 带 2 传动。如果已知电动机额定功率、转速和 V 带传动的传动比，如何设计该 V 带传动呢？

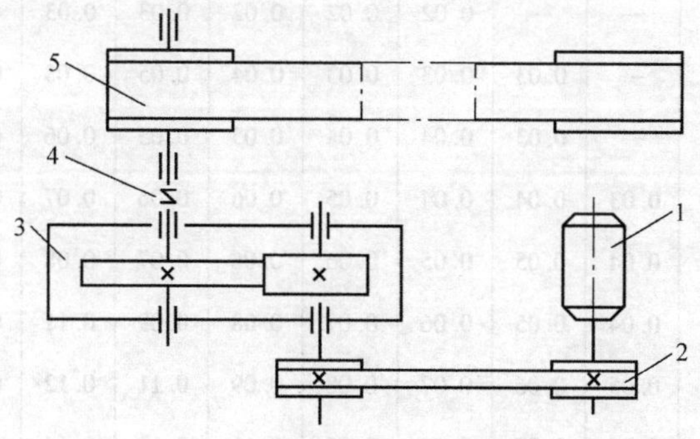

图 5-8　带式运输机传动装置

任务目标

1. 掌握带传动的失效形式及设计准则。
2. 掌握普通 V 带传动的设计步骤和方法。
3. 掌握带传动的张紧和维护措施。

知识链接

1.2.1 普通 V 带传动的设计

1.2.1.1 带传动的失效形式和设计准则

由带传动的工作情况分析可知，带传动的主要失效形式有带与带轮之间的磨损、打滑和疲劳破坏等。因此，带传动的设计准则是：在保证带传动不打滑的条件下，具有足够的疲劳强度和一定的使用寿命，即满足式(5－6)和式(5－10)。

1.2.1.2 单根 V 带传递的功率

在载荷平稳、包角 $\alpha=180°$、特定长度的条件下，单根 V 带的基本额定功率 P_0 见表5－9。

当实际工作条件与上述特定条件不同时，应对查得的单根 V 带的基本额定功率 P_0 进行修正。修正后即得实际工作条件下单根 V 带所能传递的功率，将之称为许用功率$[P_0]$，即

$$[P_0]=(P_0+\Delta P_0)K_\alpha K_L \tag{5-13}$$

式中：ΔP_0为功率增量，考虑传动比 $i\neq1$ 时，带在大带轮上的弯曲应力较小，故在寿命相同的条件下，可传递的功率比基本额定功率 P_0 大，ΔP_0值见表 5－10；K_α为包角系数，考虑包角 $\alpha\neq180°$时，α 对传递功率的影响，K_α值见表 5－11；K_L为带长修正系数，考虑带长不为特定长度时带长对传递功率的影响，K_L值见表 5－4。

表 5－9 包角 $\alpha=180°$、特定带长、工作平稳情况下，单根 V 带的额定功率 P_0

（摘自 GB/T 13575.1—2008） (kW)

型号	小带轮直径 d_{d1}/mm	小带轮转速 n_1/(r/min)												
		200	400	730②	800	980②	1 200	1 460②	1 600	2 000	2 400	2 800②	3 200	3 600
Y	20	—	—	—	—	0.02	0.02	0.02	0.03	0.03	0.04	0.04	0.05	0.06
	25	—	—	—	0.03	0.03	0.03	0.04	0.05	0.05	0.06	0.07	0.08	0.08
	28	—	—	—	0.03	0.04	0.04	0.05	0.05	0.06	0.07	0.08	0.09	0.10
	31.5	—	—	0.03	0.04	0.04	0.05	0.06	0.06	0.07	0.09	0.10	0.11	0.12
	35.5	—	—	0.04	0.05	0.05	0.06	0.06	0.07	0.08	0.09	0.11	0.12	0.13
	40	—	—	0.04	0.05	0.06	0.07	0.08	0.09	0.11	0.12	0.14	0.15	0.16
	45	—	0.04	0.05	0.06	0.07	0.08	0.09	0.11	0.12	0.14	0.16	0.17	0.19
	50	—	0.05	0.06	0.07	0.08	0.09	0.11	0.12	0.14	0.16	0.18	0.20	0.22
Z	50		0.06	0.09	0.10	0.12	0.14	0.16	0.17	0.20	0.22	0.26	0.28	0.30
	56	—	0.06	0.11	0.12	0.14	0.17	0.19	0.20	0.25	0.30	0.33	0.35	0.37
	63①	—	0.08	0.13	0.15	0.18	0.22	0.25	0.27	0.32	0.37	0.41	0.45	0.47
	71①	—	0.09	0.17	0.20	0.23	0.27	0.31	0.33	0.39	0.46	0.50	0.54	0.58
	80①	—	0.14	0.20	0.22	0.26	0.30	0.36	0.39	0.44	0.50	0.56	0.61	0.64
	90	—	0.14	0.22	0.24	0.28	0.33	0.37	0.40	0.48	0.54	0.60	0.64	0.68

续表

型号	小带轮直径 d_{d1}/mm	小带轮转速 n_1/(r/min)												
		200	400	730②	800	980②	1 200	1 460②	1 600	2 000	2 400	2 800②	3 200	3 600
A	75	0.16	0.27	0.42	0.45	0.52	0.60	0.68	0.73	0.84	0.92	1.00	1.04	1.08
	80	0.18	0.31	0.49	0.52	0.61	0.71	0.81	0.87	1.01	1.12	1.22	1.29	1.34
	90①	0.22	0.39	0.63	0.68	0.79	0.93	1.07	1.15	1.34	1.50	1.64	1.75	1.83
	100①	0.26	0.47	0.77	0.83	0.97	1.14	1.32	1.42	1.66	1.87	2.05	2.19	2.28
	112①	0.31	0.56	0.93	1.00	1.18	1.39	1.62	1.74	2.04	2.30	2.51	2.68	2.78
	125①	0.37	0.67	1.11	1.19	1.40	1.66	1.93	2.07	2.44	2.74	2.98	3.16	3.26
	140	0.43	0.78	1.31	1.41	1.66	1.96	2.29	2.45	2.87	3.22	3.48	3.65	3.72
	160	0.51	0.94	1.56	1.69	2.00	2.36	2.74	2.94	3.42	3.80	4.06	4.19	4.17
B	125	0.48	0.84	1.34	1.44	1.67	1.93	2.20	2.33	2.64	2.85	2.96	2.94	2.80
	140①	0.59	1.05	1.69	1.82	2.13	2.47	2.83	3.00	3.42	3.70	3.85	3.83	3.63
	160①	0.74	1.32	2.16	3.32	2.72	3.17	3.64	3.86	4.40	4.75	4.89	4.80	4.46
	180①	0.88	1.59	2.61	2.81	3.30	3.85	4.41	4.68	5.30	5.67	5.76	5.52	4.92
	200	1.02	1.85	3.06	3.30	3.86	4.50	5.15	5.46	6.13	6.47	6.43	5.95	4.98
	224	1.19	2.17	3.59	3.86	4.50	5.26	5.99	6.33	7.02	7.25	6.95	6.05	4.47
	250	1.37	2.50	4.14	4.46	5.22	6.04	6.85	7.20	7.63	7.87	7.97	—	—
	280	1.58	2.89	4.77	5.13	5.93	6.90	7.78	8.13	8.46	8.60	—	—	—
C	200①	1.39	2.41	3.80	4.07	4.66	5.29	5.86	6.07	6.34	6.02	5.61	5.01	—
	224①	1.70	2.99	4.78	5.12	5.89	6.71	7.47	7.75	8.05	7.57	—	—	—
	250①	2.03	3.62	5.82	6.23	7.18	8.21	9.06	9.38	9.62	—	—	—	—
	280①	2.42	4.32	6.99	7.52	8.65	9.81	10.74	11.06	11.04	—	—	—	—
	315①	2.86	5.14	8.34	8.92	10.23	11.53	12.48	12.72	—	—	—	—	—
	355	3.36	6.05	9.79	10.46	11.92	13.31	14.12	14.19	—	—	—	—	—
	400①	3.91	7.06	11.52	12.10	13.67	15.04	—	—	—	—	—	—	—
	450	4.51	8.20	12.98	13.80	15.39	16.59	—	—	—	—	—	—	—
D	355①	5.31	9.24	14.04	14.83	16.30	17.25	16.70	15.63	—	—	—	—	—
	400①	6.52	11.45	17.58	18.46	20.25	21.20	—	—	—	—	—	—	—
	450①	7.90	13.85	21.12	22.25	24.16	24.84	—	—	—	—	—	—	—
	500①	9.21	16.20	24.52	25.76	27.60	—	—	—	—	—	—	—	—
	560①	10.76	18.95	28.28	29.55	31.00	—	—	—	—	—	—	—	—
	630	12.54	22.02	32.19	33.38	—	—	—	—	—	—	—	—	—
	710	14.55	25.45	35.97	36.87	—	—	—	—	—	—	—	—	—
	800	16.76	29.08	39.26	—	—	—	—	—	—	—	—	—	—
E	500①	10.86	18.55	26.62	27.57	28.52	27.30	—	—	—	—	—	—	—
	560①	13.09	22.49	32.02	33.03	33.00	—	—	—	—	—	—	—	—
	630①	15.65	26.95	37.64	38.52	—	—	—	—	—	—	—	—	—
	710①	18.52	31.83	43.07	43.52	—	—	—	—	—	—	—	—	—
	800	21.70	37.05	47.79		—	—	—	—	—	—	—	—	—
	900	25.15	42.49			—	—	—	—	—	—	—	—	—

续表

型号	小带轮直径 d_{d1}/mm	小带轮转速 n_1/(r/min)												
		200	400	730②	800	980②	1 200	1 460②	1 600	2 000	2 400	2 800②	3 200	3 600
SPZ	63	0.20	0.35	0.56	0.60	0.70	0.81	0.93	1.00	1.17	1.32	1.45	1.56	1.66
	71	0.25	0.44	0.72	0.78	0.92	1.08	1.25	1.35	1.59	1.81	2.00	2.18	2.33
	75	0.28	0.49	0.79	0.87	1.02	1.21	1.41	1.52	1.79	2.04	2.27	2.48	2.65
	80	0.31	0.55	0.88	0.99	1.15	1.38	1.60	1.73	2.05	2.34	2.61	2.85	3.06
	90	0.37	0.67	1.12	1.21	1.44	1.70	1.98	2.14	2.55	2.93	3.26	3.57	3.84
	100	0.43	0.79	1.33	1.44	1.70	2.02	2.36	2.55	3.05	3.49	3.90	4.26	4.58
	112	0.51	0.93	1.57	1.70	2.02	2.40	2.80	3.04	3.62	4.16	4.64	5.06	—
SPA	90	0.43	0.75	1.21	1.30	1.52	1.76	2.02	2.16	2.49	2.77	3.00	3.16	3.26
	100	0.53	0.94	1.54	1.65	1.93	2.27	2.61	2.80	3.27	3.67	3.99	4.25	4.42
	112	0.64	1.16	1.91	2.07	2.44	2.86	3.31	3.57	4.18	4.71	5.15	5.49	5.72
	125	0.77	1.40	2.33	2.52	2.98	3.50	4.06	4.38	5.15	5.80	6.34	6.67	7.03
	140	0.92	1.68	2.81	3.03	3.58	4.23	4.91	5.29	6.22	7.01	7.64	8.11	8.39
	160	1.11	2.04	3.42	3.7	4.38	5.17	6.01	6.47	7.60	8.53	9.24	9.72	9.94
	180	1.30	2.39	4.03	4.36	5.17	6.10	7.07	7.62	8.90	9.93	10.67	11.09	—
SPB	140	1.08	1.92	3.13	3.35	3.92	4.55	5.21	5.54	6.31	6.86	7.15	7.17	6.89
	160	1.37	2.47	4.06	4.37	5.13	5.98	6.89	7.33	8.38	9.13	9.52	9.53	9.10
	180	1.65	3.01	4.99	5.37	6.31	7.38	8.50	9.05	10.34	11.21	11.62	11.43	10.77
	200	1.94	3.54	5.88	6.35	7.47	8.74	10.07	10.70	12.18	13.11	13.41	13.01	11.83
	224	2.28	4.18	6.97	7.52	8.83	10.33	11.86	12.59	14.21	15.10	15.14	14.22	—
	250	2.64	4.86	8.11	8.75	10.27	11.99	13.72	14.51	16.19	16.89	16.44	—	—
	280	3.05	5.63	9.41	10.14	11.89	13.82	15.71	16.56	18.17	18.48	17.13	—	—
SPC	224	2.90	5.19	8.38	8.99	10.39	11.89	13.26	13.81	14.58	14.01	—	—	—
	250	3.50	6.31	10.27	11.02	12.76	14.61	16.26	16.92	17.70	16.69	—	—	—
	280	4.18	7.59	12.40	13.31	15.40	17.60	19.49	20.20	20.75	18086	—	—	—
	315	4.97	9.07	14.82	15.90	18.37	20.88	22.92	23.58	23.47	19.98	—	—	—
	355	5.87	10.72	17.50	18.76	21.55	24.34	26.32	26.80	25.37	19.22	—	—	—
	400	6.86	12.56	20.41	21.84	25.15	27.33	29.40	29.53	25.81	—	—	—	—
	450	7.96	14.56	23.49	25.07	28.83	31.15	32.01	31.33	28.69	—	—	—	—

注:①为优先采用的基准直径;②为常用转速。

表 5-9 考虑 $i \neq 1$ 时，单根普通 V 带的额定功率增量 ΔP_0 (kW)

型号	传动比 i	小带轮转速 n_1(r/min)												
		200	400	730	800	980	1 200	1 460	1 600	2 000	2 400	2 800	3 200	3 600
Z	1.00~1.01	—												
	1.02~1.04	—												0.02
	1.05~1.08	—		0.00										
	1.09~1.12	—												
	1.03~1.18	—					0.01							
	1.19~1.24	—										0.03		
	1.25~1.34	—						0.02						
	1.35~1.51	—										0.04		
	1.52~1.99	—												
	≥2.0	—												0.05
A	1.00~1.01	0.00												
	1.02~1.04		0.01				0.02	0.02	0.02	0.03	0.03	0.04	0.04	0.05
	1.05~1.08			0.02	0.02	0.03	0.03	0.04	0.04	0.06	0.07	0.08	0.09	0.10
	1.09~1.12		0.02	0.03	0.03	0.04	0.05	0.06	0.06	0.08	0.10	0.11	0.13	0.15
	1.03~1.18		0.02	0.04	0.04	0.05	0.07	0.08	0.09	0.11	0.13	0.15	0.17	0.19
	1.19~1.24		0.03	0.05	0.05	0.06	0.08	0.09	0.11	0.13	0.16	0.19	0.22	0.24
	1.25~1.34	0.02	0.03	0.06	0.06	0.07	0.10	0.11	0.13	0.16	0.19	0.23	0.26	0.29
	1.35~1.51	0.02	0.04	0.07	0.08	0.08	0.11	0.13	0.15	0.19	0.23	0.26	0.30	0.34
	1.52~1.99	0.02	0.04	0.08	0.09	0.10	0.13	0.15	0.17	0.22	0.26	0.30	0.34	0.39
	≥2.0	0.03	0.05	0.09	0.10	0.11	0.15	0.17	0.19	0.24	0.29	0.34	0.39	0.44
B	1.00~1.01	0.00	0.00	0.00	0.00	0.00	0.00	0.00	0.00	0.00	0.00	0.00	0.00	0.00
	1.02~1.04	0.01	0.01	0.02	0.03	0.03	0.04	0.05	0.06	0.07	0.08	0.10	0.11	0.13
	1.05~1.08	0.01	0.03	0.05	0.06	0.07	0.08	0.10	0.11	0.14	0.17	0.20	0.23	0.25
	1.09~1.12	0.02	0.04	0.07	0.08	0.10	0.13	0.15	0.17	0.21	0.25	0.29	0.34	0.38
	1.13~1.18	0.03	0.06	0.10	0.11	0.13	0.17	0.20	0.23	0.28	0.34	0.39	0.45	0.51
	1.19~1.24	0.04	0.07	0.12	0.14	0.17	0.21	0.25	0.28	0.35	0.42	0.49	0.55	0.63
	1.25~1.34	0.04	0.08	0.15	0.17	0.20	0.25	0.31	0.34	0.42	0.51	0.59	0.68	0.76
	1.35~1.51	0.05	0.10	0.17	0.20	0.23	0.30	0.36	0.39	0.49	0.59	0.69	0.79	0.89
	1.52~1.99	0.06	0.11	0.20	0.23	0.26	0.34	0.40	0.45	0.56	0.68	0.79	0.90	1.01
	≥2.0	0.06	0.13	0.22	0.25	0.30	0.38	0.46	0.51	0.63	0.76	0.89	1.01	1.14
C	1.00~1.01	—	0.00	0.00	0.00	0.00	0.00	0.00	0.00	0.00	0.00	0.00	0.00	0.00
	1.02~1.04	—	0.02	0.03	0.04	0.05	0.06	0.07	0.09	0.12	0.14	0.16	0.18	0.20
	1.05~1.08	—	0.04	0.06	0.08	0.10	0.12	0.14	0.19	0.24	0.28	0.31	0.35	0.39
	1.09~1.12	—	0.06	0.09	0.12	0.15	0.18	0.21	0.27	0.35	0.42	0.47	0.53	0.59
	1.13~1.18	—	0.08	0.12	0.16	0.20	0.24	0.27	0.37	0.47	0.58	0.63	0.71	0.78
	1.19~1.24	—	0.10	0.15	0.20	0.24	0.29	0.34	0.47	0.59	0.71	0.78	0.88	0.98
	1.25~1.34	—	0.12	0.18	0.23	0.29	0.35	0.41	0.56	0.70	0.85	0.94	1.06	1.17
	1.35~1.51	—	0.14	0.21	0.27	0.34	0.41	0.48	0.65	0.82	0.99	1.10	1.23	1.37
	1.52~1.99	—	0.16	0.24	0.31	0.39	0.47	0.55	0.74	0.94	1.14	1.25	1.41	1.57
	≥2.0	—	0.18	0.26	0.35	0.44	0.53	0.62	0.83	1.06	1.27	1.41	1.59	1.76

续表

型号	传动比 i	小带轮转速 n_1/(r/min)												
		200	400	730	800	980	1 200	1 460	1 600	2 000	2 400	2 800	3 200	3 600
D	1.00～1.01	0.00	0.00	0.00	0.00	0.00	0.00	0.00	0.00	0.00	0.00	0.00	0.00	—
	1.02～1.04	0.03	0.07	0.10	0.14	0.17	0.21	0.24	0.33	0.42	0.51	0.56	0.63	—
	1.05～1.08	0.07	0.14	0.21	0.28	0.35	0.42	0.49	0.66	0.84	1.01	1.11	1.24	—
	1.09～1.12	0.10	0.21	0.31	0.42	0.52	0.62	0.73	0.99	1.25	1.51	1.67	1.88	—
	1.13～1.18	0.14	0.28	0.42	0.56	0.70	0.83	0.97	1.32	1.67	2.02	2.23	2.51	—
	1.19～1.24	0.17	0.35	0.52	0.70	0.87	1.04	1.22	1.60	2.09	2.52	2.78	3.13	—
	1.25～1.34	0.21	0.42	0.62	0.83	1.04	1.25	1.46	1.92	2.50	3.02	3.33	3.74	—
	1.35～1.51	0.24	0.49	0.73	0.97	1.22	1.46	1.70	2.31	2.92	3.52	3.89	4.98	—
	1.52～1.99	0.28	0.56	0.83	1.11	1.39	1.67	1.95	2.64	3.34	4.03	4.45	5.01	—
	≥2.0	0.31	0.63	0.94	1.25	1.56	1.88	2.19	1.97	3.75	4.53	5.00	5.62	—
E	1.00～1.01	0.00	0.00	0.00	0.00	0.00	0.00	0.00	0.00	0.00	0.00	—	—	—
	1.02～1.04	0.07	0.14	0.21	0.28	0.34	0.41	0.48	0.65	0.80	0.98	—	—	—
	1.05～1.08	0.14	0.28	0.41	0.55	0.64	0.83	0.97	1.29	1.61	1.95	—	—	—
	1.09～1.12	0.21	0.41	0.62	0.83	1.03	1.24	1.45	1.95	2.40	2.92	—	—	—
	1.13～1.18	0.28	0.55	0.83	1.00	1.38	1.65	1.93	2.62	3.21	3.90	—	—	—
	1.19～1.24	0.34	0.69	1.03	1.38	1.72	2.07	2.41	3.27	4.01	4.88	—	—	—
	1.25～1.34	0.41	0.83	1.24	1.65	2.07	2.48	2.89	3.92	4.81	5.85	—	—	—
	1.35～1.51	0.48	0.96	1.45	1.93	2.41	2.89	3.38	4.58	5.61	6.83	—	—	—
	1.52～1.99	0.55	1.10	1.65	2.20	2.76	3.31	3.86	5.23	6.41	7.8	—	—	—
	≥2.0	0.62	1.24	1.86	2.48	3.10	3.72	4.34	5.89	7.21	8.78	—	—	—

表 5－11　V 带传动包角系数 K_α

包角 α_1/(°)	180	175	170	165	160	155	150	145	140	135	130	125	120	110	100	90
K_α	1.00	0.99	0.98	0.96	0.95	0.93	0.92	0.91	0.89	0.88	0.86	0.84	0.80	0.78	0.74	0.69

1.2.1.3　V 带传动的设计步骤和方法

设计 V 带传动时，一般已知条件是：传递的额定功率 P，两轮转速 n_1、n_2（或传动比 i）以及空间尺寸要求等。具体的设计内容有：确定 V 带的型号、长度和根数、传动中心距及带轮直径，画出带轮零件图等。

1. 确定计算功率

计算功率 P_c 是根据传递的额定功率 P，并考虑载荷性质及每天运转时间的长短等因素的影响而确定的，即

$$P_c = K_A P \tag{5-14}$$

式中：K_A 为工作情况系数，查表 5－12 可得。

2. 选择 V 带的型号

根据计算功率 P_c 和主动带轮转速 n_1，由图 5－9 选择普通 V 带型号。若 P_c 和 n_1 定义的点临近两种型号的分界线时，可先选择两种型号分别计算，然后择优选用。

3. 确定带轮基准直径 d_{d1}、d_{d2}

带轮直径小可使传动结构紧凑，但弯曲应力大，使带的寿命降低。设计时应取小带轮直

径 $d_{d1} \geqslant d_{dmin}$，但也不能过大，过大的带轮直径将使传动的外廓尺寸增大，d_{dmin} 的值查表 5－13。忽略弹性滑动的影响，大带轮直径 $d_{d2} = id_{d1}$。d_{d1}、d_{d2} 应取标准直径，见表 5－4。

表 5－12　工作情况系数 K_A

载荷性质	工作机	空、轻载启动			重载启动		
		每天工作小时数/h					
		<10	10～16	>16	<10	10～16	>16
载荷变动很小	液体搅拌机、通风机和鼓风机（≤7.5 kW）、离心机水泵和压缩机、轻型输送机	1.0	1.1	1.2	1.1	1.2	1.3
载荷变动小	带式输送机（不均匀载荷）、通风机（>7.5 kW）、螺旋式水泵和压缩机（非离心式）、发电机、金属切削机床、印刷机、旋转筛、锯木机和木工机械	1.1	1.2	1.3	1.2	1.3	1.4
载荷变动较大	制砖机、斗式提升机、往复式水泵和压缩机、起重机、磨粉机、冲剪机床、橡胶机械、振动筛、纺织机械、重载输送机	1.2	1.3	1.4	1.4	1.5	1.6
载荷变动很大	破碎机（旋转式、颚式等）、磨碎机（球磨、棒磨、管磨）	1.3	1.4	1.5	1.5	1.6	1.8

注：1. 空、轻载启动指电动机（交流启动、三角启动、直流并励），四缸以上的内燃机，装有离心式离合器、液力联轴器的动力机；重载启动指电动机（联机交流启动、直流复励或串励），四缸以上的内燃机。

2. 反复启动、正反转频繁、工作条件恶劣等场合，普通 V 带 K_A 应乘 1.2。

3. 增速传动时，K_A 应乘下列系数，即增速比分别为 1.25～1.74、1.75～2.49、2.5～3.49 和 ≥3.5 时，分别乘以系数 1.05、1.11、1.18、1.28。

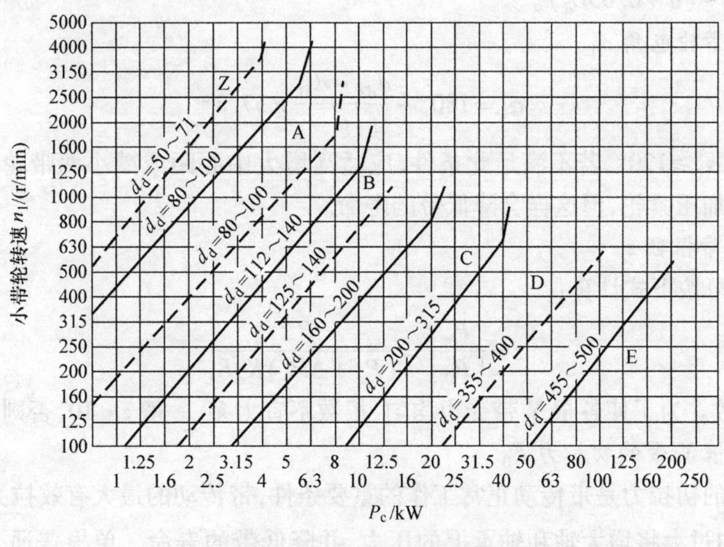

图 5－9　普通 V 带选型图

表 5-13　V 带轮的最小基准直径 d_{dmin}　　(mm)

型号	Y	Z	SPZ	A	SPA	B	SPB	C	SPC	D	E
d_{dmin}	20	50	63	75	90	125	140	200	224	355	500

4. 验算带速 v

$$v=\frac{\pi d_{d1}n_1}{60\times1\ 000}(\mathrm{m/s}) \tag{5-15}$$

带速太高，会使离心力增大，使带与带轮之间的摩擦力减小，易发生打滑现象。另外，单位时间内带绕过带轮的次数也增多，降低带的寿命。若带速太低，则当传递功率一定时，使传递的圆周力增大，带的根数增多。因此，对于普通 V 带传动，一般应使 v 在 5～25 m/s 的范围内。若带速超过该范围，应重新选择小带轮直径 d_{d1}。

5. 选择中心距 a 和带的基准长度 L_d

传动中心距小，则结构紧凑，但传动带较短、包角减小，且带的旋绕次数增多，会降低带的寿命，致使传动能力降低。如果中心距过大，则结构尺寸增大，当带速较高时会产生颤动。设计时应根据具体的结构要求或按下式初步确定中心距 a_0：

$$0.7(d_{d1}+d_{d2})<a_0<2(d_{d1}+d_{d2}) \tag{5-16}$$

由带传动的几何关系可得带的基准长度计算公式为

$$L_0=2a_0+\frac{\pi}{2}(d_{d1}+d_{d2})+\frac{(d_{d2}-d_{d1})^2}{4a_0} \tag{5-17}$$

根据 L_0 从表 5-5 选取接近的基准长度 L_d，再按下式近似计算出传动中心距：

$$a\approx a_0+(L_d-L_0)/2 \tag{5-18}$$

考虑到安装调整、补偿初拉力的需要，应将中心距设计成可调式，中心距的变化范围为 $(a-0.015L_d)\sim(a+0.03L_d)$。

6. 验算小带轮包角 α_1

$$\alpha_1=180°-\frac{d_{d2}-d_{d1}}{a}\times57.3° \tag{5-19}$$

一般应使 $\alpha_1\geqslant120°$，若不满足此条件，应适当增大中心距或减小两带轮的直径差。也可在带的外侧加压紧轮，但这样会降低带的寿命。

7. 确定 V 带根数 z

V 带根数可按下式计算：

$$z=\frac{P_c}{[P_0]}=\frac{P_c}{(P_c+\Delta P_0)K_\alpha K_L} \tag{5-20}$$

z 应取整数。为了使各根 V 带受力均匀，根数不宜太多，一般 $z<10$，否则重新计算。

8. 计算单根 V 带的初拉力 F_0

保持适当的初拉力是带传动正常工作的重要条件，带传动的最大有效拉力 F_{max} 与 F_0 成正比，但初拉力过大将增大轴和轴承上的压力，并降低带的寿命。单根普通 V 带合适的初拉力 F_0 可按下式计算：

$$F_0=\frac{500P_c}{zv}\left(\frac{2.5}{K_\alpha}-1\right)+qv^2 \tag{5-21}$$

由于新带易松弛，对于不能调整中心距的带传动，安装新带时的初拉力应为计数值的

1.5 倍。

9. 计算带传动作用在带轮轴上的压力 F_Q

为了设计安装带传动的轴和轴承，必须计算压轴力 F_Q。为简化其运算，可以不考虑带两边的拉力差，近似地按带两边均作用初拉力 F_0 计算，即

$$F_Q = 2zF_0\cos\frac{\beta}{2} = 2zF_0\sin\frac{\alpha_1}{2} \tag{5-22}$$

10. 带轮结构设计

参考本项目 1.1.3.2 确定带轮结构，绘制带轮零件工作图。

11. 设计结果

分别列出带型号、带的基准长度 L_d、带的根数 z、带轮基准直径 d_{d1} 和 d_{d2}、中心距 a 和轴上压力 F_Q 等。

案例 1　设计某带式输送机高速级的普通 V 带传动。已知异步电动机额定功率 $P=5.5$ kW，转速 $n_1=1\ 440$ r/min，传动比 $i=3.5$，三班制工作。

解　计算过程见表 5－14。

表 5－14　计算过程

计算项目	计算与说明	计算结果
1. 确定计算功率	查表 5－12，取 $K_A=1.3$，代入式(5－14)得 $P_c=K_AP=1.3\times5.5=7.15$ kW	$P_c=7.15$ kW
2. 选择带型号	根据 $P_c=7.15$ kW、$n_1=1\ 440$ r/min，由图 5－9 选 A 型 V 带	选 A 型 V 带
3. 确定小带轮基准直径 d_{d1}	根据图 5－9、表 5－13 取 $d_{d1}=100$ mm	$d_{d1}=100$ mm
4. 确定大带轮基准直径 d_{d2}	$d_{d2}=i_{12}d_{d1}=3.5\times100=350$ mm 按表 5－4 选取标准值 $d_{d2}=355$ mm，则实际传动比 i 为 $i=\frac{d_{d2}}{d_{d1}}=\frac{355}{100}=3.55$ 从动轮的转速误差率 $\frac{1\ 440/3.55-1\ 440/3.5}{1\ 440/3.5}\times100\%=1.4$	$d_{d2}=355$ mm
5. 验算带速 v	$v=\pi d_{d1}n_1/(60\times1\ 000)=3.14\times100\times1\ 440/(60\times1\ 000)=7.54$ m/s 满足 5 m/s<v<25 m/s，符合要求	$v=7.54$ m/s 符合要求
6. 初定中心距 a_0	根据 $0.7(d_{d1}+d_{d2})\leqslant a_0\leqslant2(d_{d1}+d_{d2})$，得 318 mm$\leqslant a_0\leqslant$910 mm，初定中心距 $a_0=800$ mm	$a_0=800$ mm
7. 确定带的基准长度 L_d	由式(5－17)得 $L_0=2a_0+\pi(d_{d1}+d_{d2})/2+(d_{d2}-d_{d1})^2/(4a_0)$ $=2\times800+\pi(100+355)/2+(355-100)^2/(4\times800)$ $=2\ 334.67$ mm 由表 5－5 取 $L_d=2\ 240$ mm	$L_d=2\ 240$ mm

续表

计算项目	计算与说明	计算结果
8. 确定实际中心距 a	由式(5-18)得实际中心距 $a \approx a_0 + (L_d - L_0)/2$ $= 800 + (2\,240 - 2\,334.67)/2 = 752.67$ mm 中心距变动范围: $a_{max} = a + 0.03L_d = 752.67 + 0.03 \times 2\,240 = 819.87$ mm $a_{min} = a - 0.03L_d = 752.67 - 0.03 \times 2\,240 = 719.07$ mm	$a = 752.67$ mm $a_{max} = 819.87$ mm $a_{min} = 719.07$ mm
9. 验算小带轮包角 α_1	由式(5-19)得 $\alpha_1 = 180° - \frac{d_{d2} - d_{d1}}{a} \times 57.3° = 180° - \frac{355 - 100}{752.67} \times 57.3° = 160.6° > 120°$	$\alpha_1 = 160.6°$ 符合条件
10. 确定单根V带额定功率 P_0	根据 $d_{d1} = 100$ mm, $n_1 = 1\,440$ r/min,由表5-10(用插值法)得 $P_0 = 1.154$ kW	$P_0 = 1.154$ kW
11. 确定功率增量 ΔP_0	由表5-11查得功率增量 $\Delta P_0 = 0.152$ kW	$\Delta P_0 = 0.152$ kW
12. 确定V带根数 z	由式(5-20)得 $z = \frac{P_c}{[P_0]} = \frac{P_c}{(P_c + \Delta P_0)K_\alpha K_L}$ 由表5-11查得 $K_\alpha \approx 0.95$,由表5-5查得 $K_L = 1.01$,则 $z \geqslant \frac{7.15}{(1.154 + 0.152) \times 0.95 \times 1.01} = 5.7$	取 $z = 6$
13. 确定单根V带的初拉力 F_0	由表5-8查得 $q = 0.10$ $F_0 = 500 \frac{P_c}{zv}\left(\frac{2.5}{K_\alpha} - 1\right) + qv^2$ $= 500 \times \frac{7.15}{6 \times 7.54} \times \left(\frac{2.5}{0.95} - 1\right) + 0.11 \times 7.54^2$ $= 136.64$(N)	$F_0 = 136.64$ N
14. 计算带对轴的压力 F_Q	$F_Q = 2zF_0 \sin(\alpha_1/2)$ $= 2 \times 6 \times 136.64 \times \sin(160.6°/2) = 1\,615.1$(N)	$F_Q = 1\,615.1$ N
15. 确定带轮结构,绘制零件工作图	(略)	

1.2.2 带传动的安装、张紧与维护

1.2.2.1 带传动的张紧

带传动工作一段时间后就会由于塑性变形而松弛,使初拉力减小,传动能力下降,此时需要重新张紧。常用的张紧方法主要有调整中心距法和张紧轮法两类。

1. 调整中心距法

调整中心距法包括定期张紧和自动张紧两种方法。

定期张紧就是定期调整中心距以恢复张紧力,常用的有滑道式和摆架式两种。图5-10(a)所示为滑道式,将电动机1装在滑道2上。图5-10(b)所示为摆架式,把电动机

1 装在摆动底座上。二者均通过调节螺钉 3 来调节中心距以达到张紧的目的。

自动张紧就是依靠电动机自重保证带始终处于张紧状态。如图 5－10(c)所示，把电动机 1 装在摇摆架 2 上，利用电机的自重，使电动机轴心绕铰点 A 摆动，拉大中心距以达到自动张紧的目的。

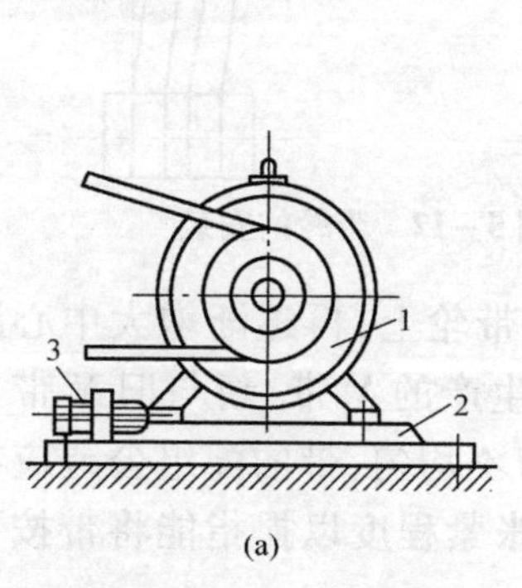

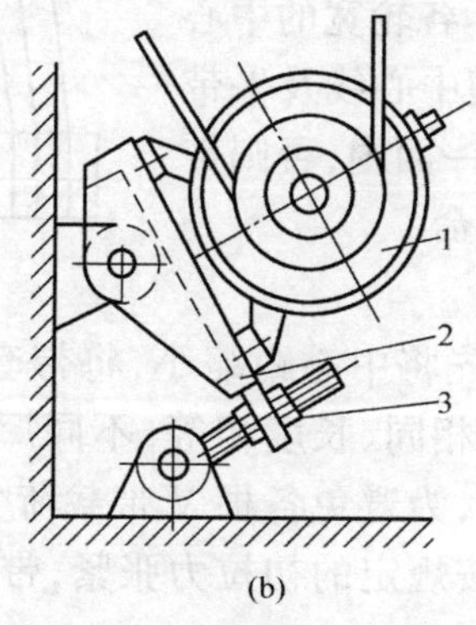

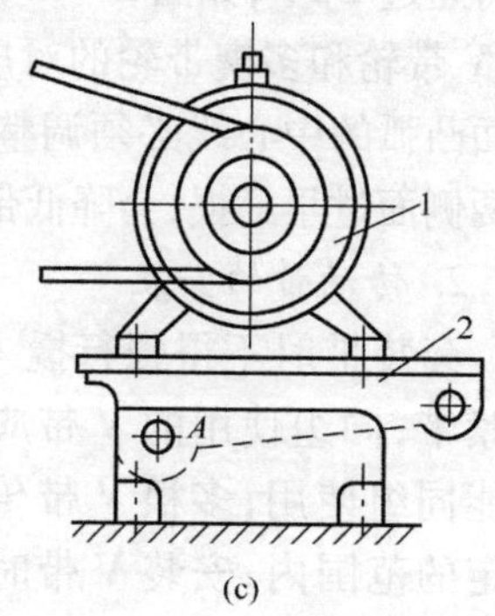

图 5－10　调整中心距法

2. 张紧轮法

当带传动的轴间距不能调整时，可采用张紧轮装置。如图 5－11(a)所示为定期张紧装置，定期调整张紧轮的位置可达到张紧目的。如图 5－11(b)所示为摆锤式自动张紧装置，依靠摆锤重力使张紧轮自动张紧。

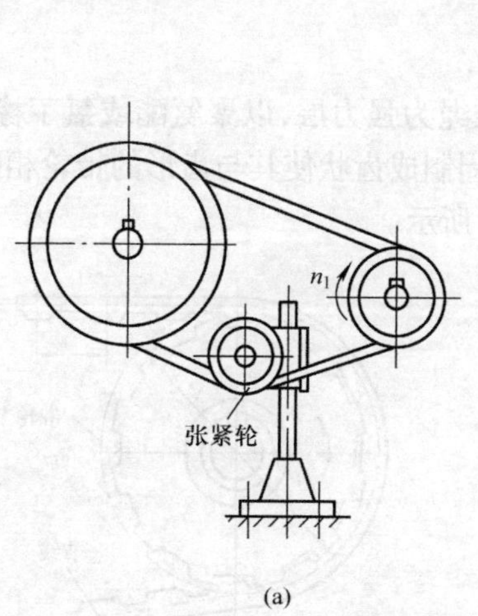

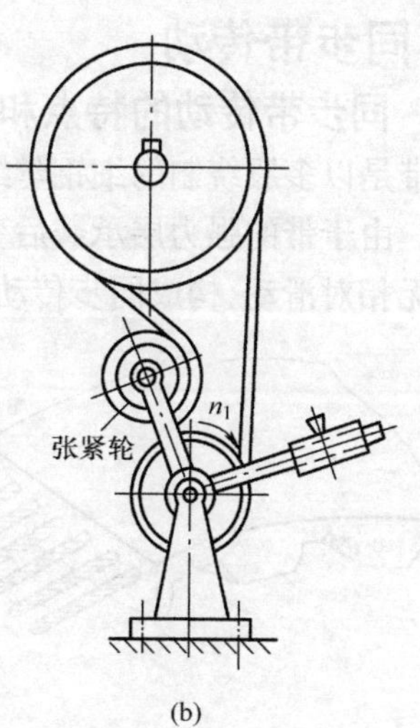

图 5－11　张紧轮的布置

V 带和同步带张紧时，张紧轮一般放在带的松边内侧并应尽量靠近大带轮一边，这样可使带只受单向弯曲，且小带轮的包角不致过分减小。平带传动时，张紧轮一般应放在松边外侧且靠近小带轮处。这样小带轮包角可以增大，提高平带的传动能力。

1.2.2.2　带传动的安装与维护

正确的安装与维护是保证带传动正常工作、延长寿命的有效措施，一般应注意以下几点。

1. 带轮的安装

平行轴传动时，两带轮的轴线必须保持规定的平行度；否则，带侧面磨损严重，一般其偏差角不得超过 ±20′，如图 5－12 所示。各轮宽的中心线、V 带轮和多楔带轮的对应轮槽中心线及平带轮面凸弧的中心线必须调整在同一面内，否则带的两侧面过早磨损，会降低带的寿命。

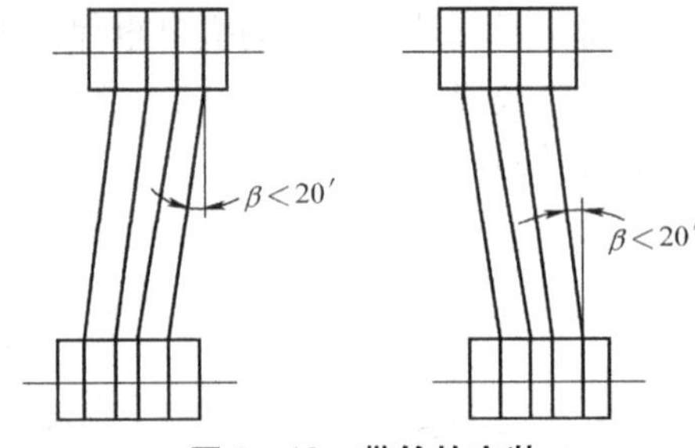

图 5－12　带轮的安装

2. 传动带的安装

套装带时不得强行撬入，应先将中心距缩小，将带套在带轮上，再逐渐增大中心距拉紧带；同组使用的 V 带应型号相同、长度相等，不同厂家生产的 V 带、新与旧 V 带也不能同组使用；多根 V 带传动时，为避免各根 V 带载荷分布不均匀，带的配组公差应在规定的范围内；安装 V 带时，应按规定的初拉力张紧，带的张紧程度以拇指能将带按下 15 mm 为宜。

3. 传动带的维护

带传动装置外面应加防护罩，以保证安全；防止带与酸、碱或油接触而发生腐蚀；对带传动应定期检查、及时调整，如有一根带松弛或损坏，则应全部更换新带；带传动的工作温度不能超过 60 ℃；带传动不需要润滑，但应及时清理带轮槽内及传动带上的油污；如果带传动装置需闲置一段时间后再用，应将传动带放松。

1.2.3　同步带传动

1.2.3.1　同步带传动的特点和应用

同步带是以多股绕制的细钢丝绳或玻璃纤维绳为强力层，以聚氨酯或氯丁橡胶为基体的环形带。由于带的强力层承载后变形小，且内周制成齿状使其与齿形的带轮相啮合，故带与带轮间无相对滑动，构成同步传动，如图 5－13 所示。

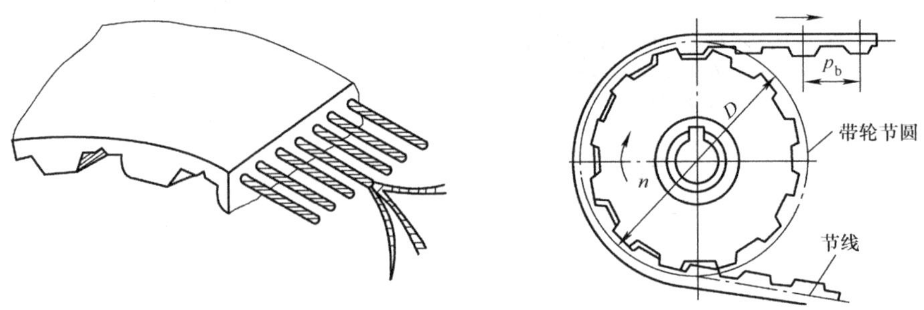

图 5－13　同步带结构与同步带传动

同步带传动具有传动比恒定、不打滑、效率高、初拉力小、对轴及轴承的压力小、速度及功率范围广、不需润滑、耐油、耐磨损以及允许采用较小的带轮直径、较短的轴间距、较大的传动比，使传动系统结构紧凑等特点；同时，也存在制造、安装精度要求高和成本高等缺点。

同步带传动主要用于要求传动比准确的中、小功率传动中，如计算机、录音机、纺织机械、烟草机械等。

1.2.3.2　同步带的参数、类型和规格

1. 同步带的参数

1）节距 p_b

同步带工作时保持原长度不变的周线称为节线，节线长 L_p 为公称长度。在规定的张紧力下，同步带纵截面上相邻两齿对称中心线间沿节线测量的距离 p_b，称为节距，它是同步带的最基本参数。

2）模数 m

$$m = p_b / \pi$$

2. 同步带的类型和规格

同步带的工作齿面分为梯形齿（图 5－14）和弧形齿（图 5－15）两大类。同步带按结构又分为单面同步带和双面同步带两种。双面同步带按齿的排列不同又分为对称齿双面同步带（DA 型）和交错齿双面同步带（DB 型）两种。此外，还有特殊用途和特殊结构的同步带。

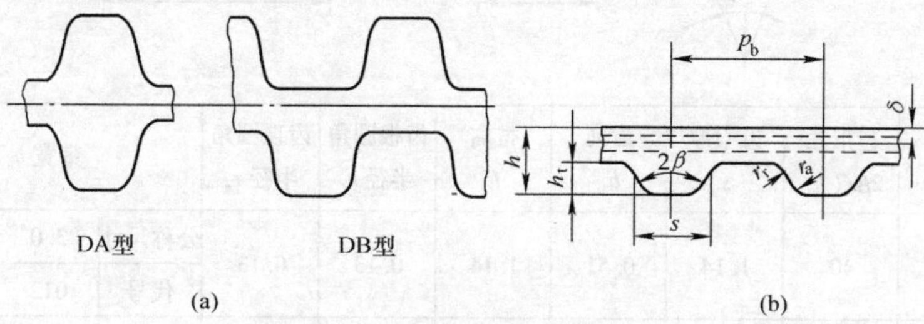

图 5－14　梯形齿双面同步带

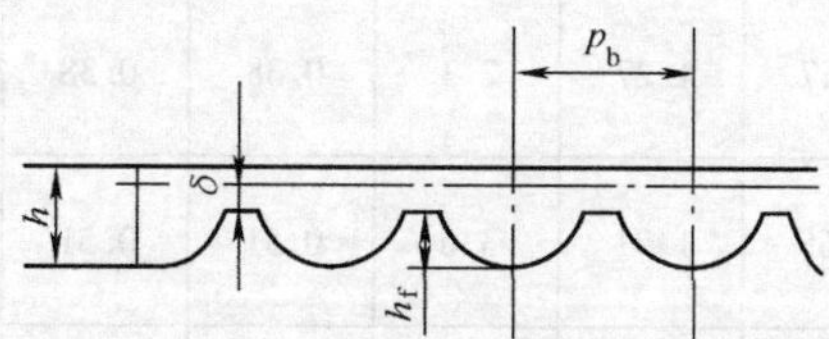

图 5－15　弧形齿单面同步带

梯形齿同步齿形带有周节制和模数制两种，我国采用周节制。周节制梯形齿同步齿形带已列入国家标准，称为标准同步带。标准同步带按节距划分为七种类型，带的齿形和带宽见表 5－15，节线长度系列见表 5－16。

标准同步带的标记由节线长度代号、型号、宽度代号和国标号组成。对称齿双面同步带在型号前加“DA”，交错齿双面同步带在型号前加“DB”。

标记示例：

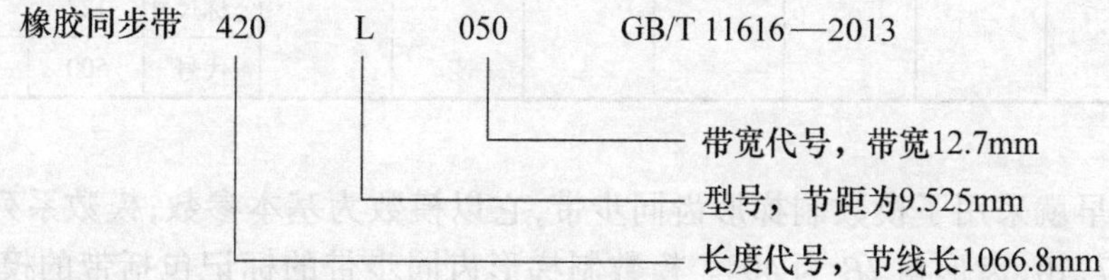

表示节线长为 1 066.8 mm、节距为 9.525 mm、带宽为 12.7 mm 的橡胶同步带。

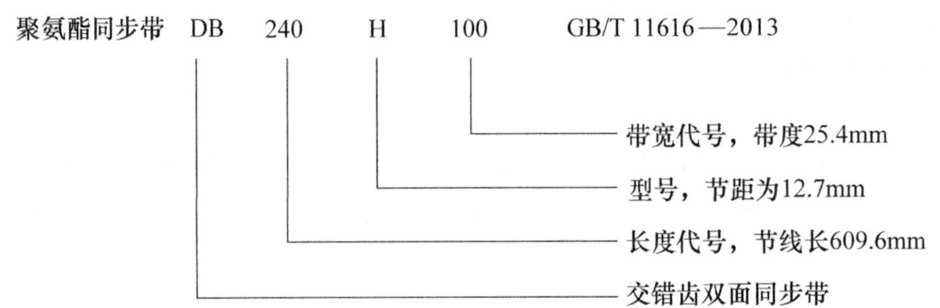

表 5-15 周节制梯形齿同步带的齿形尺寸与带宽（GB/T 11616—2013） （mm）

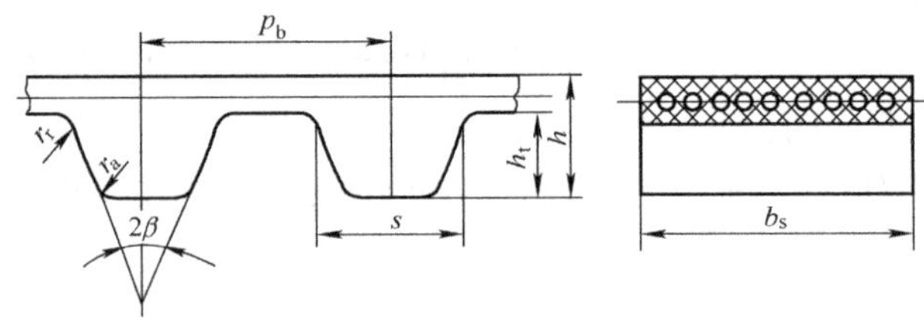

型号	节距 p_b	齿形角 $2\beta/(°)$	齿根厚 s	齿高 h_t	带高 h	齿根圆角半径 r_r	齿顶圆角半径 r_a	带宽 b_s 及代号			
MXL 最轻型	2.032	40	1.14	0.51	1.14	0.13	0.13	公称尺寸	3.0	4.8	6.4
								代号	012	019	025
XXL 超轻型	3.175	50	1.73	0.76	1.52	0.20	0.30	公称尺寸	3.0	4.8	6.4
								代号	012	019	025
XL 特轻型	5.080	50	2.57	1.27	2.3	0.38	0.38	公称尺寸	6.4	7.9	9.5
								代号	025	031	037
L 轻型	9.525	40	4.65	1.91	3.6	0.51	0.51	公称尺寸	12.7	19.1	25.4
								代号	050	075	100
H 重型	12.700	40	6.12	2.29	4.3	1.02	1.02	公称尺寸	19.1	25.4	38.1
								代号	075	100	150
								公称尺寸	50.8	76.2	—
								代号	200	300	—
XH 特重型	22.225	40	12.57	6.35	11.2	1.57	1.19	公称尺寸	50.8	76.2	101.6
								代号	200	300	400
XXH 超重型	31.750	40	19.05	9.53	15.7	2.29	1.52	公称尺寸	50.8	76.2	101.6
								代号	200	300	400
								公称尺寸	127	—	—
								代号	500	—	—

我国很早就采用了模数制梯形齿同步带，它以模数为基本参数，模数系列为 1.5、2、2.5、3、4、5、7、10，齿形角 2β 为 40°。模数制梯形齿同步带的标记包括带的模数、带宽和齿数。

标记示例：聚氨酯同步带 2×25×90 表示模数 $m=2$，带宽 $b_s=25$ mm，齿数 $z=90$ 的聚氨酯梯形齿同步带。

表 5-16　周节制梯形齿同步齿形带的节线长度、齿数（GB/T 11616—2013）

长度代号	节线长 L_p/mm	齿数 z				长度代号	节线长 L_p/mm	齿数 z				长度代号	节线长 L_p/mm	齿数 z		
		MXL	XXL	XS	MXL			XL	L	H	XH			H	XH	XXH
36	91.44	45				210	533.40	105	56			630	1600.20	126	72	
40	101.60	50				220	558.80	110				660	1676.40	132		
44	111.76	55				225	571.50		60			700	1778.00	140	80	56
48	121.92	60				230	584.20	115				750	1905.00	150		
50	128.02	63				240	609.60	120	64	48		770	1955.80		88	
56	142.24	70				250	635.00	125				800	2032.00	160		64
60	152.40	75	48	30		255	647.70		68			840	2133.60		96	
64	162.56	80				260	660.40	130				850	2159.00	170		
70	177.80		56	35		270	685.80		72	54		900	2286.00	180		72
72	182.88	90				285	723.90		76			980	2489.20		112	
80	203.20	100	64	40		300	762.00		80	60		1000	2540.00	200		80
88	223.52	110				322	819.15		86			1050	2667.00	210		
90	228.60		72	45		328	833.12		87			1100	2794.00	220		
100	254.00	125	80	50		330	838.20			66		1120	2844.80		128	
110	279.40		88	55		345	876.30		92			1200	3048.00			96
112	284.48	140				360	914.40			72		1250	3175.00	250		
120	304.80		96	60		367	933.45		98			1260	3200.00		144	
124	314.96	155			33	390	990.60		104	78		1400	3556.00	280	160	112
130	330.20		104	65		420	1066.80		112	84		1540	3911.60		176	
140	355.60	175	112	70		450	1143.00		120	90		1600	4064.00			128
150	381.00		120	75	40	480	1219.20		128	96		1700	4318.00	340		
160	406.40	200	128	80		507	1289.05				58	1750	4445.00		200	
170	431.80			85		510	1295.40		136	102		1800	4572.00			144
180	457.20	225	144	90		540	1371.60		144	108						
187	476.25				50	560	1422.40				64					
190	482.60			95		570	1447.80			114						
200	508.00	250	160	100		600	1524.00		160	120						

任务落实

1. 如图 5-8 所示的带式运输机传动装置，其异步电动机与齿轮减速器之间用普通 V 带传动，已知电动机额定功率 $P=5.5$ kW，转速 $n_1=960$ r/min，V 带传动比 $i=2.5$，运输机单向运转，载荷平稳，单班制工作。试设计此 V 带传动。（允许传动比误差 $\Delta i \leqslant \pm 5\%$）。

2. 某车床采用一普通 V 带传动，已知异步电机的额定功率 $P=10$ kW，转速 $n_1=1\ 450$ r/min，从动轴的转速 $n_2=400$ r/min，要求两带轮的中心距 a 约为 1 000 mm，每天工作 16 h。试选择所用 V 带的型号、长度和根数。

任务2　链传动的设计

任务引入

链传动广泛用于农业、采矿、冶金、石油化工及运输等各种机械中。那么,链传动有什么特点?结构形式如何?如何分析链传动的工作情况?如何设计链传动呢?

任务目标

1. 了解链传动的类型、特点及应用。
2. 熟悉滚子链的结构及标准。
3. 了解链传动的运动特性。
4. 掌握链传动的设计计算。

知识链接

2.1　链传动概述

链传动是一种具有中间挠性件(链条)的啮合传动,它同时具有刚、柔特点,兼有带传动和齿轮传动的一些特点,是一种应用十分广泛的机械传动形式。如图5-16所示,链传动由主动链轮1、从动链轮2和链条3组成,通过链条的链节与链轮上的轮齿相啮合来传递运动和动力。

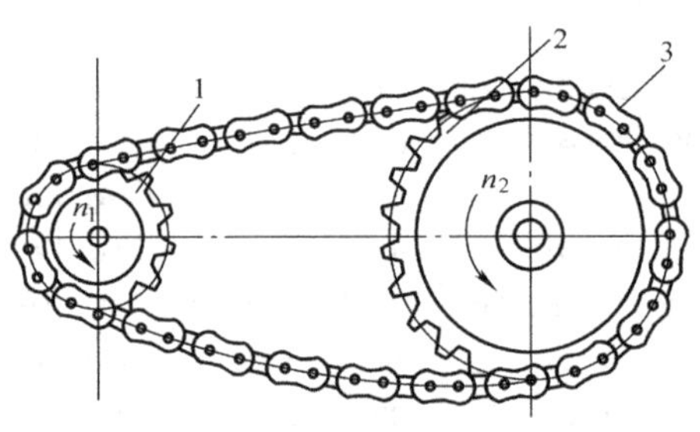

图5-16　链传动

2.1.1　链传动的类型

1. 按用途分

按用途的不同,链传动可分为三大类:传动链、起重链和牵引链。传动链用于一般机械上动力和运动的传递,通常都在中等速度($v \leq 20$ m/s)以下工作;起重链用于起重机械中提升重物,其工作速度不大于0.25 m/s;牵引链又称输送链,用于链式输送机中移动重物,其工作速度不大于2~4 m/s。

2. 按结构分

根据结构的不同,常用的传动链又分为滚子链、套筒链、弯板链和齿形链,如图5-17所示。滚子链结构简单、磨损较轻,故应用较广。齿形链又称无声链,具有传动平稳、噪声小、承受冲击性能好、工作可靠等优点,但结构复杂、质量大、价格高、制造较困难,故多用于高速(链速v可达40 m/s)或运动精度要求较高的传动装置中。

由于滚子链应用最为广泛,故本任务主要以滚子链传动为对象来介绍链传动的相关内容。

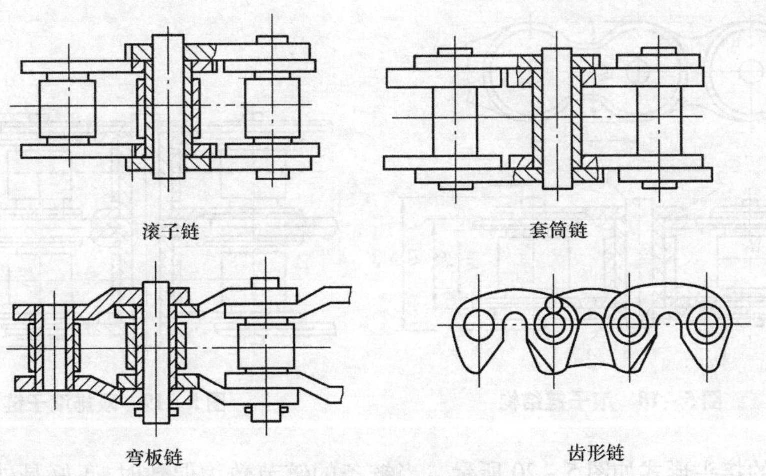

图 5－17　传动链的类型

2. 1. 2　链传动的特点及应用

链传动与其他传动相比，主要有以下特点。

(1) 由于链传动是有中间挠性件的啮合传动，无弹性滑动和打滑现象，因而能保证平均传动比不变。

(2) 链传动无须初拉力，对轴的作用力较小。

(3) 链传动可在高温、低温、多尘、油污、潮湿、泥沙等恶劣环境下工作。

(4) 由于链传动的瞬时传动比不恒定，传动平稳性较差，有冲击和噪声，且磨损后易发生跳齿，不宜用于高速和急速反向传动的场合。

链传动适用于两轴线平行且距离较远、瞬时传动比无严格要求以及工作环境恶劣的场合。链传动适用的一般范围为：传递功率 $P \leqslant 100$ kW，链速 $v \leqslant 15$ m/s，传动比 $i \leqslant 8$，中心距 $a \leqslant 5 \sim 6$ m，效率 $\eta = 0.91 \sim 0.97$。

2. 2　滚子链和链轮

2. 2. 1　滚子链的结构

如图 5－18 所示，滚子链是由内链板 1、外链板 2、销轴 3、套筒 4 和滚子 5 组成。内链板与套筒、外链板与销轴均为过盈配合，套筒与销轴、滚子与套筒之间均采用间隙配合，内外链板交错连接而构成铰链。当链与链轮啮合时，链轮齿面与滚子之间形成滚动摩擦，可减轻链条与链轮轮齿的磨损。内、外链板制成“∞”字形，可使其剖面的抗拉强度大致相等，同时亦可减小链条的自重和惯性力。组成链条的各零件由碳钢或合金钢制成，并进行热处理，以提高强度和耐磨性。

滚子链相邻两滚子轴线间的距离称为链节距，用 p 表示，它是链条的重要参数。滚子链可制成单排链（图 5－18）、双排链（图 5－19）和多排链，排数越多，承载能力越大。由于制造和装配精度，会使各排链受力不均匀，故一般不超过 4 排。

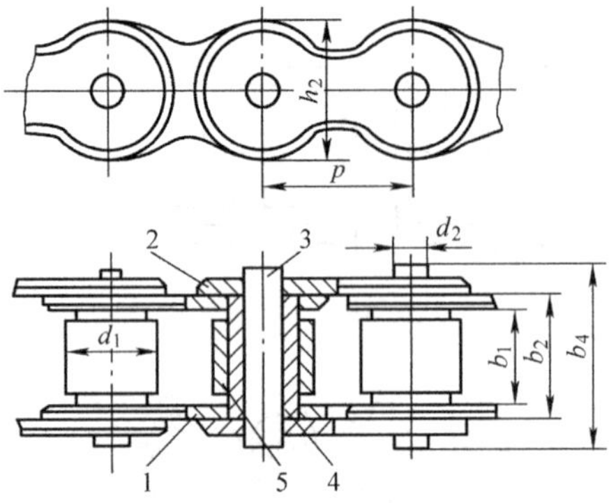

图 5－18　滚子链结构

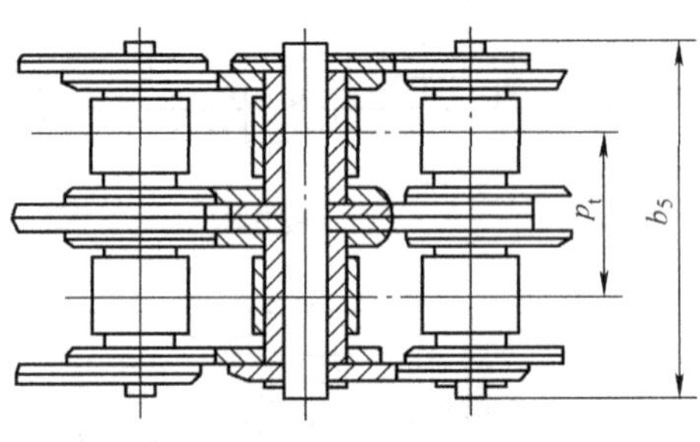

图 5－19　双排滚子链

滚子链的接头形式如图 5－20 所示。当链条的链节数为偶数时，正好是外链板与内链板相接，接头处用开口销或弹簧卡固定，如图 5－20(a)和(b)所示；当链条的链节数为奇数时，需采用过渡链节，如图 5－20(c)所示。由于过渡链板是弯的，承载后其承受附加弯矩，所以链节数尽量不用奇数。

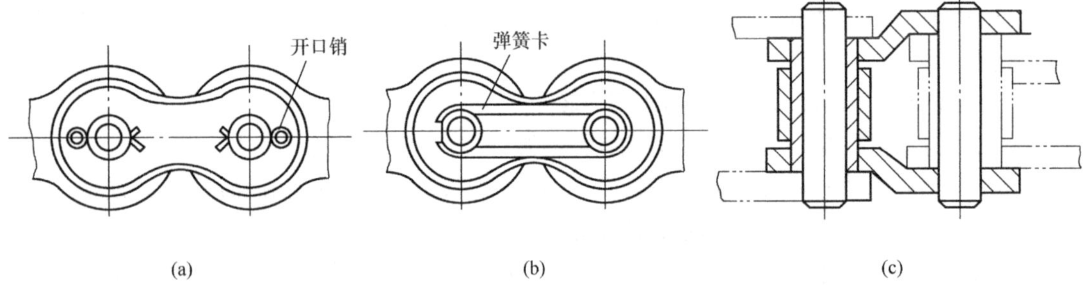

图 5－20　滚子链的接头形式

2.2.2　滚子链的标准

滚子链已标准化，分为 A、B 两个系列，常用的是 A 系列，其基本参数与尺寸见表5－17。国际上链节距均采用英制单位，我国标准中规定链节距采用米制单位。表内的链号数乘以 25.4/16 mm 即为节距值，链号中的后缀表示系列。

滚子链的标记规定：链号—排数 × 链节数　国家标准代号。如 A 系列滚子链、节距为 25.4 mm、单排、链节数为 82，则链的标记为 16A—1 ×82　GB/T 1243—2006。

表 5－17　滚子链的规格和主要参数(GB/T 1243—2006)

链号	节距 p/mm	排距 p_t/mm	滚子外径 d_1/mm	内链节内宽 b_1/mm	销轴直径 d_2/mm	内链节外宽 b_2/mm	销轴长度		内链板高度 h_2/mm	极限拉伸载荷 $F_{Q\min}$/kN		单排质量 q/(kg/m)
							单排 b_4/mm	双排 b_5/mm		单排	双排	
05B	8.00	5.64	5.00	3.00	2.31	4.77	8.6	14.3	7.11	4.4	7.8	0.18
06B	9.252	10.24	6.35	5.72	3.28	8.53	13.5	23.8	8.26	8.9	16.9	0.40
08B	12.7	13.92	8.51	7.75	4.45	11.30	17.01	31.0	11.81	17.8	31.1	0.70

续表

链号	节距 p/mm	排距 p_t/mm	滚子外径 d_1/mm	内链节内宽 b_1/mm	销轴直径 d_2/mm	内链节外宽 b_2/mm	销轴长度		内链板高度 h_2/mm	极限拉伸载荷 $F_{Q\min}$/kN		单排质量 q/(kg/m)
							单排 b_4/mm	双排 b_5/mm		单排	双排	
08A	12.7	14.38	7.95	7.85	3.96	11.18	17.8	32.3	12.07	13.8	27.6	0.6
10A	15.875	18.11	10.16	9.40	5.08	13.84	21.8	39.9	15.09	21.8	43.6	1.0
12A	19.05	22.78	11.91	12.57	5.94	17.75	26.9	49.8	18.08	31.1	62.3	1.5
16A	25.4	29.29	15.88	15.75	7.92	22.61	33.5	62.7	24.13	55.6	112.1	2.6
20A	31.75	35.76	19.05	18.90	9.53	27.46	41.1	77	30.18	86.7	173.5	3.8
24A	38.10	45.44	22.23	25.22	11.10	35.46	50.8	96.3	36.20	124.6	249.1	5.6
28A	44.45	48.87	25.4	25.22	12.70	37.19	54.9	103.6	42.24	169.0	338.1	7.5
32A	50.8	58.55	28.58	31.55	14.27	45.21	65.5	124.2	48.26	222.4	444.8	10.1
40A	63.5	71.55	39.68	37.85	19.84	54.89	80.3	151.9	60.33	347.0	693.9	16.1
48A	76.2	87.83	47.63	47.35	23.80	67.82	95.5	183.4	72.39	500.4	1000.8	22.6

注：1. 使用过渡链节时，其极限拉伸载荷按表列数值 80% 计算。

2. 多排链极限拉伸载荷按表列 q 值乘以排数计算。

2.2.3 链轮

链轮是链传动的主要零件之一。链轮齿形应便于链条能平稳而顺利地进入和退出啮合，并使其不易脱链；且应该形状简单，便于加工。国标规定了滚子链链轮的端面齿形有“二圆弧齿形”和“三圆弧－直线齿形”两种，常用的为“三圆弧－直线齿形”。如图 5－21 所示齿形，就是由三圆弧（dc、ba、aa'）和一直线（cb）组成，$abcd$ 为齿廓工作段。

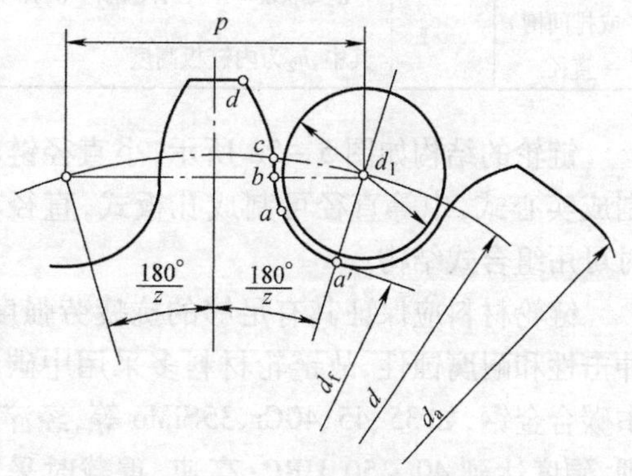

图 5－21 链轮端面齿形

由于链轮采用标准齿形，所以在链轮工作图上不必绘制其端面齿形，只需在图的右上角注明基本参数和“齿形 GB/T 1243—2006 制造”字样即可。

链轮的主要参数为齿数 z、节距 p（与链节距相同）和分度圆直径 d。分度圆是指链轮上销轴中心所处的被链条节距等分的圆，其直径为

$$d=\frac{p}{\sin\dfrac{180°}{z}}$$

滚子链链轮的主要尺寸列于表 5－18。

表 5-18　滚子链链轮的主要尺寸　(mm)

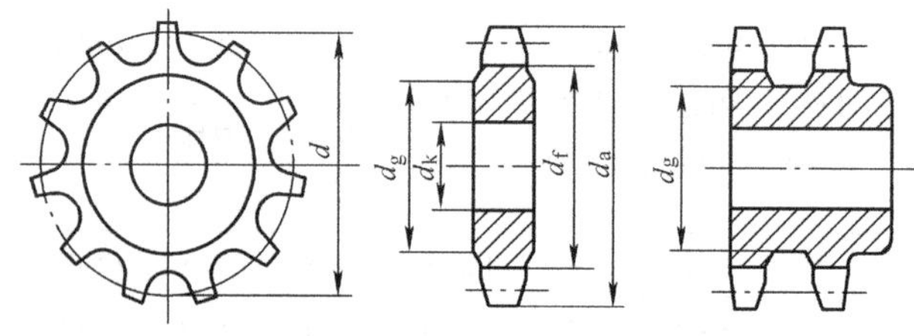

名称	符号	计算公式	说　明
分度圆直径	d	$d=\dfrac{p}{\sin\dfrac{180°}{z}}$	精确计算到 0.01 mm
齿顶圆直径	d_a	$d_{amin}=d+1.25p-d_1$ $d_{amax}=d+\left(1-\dfrac{1.6}{z}\right)p-d_1$ 其中,d_1为滚子外径。 若为“三圆弧－直线齿形”,则 $d_a=p\left(0.54+\cot\dfrac{180°}{z}\right)$	d_a可在d_{amin}与d_{amax}之间任意选取,但选用d_{amax}时,应注意用展成法加工时可能发生顶切。计算值舍小数取整数
齿根圆直径	d_f	$d_f=d-d_1$	精确到 0.01 mm
齿侧凸缘(或排间槽)直径	d_g	$d_g\leqslant p\cot\dfrac{180°}{z}-1.04h_2-0.76$ 其中,h_2为内链板高度	计算值舍小数取整数

链轮的结构如图 5-22 所示,小直径链轮可制成实心式,中等直径可制成孔板式,直径较大时可用组合式结构。

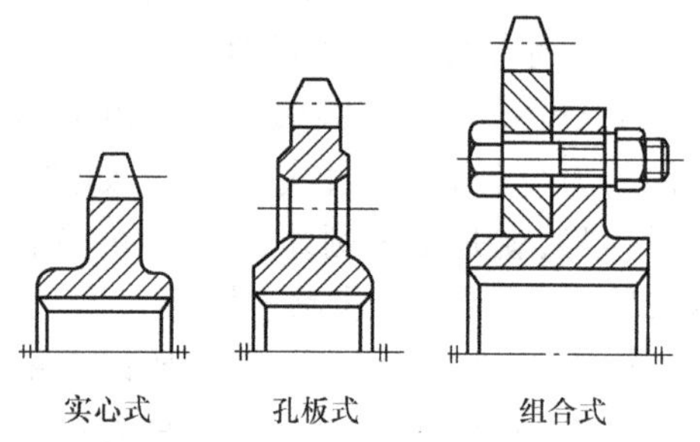

图 5-22　链轮的结构

链轮材料应保证其有足够的抗疲劳强度、耐冲击性和耐腐蚀性,故链轮材料多采用中碳钢和中碳合金钢,如 35、45、40Cr、35SiMo 等,经淬火处理,硬度达到 40～50 HRC;高速、重载时采用低碳钢、低碳合金钢,如 15、20、15Cr、20Cr,经表面渗碳淬火,硬度达到 55～60 HRC;低速、轻载、齿数较多的从动轮也可采用铸铁制造。工作时因小轮啮合次数远远多于大轮啮合次数,易于损坏,故小轮的材料应比大轮的要好一些。

2.3　链传动的运动特性

链条绕上链轮后,在啮合区域的部分链将折成正多边形,相当于链条绕在边长为节距 p,边长数为链轮齿数 z 的多边形轮上。如图 5-23 所示,设 n_1、n_2为两链轮的转速(r/min),则链条线速度(简称链速)为

$$v=\frac{z_1pn_1}{60\times 1\ 000}=\frac{z_2pn_2}{60\times 1\ 000} \tag{5-23}$$

式中：z_1、z_2为两链轮的齿数；p为链节距，单位为mm。

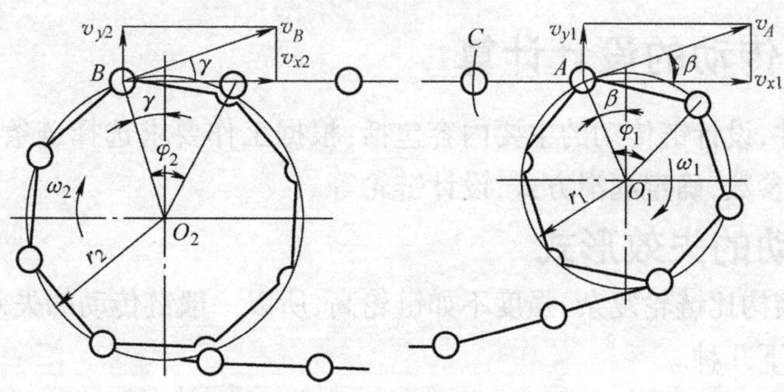

图5－23　链传动的运动分析

由此可得出链传动的传动比

$$i=\frac{n_1}{n_2}=\frac{z_2}{z_1}=常数 \tag{5-24}$$

由以上两式求得的链速和传动比均为平均值。实际上，由于多边形效应，瞬时链速和瞬时传动比都是变化的。为了便于分析，假设链的主动边（紧边）始终处于水平位置，如图5－23所示。主动链轮以角速度ω_1回转，当链节与链轮轮齿在A点啮合时，链轮上该点的圆周速度的水平分量（链节上该点的瞬时速度）和垂直分量的值分别为

$$v_{x1}=r_1\omega_1\cos\beta \tag{5-25}$$

$$v_{y1}=r_1\omega_1\sin\beta \tag{5-26}$$

式中：r_1为主动链轮的分度圆半径，单位为mm；β为主动链轮上铰链A点的圆周速度与链条前进方向的夹角。任一链节从进入啮合到退出啮合，β角在$-\frac{180°}{z_1}\sim+\frac{180°}{z_1}$的范围内变化。当$\beta=0°$时，其链速达最大值，$v_{\max}=r_1\omega_1$；当$\theta=\pm\frac{180°}{z_1}$时，其链速为最小值，$v_{\min}=r_1\omega_1\cos\frac{180°}{z_1}$。

由此可知，当主动链轮以角速度ω_1等速转动时，链条的瞬时速度v经历“最小—最大—最小”的周期性变化，并且每转过一个节距链速v就变化一次。

同理，链条在垂直于链节中心线方向的分速度v_{y1}也作周期性变化，从而使链条上下抖动。由于链速是变化的，工作时不可避免地要产生振动和动载荷。

在从动链轮上，γ角的变化范围为$-\frac{180°}{z_2}\sim+\frac{180°}{z_2}$，由于链速$v$不等于常数和$\gamma$角的不断变化，因此从动链轮的角速度$\omega_2=\frac{v_x}{r_2\cos\gamma}$也是周期性变化的，即链传动的瞬时传动比$i=\frac{\omega_1}{\omega_2}=\frac{r_2\cos\gamma}{r_1\cos\beta}$是变化的，这种特性称为链的多边形效应。当链轮齿数较多时，β和γ的变化范围变小，使传动中的速度波动、冲击、振动和噪声也都减小，所以链轮最小齿数不宜太少，通

常取主动链轮(即小链轮)齿数大于17。

由上述可知,链传动工作时不可避免地会产生振动和冲击,而引起附加动载荷。因此,链传动不适合于高速场合。

2.4 滚子链传动的设计计算

链条是标准件,设计链传动的主要内容包括:根据工作要求选择链条的类型、型号及排数,合理选择传动参数,确定润滑方式,设计链轮等。

2.4.1 链传动的失效形式

由于链条的结构比链轮复杂,强度不如链轮高,所以一般链传动的失效主要是链条的失效,常见形式有以下几种。

1. 链板疲劳破坏

链传动时由于松边和紧边的拉力不同,使得链条各元件受变应力的作用,经过一定的循环次数后,链板发生疲劳断裂,在正常润滑条件下,疲劳强度是决定链传动承载能力的主要因素。

2. 滚子和套筒的冲击疲劳破坏

链节与链轮啮合时,滚子与链轮间产生冲击,在反复启动、制动或反转时,也会产生巨大的惯性冲击,高速时冲击载荷更大,这些冲击都会使套筒与滚子发生冲击疲劳破坏。

3. 销轴与套筒的胶合

当润滑不良或速度过高时,销轴与套筒的工作表面摩擦发热较大,而使两表面发生粘附磨损,严重时则产生胶合。

4. 链条铰链磨损

链在工作过程中,各元件之间都会有不同程度的磨损,但主要磨损发生在销轴与套筒间的承载面上。磨损使链节距增大,链与链轮啮合点外移,容易引起跳齿和脱链。一般开式传动时极易产生磨损,降低链条寿命。

5. 过载拉断

在低速($v<0.6$ m/s)重载或瞬时严重过载时,会导致链条被拉断。

2.4.2 额定功率曲线

为使链传动的设计有可靠的依据,对各种规格的链条进行试验,可得出链传动不失效时所能传递的功率。如图5-24所示为A系列滚子链的额定功率曲线,它是在特定条件下经试验和分析得出的不同规格链条所能传递的额定功率P_0。其特定条件为:①两链轮轴水平安装,两链轮共面;②小链轮齿数$z_1=19$;③传动比$i=3$;④中心距$a=40p$;⑤载荷平稳;⑥单排链;⑦工作寿命为15 000 h;⑧按推荐的润滑方式润滑。设计时,如与上述条件不符,应对其所传递的功率进行修正。

2.4.3 设计计算准则

1. 中、低速链传动($v>0.6$ m/s)

对于一般链速$v>0.6$ m/s的链传动,其主要失效形式为疲劳破坏,故设计计算通常以疲劳强度为主并综合考虑其他失效形式的影响。计算准则为传递的功率值(计算功率值)

小于许用功率值，即

$$P_c \leqslant [P] \tag{5-27}$$

计算功率 P_c 可由下式确定：

$$P_c = K_A P \tag{5-28}$$

式中：K_A 为工况系数，见表 5-19；P 为名义功率，单位为 kW。

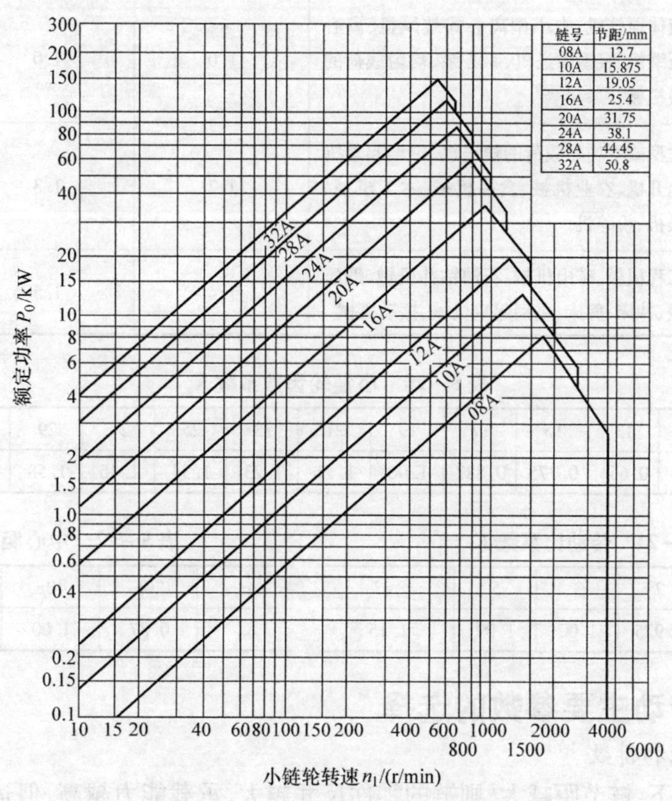

图 5-24　滚子链额定功率曲线

许用功率 $[P]$ 是在实际工作条件下链条所传递的额定功率，是将 P_0 进行修正而得到的，即

$$[P] = K_z \cdot K_i \cdot K_a \cdot K_p \cdot P_0 \tag{5-29}$$

式中：K_z 为小链轮齿数系数，见表 5-20；K_i 为传动比系数，见表 5-21；K_a 为中心距系数，见表 5-22；K_p 为多排链系数，见表 5-23。

由式(5-27)、式(5-28)和式(5-29)得

$$P_0 \geqslant P \frac{K_A}{K_z \cdot K_i \cdot K_a \cdot K_p} \tag{5-30}$$

2. 低速链传动($v \leqslant 0.6$ m/s)

当链速 $v \leqslant 0.6$ m/s 时，链传动的主要失效形式为链条的过载拉断，因此应进行静强度计算，校核其静强度安全系数 S，即

$$S = \frac{F_Q m}{K_A F} \geqslant 4 \sim 8 \tag{5-31}$$

式中：F_Q为单排链的极限拉伸载荷，见表5－17；m为链条排数；F为链的工作拉力，单位为N，$F=1\ 000P/v$（其中，P为名义功率，单位为kW；v为链速，单位为m/s）。

表5－19　工况系数K_A

载荷种类	工作机	动力机		
		内燃机液力传动	电动机或汽轮机	内燃机械传动
载荷平稳	液体搅拌机、中小型离心式鼓风机、离心式压缩机、轻型输送机、离心泵、均匀载荷的一般机械	1.0	1.0	1.2
中等冲击	大型或不均匀载荷的输送机、中型起重机和提升机、农业机械、食品机械、木工机械、干燥机、粉碎机	1.2	1.3	1.4
较大冲击	工程机械、矿山机械、石油钻井机械、锻压机械、冲床、剪床、重型起重机械、振动机械	1.4	1.5	1.7

表5－20　小链轮齿数系数K_z

z_1	9	11	13	15	17	19	21	23	25	27	29	31	33	37
K_z	0.446	0.554	0.664	0.775	0.887	1.00	1.11	1.23	1.34	1.46	1.58	1.70	1.82	1.93

表5－21　传动比系数K_i

i	1	2	3	5	≥7
K_i	0.82	0.925	1.00	1.09	1.15

表5－22　中心距系数K_a

a	$20p$	$40p$	$80p$	$160p$
K_a	0.87	1.00	1.18	1.45

2.4.4　链传动主要参数的选择

1. 链的节距和排数

在一定条件下，链节距越大，则链的零件尺寸越大，承载能力越高，但运动的不平稳性、动载荷和噪声也越大。链的排数越多，则其承载能力越强，传动的轴向尺寸越大。因此，设计时，在满足承载能力的前提下，应尽量选取小节距的单排链；高速重载时，可选择小节距的多排链。

2. 链轮齿数

链轮齿数对传动的平稳性和工作寿命影响很大。当小链轮齿数较少时，虽然可减小外廓尺寸，但会增大动载荷、传动平稳性差、磨损加快，因此小链轮齿数不宜过小，一般$z_1\geqslant17$。对于大链轮齿数也要限制，否则将使传动尺寸和重量增大，通常$z_2\leqslant120$。设计时，小链轮齿数z_1根据速度从表5－24中选取，大链轮齿数$z_2=iz_1$。另外，由于链节数常取偶数，为使轮齿磨损均匀，链轮齿数一般取与链节数互为质数的奇数。链轮齿数优选数列为17、19、21、23、25、38、57、76、95、114。

表5－23　多排链系数K_p

排数	1	2	3	4	5	6
K_p	1	1.7	2.5	3.3	4.1	5.0

表5－24　小链轮齿数z_1的选择

链速v/(m/s)	0.6～3	3～8	>8
齿数z_1	≥17	≥21	≥25

3. 传动比

传动比受链轮齿数的限制。传动比过大时，小链轮上的包角 α_1 将会太小，同时啮合的齿数也太少，将加速轮齿的磨损。因此，一般取传动比 $i \leqslant 7$，推荐 $i = 2 \sim 3.5$。当工作速度较低($v < 2$ m/s)，且载荷平稳、传动外廓尺寸不受限制时，允许 $i \leqslant 10$。

4. 中心距和链节数

中心距小可使链传动结构紧凑，但链条在小链轮上的包角小，与小链轮啮合的链节也少，会导致磨损加剧。同时，当链速一定时，链绕链轮的次数增多，即应力变化次数也增多，从而使链的寿命降低。中心距过大，则结构不紧凑，且由于链条松边的垂度大而产生颤动，增加运动的不均匀性。一般可初选中心距 $a_0 = (30 \sim 50)p$，最大可取 80 p。链的长度以链节数 L_p(节距 p 的倍数)来表示。与带传动相似，链节数 L_p与中心距 a 之间的关系为

$$L_p = \frac{L}{p} = \frac{2a_0}{p} + \frac{z_1 + z_2}{2} + \frac{p}{a_0}\left(\frac{z_2 - z_1}{2\pi}\right)^2 \tag{5-32}$$

计算出的 L_p应圆整为整数，最好取为偶数。链条总长为 $L = pL_p$。

根据 L_p确定实际中心距 a 的计算公式为

$$a = \frac{p}{4}\left[\left(L_p - \frac{z_1 + z_2}{2}\right) + \sqrt{\left(L_p - \frac{z_1 + z_2}{2}\right)^2 - 8\left(\frac{z_2 - z_1}{2\pi}\right)^2}\right] \tag{5-33}$$

一般情况下，中心距设计成可调的，以便于链条的安装和调节链的张紧程度。若中心距不能调节而又没有张紧装置时，为保持链条松边有合适的垂度，则实际安装中心距应比计算的中心距值小 2 ~5 mm。

2.4.5 链传动的设计计算

一般设计链传动的已知条件为：需要传递的功率、主动轮转速、从动轮转速(或传动比)、传动的用途和工作情况、原动机类型及外廓安装尺寸等。

设计计算的内容包括：确定滚子链的型号、链节距、链节数，选择链轮齿数、材料、结构，绘制链轮工作图并确定传动的中心距。

链传动的具体设计计算方法和步骤参见案例 2。

2.5 链传动的布置、张紧及润滑

2.5.1 链传动的布置

链传动的布置对传动的工作状况和使用寿命有较大影响。通常情况下，两链轮的转动平面应在同一平面内，两轴线必须平行，最好成水平布置，如需倾斜布置时，两链轮中心连线与水平面的夹角应小于 45°。同时链传动应使紧边(即主动边)在上、松边在下，以便链节和链轮轮齿可以顺利地进入和退出啮合。如果松边在上，可能会因松边垂度过大而出现链条与轮齿的干扰，甚至会引起松边与紧边的碰撞。

2.5.2 链传动的张紧

链传动需要适当张紧，以免垂度过大而引起啮合不良。一般情况下，链传动设计成中心距可调整的形式，通过调整中心距来张紧链轮。也可采用张紧轮张紧，张紧轮一般位于松边外侧靠近小链轮处，它可以是链轮，其齿数与小链轮相近；也可以是无齿的辊轮，辊轮直径稍

小，并常用夹布胶木制造。

2.5.3 链传动的润滑

链传动良好的润滑将会减少磨损、缓和冲击、提高承载能力、延长使用寿命，因此链传动应合理地确定润滑方式和润滑剂种类。

常用的润滑方式有如下几种。

（1）人工定期润滑。用油壶或油刷给油，如图 5－25（a）所示，适用于链速 $v \leqslant 4$ m/s 的不重要传动。

（2）滴油润滑。用油杯通过油管向松边的内、外链板间隙处滴油，如图 5－25（b）所示，适用于链速 $v \leqslant 10$ m/s 的传动。

（3）油浴润滑。链从密封的油池中通过，如图 5－25（c）所示，链条浸油深度以 6～12 mm 为宜，适用于链速 $v = 6 \sim 12$ m/s 的传动。

（4）飞溅润滑。在密封容器中，用甩油盘将油甩起，经壳体上的集油装置将油导流到链上，如图 5－25（d）所示，甩油盘速度应大于 3 m/s，浸油深度一般为 12～15 mm。

（5）压力油循环润滑。用油泵将油喷到链上，喷口应设在链条进入啮合之处，如图 5－25（e）所示，适用于链速 $v \geqslant 8$ m/s 的大功率传动。

链传动常用的润滑油有 L－AN32、L－AN46、L－AN68、L－AN100 等全损耗系统用油。温度低时，黏度宜低；功率大时，黏度宜高。

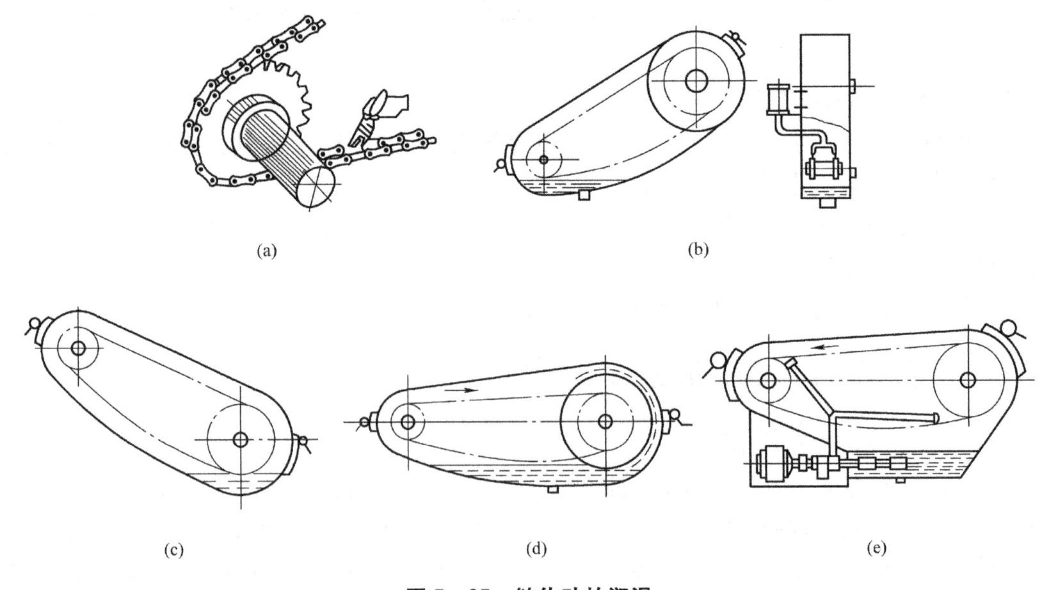

图 5－25 链传动的润滑

案例 2 设计一带动压缩机的链传动。已知电动机转速 $n_1 = 970$ r/min，压缩机转速 $n_2 = 330$ r/min，传递功率 $P = 9.7$ kW，两班制工作，载荷平稳。要求中心距 a 不大于 600 mm，电动机可在滑轨上移动。

解 设计步骤列于表 5－25。

表 5-25　链传动设计

序号	计算项目	计 算 内 容	计 算 结 果
1	选择链轮齿数 z_1、z_2	传动比： $$i=\frac{n_1}{n_2}=\frac{970}{330}=2.94$$ 估计链速 $v=3\sim8$ m/s。 按表 5-24 取小链轮齿数 $z_1=25$，则大链轮齿数 $z_2=iz_1=2.94\times25=73.5$，取 $z_2=73$	$z_1=25$ $z_2=73$
2	计算功率 P_c	由表 5-19 查得 $K_A=1.0$，计算功率 $$P_c=K_AP=1.0\times9.7=9.7\ \text{kW}$$	$P_c=9.7$ kW
3	确定中心距 a_0 及链节数 L_p	初定中心距 $a_0=(30\sim50)p$，取 $a_0=30p$，则 $$L_p=\frac{2a_0}{p}+\frac{z_1+z_2}{2}+\left(\frac{z_2-z_1}{2\pi}\right)^2\frac{p}{a_0}$$ $$=\frac{2\times30p}{p}+\frac{25+73}{2}+\left(\frac{73-25}{2\pi}\right)^2\frac{p}{30p}=110.95$$ 取 $L_p=110$ mm	$a_0=30p$ $L_p=110$ mm
4	确定链条型号和节距 p	根据链速估计链传动可能产生链板疲劳破坏，由表 5-20 查得小链轮齿数系数 $K_z=1.34$；由表 5-21 查得传动比系数 $K_i=1$；由表 5-22 用插入法求得中心距系数 $K_a=0.96$；考虑传递功率不大，故选单排链，由表 5-23 查得多排链系数 $K_p=1$。 所能传递的额定功率 $$P_0=\frac{P_c}{K_zK_iK_aK_p}=\frac{9.7}{1.34\times1\times0.96\times1}=7.5\ \text{kW}$$ 由图 5-24 选择滚子链型号为 10A，链节距 $p=15.875$ mm，由图证实工作点落在曲线顶点左侧，主要失效形式为链板疲劳，前面假设成立	滚子链型号为 10A 链节距 $p=15.875$ mm
5	验算链速 v	$$v=\frac{z_1pn_1}{60\times1\,000}=\frac{25\times15.875\times970}{60\times1\,000}=6.42\ \text{m/s}$$	v 值在 $3\sim8$ m/s 的范围内，与估算相符
6	确定链长 L 和中心距 a	链长 $$L=\frac{L_p\times p}{1\,000}=\frac{110\times15.875}{1\,000}=1.746\ \text{m}$$ 中心距 $$a=\frac{p}{4}\left[\left(L_p-\frac{z_1+z_2}{2}\right)+\sqrt{\left(L_p-\frac{z_1+z_2}{2}\right)^2-8\left(\frac{z_2-z_1}{2\pi}\right)^2}\right]$$ $$=\frac{15.875}{4}\left[\left(110-\frac{25+73}{2}\right)+\sqrt{\left(110-\frac{25+73}{2}\right)^2-8\left(\frac{73-25}{2\pi}\right)^2}\right]$$ $=468.48$ mm	$L=1.746$ m $a=468.48$ mm

续表

序号	计算项目	计 算 内 容	计 算 结 果
7	选择润滑方式	根据链速 v = 6.42 m/s，节距 p = 15.875 mm，选择油浴或飞溅润滑方法	油浴或飞溅润滑方法
8	设计结果	滚子链型号 10A—1 × 110　GB/T 1243—2006，链轮齿数 $z_1=25$，$z_2=73$，中心距 a = 468.48 mm	
9	结构设计	（略）	

任务落实

设计一链式输送机的滚子链传动。已知传递功率 P = 10 kW，转速 n_1 = 950 r/min，n_2 = 250 r/min，电动机驱动，载荷平稳，单班制工作。

思考与练习

1. 思考题

1.1　摩擦带传动按胶带的截面形状可分为哪几种类型？各有何特点？为什么传递动力多采用 V 带传动？

1.2　带在工作时受到哪些应力？应力沿带全长是如何分布的？最大应力在何处？

1.3　带传动中弹性滑动与打滑有何区别？它们对带传动各有什么影响？

1.4　带传动的主要失效形式是什么？单根 V 带所能传递的功率是根据哪些条件得来的？

1.5　如何判别带传动的紧边与松边？带传动有效圆周力 F 与紧边拉力 F_1、松边拉力 F_2 有什么关系？带传动的有效圆周力 F 与传递功率 P、转矩 T、带速 v、带轮直径 d 之间有什么关系？

1.6　链传动与带传动相比有哪些特点？

1.7　当传递功率较大时，可用单排大节距链条，也可用多排小节距链条，此二者各有何特点，各适用于什么场合？

1.8　小链轮齿数 z_1 不允许过少，大链轮齿数 z_2 不允许过多，这是为什么？

1.9　链传动的失效形式有哪几种？设计链传动的主要依据是什么？

2. 练习题

2.1　某 V 带传动传递的功率 P = 5.5 kW，带速 v = 10 m/s，紧边拉力 F_1 是松边拉力 F_2 的 2 倍，求该带传动的有效拉力及紧边拉力 F_1。

2.2　某普通 V 带传动由电动机直接驱动，已知电动机转速 n_1 = 1 450 r/min，主动带轮基准直径 d_{d1} = 160 mm，从动带轮直径 d_{d2} = 400 mm，中心距 a = 1 120 mm，用两根 B 型 V 带传动，载荷平稳，两班制工作，试求该传动可传递的最大功率。

2.3　设计某鼓风机用普通 V 带传动。已知异步电动机额定功率 $P = 5$ kW，转速 $n_1 =$ 1 450 r/min，$n_2 = 400$ r/min，中心距 a 约为 1 500 mm，每天工作 24 h。

2.4　试设计一驱动运输机的链传动。已知传递功率 $P = 200$ kW，小链轮转速 $n_1 = 720$ r/min，大链轮转速 $n_2 = 200$ r/min，运输机有中等冲击，同时要求大链轮的分度圆直径最好为 700 mm 左右。

项目六　轴的设计

任务1　轴的结构设计

任务引入

轴是组成机器的重要零件之一,是用来支承传动件的,而它本身又必须被支承起来。那么,轴的结构如何设计?它的强度又是如何校核的?如图6－1所示为单级圆柱齿轮减速器中的从动轴,指出图中各零件是如何固定的?轴的结构又是如何满足其工艺性要求的?

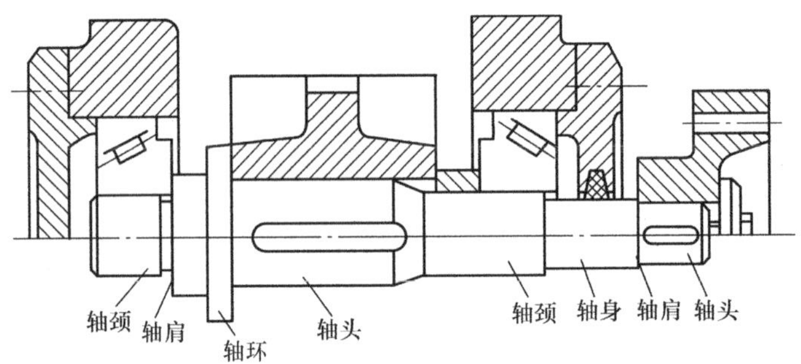

图6－1　单级圆柱齿轮减速器中的从动轴

任务目标

1. 了解轴的类型及其在工程中的应用;
2. 掌握轴的结构组成、各部分结构的作用及结构设计应该注意的问题;
3. 掌握轴的强度计算方法及轴的整体设计计算步骤。

知识链接

1.1　概述

轴的主要功用是支承旋转零件(齿轮、带轮、链轮等),传递运动和转矩。轴工作状态的好坏,直接影响到整台机器的性能和质量。

根据轴的承载性质不同,可将轴分为转轴、传动轴和心轴三类。工作时既承受弯矩又承受转矩的轴称为转轴,如图6－2所示齿轮减速器中的轴即为转轴。转轴是机器中最常见的轴,通常简称为轴。工作中主要用于传递转矩而不承受弯矩,或所承受的弯矩很小的轴称为传动轴,如图6－3所示汽车中连接变速箱与后桥之间的轴即为传动轴。工作中用来支承转动零件,只承受弯矩而不传递转矩的轴称为心轴。心轴有转动心轴和固定心轴两种。工作时转动心轴随转动件一起转动,轴所承受的弯曲应力按对称循环规律变化。如图 6-4 所示齿轮用键与轴相连,二者同时旋转;再如铁路机车的轮轴也是转动心轴。固定心轴工作时自身不转动,轴上承受的弯曲应力是不变的,处于静应力状态。如图 6-5 所示齿轮与轴之间装有轴承,轴承内圈与轴过盈配合,齿轮与轴承外圈一起转动;再如自行车前轮轴亦为固定心轴。

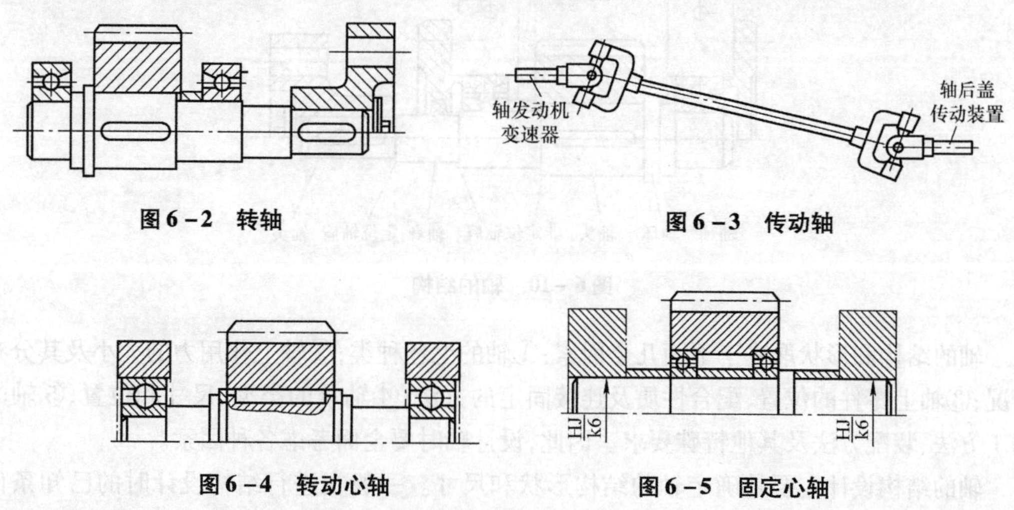

图 6-2　转轴

图 6-3　传动轴

图 6-4　转动心轴

图 6-5　固定心轴

根据轴线的形状不同,轴又可分为直轴(图 6-2 到图 6-5)、曲轴(图 6-6)和挠性轴(图 6-7)。直轴按其外形不同,又可分为光轴(图 6-8)和阶梯轴(图 6-9)两种。光轴形状简单、加工容易、应力集中源小,主要用作传动轴。阶梯轴各轴段截面的直径不同,这种设计使各轴段的强度相近,而且便于轴上零件的装拆和固定,因此阶梯轴在机器中的应用最为广泛。直轴一般多制成实心的,有时为了减轻重量或输送物料,也可制成空心的。曲轴是内燃机等往复式机械中的专用零件。挠性轴是特殊用途的轴,它可以灵活地把运动传到任何位置。

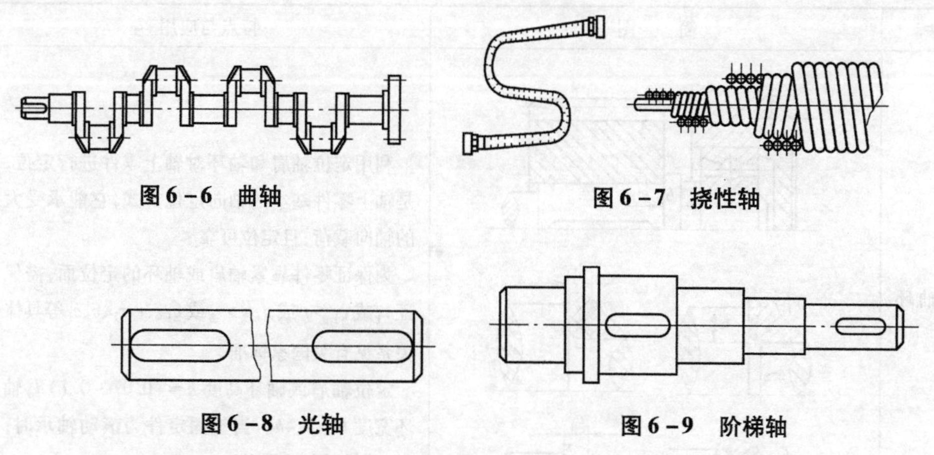
图 6-6　曲轴

图 6-7　挠性轴

图 6-8　光轴

图 6-9　阶梯轴

1.2　轴的结构设计

如图 6-10 所示为圆柱齿轮减速器中的低速轴。轴通常由轴头、轴颈、轴肩、轴环及不装任何零件的轴段等部分组成。轴上安装滚动轴承的部位称为轴颈,安装传动零件(如齿轮、皮带轮)的部位称为轴头,连接轴颈与轴头的部分称为轴身,用作轴上零件轴向定位的台阶部分称为轴肩,轴上轴向尺寸较小而直径最大的环形部分称为轴环,仅为了方便零件的安装而设置的阶梯称为非定位轴肩。

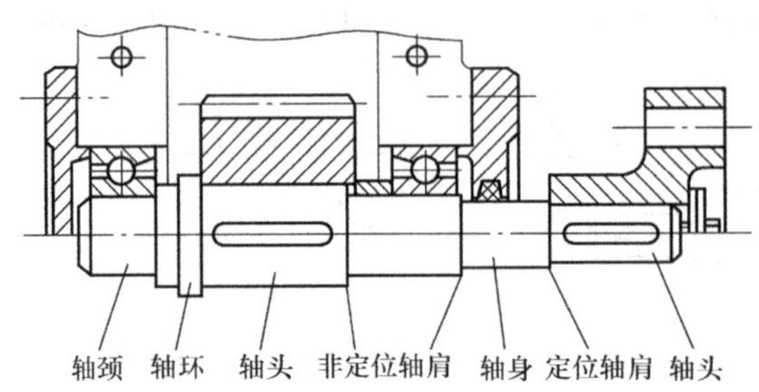

图 6－10　轴的结构

轴的结构和形状取决于下面几个因素:①轴的毛坯种类;②轴上作用力的大小及其分布情况;③轴上零件的位置、配合性质及连接固定的方法;④轴承的类型、尺寸和位置;⑤轴的加工方法、装配方法及其他特殊要求。因此,设计轴时要全面考虑各种因素。

轴的结构设计主要是确定轴的结构形状和尺寸。一般在进行结构设计时的已知条件有:机器的装配简图、轴的转速、传递的功率、轴上零件的主要参数和尺寸等。

1.2.1　轴上零件的固定

一般情况下,为保证零件在轴上的工作位置固定,应在轴向和周向上对零件加以固定。

1. 轴上零件的轴向定位及固定

零件在轴上应沿轴向能准确定位和可靠固定,以使其具有确定的安装位置,并能承受轴向力而不产生轴向位移。常用的轴向定位和固定方法见表 6－1。

表 6－1　轴上零件的轴向定位及固定方法

固定方法	简　　图	特点与应用
轴肩与轴环固定		利用定位轴肩和轴环对轴上零件进行定位,是轴上零件基本的轴向定位方式,它能承受大的轴向载荷,且定位可靠 为保证零件靠紧轴肩或轴环的定位面,需保证 r_1 或 $c_1 > r$ 或 c,$h > r_1$ 或 c_1。r、r_1、c、c_1 等具体关系见有关国家标准 定位轴肩或轴环高度 $h \approx (0.07 \sim 0.1)d$,轴环宽度 $b \approx 1.4h$。当被固定件为滚动轴承时,h、r 按轴承标准取值

（续）

固定方法	简　图	特点与应用
套筒固定		结构简单，定位可靠，不需在轴上加设阶梯，减少了对轴的强度削弱，一般用于零件间距较小的场合 由于套筒内孔与轴表面有间隙，为防止产生动载荷，轴速不宜过高
圆螺母加止退垫圈或双螺母固定		多用于轴端零件的固定，也可用于轴的中部，可承受较大的轴向力，并可在振动和冲击载荷下工作 圆螺母和止退垫圈的结构尺寸见有关国家标准
轴用弹性挡圈固定		轴用弹性挡圈与轴肩形成双向固定，只能承受很小的轴向载荷，常用于固定滚动轴承 弹性挡圈结构尺寸见有关国家标准
圆锥面与轴端挡圈固定	轴端止动垫片	拆装方便，固定可靠，可承受较大的轴向力，并能兼顾周向固定。多用于高速、冲击、振动，且对中精度要求高的场合。 轴端挡圈及轴端止动垫片结构尺寸见有关国家标准。
轴端挡圈固定	A向　A	用于轴端零件的固定，使用可靠，能承受较大的轴向力和冲击载荷 螺钉、挡圈及止动垫圈结构尺寸见有关国家标准
锁紧挡圈固定		常用于光轴上零件的固定，结构简单，只能承受较小的周向力和轴向力 锁紧挡圈结构尺寸见有关国家标准
紧定螺钉固定		同时具有周向固定的作用，只能承受很小的载荷且转速较小的场合 紧定螺钉结构尺寸见有关国家标准

2. 轴上零件的周向固定

为了传递运动和转矩，防止轴上零件相对轴的转动，轴和轴上零件必须可靠沿周向固定（连接）。周向固定方式的选择，要根据传递转矩的大小和性质、轮毂与轴的对中要求、加工的难易等因素来决定。常用的周向固定方法有键连接、花键连接、销钉连接、过盈配合连接及型面配合等，这些连接统称为轴毂连接（见项目三中的轴毂连接）。

1.2.2 轴的结构工艺性

轴的形状应力求简单，阶梯轴的级数应尽可能少。轴颈、轴头的直径应取标准值，直径的大小由与之相配合的零部件的内孔决定。轴身尺寸应取以 mm 为单位的整数，最好取偶数或5的倍数。为减小应力集中，轴肩处应有过渡圆角，r 应小于零件孔的圆角 r_1。为便于轴上零件的安装，轴端应有倒角，轴上需磨削处应设越程槽，如图6－11(a)所示。需车螺纹处应设退刀槽，如图6－11(b)所示。轴上多处有键槽时，键槽应在同一母线上，如图6－11(c)所示。轴两端应设中心孔，以便于加工和检验。轴上各段的键槽、圆角半径、倒角、中心孔等尺寸应尽可能统一。轴与零件过盈配合时，装入端需加工出导向圆锥面，如图6－11(d)所示。轴肩高度不能妨碍零件拆卸，轴的结构应能保证各零件装配时不损伤其他零件的配合表面。

1.2.3 轴的强度和刚度

轴的结构形状和轴上零件的固定会使轴的某些部位引起应力集中，从而降低轴的强度，因此设计时应注意以下几点。

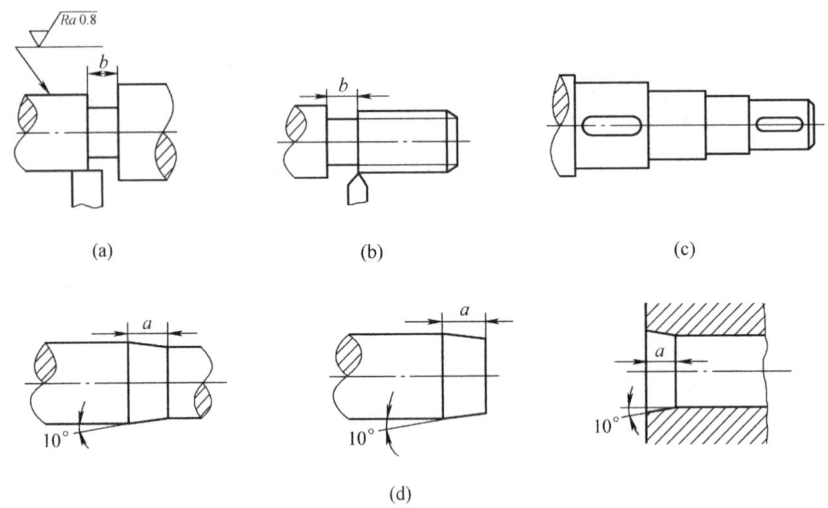

图6－11 轴的结构工艺

1. 改善轴的受力状况，减小轴所受的弯矩或转矩

为了减小轴所受的弯矩，轴上受力较大的零件应尽可能装在靠近轴承处，并尽量不采用悬臂支承方式，并力求缩短支承跨度和悬臂长度。

2. 合理布置轴上零件，以减小最大转矩

如图6－12(a)所示的轴，轴上作用的最大转矩为 T_1+T_2，如果把输入轮布置在两输出轮之间（图6－12(b)），则轴所受的最大转矩将由 T_1+T_2 降低到 T_1。

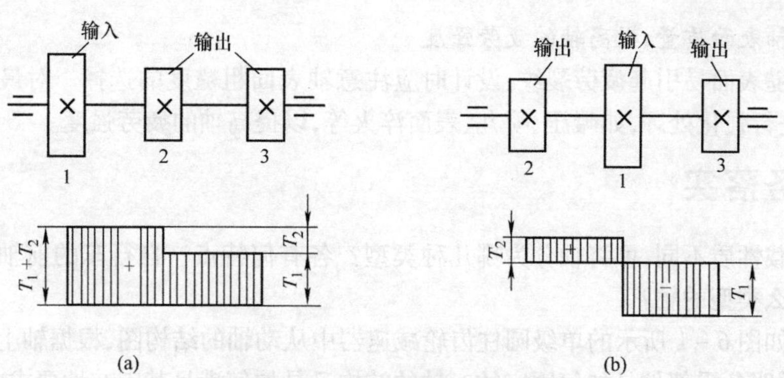

图 6－12　轴上零件的合理布置

3. 改进轴上零件结构，以减小轴所承受的弯矩

如图 6－13(a)所示为卷筒轴，卷筒的轮毂很长，如果把轮毂分成两段(图 6－13(b))，不仅有效地减小了轴上的最大弯矩，提高了轴的强度和刚度，而且减小了轴孔配合的长度，获得好的配合质量。

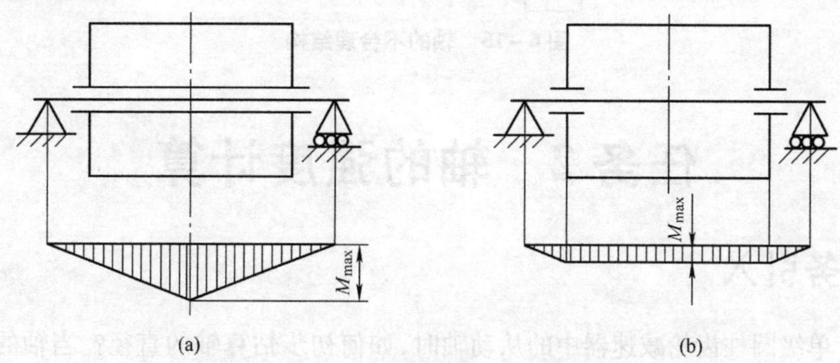

图 6－13　轴上零件合理结构

4. 改进轴的结构，以减少应力集中

避免轴直径尺寸的急剧变化，相邻轴段直径差不能过大；在直径突变处应设计出圆角，圆角半径尽可能取大些；尽量避免在轴上开孔和槽；如果受到相配合零件内孔倒角或圆角半径的限制时，可采用减载槽、中间环、凹切圆角等结构；零件与轴过盈配合时，应适当增大配合处的直径，或改进轮毂的结构，如轮毂孔边倒圆、在轴上车制减载槽等，如图 6－14 所示。

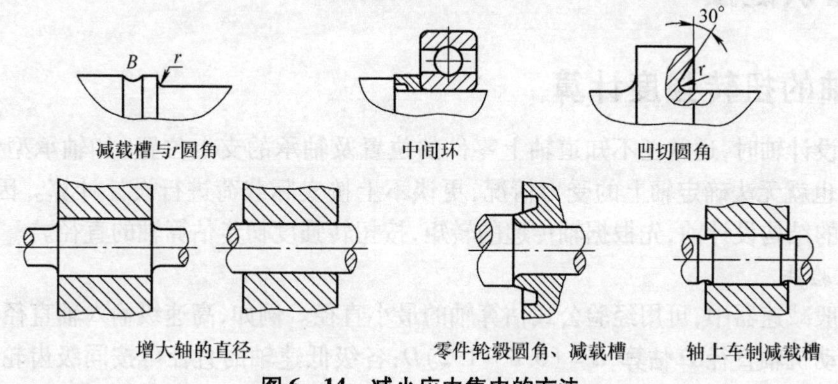

图 6－14　减小应力集中的方法

5. 改善轴表面质量，提高轴的疲劳强度

由于粗糙表面易引起疲劳裂纹，设计时应注意轴表面粗糙度的选择。对最大应力所在的表面，应进行强化处理，如碾压、喷丸、表面淬火等，以提高轴的疲劳强度。

任务落实

1. 按承载性质不同，可将轴分为哪几种类型？各有何特点？自行车的前轴、中轴、后轴分别属于什么类型的轴？

2. 分析如图 6－1 所示的单级圆柱齿轮减速器中从动轴的结构图，根据轴上各零部件的装拆顺序，说明各零部件是如何固定的？轴的结构又是如何满足其工艺性要求的？

3. 如图 6－15 所示为轴的不合理结构图，指出图中结构设计错误之处，并画出正确的结构图。

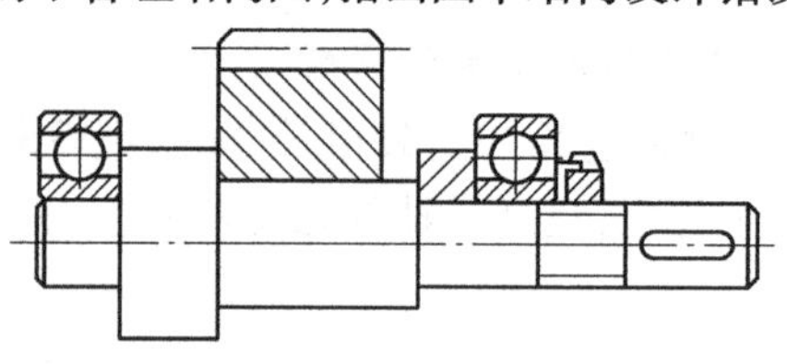

图 6－15　轴的不合理结构

任务 2　轴的强度计算

任务引入

在设计单级圆柱齿轮减速器中的从动轴时，如何初步估算轴的直径？当轴的结构设计完成后，如何校核其强度？

任务目标

1. 掌握轴的扭转强度计算方法。
2. 掌握轴的弯扭合成强度计算方法。

知识链接

2.1　轴的扭转强度计算

开始设计轴时，通常还不知道轴上零件的位置及轴承的支点位置（如轴承型号、尺寸、跨距等），也就无法确定轴上的受力情况，更谈不上按实际载荷进行设计计算。因此，一般在进行轴的结构设计前，先根据轴传递的转矩，按扭转强度初步估算轴的直径。

1. 经验法

在一般减速器中，可用经验公式估算轴的最小直径。例如，高速级输入轴直径 d 可按与其相连电动机轴直径 D 估算，$d=(0.8\sim1.2)D$；各级低速轴的直径可按同级齿轮中心距 a 估算，$d=(0.3\sim0.4)a$。

2. 计算法

设轴在转矩 T 的作用下产生扭转剪应力 τ。对圆截面实心轴，其抗扭强度条件为

$$\tau=\frac{T}{W}\approx\frac{9.55\times10^{6}P}{0.2d^{3}n}\leqslant[\tau]\,(\text{MPa}) \tag{6-1}$$

式中：T 为轴所传递的转矩，$T=9.55\times10^{6}\dfrac{P}{n}$，单位为 N · mm；$W$ 为轴的抗扭截面系数，单位为 mm^3，对圆截面实心轴，$W=\dfrac{\pi d^{3}}{16}\approx0.2d^{3}$；$[\tau]$ 为许用扭转剪应力，单位为 MPa，见表 6-2；P 为传递功率，单位为 kW；n 为轴的转速，单位为 r/min；d 为轴的估算直径，单位为 mm。

轴的设计计算公式为

$$d\geqslant\sqrt[3]{\frac{T}{0.2[\tau]}}=\sqrt[3]{\frac{9.55\times10^{6}P}{0.2[\tau]n}}=C\sqrt[3]{\frac{P}{n}}\,(\text{mm}) \tag{6-2}$$

式中：C 值的大小与轴的材料及受载情况有关，见表 6-2。

表 6-2　常用材料的 $[\tau]$ 值和 C 值

轴的材料	Q235A，20	Q255，Q275，35	45	40Cr，20CrMnTi，35SiMn，38SiMnMo
$[\tau]$/MPa	12 ~ 20	20 ~ 30	30 ~ 40	40 ~ 52
C	135 ~ 160	118 ~ 135	107 ~ 118	98 ~ 107

由式(6-2)求出的直径值，需圆整为标准直径，并作为轴的最小直径。如轴上有一个键槽，可将算得的最小直径增大 3% ~ 5%，如有两个键槽可增大 7% ~ 10%。

2.2　轴的弯扭合成强度计算

在轴的结构设计完成后，轴上零件的位置已确定，作用在轴上外载荷和支点反力的作用点也已确定。这样，就可以算出支点反力，绘出受力图、弯矩图、转矩图和当量弯矩图，按弯扭合成的理论进行轴危险截面的强度校核。

进行强度计算时，通常把轴当作置于铰链支座上的梁，作用于轴上零件的力作为集中力，其作用点取为零件轮毂宽度的中点。支点反力的作用点一般可近似地取在轴承宽度的中点上。具体计算步骤如下。

(1)画出轴的空间力系图。将轴上作用力分解为水平面分力和铅垂面分力，并求出水平面和铅垂面上的支点反力。

(2)分别作出水平面上的弯矩(M_H)图和垂直面上的弯矩(M_V)图。

(3)计算出合成弯矩 $M=\sqrt{M_{H}^{2}+M_{V}^{2}}$，绘制出合成弯矩图。

(4)作出转矩(T)图。

(5)计算当量弯矩 $M_e=\sqrt{M^{2}+(\alpha T)^{2}}$，绘出当量弯矩图。其中，$\alpha$ 为考虑弯曲应力与扭转剪应力循环特性的不同而引入的修正系数，即将转矩转化为弯矩的系数。通常弯曲应力为对称循环变应力，而扭转剪应力随工作情况的变化而变化。对于不变的转矩取 $\alpha=\dfrac{[\sigma_{-1}]_b}{[\sigma_{+1}]_b}\approx0.3$；对于脉动循环变化的转矩取 $\alpha=\dfrac{[\sigma_{-1}]_b}{[\sigma_0]_b}\approx0.6$；对于对称循环变化的转矩取 $\alpha=1$。其中，$[\sigma_{-1}]_b$、$[\sigma_0]_b$、$[\sigma_{+1}]_b$ 分别为对称循环、脉动循环、静应力状态下的许用弯曲应力，见表 6-3。

表 6-3 轴的许用弯曲应力 (MPa)

材料	σ_b	$[\sigma_{-1}]_b$	$[\sigma_0]_b$	$[\sigma_{+1}]_b$
碳素钢	400	40	70	130
	500	45	75	170
	600	55	95	200
	700	65	110	230
合金钢	800	75	130	270
	900	80	140	300
	1 000	90	150	330
铸钢	400	30	50	100
	500	40	70	120

对于频繁正反转的轴，可将转矩看成是对称循环变化。若转矩变化规律不清楚时，一般按脉动循环变化的转矩处理($\alpha\approx0.6$)。

(6)校核危险截面的强度。根据当量弯矩图找出危险截面，进行轴的强度校核，其公式如下：

$$\sigma_e=\frac{M_e}{W}=\frac{\sqrt{M^2+(\alpha T)^2}}{0.1d^3}\leqslant[\sigma_{-1}]_b(\text{MPa}) \tag{6-3}$$

设计公式为

$$d\geqslant\sqrt[3]{\frac{M_e}{0.1[\sigma_{-1}]_b}}(\text{mm}) \tag{6-4}$$

式中：σ_e为当量弯曲应力，单位为 MPa；M_e为当量弯矩，单位为 N·mm；W 为轴的危险截面抗弯系数，单位为 mm^3。

对一般用途的轴，按上述方法计算即可。对重要的轴，还需作精确的强度校核(如安全系数法)，其计算方法可查阅有关参考书。对有刚度要求的轴，在强度计算后，应进行刚度校核。

2.3 轴的刚度计算

轴在载荷作用下会发生弯曲或扭转变形，如果变形过大，会影响轴上零件的正常工作。如装有齿轮的轴，如果变形过大会使啮合状态恶化。因此，对于有刚度要求的轴，必须进行刚度校核计算。

1. 轴的弯曲刚度校核计算

应用材料力学的计算公式和方法算出轴的挠度 y 或转角 θ，并使其满足下式：

$$y\leqslant[y] \tag{6-5}$$

$$\theta\leqslant[\theta] \tag{6-6}$$

式中：$[y]$、$[\theta]$分别为轴的许用挠度和许用转角，其值列于表 6-4 中。

表 6-4 轴的许用变形量

变形种类		应用场合	许用值	备注
弯曲变形	许用挠度 [y]	一般用途的转轴	$(0.0003\sim0.0005)l$	L—支承间跨度；m_n—齿轮法向模数；m—蜗轮端面模数；Δ—电动机定子与转子间的间隙
		刚性要求较高的轴	$\leqslant 0.0002l$	
		安装齿轮的轴	$(0.01\sim0.03)m_n$	
		安装蜗轮的轴	$(0.02\sim0.053)m$	
		感应电动机轴	$\leqslant 0.01\Delta$	
扭转变形	许用转角 [θ]	滑动轴承	0.001 rad	
		深沟球轴承	0.005 rad	
		调心球轴承	0.05 rad	
		圆柱滚子轴承	0.0025 rad	
		圆锥滚子轴承	0.001 6 rad	
		安装齿轮处轴端面	0.001 rad	
	许用扭转角 [φ]	一般传动	0.5°~1°/m	
		较精密的传动	0.25°~0.5°/m	
		重要传动	0.25°/m	

2. 轴的扭转刚度校核计算

应用材料力学的计算公式和方法算出轴每米长的扭转角 φ，并使其满足下式：

$$\varphi \leqslant [\varphi] \tag{6-7}$$

式中：[φ]为轴每米长的许用扭转角。一般传动的[φ]值列于表 6-4 中。

2.4 轴的材料及选择

轴的材料主要采用碳素钢和合金钢。轴的毛坯一般采用碾压件和锻件，很少采用铸件。由于碳素钢比合金钢成本低且对应力集中的敏感性较小，所以得到广泛的应用。

常用的碳素钢有 35、40、45、50 钢等，其中最常用的是 45 钢。为保证轴材料的力学性能，应对材料进行调质或正火处理。轴受载荷较小或用于不重要的场合时，可用普通碳素钢（如 Q235A、Q275 等）作为轴的材料。

合金钢具有较高的力学性能，可淬火性也较好，可以在传递大功率、要求减轻轴的重量和提高轴颈耐磨性时采用，如 20Cr、40Cr 等。

轴也可以采用合金铸铁或球墨铸铁制造，其毛坯是铸造成形的，所以易于得到更合理的形状。合金铸铁和球墨铸铁的吸振性高，可用热处理方法提高材料的耐磨性，材料对应力集中的敏感性也较低；但是铸造轴的质量不易控制，可靠性较差。

轴的常用材料及主要力学性能见表 6-5。

表 6-5 轴的常用材料及主要力学性能

材料牌号	热处理方法	毛坯直径/mm	硬度HBS	抗拉强度 σ_b	屈服强度 σ_s	弯曲疲劳极限 σ_{-1}	应用说明
				MPa			
Q235A				440	240	200	用于不重要或载荷不大的轴
35	正火	≤100	143~187	520	270	250	有较好的塑性及适当的强度,可用于做一般曲轴、转轴等
45	正火 调质	≤100 ≤200	170~217 217~255	600 650	300 360	275 300	用于较重要的轴,应用最为广泛
40Cr	调质	≤100	241~286	750	550	350	用于载荷较大,尺寸较大的重要轴或齿轮轴
40MnB	调质	≤200	241~286	750	500	330	性能近于 40 Cr,用于重要的轴
35CrMo	调质	≤100	207~269	750	550	390	用于重载荷轴或齿轮轴
20Cr	渗碳淬火回火	≤60	表面 HRC 56~62	650	400	280	用于强度、韧性及耐耐磨性均高的轴
QT400-15			156~197	400	300	145	用于结构形状复杂的轴
Q6400-3			197~269	600	420	215	

2.5 轴的设计

对于一般轴的设计方法有类比法和设计计算法两种。

1. 类比法

这种方法是根据轴的工作条件,选择与其相似的轴进行类比及结构设计,画出轴的零件图。用类比法设计轴一般不进行强度计算。由于完全依靠现有资料及设计者的经验进行设计,设计结果比较可靠、稳妥,同时又加快设计进程。因此,类比法较为常用,但有时这种方法也会带有一定的盲目性。

2. 设计计算法

用设计计算法设计轴的一般步骤如下。

(1)根据轴的工作条件选择轴的材料,确定许用应力。

(2)按扭转强度估算轴的最小直径。

(3)进行轴的结构设计,绘制出轴的结构草图。具体内容包括以下几点:

① 根据工作要求,确定轴上零件的位置和固定方式;

② 确定各轴段的直径;

③ 确定各轴段的长度;

④ 根据有关设计手册,确定键、倒角、圆角、退刀槽、越程槽等结构细节。

(4)按弯扭合成强度条件进行轴的强度校核。一般在轴上选取2~3个危险截面进行强度校核。若危险截面的强度不够或强度裕度太大,则必须重新修改轴的结构。

(5)修改轴的结构后再进行校核计算。这样反复交替地进行校核和修改,直至设计出较为合理的轴的结构。

(6)绘制轴的零件图。

需要指出的是:

(1)一般情况下设计轴时不必进行轴的刚度、振动、稳定性等校核,如需进行轴的校核时,也只作轴的弯曲刚度校核;

(2)对用于重要场合的轴、高速转动的轴应采用疲劳强度校核计算方法进行轴的强度校核,具体内容可查阅机械设计方面的有关资料。

案例　如图6-16所示为带式输送机所用的单级斜齿圆柱齿轮减速器,已知输出轴传递的功率 $P=4.5$ kW,轴的转速 $n=160$ r/min,轴上齿轮的参数为 $z_2=60$, $m_n=3.5$ mm, $\beta=12°$, $\alpha_n=20°$,齿轮宽度 $B=60$ mm,载荷平稳,轴单向运转。试设计该减速器的从动轴。

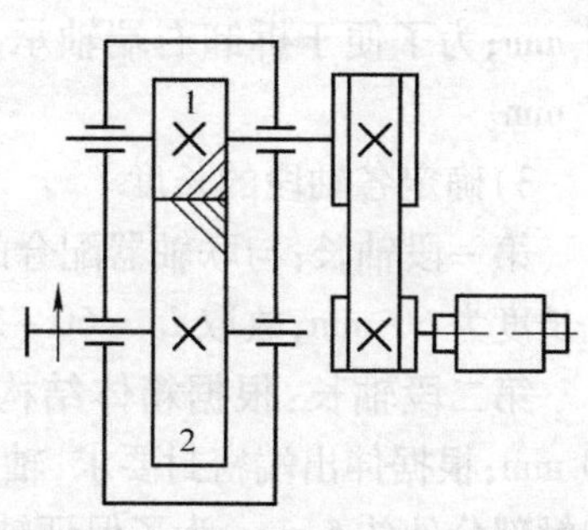

图6-16　单级斜齿圆柱齿轮减速器

解　1. 选择轴的材料,确定许用应力

由已知条件知减速器的功率属中小功率,对材料无特殊要求,故轴的材料选用45钢,正火处理。

查表6-5知,$\sigma_b=600$ MPa,$\sigma_s=300$ MPa。

2. 按扭转强度估算轴的最小直径

1)确定轴的最小直径

根据表6-2得 $C=107\sim118$,按式(6-2)初步估算从动轴的最小直径

$$d\geqslant C\times\sqrt[3]{\frac{P}{n}}=(107\sim118)\sqrt[3]{\frac{4.5}{160}}=32.54\sim35.88\ \text{mm}$$

考虑此处安装联轴器、有键槽,直径增大3%,取值范围为33.52~36.96 mm,由设计手册取标准值,并与联轴器相匹配,取 $d_{min}=35$ mm。

2)计算齿轮受力

分度圆直径　$$d=\frac{m_n z_2}{\cos\beta}=\frac{3.5\times60}{\cos12°}=214.69\ \text{mm}$$

转矩　$$T=9.55\times10^6\frac{P}{n}=9.55\times10^6\times\frac{4.5}{160}=268.6\times10^3\ \text{N}\cdot\text{mm}$$

圆周力　$$F_t=\frac{2T}{d}=\frac{2\times268.6\times10^3}{214.69}=2\,502\ \text{N}$$

径向力　$$F_r=\frac{F_t\tan\alpha_n}{\cos\beta}=\frac{2\,502\times\tan20°}{\cos12°}=931\ \text{N}$$

轴向力　$$F_a=F_t\tan\beta=2\,502\times\tan12°=532\ \text{N}$$

3. 设计轴的结构,绘制其结构草图

由于设计的是单级减速器,可将齿轮布置在箱体中央,将轴承对称安装在齿轮两侧,轴的外伸端安装半联轴器。

1)确定轴上零件的位置和固定方式

要确定轴的结构形状,必须先确定轴上零件的装配顺序和固定方式。齿轮从轴的左端装入,齿轮的右端用轴肩(或轴环)定位,左端用套筒固定。齿轮的周向固定采用平键连接。轴承对称安装于齿轮的两侧,其轴向用轴肩固定,周向采用过盈配合固定。

2)确定各轴段的直径

从左向右,第一段轴与联轴器配合,选择的弹性柱销联轴器的型号为 HL2,联轴器 J 型轴孔的孔径为 35 mm,轴孔长度为 60 mm,所以确定 $d_1=35$ mm;考虑联轴器要定位,同时为了能顺利地在 d_2 上安装轴承,d_2 必须满足轴承内径的标准(轴承选 7208C 型,内径为 40 mm),故取 $d_2=40$ mm;d_3 段安装齿轮,且齿轮左端用套筒定位,d_3 可按非定位轴肩确定直径,并考虑与齿轮内孔配合,取标准值 $d_3=45$ mm;d_4 按定位轴肩考虑,并取标准值,$d_4=55$ mm;为了便于拆卸右端轴承,查 7208C 型滚动轴承的最小安装直径为 47 mm,取 $d_5=47$ mm。

3)确定各轴段的长度

第一段轴长:与联轴器配合的轴段长度应比联轴器的轴孔长度略小 2 ~ 3 mm,联轴器轴孔长度为 60 mm,故取 $L_1=60-2=58$ mm。

第二段轴长:根据箱体结构及联轴器距轴承端盖要有一定的距离要求,取 $x_1=15\sim20$ mm;根据伸出端密封要求,轴承端盖密封处的厚度为 12 ~ 15 mm,轴承端盖与轴承外圈接触部分外伸 5 mm;为了保证轴承安装在箱体轴承座孔中(轴承选 7208C 型 $B=18$ mm),并考虑轴承的润滑,取轴承端面距箱体内壁的距离为 $x_2=5$ mm,为了保证齿轮端面和箱体内壁不相碰,应留有一定的间隙,一般取 15 ~ 20 mm,取该间隙 $x_3=15$ mm,所以 $L_2=80$ mm。

第三段轴长:齿轮的轮毂宽度为 60 mm,取 $L_3=58$ mm。

第四段轴长:由于齿轮是对称布置,$L_4=x_2+x_3=20$ mm。

第五段轴长:与轴承配合,$L_5=18$ mm。

4)加工键槽

L_1 和 L_3 轴段上分别加工出键槽,使两键槽处于轴的同一母线上,以方便加工。键槽的长度应比相配合轮毂的宽度小 5 ~ 10 mm,键槽的宽度按轴段直径查手册确定,详见项目三中的任务 2。

5)选定轴的结构细节

确定圆角、倒角、退刀槽等的尺寸。

按设计结果绘制的轴的结构草图如图 6 - 17 所示。

4. 按弯扭合成强度校核轴径

(1)绘制轴的受力图,如图 6 - 18(b)所示。

(2)作水平面内的弯矩图,如图 6 - 18(c)所示。

水平面支反力为

$$R_{HA}=R_{HB}=\frac{F_{t2}}{2}=\frac{2\ 502}{2}=1\ 251\ \text{N}$$

水平面内最大弯矩在截面 C 处,其值为

$$M_{HC}=1\ 251\ \text{N}\times59\ \text{mm}=73\ 809\ \text{N}\cdot\text{mm}$$

(3)作垂直面内的弯矩图,如图 6 - 18(d)所示。

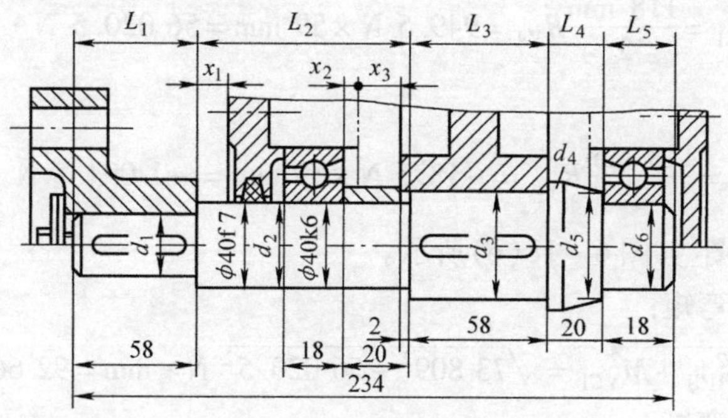

图 6-17　轴系结构草图

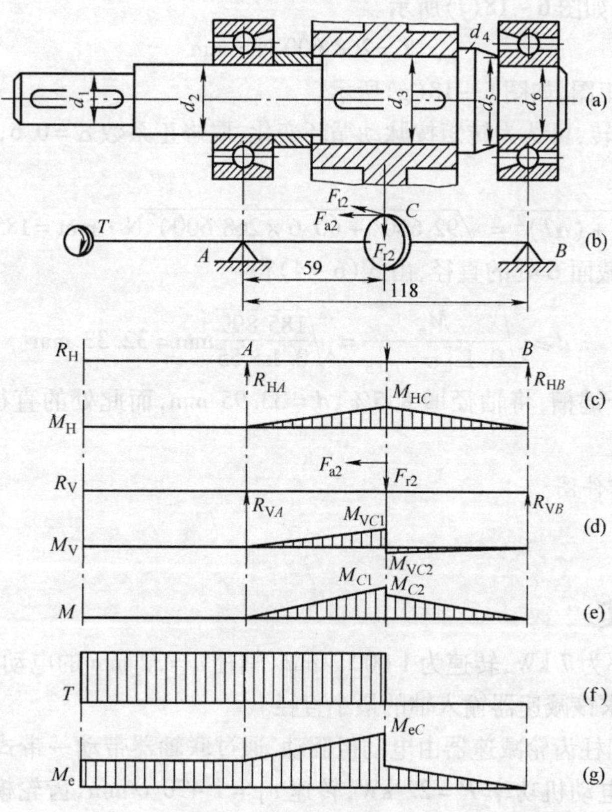

图 6-18　轴的强度计算图

垂直面支反力为

$$R_{VA}=\frac{59\ \text{mm}\times 931\ \text{N}+\dfrac{214.69}{2}\text{mm}\times 532\ \text{N}}{118\ \text{mm}}=949.5\ \text{N}$$

$$R_{VB}=\frac{59\ \text{mm}\times 931\ \text{N}-\dfrac{214.69}{2}\text{mm}\times 532\ \text{N}}{118\ \text{mm}}=-18.5\ \text{N}$$

垂直面内最大弯矩也在截面 C 处，截面 C 左侧：

$$M_{VC1}=\frac{118\ \text{mm}}{2}R_{VA}=949.5\ \text{N}\times 59\ \text{mm}=56\ 020.5\ \text{N}\cdot\text{mm}$$

截面 C 右侧：

$$M_{VC2}=\frac{118\ \text{mm}}{2}R_{VB}=-18.5\ \text{N}\times 59\ \text{mm}=-1\ 091.5\ \text{N}\cdot\text{mm}$$

(4)作合成弯矩图，如图 6-18(e)所示。

C 截面左侧合成弯矩：

$$M_{C1}=\sqrt{M_{HC1}^2+M_{VC1}^2}=\sqrt{73\ 809^2+56\ 020.5^2}\ \text{N}\cdot\text{mm}=92\ 661\ \text{N}\cdot\text{mm}$$

C 截面右侧合成弯矩：

$$M_{C2}=\sqrt{M_{HC2}^2+M_{VC2}^2}=\sqrt{73\ 809^2+(-1\ 091.5)^2}\ \text{N}\cdot\text{mm}=73\ 817\ \text{N}\cdot\text{mm}$$

(5)作转矩图，如图 6-18(f)所示。

$$T=268\ 600\ \text{N}\cdot\text{mm}$$

(6)作当量弯矩图，如图 6-18(g)所示。

由于轴单向运转，可认为转矩按脉动循环变化，取修正系数 $\alpha=0.6$，则 C 点左侧的当量弯矩最大，其值为

$$M_{eC}=\sqrt{M_{C1}^2+(\alpha T)^2}=\sqrt{92\ 660^2+(0.6\times 268\ 600)^2}\text{N}\cdot\text{mm}=185\ 899\ \text{N}\cdot\text{mm}$$

(7)验算危险截面 C 处的直径，由式(6-4)得

$$d\geqslant\sqrt[3]{\frac{M_e}{0.1[\sigma_{-1}]_b}}=\sqrt[3]{\frac{185\ 899}{0.1\times 55}}\text{mm}=32.33\ \text{mm}$$

因 C 处有一个键槽，将轴径增大 5%，$d=33.95$ mm，而此处的直径为 45 mm，故强度足够。

5. 绘制轴的零件图

略。

任务落实

1. 有一台功率为 7 kW，转速为 1 000 r/min，轴径 $d=32$ mm 的电动机，带动减速器的输入轴，试按估算法求该减速器输入轴的最小直径。

2. 单级直齿圆柱齿轮减速器由电动机驱动，通过联轴器带动一带式输送机装置。已知输送机载荷平稳，电动机功率 $P=22$ kW，转速 $n_1=1\ 470$ r/min，齿轮模数 $m=4$ mm，齿数 $z_1=18$，$z_2=82$，若支承间跨距 $l=180$ mm，轴的材料为 45 钢，调质处理。试设计减速器的输出轴，并校核危险截面处的直径。

思考与练习

1. 思考题

1.1　轴的功用是什么？

1.2　按在工作中所受载荷的不同轴分为哪几种类型？常见的轴大多属于哪一种？

1.3　为什么要把轴制成阶梯形的？

1.4　零件在轴上轴向固定和周向固定的常用方法有哪些？各有何特点？

1.5　轴的结构设计应考虑哪几个方面的问题？

1.6　阶梯轴的最小直径如何确定？若最小直径确定后，其他各部分的直径如何确定？

1.7　在齿轮减速器中，为什么低速轴的直径要比高速轴的直径大很多？

1.8　轴的常用材料有哪些？若轴的刚度不够，是否可以采用高强度合金钢提高轴的刚度？为什么？

2. 练习题

2.1　指出下列各图中轴的结构设计错误之处，并画出正确的结构图。

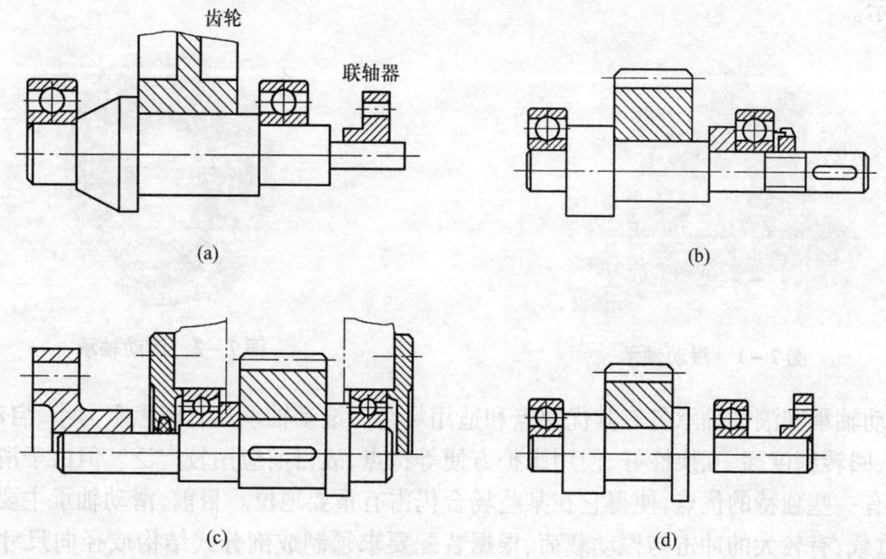

题 2.1 图

2.2　设计单级直齿圆柱齿轮减速器中的从动轴。已知输出轴传递的功率为 $P=8$ kW，从动齿轮转速 $n=100$ r/min，分度圆直径 $d=265$ mm，齿轮轮毂宽度为 60 mm，工作时单向运转，轴承采用深沟球轴承。

项目七　轴承的选择及计算

在各种机器设备中广泛使用着轴承。轴承的功用是支承轴及轴上零件，保持轴的回转精度，减少轴与支承之间的摩擦和磨损。根据支承处相对运动表面的摩擦性质，轴承可分为滑动摩擦轴承（简称滑动轴承）和滚动摩擦轴承（简称滚动轴承）两大类，如图7-1和图7-2所示。

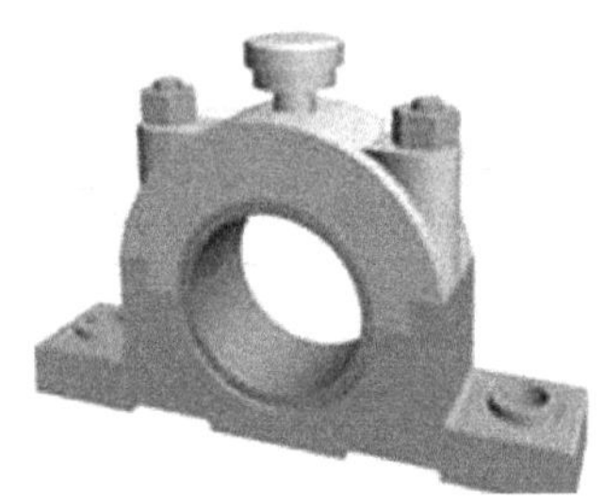

图7-1　滑动轴承

图7-2　滚动轴承

滑动轴承和滚动轴承各有其优缺点和适用场合。滚动轴承具有摩擦阻力小、启动灵活、效率高、回转精度高、互换性好、使用维护方便等特点，故目前应用较广泛。但由于滑动轴承本身具有一些独特的优点，使得它在某些场合仍占有重要地位。目前，滑动轴承主要应用于高速、重载、有较大的冲击与振动载荷、根据装配要求须制成剖分式结构或径向尺寸受限制时。因此，滑动轴承在航空发动机附件、仪表、金属切削机床、内燃机、铁路机车及车辆、轧钢机、雷达、卫星通信地面站及天文望远镜等方面应用仍很广泛。

本项目主要介绍轴承的类型、特点及应用，滚动轴承类型的选择、组合设计等内容，并对滑动轴承作一般介绍。

任务1　滚动轴承的选择

任务引入

滚动轴承的特点决定了滚动轴承的应用较为广泛。滚动轴承是一标准零部件，是由专门轴承厂批量生产的。实际生产中，要求了解滚动轴承的结构和装配要求，能够对其进行合理选型和使用。那么，滚动轴承的结构如何？在装配中需要注意什么问题？如何选型和使用呢？

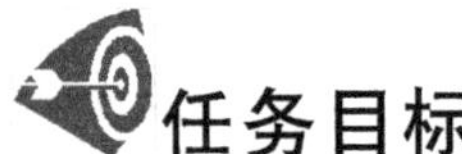

任务目标

1. 掌握滚动轴承的组成类型、特点及应用。
2. 掌握滚动轴承的代号含义及类型选择方法。

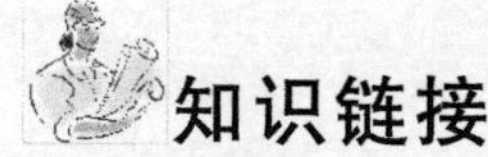

知识链接

1.1　滚动轴承的组成、类型及特点

1.1.1　滚动轴承的组成

滚动轴承由内圈、外圈、滚动体和保持架组成，其基本结构如图 7－3 所示。工作时，内圈装在轴颈上，外圈装在机座或零件的轴承孔内。多数情况下，内圈与轴颈过盈配合并随轴回转，外圈固定在机座上。当内、外圈之间相对转动时，滚动体在内、外圈的滚道内滚动。多数内外圈滚道为内凹形，可限制滚动体的轴向位移，能使轴承承受一定的轴向载荷。保持架的作用是将滚动体均匀隔开，避免滚动体相互接触，改善轴承内部的载荷分配。常见的滚动体有 5 种形状，如图 7－4 所示。

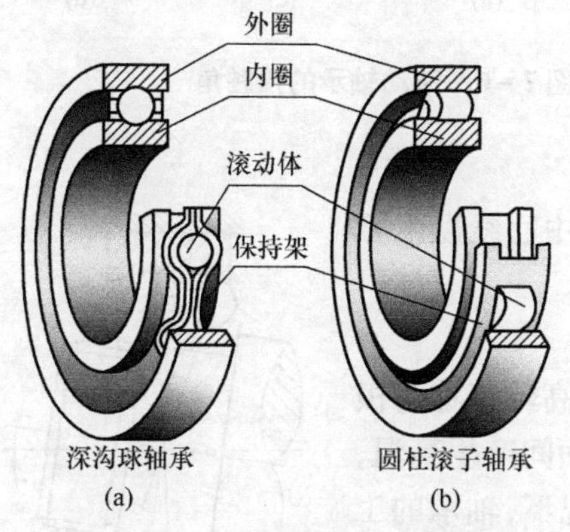

图 7－3　滚动轴承的基本结构

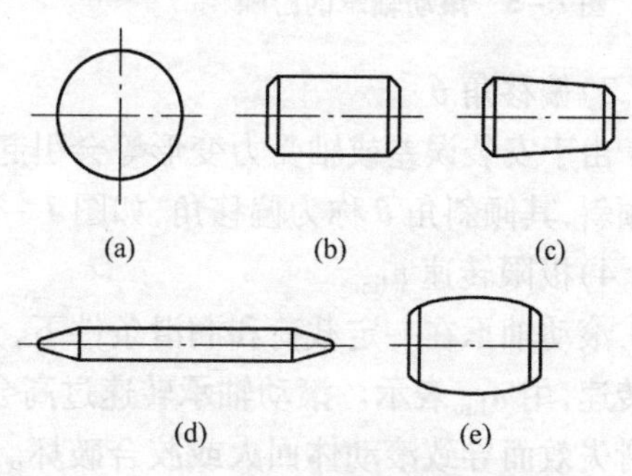

图 7－4　常用滚动体

滚动轴承的内、外圈和滚动体应具有较高的硬度和接触疲劳强度、良好的耐磨性和冲击韧性。一般采用特殊轴承钢制造，常用材料有 GCr15、GCr15SiMn、GCr6、GCr9 等，淬火硬度达到 60～65HRC。滚动轴承的工作滚道必须经过磨削抛光，以提高其接触疲劳强度。

保持架有冲压式和实体式两种。冲压保持架一般用低碳钢板冲压而成，如图 7－3(a)所示。实体保持架通常用铜合金、铝合金、工程塑料等制造，如图 7－3(b)所示。大尺寸轴承一般采用实体保持架。

为适应某些特殊要求，有些滚动轴承还要附加其他特殊元件或采用特殊结构，如轴承无内圈或外圈，或无保持架(如滚针轴承)；有些特殊滚动轴承也可以附设防尘密封结构，或在外圈上加止动环等。

1.1.2　滚动轴承结构特性及分类

滚动轴承按结构特点的不同有多种分类方法，各类轴承分别适用于不同载荷、转速及特殊需要。

1. 滚动轴承的结构特性

1)游隙

滚动轴承的内、外圈和滚动体之间存在一定的间隙，因此内、外圈之间可以有相对位移，其最大位移称为游隙。游隙分为轴向游隙和径向游隙，如图 7－5 所示。游隙大小对轴承的寿命、噪声、温升等有很大影响,应按使用条件进行合理选择和调整。

2)公称接触角 α

滚动体与外圈内滚道接触点的法线与轴承径向平面(端面)之间的夹角称为接触角,如图 7-6 所示。接触角 α 愈大,轴承承受轴向载荷的能力也愈大。

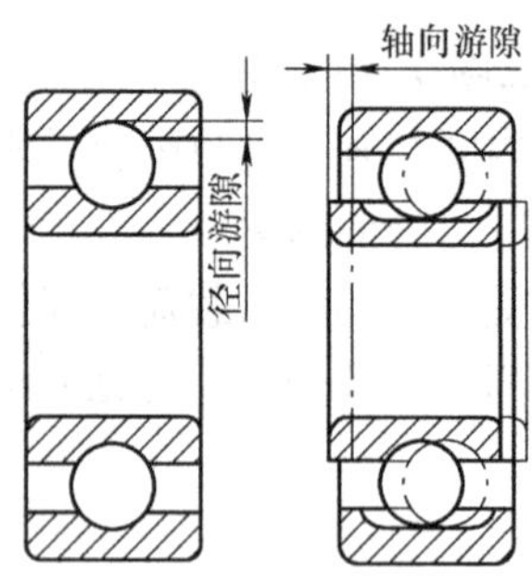

图 7-5 滚动轴承的游隙

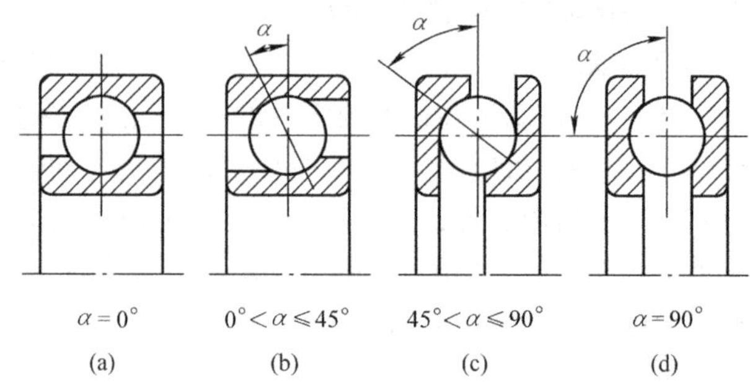

图 7-6 滚动轴承的接触角

3)偏移角 θ

由于安装误差或轴受力变形等会引起内、外圈中心线发生相对倾斜,其倾斜角 θ 称为偏移角,如图 7-7 所示。

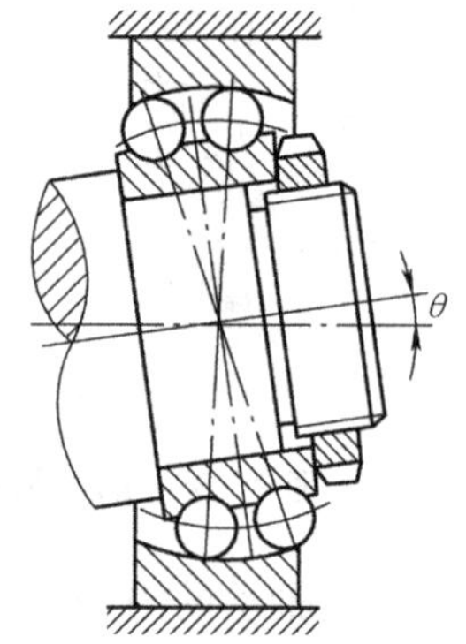

图 7-7 轴承的偏移角

4)极限转速 $n_{\lim}$

滚动轴承在一定载荷和润滑条件下,允许的最高转速称为极限转速,用 $n_{\lim}$ 表示。滚动轴承转速过高会使摩擦面间产生高温,润滑失效而导致滚动体回火或胶合破坏。一般情况下,轴承的工作转速应低于极限转速。

2. 滚动轴承的分类

(1)按滚动体的形状,滚动轴承可分为球轴承和滚子轴承(圆柱滚子、圆锥滚子、球面滚子和滚针等)两种类型。球轴承的滚动体为球,球与内、外圈滚道为点接触,承载能力低、耐冲击性差,但摩擦阻力小、极限转速高、价格低;滚子轴承的滚动体为滚子,滚子与内、外圈滚道为线接触,承载能力高、耐冲击,但摩擦阻力大、极限转速低、价格也高。

(2)按滚动体的列数,轴承可分为单列、双列及多列轴承。

(3)按工作时能否自动调心,轴承可分为调心轴承和非调心轴承,调心轴承允许的偏移角较大。

(4)按所能承受载荷方向或接触角的不同,可以把轴承分为向心轴承($0° \leqslant \alpha \leqslant 45°$)和推力轴承($45° < \alpha \leqslant 90°$)两大类。向心轴承又可分为径向接触轴承和向心角接触轴承。径向接触轴承的接触角 $\alpha = 0°$,主要承受径向载荷,有些可承受较小的轴向载荷;向心角接触轴承的接触角 $\alpha = 0° \sim 45°$,能同时承受径向载荷和轴向载荷,随接触角增大,轴向承载能力也增大。推力轴承又可分为轴向接触轴承和推力角接触轴承。轴向接触轴承的接触角 $\alpha = 90°$,只能承受轴向载荷;推力角接触轴承的接触角 $\alpha = 45° \sim 90°$,主要承受轴向载荷,也能承受较小的径向载荷。

(5)按安装轴承时其内、外圈可否分别安装,可分为可分离轴承和不可分离轴承。

常用滚动轴承的类型代号、简图、性能和特点见表7-1。

表7-1　常用滚动轴承的类型代号、简图、性能和特点

类型代号	轴承名称、简图及受力方向	示意图	轴承性能特点	基本额定动载荷比	极限转速比	价格比	允许角偏斜
1	调心球轴承		双排钢球,外圈滚道为内球面形,具有自动调心性能。主要承受径向载荷,能承受较小的轴向载荷	0.6~0.9	中	1.3	2°~3°
2	调心滚子轴承		与调心球轴承相似,双排滚子,有较高承载能力,允许角偏斜小于调心球轴承	1.8~4	低	4.4	0.5°~2°
3	圆锥滚子轴承		能同时受径向载荷和单向轴向载荷,承载能力大,内、外圈可分离,安装时便于调整游隙,成对使用,允许角偏斜小	1.5~2.5	中	1.7	2′
4	双列深沟球轴承		能同时受径向和轴向载荷,径向刚度和轴向刚度均大于深沟球轴承	1.6~2.3	中		8′~16′
5	推力球轴承		只能受单向轴向载荷,高速回转时离心力大,钢球和保持架磨损、发热严重,故极限转速较低,套圈可分离	1	低	0.9	0°
5	双向推力球轴承		能受双向的轴向载荷,其他同推力球轴承	1	低	1.8	0°
6	深沟球轴承		结构简单,主要受径向载荷,也可承受一定的双向轴向载荷,高速轻载装置中可用于代替推力轴承,极限转速高,价廉,应用最广	1	高	1	8′~16′
7	角接触球轴承		能同时受径向载荷和单向轴向载荷,接触角 α 有15°,25°和40°三种,轴向承载能力随接触角增大而提高,需成对使用	1~1.4 1~1.3 1~1.2	高	1.7	2′~10′

续表

类型代号	轴承名称、简图及受力方向	示意图	轴承性能特点	基本额定动载荷比	极限转速比	价格比	允许角偏斜
N	圆柱滚子轴承		能承受较大的径向载荷,内、外圈可作自由轴向移动,不能承受轴向载荷,滚子与内外圈是线接触,只允许有很小的角偏斜	1.5~3	高	2	2′~4′

1.2　滚动轴承的代号

滚动轴承是标准件,为便于轴承制造厂和用户之间的交流,国家规定使用字母加数字来描述滚动轴承的类型、尺寸、公差等级和结构特点,即规定轴承代号,并将代号打印在轴承端面上。国家标准(GB/T 272—1993)规定,滚动轴承代号由基本代号、前置代号和后置代号三部分构成,其表达方式见表 7-2。

表 7-2　滚动轴承代号的构成

前置代号	基本代号			后置代号
	类型代号	尺寸系列代号	内径代号	
字　母	数字或字母	数　字	数　字	字母(或加数字)
	×或××	×　×	××或/×	
		宽度或高度系列代号　直径系列代号		

1. 基本代号

基本代号是核心部分。除滚针轴承外,基本代号由轴承类型代号、尺寸系列代号和内径代号三部分构成,见表 7-2。

内径代号由数字组成。当轴承的内经在 20~480 mm 范围内(22、28、32 mm 除外)时,用内径的毫米数除以 5 的商表示;内径为 10、12、15、17 mm 的轴承内径代号分别是 00,01,02,03;内径为 22、28、32 mm 和尺寸等于或大于 500 mm 的轴承,其内径代号直接用内径毫米数表示,但在与尺寸系列代号之间用"/"分开;内径小于 10 mm 的轴承内径表示方法可查阅 GB/T 272—1993。

尺寸系列代号由两位数字组成。前一位数字是向心轴承的宽度或推力轴承的高度系列代号;后一位数字是轴承的直径系列代号。两者组合使用后,表示同一内径轴承具有不同的外径和宽度。如向心轴承的直径系列代号为 7 表示超特轻,8、9 表示超轻,0、1 表示特轻,2 表示轻,3 表示中,4 表示重,5 表示特重。宽度系列代号为 0 表示窄型,1 表示正常,2 表示宽,3、4、5、6 表示特宽。组合代号可查有关手册和标准。

类型代号由一位(或两位)数字或英文字母表示,其相应轴承类型见表 7-1。

2. 前置代号和后置代号

前置代号和后置代号是当轴承的结构形状、公差和技术要求等有改变时，在轴承基本代号左、右添加的补充代号。

前置代号用字母表示，在基本代号的左侧。如用 L 表示可分离轴承的可分离套圈，K 表示轴承的滚动体与保持架组件等。

后置代号用字母(或加数字)表示，在基本代号的右侧，表示轴承内部结构、密封防尘与套圈变型、保持架及其材料、轴承材料、公差等级、游隙组别、配置安装代号等要求。

前置、后置代号的具体含义可参阅 GB/T 272—1993 或有关手册。

以轴承 6203、30310/P6X 为例，说明滚动轴承代号的含义。

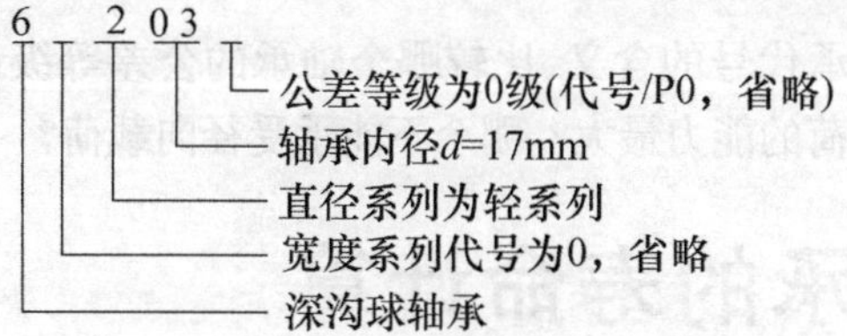

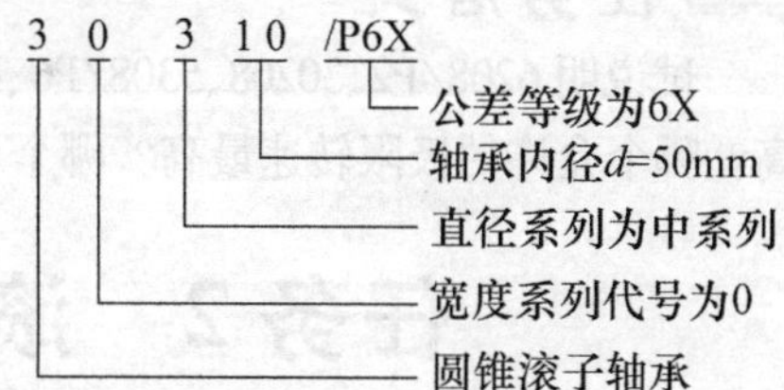

1.3　滚动轴承类型的选择

轴承类型的正确选择是在了解各类轴承特点的基础上，综合考虑轴承的具体工作条件和使用要求进行的。选择时主要考虑如下因素。

1.3.1　载荷条件

轴承所受载荷的大小、方向和性质是选择轴承类型的主要依据。

1. 载荷大小

轻载和中等载荷时，应选用球轴承；重载时，应选用线接触的滚子轴承。

2. 载荷性质

有冲击载荷时宜选用滚子轴承。

3. 载荷方向

当轴承承受纯径向载荷时，可选用向心轴承中的径向接触轴承；受纯轴向载荷时，可选用推力轴承；当径向载荷和轴向载荷都比较大时，宜选用角接触轴承。要注意内、外圈可分离的短圆柱滚子轴承不能承受轴向力。

1.3.2　转速条件

球轴承比滚子轴承有较高的极限转速。高速或要求旋转精度高时，应优先选用球轴承；高速轻载时，宜选用超轻、特轻或轻系列轴承；低速重载时，可选用重或特重系列轴承。

保持架的材料和结构对轴承选用也有影响。酚醛实体保持架能承受更高的转速。

1.3.3　调心性能

调心球轴承和调心滚子轴承均能满足一定的调心要求，而圆柱滚子轴承、圆锥滚子轴承、滚针轴承满足调心要求的能力几乎为零。由于制造和安装误差等因素致使轴的中心线与轴承中心线不重合，或轴受力弯曲造成轴承内、外圈轴线发生偏斜时，宜选用调心轴承。

1.3.4　允许的空间

当径向空间受到限制时，可选用滚针轴承或特轻、超轻直径系列的轴承。轴向尺寸受限制时,可选用宽度尺寸较小的,如窄或特窄宽度系列的轴承。

1.3.5 安装与拆卸

当需要沿轴向装拆轴承或频繁装拆轴承时,应优先选用内、外圈可分离的轴承(如3类、N类等);当在长轴上安装轴承时,为便于装拆,可选用内圈为圆锥孔的轴承。

1.3.6 经济性

一般球轴承比滚子轴承便宜。同型号轴承精度越高,价格越昂贵。在满足使用要求的前提下,应尽量选用价格低廉的轴承。各类轴承的价格比可参考表7-1。

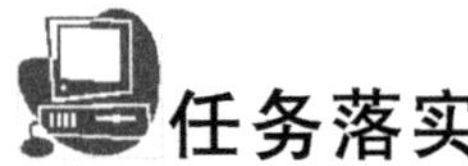

试说明6208/P2、30208、5308/P6、N2208各轴承代号的含义,比较哪个轴承的公差等级最高?哪个允许的极限转速最高?哪个承受径向载荷的能力最大?哪个不能承受径向载荷?

任务2 滚动轴承的寿命计算

任务引入

某斜齿轮轴根据工作条件在轴的两端反装两个圆锥滚子轴承,如图7-8所示。如果已知轴上齿轮的受力、齿轮分度圆直径、轴的转速及轴承预期计算寿命,如何验算该轴承能否达到预期寿命要求?

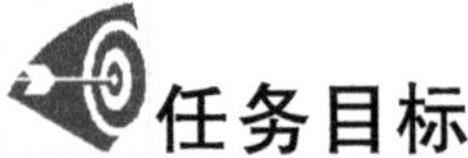

1. 掌握滚动轴承的失效形式及设计准则。
2. 掌握滚动轴承的寿命计算方法。
3. 了解滚动轴承的组合设计。

知识链接

2.1 滚动轴承的工作情况分析及寿命计算

2.1.1 滚动轴承的受载情况分析

以如图7-9所示深沟球轴承为例进行分析。轴承承受径向载荷F_r时,各滚动体承受载荷的大小是不同的,处于最低位置的滚动体承受的载荷最大。随着轴承内圈相对于外圈的转动,滚动体也随着滚动。轴承内、外圈与滚动体的接触点不断发生变化,其表面接触应力随着位置的不同作脉动循环变化,即轴承元件受到脉动循环的接触应力。

2.1.2 滚动轴承的失效形式及计算准则

1. 失效形式

滚动轴承的失效形式主要有三种:疲劳点蚀、塑性变形和磨损。

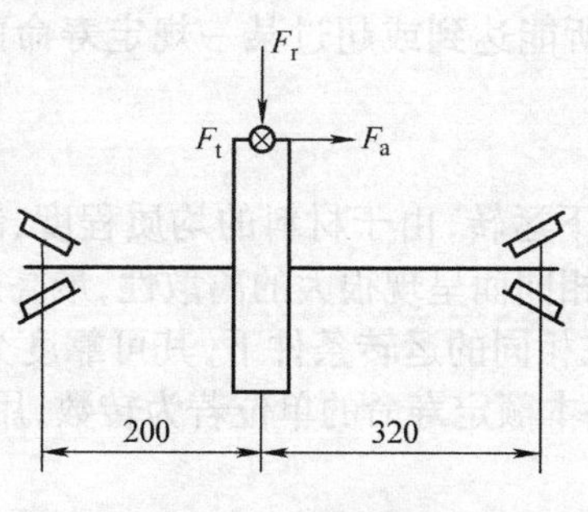

图 7－8　斜齿轮轴

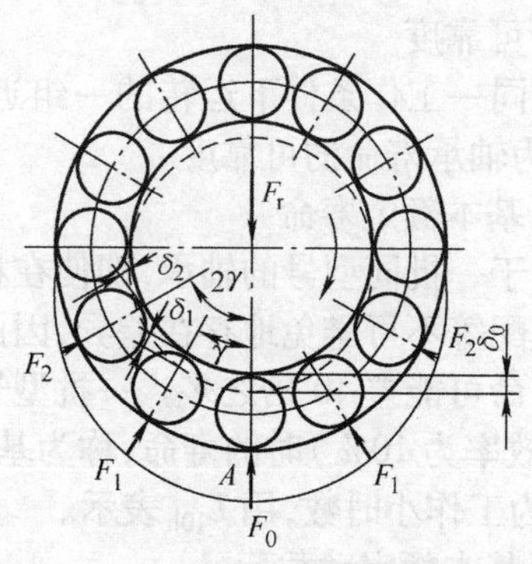

图 7－9　滚动轴承内部径向载荷的分布

1）疲劳点蚀

轴承工作时，滚动体和滚道上各点受到循环接触应力的作用。经一定循环次数（工作小时数）后，在滚动体或滚道表面将产生疲劳点蚀，这是滚动轴承在正常运转条件下的一种主要失效形式。点蚀使轴承在运转中产生噪声和振动，回转精度降低且工作温度升高，致使轴承失效。

2）塑性变形

在静载荷或冲击载荷作用下，在滚动体或滚道表面可能由于局部接触应力超过材料的屈服极限而发生塑性变形，形成凹坑而失效。这种失效形式主要出现在转速极低或摆动的轴承中。

3）磨损

润滑不良、杂物或灰尘的侵入都会引起轴承的早期磨损，从而使轴承丧失旋转精度，噪声增大、温度升高，最终导致轴承失效。

此外，由于设计、安装以及使用中某些非正常的原因，可能导致轴承的破裂、保持架损坏及回火、腐蚀等现象，使轴承失效。

2. 计算准则

在确定轴承尺寸时，应针对轴承的主要失效形式进行必要的计算。其计算准则如下。

（1）对于一般转速的轴承，即 $10\ r/min < n < n_{lim}$，如果轴承的制造、保管、安装、使用等条件均良好，轴承的主要失效形式为疲劳点蚀，因此应以疲劳强度计算为依据进行轴承的寿命计算。

（2）对于高速轴承，除疲劳点蚀外，其工作表面的过热而导致的失效也是重要的失效形式，因此除进行寿命计算外，还应校验其极限转速。

（3）对于低速轴承，即 $n < 1\ r/min$，可近似地认为轴承各元件是在静应力作用下工作的，其失效形式为塑性变形，应进行以不发生塑性变形为准则的静强度计算。

2.1.3　滚动轴承的寿命计算

在一般条件下工作的轴承，只要轴承类型选择合适，能正确安装和维护，绝大多数轴承是因为疲劳点蚀而报废的。因此，滚动轴承型号的选择主要取决于疲劳强度的要求。

1. 寿命计算中的基本概念

1）寿命

轴承工作时，轴承中任一部件首次出现疲劳点蚀前轴承所经历的总转数，或轴承在恒定转速下的总工作小时数，称为轴承的寿命。

2)可靠度

在同一工作条件下运转的一组近于相同的轴承所能达到或超过某一规定寿命的百分率,称为轴承寿命的可靠度。

3)基本额定寿命

对于一批同型号的轴承,即使在相同的工作条件下运转,由于材料的均质程度、制造精度和装配等不可避免地存在差异,因此它们的寿命不相同而呈现很大的离散性,最高寿命和最低寿命可能差40倍之多。一批型号相同的轴承,在相同的运转条件下,其可靠度为90%(即失效率为10%)时的寿命,称为基本额定寿命。基本额定寿命的单位若为转数,用L_{10}表示;若为工作小时数,用L_{10h}表示。

4)基本额定动载荷

轴承的寿命与所受载荷的大小有关,工作载荷越大,轴承的寿命就越短。国家标准规定,轴承的基本额定寿命为$L_{10}=1$(单位为10^6 r)时,轴承所承受的最大载荷称为基本额定动载荷,用C表示。对于向心轴承,基本额定动载荷是指纯径向载荷,用C_r表示;对于推力轴承,基本额定动载荷是指纯轴向载荷,用C_a表示。

5)当量动载荷

轴承在大多数应用场合中,是受径向载荷和轴向载荷复合作用的。因此,在进行轴承寿命计算时,需把实际工作载荷换算为一个假想的载荷,称为当量动载荷,用P表示。在该载荷作用下,轴承的寿命与实际工作载荷条件下轴承的寿命相同。当量动载荷的计算公式为

$$P=f_p(XF_r+YF_a) \tag{7-1}$$

式中:f_p为载荷系数,是考虑工作中的冲击和振动会使轴承寿命降低而引入的系数,见表7-3;X、Y分别为径向载荷系数和轴向载荷系数,由表7-4查得。

对于只承受纯径向载荷F_r的向心轴承,其当量动载荷为

$$P=f_pF_r \tag{7-2}$$

对于只承受纯轴向载荷F_a的推力轴承,其当量动载荷为

$$P=f_pF_a \tag{7-3}$$

表7-3 载荷系数f_p

载荷性质	举 例	f_p
无冲击或轻微冲击	电机、汽轮机、通风机、水泵	1.0~1.2
中等冲击	机床、车辆、内燃机、冶金机械、起重机械、减速器	1.2~1.8
强烈冲击	轧钢机、破碎机、钻探机、剪床	1.8~3.0

表7-4 当量动载荷的X、Y系数

轴承类型名称		F_a/C_{0r}①	e③	单列轴承				双列(或成对安装的单列)轴承			
名称	类型代号			$F_a/F_r\leq e$		$F_a/F_r>e$		$F_a/F_r\leq e$		$F_a/F_r>e$	
				X	Y	X	Y	X	Y	X	Y
深沟球轴承	60000	0.014	0.19	1	0	0.56	2.30	1	0	0.56	2.30
		0.028	0.22				1.99				1.99
		0.056	0.26				1.71				1.71
		0.084	0.28				1.55				1.55
		0.110	0.30				1.45				1.45
		0.170	0.34				1.31				1.31
		0.280	0.38				1.15				1.15
		0.420	0.42				1.04				1.04
		0.560	0.44				1.00				1.00
调心球轴承	10000	—	$1.5\tan\alpha$②	—	—	—	—	1	$0.42\cot\alpha$②	0.65	$0.65\cot\alpha$②

续表

轴承类型名称		F_a/C_{0r}①	e③	单列轴承				双列(或成对安装的单列)轴承			
名称	类型代号			$F_a/F_r \leqslant e$		$F_a/F_r > e$		$F_a/F_r \leqslant e$		$F_a/F_r > e$	
				X	Y	X	Y	X	Y	X	Y
调心滚子轴承	20000	—	$1.5\tan\alpha$②	—	—	—	—	1	$0.45\cot\alpha$②	0.67	$0.67\cot\alpha$②
角接触球轴承	70000C	0.015	0.38				1.47		1.65		2.39
		0.029	0.40				1.40		1.57		2.18
		0.058	0.43				1.30		1.46		2.11
		0.087	0.46				1.23		1.38		2.00
		0.120	0.47	1	0	0.44	1.19	1	1.34	0.72	1.93
		0.170	0.50				1.12		1.26		1.82
		0.290	0.55				1.02		1.14		1.66
		0.440	0.56				1.00		1.12		1.63
		0.580	0.56				1.00		1.12		1.63
	70000AC		0.68	1	0	0.41	0.87	1	0.92	0.67	1.41
	70000B		1.14	1	0	0.35	0.57	1	0.55	0.57	0.93
圆锥滚子轴承	30000		$1.5\tan\alpha$②	1	0	0.4	$0.4\cot\alpha$②	1	$0.45\cot\alpha$②	0.67	$0.67\cot\alpha$②

注:① C_{0r}为径向基本额定静载荷,由产品目录查出;②α为公称接触角,查产品目录或设计手册;③e为判别系数,是判别轴向载荷F_a对当量动载荷P影响程度的参数。

2. 滚动轴承的寿命计算

根据大量试验和理论分析结果,得出轴承疲劳寿命计算基本公式为

$$L_{10} = \left(\frac{C}{P}\right)^{\varepsilon} \tag{7-4}$$

式中:L_{10}为轴承的基本额定寿命,单位为10^6 r;C为基本额定动载荷,单位为N;P为当量动载荷,单位为N;ε为寿命指数,对于球轴承$\varepsilon=3$,对于滚子轴承$\varepsilon=10/3$。

若用给定转速下的工作小时数L_{10h}来表示,则为

$$L_{10h} = \frac{10^6}{60n}\left(\frac{C}{P}\right)^{\varepsilon} \tag{7-5}$$

当轴承的工作温度高于100 ℃时,其基本额定动载荷C的值将降低,需引入温度系数f_T进行修正,得

$$L_{10h} = \frac{10^6}{60n}\left(\frac{f_T C}{P}\right)^{\varepsilon} \geqslant [L_h] \tag{7-6}$$

若以基本额定动载荷C表示,可得

$$C \geqslant \frac{P}{f_T}\left(\frac{60n[L_h]}{10^6}\right)^{\frac{1}{\varepsilon}} \tag{7-7}$$

式中:f_T为温度系数,见表7-5;n为轴承的工作转速,单位为r/min;$[L_h]$为轴承的预期寿命,单位为h,推荐的轴承预期寿命见表7-6。

式(7-6)和式(7-7)分别用于不同情况。当轴承的型号已定或初步选定,用式(7-6)校核轴承的寿命;当轴承的型号未定时,用式(7-7)选轴承型号。

表 7－5　温度系数 f_T

轴承工作温度/℃	<110	125	150	175	200	225	250	300
f_T	1.0	0.95	0.90	0.85	0.80	0.75	0.70	0.60

表 7－6　轴承预期寿命[L_h]的推荐值

机器种类	预期寿命/h
不经常使用的仪器和设备	500
航空发动机	500～2 000
短期或间断使用的机械，中断使用不致引起严重后果，如手动机械、农业机械、装配吊车、自动送料装置等	4 000～8 000
间断使用的机械，中断使用将引起严重后果，如发电站辅助设备、流水线作业传动装置、胶带输送机、车间起重机等	8 000～12 000
每天工作 8 小时的机械，但经常不是满载使用，如电动机、一般齿轮装置、破碎机、起重机和一般机械	12 000～20 000
每天工作 8 小时的机械，满载荷使用，如机床、木材加工机械、工程机械、印刷机械、分离机、离心机等	20 000～30 000
24 小时连续运转的机械，如压缩机、泵、电动机、轧机齿轮装置、纺织机械等	50 000～60 000
24 小时连续工作的机械，中断使用将引起严重后果，如纤维机械、造纸机械、电站主要设备、给排水设备、矿用水泵、矿用通风机等	>100 000

3. 向心角接触轴承轴向载荷 F_a 计算

向心角接触轴承（3 类、7 类）的结构特点是在滚动体和滚道接触处存在着接触角 α，在受到径向载荷作用时，将产生使轴承内、外圈分离的附加内部轴向力 S，如图 7－10 所示，其值按表 7－7 所列公式计算，方向由轴承外圈宽边所在端面指向外圈窄边所在的端面。

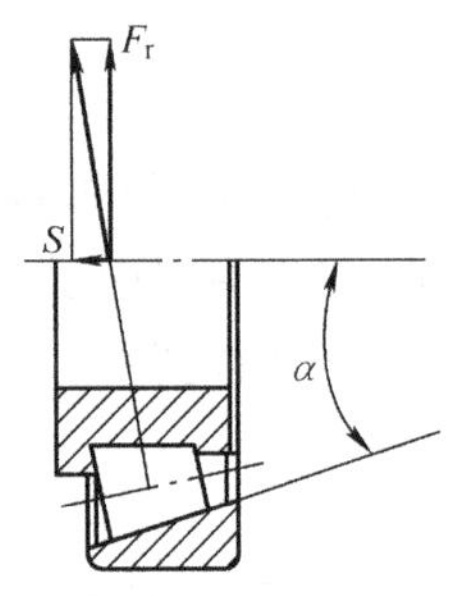

图 7－10　向心角接触轴承的附加内部轴向力

为了保证轴承正常工作，向心角接触轴承通常成对使用。如图 7－11所示为成对安装角接触轴承的两种方式。正装时外圈窄边相对（面对面），如图 7－11（a）所示；反装时外圈窄边相背（背对背），如图 7－11（b）所示。

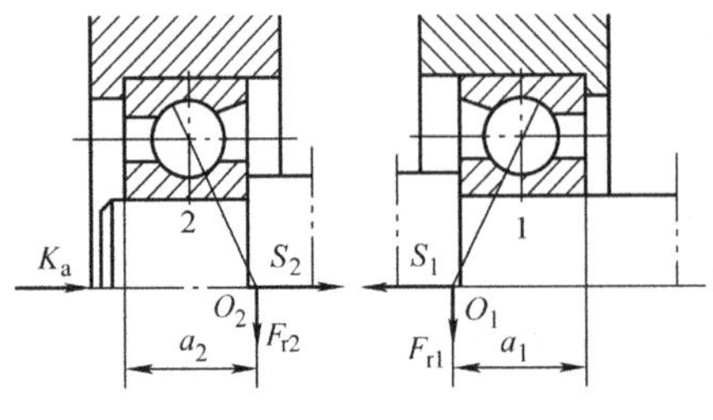

(a)　(b)

图 7－11　向心角接触轴承轴向载荷分析

表 7－7　附加轴向力 S 值

轴承类型	角接触球轴承			圆锥滚子轴承 (3000)
	7000C($\alpha=15°$)	7000AC($\alpha=25°$)	7000B($\alpha=45°$)	
S	eF_r	$0.68F_r$	$1.14F_r$	$S=F_r/(2Y)$

注：1. e 为判别系数，由表 7－4 查出。

2. Y 为 $F_a/F_r>e$ 时，圆锥滚子轴承的轴向系数。

由于向心角接触轴承产生内部轴向力，故在计算其当量动载荷时，式(7－1)中的轴向载荷 F_a 并不等于轴向外力 K_a，而是应根据整个轴上所有轴向受力(轴向外力 K_a、内部轴向力 S_1 和 S_2)之间的平衡关系确定两个轴承最终受到的轴向载荷 F_{a1}、F_{a2}。

下面以正装情况为例进行分析，在图 7－13 中，设 K_a 与 S_1 同向。

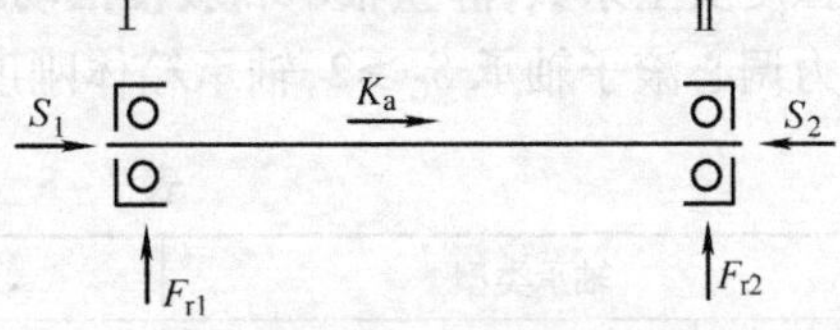

图 7－13　正装轴承

当 $K_a+S_1>S_2$ 时，轴有向右移动趋势，使右端轴承压紧，左端轴承放松，由力平衡条件可知：压紧端轴承所受的轴向载荷为 $F_{a2}=K_a+S_1$；放松端轴承所受的轴向载荷为 $F_{a1}=S_1$。

当 $K_a+S_1<S_2$ 时，轴有向左移动趋势，使左端轴承压紧，右端轴承放松，由力平衡条件可知：压紧端轴承所受的轴向载荷为 $F_{a1}=S_2-K_a$；放松端轴承所受的轴向载荷为 $F_{a2}=S_2$。

由此可总结出计算向心角接触轴承轴向载荷的步骤如下。

(1)确定轴承内部轴向力 S_1、S_2 的方向，并按表 7－7 所列公式计算内部轴向力 S 值。

(2)判断轴向合力 $S_1+S_2+K_a$(计算时各带正、负号)的指向，确定压紧端和放松端。

(3)放松端的轴向载荷等于自身内部轴向力，压紧端的轴向载荷等于除去自身内部轴向力后其余各轴向力的代数和，即

$$F_{a松}=S_{松} \tag{7-8}$$

$$F_{a紧}=|S_{松}+K_a| \tag{7-9}$$

案例　有一对 7000AC 型轴承正装，如图 7－12 所示。已知 $F_{r1}=1\,000$ N，$F_{r2}=2\,100$ N，外加轴向载荷 $K_a=900$ N，求轴承所受的轴向载荷 F_{a1}、F_{a2}。

解　(1)由表 7－7 得

$$S_1=0.68F_{r1}=0.68\times1\,000\ \text{N}=680\ \text{N}$$

$$S_2=0.68F_{r2}=0.68\times2\,100\ \text{N}=1\,428\ \text{N}$$

(2)由于 $S_1+K_a=(680+900)\ \text{N}=1\,580\ \text{N}>S_2$，故轴承Ⅱ为压紧端，轴承Ⅰ为放松端，所以

$$F_{a2}=S_1+K_a=(680+900)\ \text{N}=1\,580\ \text{N}$$

$$F_{a1}=S_1=680\ \text{N}$$

2.1.4　滚动轴承的静强度计算

对于转速很低($n\leqslant10$ r/min)、基本不转或摆动的轴承，其主要失效形式是塑性变形，因此设计时必须进行静强度计算。对于虽然转速较高但承受重载或冲击载荷的轴承，除进行寿命计算外，也应进行静强度计算。

1. 基本额定静载荷 C_0

基本额定静载荷是指轴承受载最大的滚动体与滚道接触中心处引起的接触应力达到一

定值(如调心球轴承为4 600 MPa,其他球轴承为4 200 MPa,滚子轴承为4 000 MPa)时的载荷。

基本额定静载荷对于向心轴承为径向额定静载荷 C_{0r},对于推力轴承为轴向额定静载荷 C_{0a}。各类轴承的基本额定静载荷值可由轴承标准查得。

2. 静强度计算

额定静载荷计算公式为

$$P_0 \leqslant \frac{C_0}{S_0} \quad 或 \quad \frac{C_0}{P_0} \geqslant S_0 \tag{7-10}$$

式中:C_0 为基本额定静载荷,单位为N;P_0 为当量静载荷,单位为N,计算公式见表7-8;S_0 为静强度安全系数,静止轴承和缓慢摆动或转速极低的轴承见表7-9,旋转轴承见表7-10,推力调心滚子轴承 $S_0 \geqslant 2$,轴承箱体刚度较低时,S_0 取较高值,反之取较低值。

表7-8　当量静载荷 P_0 计算公式

轴承类型		计算公式		说　明
向心轴承	$\alpha=0$ 的向心滚子轴承	径向当量静载荷	$P_{0r}=F_r$	F_r—径向载荷 F_a—轴向载荷 X_0—径向静载荷系数 Y_0—轴向静载荷系数 (见轴承尺寸性能表)
	向心球轴承和 $\alpha \neq 0$ 的向心滚子轴承		$\begin{cases} P_{0r}=X_0F_r+Y_0F_a \\ P_{0r}=F_r \end{cases}$ 取二者计算值的较大值	
推力轴承	$\alpha=90°$ 的推力轴承	轴向当量静载荷	$P_{0a}=F_a$	
	$\alpha \neq 90°$ 的推力轴承		$P_{0a}=2.3F_r\tan\alpha+F_a$	

表7-9　静止和缓慢摆动或转速极低的轴承安全系数 S_0

轴承使用场合		S_0
飞机变距螺旋桨叶片		≥0.5
水坝闸门装置		≥1.0
吊桥		≥1.5
附加动载荷	较小的大型起重机吊钩	≥1.0
	很大的小型装卸起重机吊钩	≥1.6

表7-10　旋转轴承安全系数 S_0

使用要求和载荷性质	S_0	
	球轴承	滚子轴承
对旋转精度及平稳性要求较高,或承受强大的冲击载荷	1.5~2	2.5~4
正常使用	0.5~2	1~3.5
对旋转精度及平稳性要求较低,没有冲击和振动	0.5~2	1~3

2.2　滚动轴承的组合设计

为保证滚动轴承的正常工作,除了要合理选择轴承的类型和尺寸外,还必须正确、合理地进行轴承的组合设计,即正确解决轴承的轴向位置固定、轴承与其他零件的配合、轴承的调整与装拆、润滑与密封等问题。

2.2.1　轴承的轴向固定

1. 轴承内、外圈的轴向固定

为了防止轴承在承受轴向载荷时，内、外圈分别相对于轴或座孔产生轴向移动，轴承内圈与轴、外圈与座孔必须进行轴向固定，其固定方式及特点分别见表7-11和表7-12。

表7-11　常用轴承内圈的轴向固定方式及其特点

序号	1	2	3	4
简图	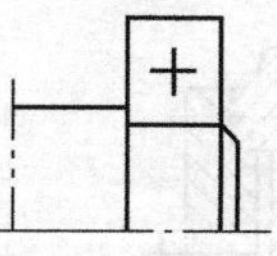	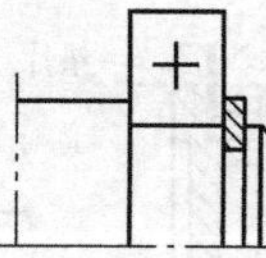	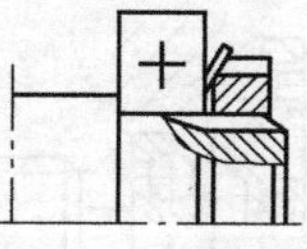	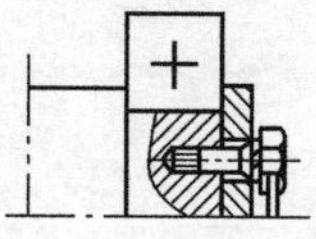
固定方式	内圈一个方向的固定(定位)靠轴肩，另一方向的固定借助轴端压板	一个方向靠轴肩，另一个方向用弹性挡圈固定	一个方向靠轴肩，另一个方向用圆螺母及止动垫圈固定	一个方向靠轴肩固定，另一个方向用压板和螺钉固定，并用弹簧垫圈和串联钢丝防松
特点	结构简单，装拆方便，占空间位置小，可用于两端固定的支承结构形式	结构简单，装拆方便，占空间位置小，多用于深沟球轴承的固定	结构简单，装拆方便，固定可靠	多用于轴径 $d>70$ mm 的场合。优点是不在轴上车螺纹，允许转速较高

注：为保证定位可靠，轴肩圆角半径 r_1 < 轴承内圈圆角半径 r，轴肩高度按机械设计手册规定值取用。

表7-12　常用轴承外圈的轴向固定方式及其特点

序号	1	2	3	4	5
简图	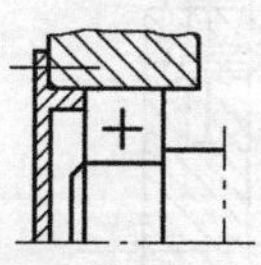	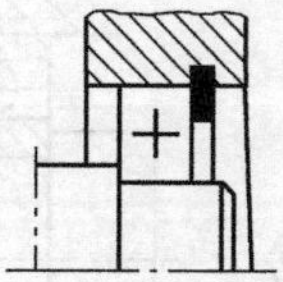	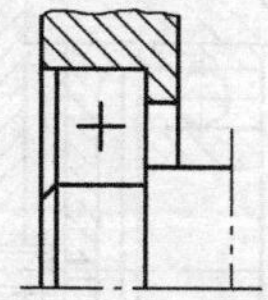	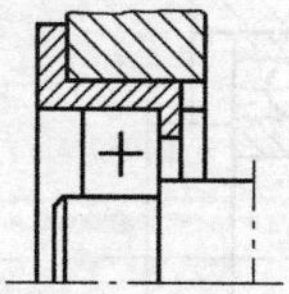	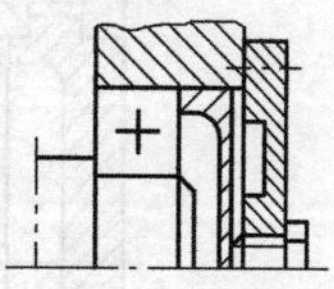
固定方式	一个方向用轴承端盖固定，另一个方向借助于轴肩对内圈的固定(定位)	一个方向用弹性挡圈固定，另一个方向借助轴肩对内圈固定	一个方向靠座孔内的挡肩固定，另一个方向用轴承端盖(未画出)固定	一个方向靠衬套挡肩固定，另一个方向用轴承端盖(未画出)固定	一个方向靠螺钉和调节压盖固定，另一个方向靠轴肩固定内圈
特点	结构简单，固定可靠，调整方便	结构简单，装拆方便，占空间位置小，多用于向心类轴承	结构简单，工作可靠	应用衬套，可使座孔为通孔，利于保证轴系轴承的同轴度，又可调节轴系轴向位置，装配工艺性好	便于调节轴承间隙，用于角接触轴承

2. 轴组件的轴向固定

滚动轴承组成的支承结构必须满足轴组件轴向定位可靠、准确的要求，并要考虑轴在工作中有热伸长时其伸长量能够得到补偿。常用轴组件轴向固定的方式有以下三种。

1)两端固定式

如图 7－13 所示,两轴承均利用轴肩顶住内圈,端盖压住外圈,由两端轴承各限制轴一个方向的轴向移动。考虑到温度升高后轴的伸长,对径向接触轴承,在轴承外圈与轴承盖之间留出 $c=0.2\sim0.3$ mm 的轴向间隙,如图 7－13(a)所示;对于内部间隙可以调整的角接触轴承,安装时将间隙留在轴承内部,如图 7－13(b)所示。这种固定方式结构简单,安装方便,适用于温差变化不大的短轴(跨距 $L<350$ mm)。

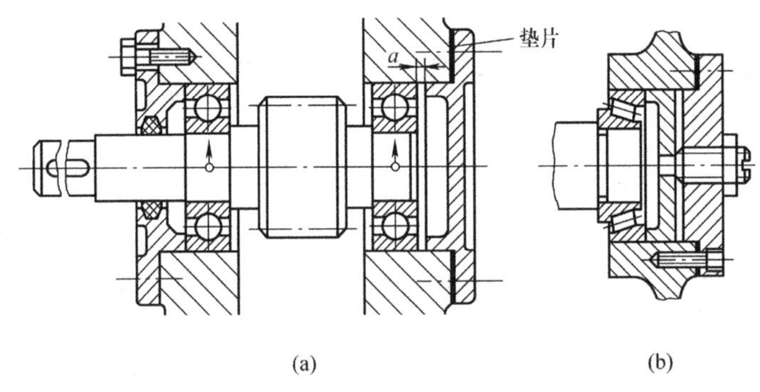

图 7－13 两端固定的组合方式

轴承间隙调整的常用方法有:调整垫片,如图 7－13(a)中的黑粗线所示;调整环,如图 7－14(a)所示,调整环的厚度在安装时配作;调节螺钉,如图 7－14(b)所示;调整端盖,如图 7－14(c)所示。

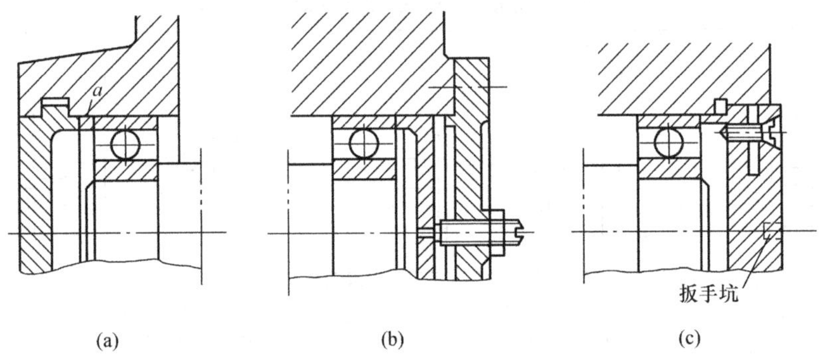

图 7－14 轴向间隙的调整方法

2)一端固定,一端游动式

这种固定方法是使一个支点处的轴承双向固定,而另一个支点处的轴承可以轴向游动,以适应轴的热伸长,如图 7－15(a)所示。固定支点处轴承的内、外圈均作双向固定,以承受双向轴向载荷;运动支点处轴承的内圈作双向固定,而外圈与机座间采用动配合,以便当轴受热膨胀伸长时,能在孔中自由游动。若外圈采用无挡边的可分离型轴承,则外圈要作双向固定,如图 7－15(b)所示。这种固定方式适用于跨距大或工作时温度较高($t>70$ ℃)的轴。

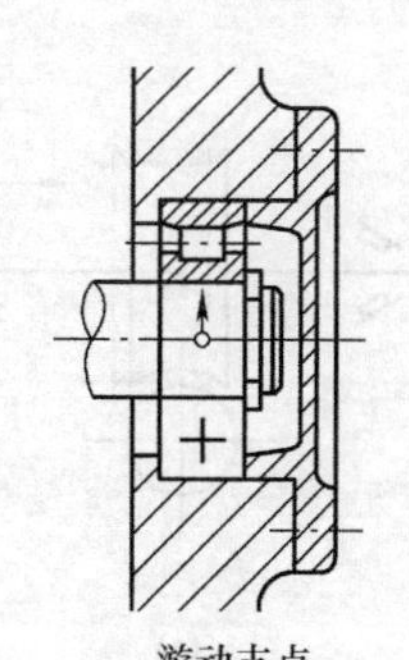

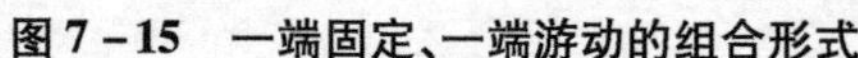

图 7－15　一端固定、一端游动的组合形式

3）两端游动式

如图 7－16 所示的人字齿轮传动中，小齿轮轴两端的支承均可沿轴向移动，即为两端游动，而大齿轮轴的支承采用了两端固定结构。由于人字齿轮的加工误差使得轴转动时产生左右窜动，而小齿轮轴采用两端游动的支承结构，满足了其运转中自由游动的需要，并可调节啮合位置。若小齿轮的轴向位置也固定，将会发生干涉甚至卡死现象。

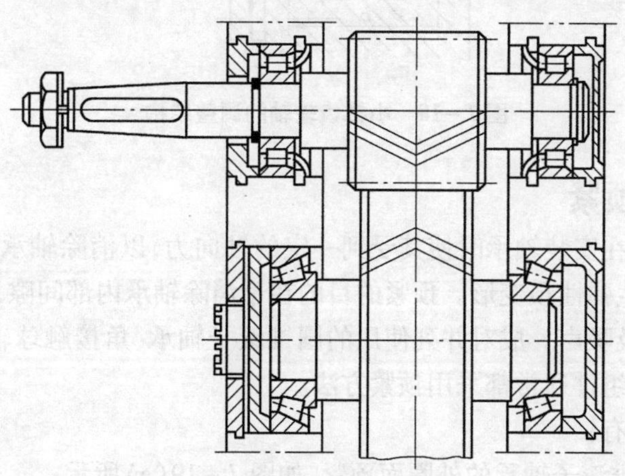

图 7－16　全游动式支承

2.2.2　轴承组合的轴向调整

在一些机器部件中，轴上某些零件的工作位置需要通过调整轴系的位置来实现。例如蜗杆传动中，要求蜗轮的中间平面通过蜗杆轴线，故在装配时就需要调整蜗轮轴的轴向位置，如图 7－17(a)所示。又如在锥齿轮传动中，要求两齿轮的节锥顶点重合，这就要求对两齿轮轴都能作轴向调整，如图 7－17(b)所示。如图 7－18 所示是小锥齿轮轴轴向位置的具体调整结构示例。图中，轴承端盖和套杯之间的垫片 2 是用来调整轴承间隙的，套杯和箱孔端面之间的垫片 1 是用来调整小锥齿轮（整个轴系）的轴向位置的。

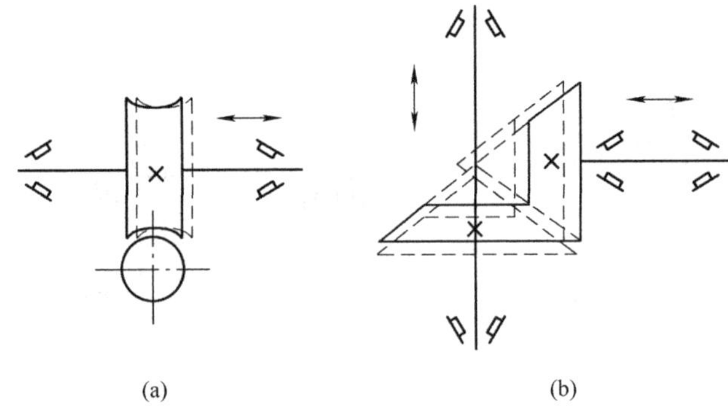

图 7－17　轴上零件轴向位置调整示意图

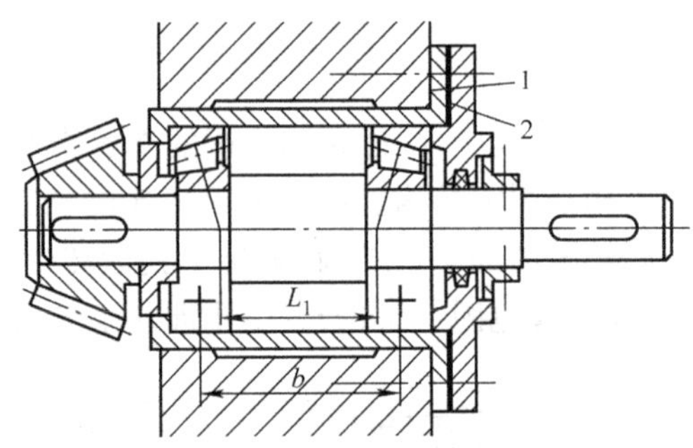

图 7－18　小锥齿轮轴的调整结构

2.2.3　轴承的预紧

轴承的预紧就是在安装轴承时使其受到一定的轴向力，以消除轴承的游隙并使滚动体和内、外圈接触处产生弹性预变形。预紧的目的在于消除轴承内部间隙，提高轴承的刚度和旋转精度，减少振动及噪声。成对并列使用的圆锥滚子轴承、角接触球轴承、对旋转精度和刚度有较高要求的轴组件通常都采用预紧方法。

常用的预紧方法有：

(1)夹紧一对圆锥滚子轴承的外圈而预紧，如图 7－19(a)所示；

(2)用弹簧预紧，可以得到稳定的预紧力，如图 7－19(b)所示；

(3)在一对轴承中装入长度不等的套筒而预紧，预紧力可由两套筒的长度差控制，如图 7－19(c)所示，这种装置刚性较大；

(4)夹紧一对磨窄了的外圈而预紧，如图 7－19(d)所示，反装时可磨窄内圈并夹紧。

2.2.4　滚动轴承的配合

1. 轴承的配合是指内圈与轴颈及外圈与轴承座孔的配合

由于滚动轴承是标准件，因此其在公差与配合方面有如下特点。

(1)轴承内圈与轴颈的配合采用基孔制，轴承外圈与轴承座孔的配合采用基轴制。

(2)滚动轴承公差带与一般圆柱面配合的公差带不同，轴承内孔和外径的上偏差为零、下偏差为负，所以内圈与轴配合较紧，外圈与孔配合较松。

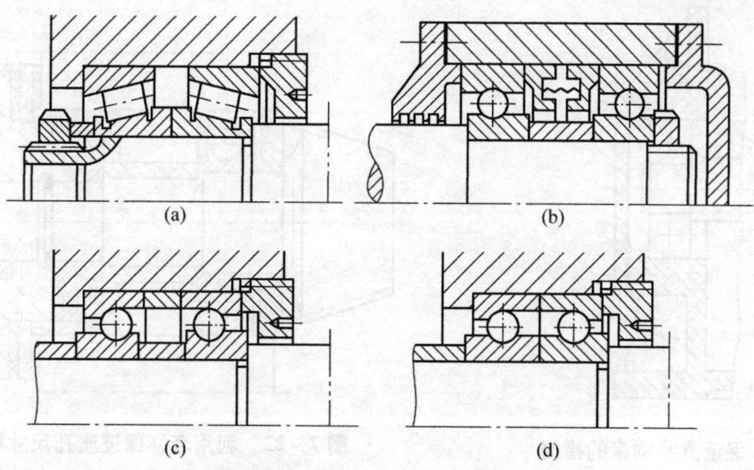

图 7－19　轴承的预紧结构

(3)标注配合时,仅标注轴颈直径和轴承座孔径的公差符号即可,如图 7－20 所示。

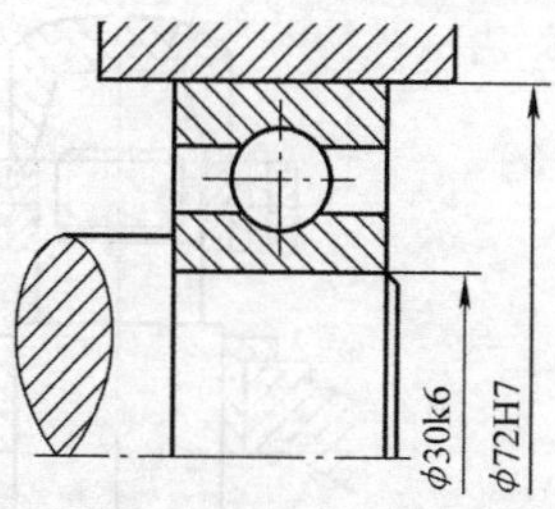

图 7－20　轴承配合的标注

2. 选择轴承配合应考虑的因素

(1)载荷的大小、方向和性质:承载大的选较紧配合,承受旋转载荷的选较紧配合,承受局部载荷的选较松配合。

(2)经常装拆的要选间隙配合或过渡配合。

(3)游动支承的轴承的外圈选间隙配合,使外圈能沿轴向游动,但是不能转动。

(4)转速较高、振动强烈的,选过盈配合。由于轴承的内、外圈都是薄壁零件,容易变形,因此一般不选过盈量大的配合,轴常用的有 r6、n6、m16、k6、j6 等,轴承座孔常用的有 G7、J7、K7、M7 等。

2.2.5　轴承组合支承部分的刚度和同轴度

轴和安装轴承的轴承座必须有足够的刚度,以免因过大弹性变形造成轴承内、外圈轴线的相对偏斜,降低轴承旋转精度,严重影响轴承寿命。因此,轴承座孔壁应有足够的厚度,并设置加强筋以增强刚度,如图 7－21 所示。

同一轴上两端的轴承座孔必须保持同心。为此,两端轴承座孔尺寸应尽量相同,以便一次镗出,减小其同轴度误差。当同一轴上装有不同外径尺寸的轴承时,可采用套杯结构安装尺寸较小的轴承,而使两轴承座孔尺寸相同以便一次镗出,如图 7－22 所示。

2.2.6　滚动轴承的装拆

滚动轴承是精密部件,因而装拆方法必须规范;否则,会使轴承精度降低,损坏轴承和其他零件。装拆时,要求滚动体不能受力,装拆力要对称或均匀地作用在座圈端面上。

1. 滚动轴承的安装

1)冷压法

对于中、小型轴承,可用小锤轻轻均匀敲击套圈而装入;对大型尺寸的轴承可用压力机压套,如图 7－23 所示。同时安装轴承的内、外圈时,需用如图 7－24 所示的工具或类似工具。

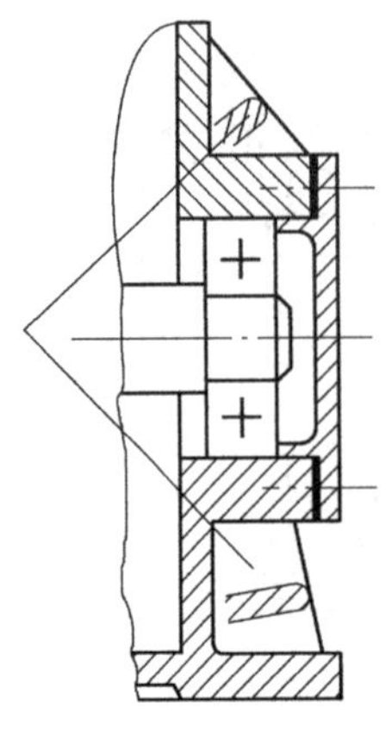

图 7-21　保证支承刚度的措施

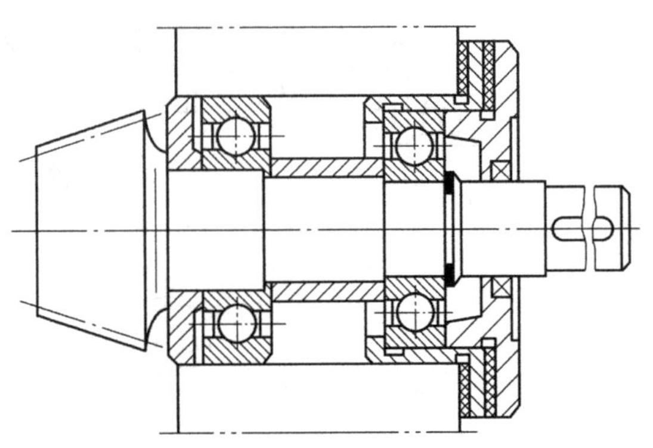

图 7-22　利用套杯保证座孔尺寸相同

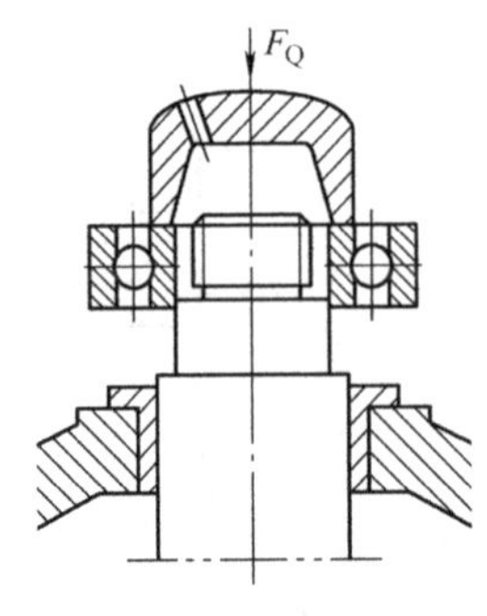

图 7-23　安装轴承内圈

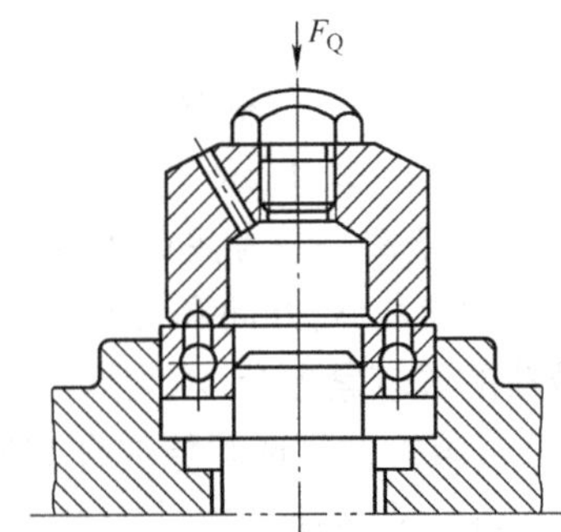

图 7-24　同时安装轴承内、外圈

2)热套法

将轴承放入油池中加热至 80 ~ 100 ℃,然后套装在轴上。

2. 滚动轴承的拆卸

对于不可分离型轴承,可根据具体情况使用如图 7-25 所示的专用拆卸工具或压力机拆卸轴承。为便于拆卸,与轴承配合的轴和衬套都有规定的安装尺寸,这些尺寸可由轴承标准中查得。

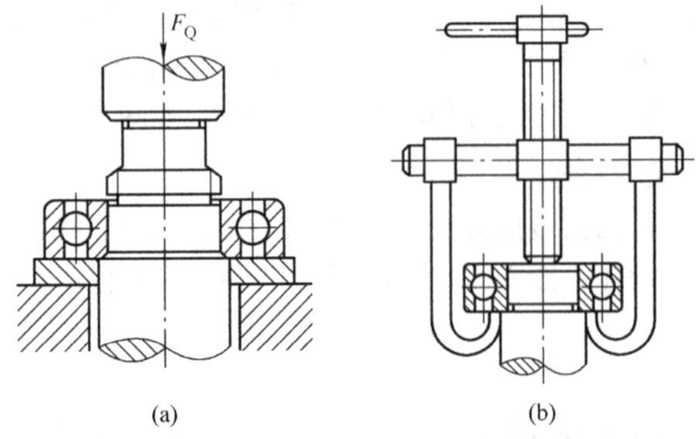

图 7-25　滚动轴承的拆卸

2.2.7　滚动轴承的润滑和密封

1. 滚动轴承的润滑

滚动轴承润滑的目的是减少摩擦与磨损，同时起到冷却、吸振、防锈及降低噪声等作用。

滚动轴承常用的润滑剂有润滑脂、润滑油及固体润滑剂。润滑方式和润滑剂的选择，可根据表征滚动轴承转速大小的速度因数 dn 值（d 为轴承的内径，单位为 mm；n 为轴承的转速，单位为 r/min）来确定。表 7－13 列出了各种润滑方式下允许的 dn 值。

表 7－13　脂润滑和油润滑的速度因数 dn 值（表值 $\times 10^4$）　（mm·r/min）

轴承类型	脂润滑	油润滑			
		油浴、飞溅润滑	滴油润滑	压力循环、喷油润滑	喷雾润滑
深沟球轴承	16	25	40	60	>60
调心球轴承	16	25	40		
角接触球轴承	16	25	40	60	>60
圆柱滚子轴承	12	25	40	60	
圆锥滚子轴承	10	16	23	30	
调心滚子轴承	8	12		25	
推力球轴承	4	6	12	15	

一般情况下，滚动轴承采用润滑脂润滑，其特点是不易流失、易于密封、油膜强度高、承载能力强，一次加脂后可以工作相当长的时间。装填润滑脂时，一般不超过轴承内空隙的 1/3～1/2，以免因润滑脂过多而引起轴承发热，影响轴承的正常工作。

油润滑适用于高速、高温条件下工作的轴承。油润滑的优点是摩擦系数小、润滑可靠，且具有冷却、散热和清洗的作用，缺点是对密封和供油的要求较高。

选用润滑油时，根据工作温度和 dn 值由图 7－27 选出润滑油应具有的黏度值，然后根据黏度值从润滑油产品目录中选出相应的润滑油牌号。

常用的油润滑方式有油浴润滑、飞溅润滑、喷油润滑、油雾润滑。油浴润滑简单易行，要求轴承局部浸入润滑油中，油面不得高于最低滚动体中心，该方法适用于中低速轴承的润滑。飞溅润滑是利用转动的齿轮把润滑油甩到箱体的四周内壁上，然后通过沟槽把油引到轴承中，是一般闭式齿轮传动装置中轴承的润滑方法。喷油润滑是利用油泵将润滑油增压，通过油管或油孔，经喷嘴将润滑油对准轴承内圈与滚动体间的位置喷射，从而润滑轴承，适用于转速高、载荷大、要求润滑可靠的轴承。油雾润滑是利用专门的油雾发生器将油雾化后对轴承润滑，适用于高速、高温轴承部件

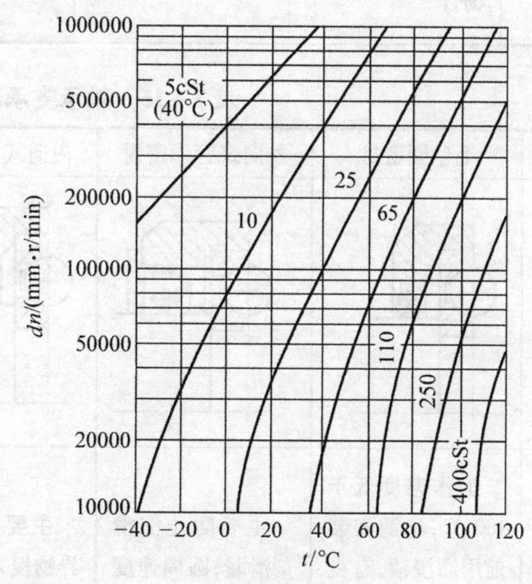

图 7－26　润滑油黏度的选择

的润滑。

2. 滚动轴承的密封

滚动轴承密封的目的是避免润滑剂的流失，防止外界灰尘、水分及其他杂物侵入轴承。密封装置可直接设置在轴承上（称为密封轴承），也可以设置在轴承的支承部位。滚动轴承的密封分为接触式密封、非接触式密封和组合式密封等。

表 7－14 和表 7－15 分别为非接触式密封和接触式密封的特点及应用。

表 7－14 轴承支承部位的非接触式密封装置

类型	窄隙密封	沟槽密封	径向曲路密封	轴向曲路密封	甩油环密封
结构简图					
特点	结构简单；轴向尺寸越大，效果越好，轴径 $d<50$ mm 时，缝隙取 0.25～0.4 mm，$d>50$ mm 时，缝隙取 0.25～0.6 mm	沟槽内填充润滑脂，可提高密封效果，一般沟槽为 3 条，沟槽宽 3～5 mm，沟槽深 4～5 mm	由轴套和端盖的径向间隙构成，迷宫曲路沿轴向展开，曲路折回次数越多，密封效果越好，径向尺寸紧凑，$d<50$ mm 时，径向间距为 0.25～0.4 mm，轴向间距为 1～2 mm	由轴套和端盖的轴向间隙构成，迷宫曲路沿径向展开，其余情况同径向曲路密封。优点是装拆方便，应用较径向曲路密封广泛	轴径处装甩油环，将流失的油沿径向甩开，经轴承盖集油贮腔回流轴承。轴上车有螺旋回油槽，轴单向回转时可有效防止油液外流
应用范围	适用于环境较清洁的脂润滑场合	适用于脂润滑，速度不限	适用于较脏的工作环境	适用于较脏的工作环境，但没有径向曲路应用广泛	适用于既可防止轴承中的油泄出，又可防止外部油流冲击或杂质侵入的工作环境

表 7－15 轴承支承部位的接触式密封装置

类别	毛毡圈密封	外向式管形密封	内向式管形密封	双唇形密封	填料密封
结构简图					
特点	工作温度低于 100 ℃，毡圈安装前用油浸渍，有良好密封效果，圆周速度小于4～8 m/s	主要防止润滑剂泄漏，圆周速度小于 15 m/s	主要防止外界异物侵入，圆周速度小于 15 m/s	可防止润滑剂泄漏和外界异物侵入，圆周速度小于 15 m/s	可通过螺栓压紧填料提高密封压力，密封效果良好，还能补偿磨损

续表

类别	毛毡圈密封	外向式管形密封	内向式管形密封	双唇形密封	填料密封
应用范围	适用于干净、干燥环境的脂密封	适用于油润滑密封	适用于油润滑密封	适用于油润滑密封	适用于干净、干燥环境的脂密封，但摩擦力较大，适用于低速轴承

任务落实

1. 某减速器的齿轮轴，两端都采用 6310 深沟球轴承。已知两轴承中受载荷较大的轴承所受的径向载荷 $F_r=8\ 000$ N，轴向载荷 $F_a=4\ 600$ N，轴的转速 $n=500$ r/min，运转中有轻微冲击，常温工作，试计算该轴承的寿命。

2. 已知一轴两端轴颈直径均为 $d=35$ mm，转速 $n=3\ 000$ r/min。轴承承受载荷 $F_{r1}=1\ 000$ N，$F_{r2}=2\ 100$ N，$K_a=900$ N（方向向右），运转过程中有轻微冲击。要求预期寿命 $[L_h]=2\ 000$ h，选择轴承型号。

3. 如图 7-8 所示，已知轴上齿轮受圆周力 $F_t=2\ 200$ N，径向力 $F_r=900$ N，轴向力 $F_a=400$ N，齿轮分度圆直径 $d=314$ mm，轴的转速 $n=520$ r/min，运转中有中等冲击载荷，轴承预期计算寿命 $[L_h]=15\ 000$ h。设初选两个轴承型号均为 30205，其基本额定动载荷和静载荷分别为 $C=32\ 200$ N、$C_0=37\ 000$ N，计算系数 $e=0.37$，$Y=1.6$，$Y_0=0.9$。试验算该对轴承能否达到预期寿命要求。

任务 3 摩擦、磨损及润滑

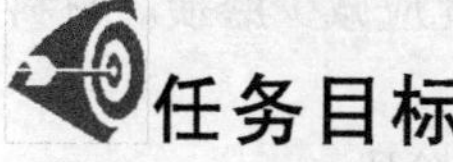

任务引入

摩擦是机器运转过程中不可避免的物理现象，磨损是摩擦的结果，润滑则是减少摩擦和磨损的有力措施。那么，摩擦状态有哪几种？在机器的正常运转中，磨损过程分哪几个阶段？磨损的类型有哪些？如何选择润滑剂及润滑方式？常用的密封装置有哪些？

任务目标

1. 了解摩擦的类型。
2. 了解磨损的过程及其分类。
3. 熟悉常用的润滑剂及润滑方式。
4. 熟悉常用的密封装置。

知识链接

3.1 摩擦与磨损

各种机器在工作时，许多相接触的零件之间作相对运动，从而产生摩擦。摩擦不仅导致能量损耗、效率降低，而且使零件发生磨损，过度磨损甚至导致零件失效。在零件失效中，因磨损而失效的零件约占80%。为了提高机器的效率、使用寿命和经济性,必须设法减小摩擦以减少磨损。润滑是减小摩擦、降低磨损最有效的方法。

3.1.1 摩擦及其分类

在外力作用下的两相互接触的物体,接触面间产生抵抗切向滑动阻力的现象,称为摩擦。摩擦会造成能量损耗和零件磨损,在一般情况下是有害的,因此应尽量减少摩擦。但有些情况下却要利用摩擦工作,如带传动、摩擦制动器等。

按运动形式,摩擦可分为滑动摩擦和滚动摩擦。作相对滑动的两接触物体间的摩擦称为滑动摩擦,如滑动轴承的轴瓦与轴颈、丝杆与螺母间的摩擦。作相对滚动的以点或线接触的两物体,其接触处产生的摩擦称为滚动摩擦,如滚动轴承中滚动体与内外圈间、滚动螺旋与螺母、齿轮轮齿在节点啮合时的摩擦。

按摩擦状态,滑动摩擦又分为干摩擦、液体摩擦、边界摩擦和混合摩擦。

1. 干摩擦

摩擦面间无任何润滑剂时的摩擦称为干摩擦。干摩擦时,金属表面直接接触,摩擦大,磨损严重,应予避免(依靠摩擦力工作的零件除外)。

2. 液体摩擦

摩擦副表面间不直接接触,被一层压力液体完全隔开时的摩擦称为液体摩擦。摩擦只产生于液体内部分子间,摩擦系数很小,是理想的摩擦状态。

3. 边界摩擦

摩擦副间有少量润滑剂,摩擦表面上形成极薄的润滑油膜(油膜厚度小于1 mm),使其处于干摩擦和液体摩擦之间的状态,这种摩擦称为边界摩擦。

4. 混合摩擦

实践中有很多摩擦副处于干摩擦、液体摩擦与边界摩擦的混合状态,称为混合摩擦。

边界摩擦、混合摩擦和液体摩擦是在加入润滑剂的情况下实现的,故又常称为边界润滑、混合润滑和液体润滑。

3.1.2 磨损及其过程

摩擦使零件表面材料逐渐损失的现象称为磨损。磨损改变零件的尺寸和形状,破坏工作表面,影响零件和机器的功能,缩短使用寿命,并消耗材料和能量,因此应减少磨损。材料抵抗磨损的能力称为耐磨性,被磨损去的表面厚度称为磨损量。

一般机械零件的磨损过程分为磨合磨损、稳定磨损和剧烈磨损三个阶段。

1. 磨合磨损阶段

磨合磨损也称为跑合磨损。由于新加工零件的摩擦副表面具有一定的粗糙度。磨合初期,只有轮廓凸峰接触,实际接触面积较小,接触处的压力较大,因而磨损速度较快,如图7－27所示中磨损曲线的 Oa 段。经短时间磨合,表面凸峰被磨平,使实际接触面积增大,磨损速度降低。

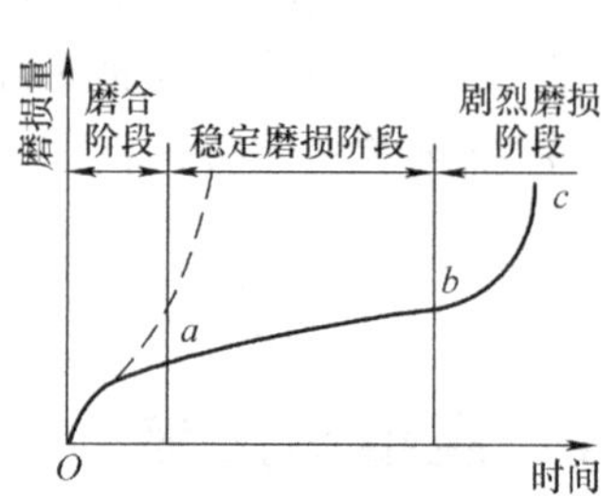

图7－27 磨损过程

装配好的新机器都要经过磨合。磨合后应更换润滑油、清洗零件,才能正常进入稳定磨损阶段。

2. 稳定磨损阶段

在这一阶段中磨损缓慢、磨损率稳定,零件以平稳而缓慢的磨损速度进入正常工作阶段,如图7－27所示中的ab段。这个阶段的长短即代表零件使用寿命的长短。该曲线的斜率即为摩擦率,斜率越小,磨损越慢,零件使用寿命越长。

3. 剧烈磨损阶段

零件经长时间使用后,磨损速度和磨损率都急剧增大。当工作表面的总磨损量超过机械正常运转要求的某一允许值后,摩擦副的间隙增大,零件的磨损加剧,精度下降,润滑状态恶化,温度升高,从而产生振动、冲击和噪声,使零件迅速报废,如图7－27所示中的bc段。此时,必须停机检修,更换零件。

上述磨损过程中的三个阶段,是一般机械设备运转过程中都存在的。若在磨合磨损阶段压强过大、速度过高、润滑不良,则磨合期很短,并直接转入剧烈磨损阶段,零件很快报废,如图7－28中虚线所示。

3.1.3 磨损类型

按照破坏机理以及零件表面磨损状态的不同,磨损分为以下四种类型。

1. 粘着磨损

在高压和变形热量作用下,摩擦表面轮廓凸峰接触处产生粘着结点。摩擦副作相对运动时,由于剪切作用,一个表面的材料粘附到另一表面上,形成粘着磨损。如蜗轮齿圈上铜粘附到蜗杆齿面上。这是金属摩擦副中最普遍的一种磨损形式。

2. 磨粒磨损

摩擦面间的外来硬颗粒或较硬表面的轮廓峰对较软表面进行切削或刮擦而造成的磨损称为磨粒磨损。这是一种机械磨损,应设法减轻。开式齿轮的磨损就是磨粒磨损。

3. 疲劳磨损

两摩擦表面为点接触或线接触时,局部的弹性变形会形成小的接触区,这些小的接触区形成的摩擦副如果受交变接触应力的反复作用,表面形成疲劳点蚀,使小片金属剥落,称为疲劳磨损,也称点蚀。

4. 腐蚀磨损

在摩擦过程中,摩擦金属表面材料与周围介质起化学或电化学反应而造成材料脱落,称为腐蚀磨损。如化工管道、泵类零件、柴油机缸套等。

3.2 润滑

润滑是向摩擦表面供给润滑剂。润滑的主要目的是减小摩擦、减轻磨损和冷却零件。此外,润滑还有防止零件锈蚀、缓冲吸振、洗除污物和密封等作用。

3.2.1 润滑剂及其选择

润滑剂分为液体润滑剂、半固体润滑剂、固体润滑剂和气体润滑剂等四大类。对于一般机械设备,通常采用润滑油或润滑脂润滑。

1. 润滑油

工业用润滑油有矿物油和合成油两类。合成油为化学合成产品,具有优良的综合性能,但价格高,目前多用于高温、高速和重载等特殊场合。矿物油为石油产品,性能较好,适用性广,成本较低,应用最多。

矿物油种类繁多,一般按油品的特性和应用场合分类,如全损耗系统用油、齿轮油、内燃机油、主轴油、轴承油等。每组根据用途又分为若干品种。例如齿轮油分为工业闭式齿轮油、工业开式齿轮油和车辆齿轮油。

每种润滑油再按质量、使用条件和用途分为几个等级,如工业闭式齿轮油分为普通工业齿轮油、中负荷工业齿轮油、重负荷工业齿轮油、蜗轮蜗杆油等六个等级,每个等级润滑油又有不同牌号。

润滑油的牌号是按照油的黏度来划分的。对于工业用润滑油,标准把温度在 40 ℃时运动黏度在 1.98 ~1 650 mm^2/s 范围内的油分为 18 个牌号。每个牌号表示黏度数字中心值的整数。牌号数字愈大,油黏度愈高,即愈稠。

润滑油的主要性能指标包括黏度、黏度指数、油性、极压性、闪点和凝点。

1)黏度

黏度是润滑油抵抗剪切变形的能力,它反映润滑油流动时内部摩擦阻力的大小。黏度是润滑油最重要的性能指标。黏度有动力黏度与运动黏度之分,前者用于流体动力计算;后者为动力黏度与密度的比值,常用于工业计算。运动黏度的法定单位为 m^2/s,常用单位为 mm^2/s。

2)黏度指数

黏度指数是衡量润滑油黏度随温度变化快慢的程度。温度是影响黏度的最重要的因素。温度升高,黏度将显著降低。黏度指数越大,温度变化对黏度的影响越小。

3)油性

油性是指润滑油湿润或吸附于干摩擦表面的性能。吸附能力越强,油性越好。

4)极压性

极压性是润滑油中加入含硫、氯、磷的有机极性化合物后,油中极性分子在金属表面生成抗磨、耐高压化学反应膜的能力。机械在高速、重载条件下工作时,要选用极压性好的油润滑。

5)闪点

闪点是润滑油在规定条件下加热并与火焰接触瞬间闪火时的最低温度。它是一个使用安全指标。一般要求油闪点高于工作温度 20 ~30 ℃。

6)凝点

润滑油在规定条件下冷却,失去流动性的最高温度称为凝点,反映其使用的最低温度。一般要求凝点比最低使用温度低 5 ~10 ℃。

选用润滑油主要是确定油品的种类和黏度(牌号)。一般根据机械设备的工作条件、载荷和速度先确定出合适的黏度范围,再选择适当的润滑油品种。选择的原则是:在高温、重载、低速,机器工作中有冲击、振动并经常变速变载、启动、停车、反转等情况下,宜选用黏度高的润滑油;在高速、轻载、低温、采用压力循环或滴油润滑等情况下,可选用黏度低的润滑油。

2. 润滑脂

润滑脂是润滑油与稠化剂的膏状混合物,又称为黄油或干油。其润滑性能主要取决于所用的润滑油、稠化剂的种类和含量。润滑脂分为矿物油润滑脂和合成油润滑脂两大类。矿物油润滑脂通常按所用的稠化剂来分类和命名,品种繁多,性能各异。

与选用润滑脂有关的性能指标是滴点和针入度。

1)滴点

在规定的加热条件下,润滑脂从标准量杯孔口滴下第一滴油时的温度称为滴点。润滑脂的工作温度应比其滴点低 20~30 ℃。

2)针入度

针入度是表征润滑脂稠度的指标。将重量为 1.5 N 的标准圆锥体放入 25 ℃的润滑脂试样中,经 5 s 后所沉入的深度称为润滑脂的针入度,以 0.1 mm 为单位。润滑脂按针入度自大至小分为 0~9 共 10 个牌号,牌号数字越大,针入度越小,脂越稠。

与润滑油相比,润滑脂有如下特点:粘附能力强,油膜强度高,具有耐高压和极压性,故承载能力较大;适用于高温、极压、低速、冲击振动、间歇运转等苛刻工况条件;使用温度范围宽广;密封性好;使用寿命长,耗量少,润滑方便和维护较简单;流动性差,摩擦阻力较大,不宜用于特别高速高温场合;脂中混入污物后不易清除。润滑脂特别适用于滚动轴承的润滑。

3.添加剂

为了改善润滑油、脂的使用性能,常加入一定量的其他物质——添加剂,使其更好地满足不同使用场合的各种需要。添加剂种类很多,按所起的作用可分为极压添加剂、油性剂、抗氧抗腐剂、黏度指数改进剂、降凝剂等。

3.2.2　润滑方法和润滑装置

机械设备的润滑,主要集中在传动件和支承件上。机器的润滑方法有分散润滑和集中润滑两大类。分散润滑是各个润滑点各自单独润滑,这种润滑是间断的或连续的压力润滑或无压力润滑。集中润滑是一台机器的许多润滑点由一个润滑系统同时润滑。

油润滑方法的常用装置有手工给油润滑装置、滴油润滑装置、油浴润滑装置、飞溅润滑装置、油绳油垫润滑装置、油环油链润滑装置、喷油润滑装置、油雾润滑装置。

脂润滑常用装置有手工润滑装置、滴下润滑装置、集中润滑装置。

在润滑工作中对润滑方法及其装置的选择必须从机械设备的实际情况出发,即设备的结构、摩擦副的运动形式、速度、载荷、精密程度和工作环境等条件来综合考虑。

3.3　密封方法及装置

在机械设备中,为了防止润滑剂泄漏及防止灰尘、水分进入润滑部位,必须采取相应的密封装置,以保证持续、清洁的润滑,使机器正常工作,并减少对环境的污染,提高机器工作效率,降低生产成本。

根据密封处零件之间是否有相对运动,密封可分为静密封和动密封两大类。密封后密封件之间固定不动的称为静密封,如管道与管道连接处接合面间的密封。静密封可采用各种垫片,包括金属、非金属垫片以及密封胶等。密封后密封件之间有相对运动的称为动密封,如旋转轴与轴承盖之间的密封。动密封又分为接触式、非接触式、半接触式密封,其中应用较广的是接触式密封,它主要是利用各种密封圈或毡圈密封。各种密封件都已标准化,可查阅手册选取适当的形式。

任务落实

1. 按摩擦副表面间的润滑状态,摩擦可分为哪几类?各有何特点?

2. 磨损过程分哪几个阶段?各阶段的特点是什么?哪种磨损对传动件来说是有益的?为什么?

3. 如何选择润滑剂及润滑方式?
4. 常用的密封装置有哪些?

任务4　滑动轴承的选用

任务引入

滑动轴承具有承载能力大、抗冲击、噪声低、工作平稳、回转精度高、高速性能好等独特的优点,使其在航空发动机附件、金属切削机床、内燃机、铁路机车及车辆、轧钢机、雷达、卫星通信地面站及天文望远镜等方面得到广泛应用。那么,滑动轴承的典型结构有哪些? 常用的轴承材料有哪些? 如何选择滑动轴承的润滑剂和润滑方式? 如何对非液体润滑轴承进行计算?

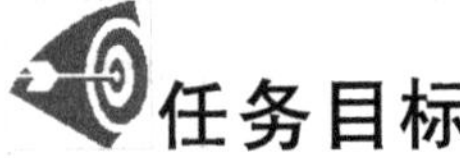

任务目标

1. 了解滑动轴承的特点、应用及分类。
2. 熟悉滑动轴承的典型结构及常用材料。
3. 了解滑动轴承的润滑方法。
4. 掌握非液体润滑轴承的计算方法。

知识链接

4.1　滑动轴承的类型及结构

4.1.1　滑动轴承的类型

滑动轴承的类型很多,根据所承受载荷方向的不同,滑动轴承可分为径向轴承(承受径向载荷)和推力轴承(承受轴向载荷)两大类。

根据其滑动表面间润滑和摩擦状态的不同,滑动轴承可分为液体润滑轴承和非液体润滑轴承。液体润滑轴承又根据工作时相对运动表面间油膜形成原理的不同分为液体动压润滑轴承(简称液体动压轴承)和液体静压润滑轴承(简称液体静压轴承)。

液体滑动摩擦轴承在轴颈和轴承表面间形成一层约几十微米的液体润滑膜,将金属表面完全隔开,因而摩擦阻力很小。非液体摩擦轴承不具备形成液体摩擦状态的条件,在轴颈和轴承表面也有一定的润滑油存在,但不能将金属表面完全隔开,仍有部分凸起的金属表面发生直接接触,因此摩擦损失较大。非液体润滑轴承结构简单,制造和维护容易,在机械中应用广泛。

4.1.2　滑动轴承的典型结构

滑动轴承一般由轴承座、轴瓦、润滑装置和密封装置等部分组成。

1. 径向滑动轴承

径向滑动轴承只能承受径向载荷,轴承上的约束反力与轴的中心线垂直。

1)整体式滑动轴承

整体式滑动轴承分为有轴套(轴瓦)和无轴套两种。如图 7-28 所示有轴套结构,由轴承座和轴套组成,顶部装有润滑油杯,内孔中压入带有油沟的轴瓦,轴瓦可用骑缝螺钉与轴承座固定。轴承座用螺栓与机座连接。

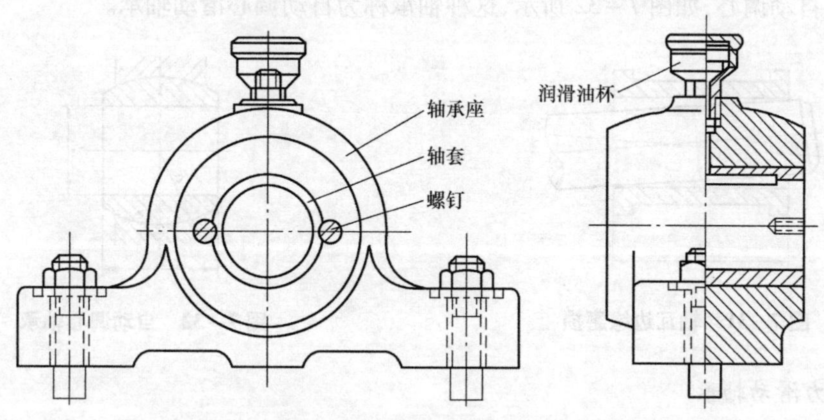

图 7-28　整体式滑动轴承

这种轴承结构简单、价格低廉、制造方便、刚度大,但装拆时轴和轴承必须作轴向移动,且轴承磨损后径向间隙无法调整,故多用在低速轻载、间歇工作、不需要经常拆卸的场合,其结构尺寸已标准化。

2)剖分式滑动轴承

剖分式滑动轴承如图 7-29 所示,主要由轴承座、轴承盖、剖分的上下轴瓦组成。滑动轴承的上下两部分由螺栓连接。轴承盖上制有螺纹孔,装有润滑油杯(或油管)。轴承座与轴承盖的剖分面上制成阶梯形止口,主要是为了装配时定位和防止两者受力后发生错动。当载荷方向有较大偏斜时,轴承的剖分面作相应的偏斜,使剖分面与载荷大致垂直,如图 7-30所示为斜剖分式滑动轴承。

剖分式滑动轴承克服了整体式轴承装拆不便的缺点,而且当轴瓦工作面磨损后,适当减薄剖分面间的垫片厚度并进行刮瓦,就可调整轴颈与轴瓦间的间隙。因此,这种轴承得到了广泛应用,已经标准化。

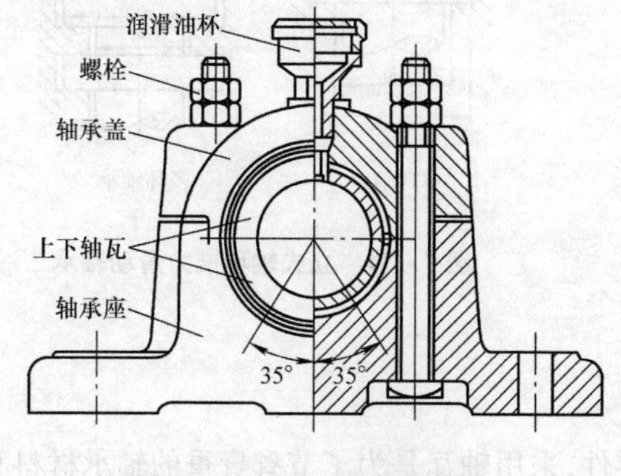

图 7-29　剖分式滑动轴承

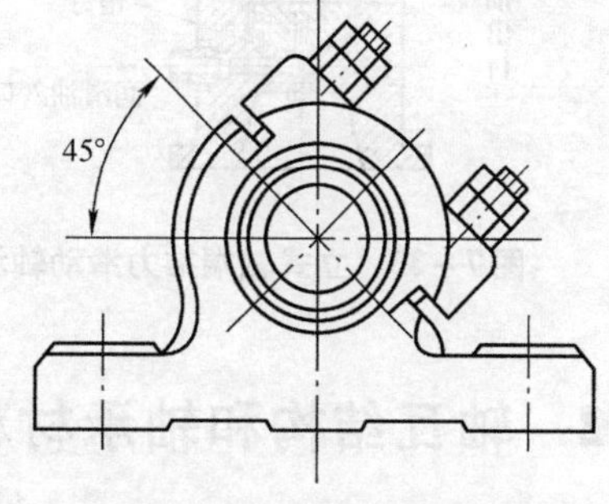

图 7-30　斜剖式滑动轴承

2. 自动调心式滑动轴承

对于宽径比较大的滑动轴承($L/D>1.5$),由于轴的挠曲或轴承孔的同轴度较低而造成轴与轴瓦端部边缘产生局部接触,使轴瓦边缘产生局部磨损,如图 7-31 所示。为防止出现局部磨损,可将轴瓦与轴承座配合的外表面制成球面,球面中心恰好在轴线上,当轴颈倾斜时,轴瓦能自动调心,如图 7-32 所示,这种轴承称为自动调心滑动轴承。

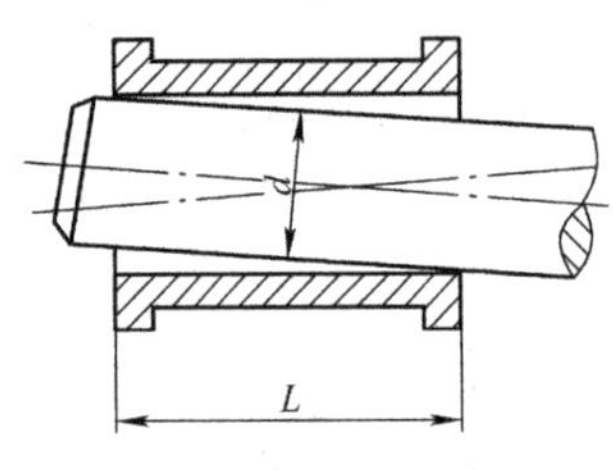

图 7-31 轴瓦边缘磨损

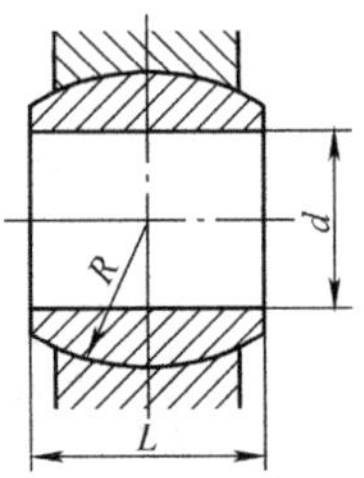

图 7-32 自动调心轴承

3. 推力滑动轴承

推力滑动轴承用于承受轴向载荷,轴承上的约束反力与轴的中心线方向一致。常用的不完全液体摩擦推力轴承又称为普通推力轴承,有立式和卧式两种。

1)立式轴端推力滑动轴承

如图 7-33 所示为立式轴端推力滑动轴承,由轴承座、衬套、轴瓦和止推瓦组成。止推轴瓦底部制成球面,可以自动调位避免偏载。销钉用来防止轴瓦转动。轴瓦用于固定轴的径向位置,同时也可承受一定径向载荷。润滑油靠压力从底部注入,并从上部油管流出。

2)立式轴环推力滑动轴承

如图 7-34 所示为立式轴环推力滑动轴承,由带有轴环的轴和轴瓦组成,一般用于低速、轻载场合。载荷较大时采用多环轴颈,多环轴颈还能承受双向轴向载荷。轴颈的结构尺寸可查阅相关手册。

推力滑动轴承和径向轴承联合使用时可以承受复合载荷。

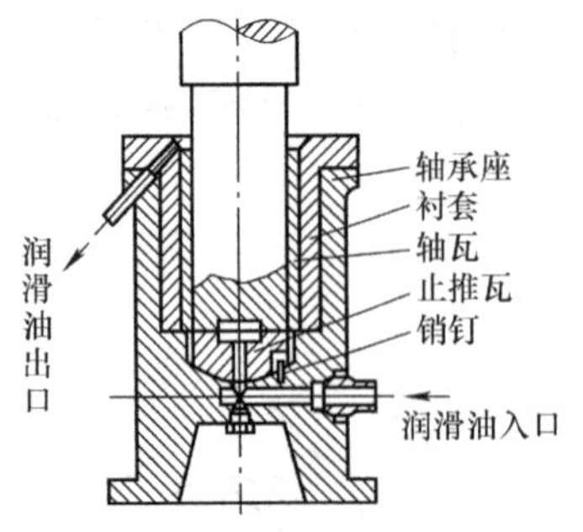

图 7-33 立式轴端推力滑动轴承

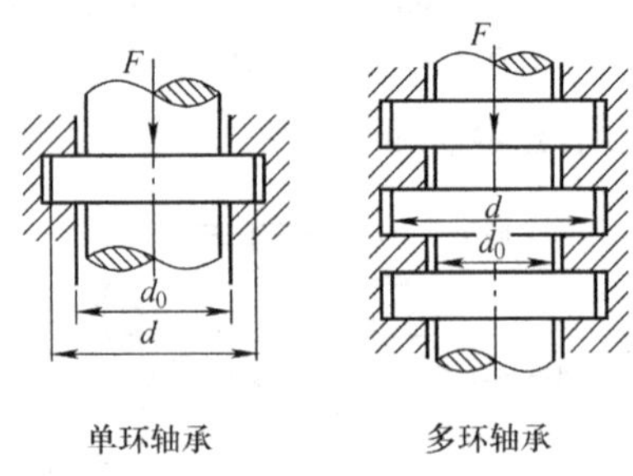

图 7-34 立式轴环推力滑动轴承

4.2 轴瓦结构和轴承材料

轴瓦是滑动轴承中直接与轴颈接触的零件,采用轴瓦是为了节省贵重的轴承材料和便于维修。由于轴瓦与轴颈的工作表面之间具有一定相对滑动速度，因而从摩擦、磨损、润滑和导热等方面都对轴瓦的结构和材料提出了要求。

4.2.1　轴瓦结构

常用的轴瓦结构有整体式和剖分式两类。

整体式轴承采用整体式轴瓦，整体式轴瓦又称轴套，分为光滑轴套和带纵向油沟轴套两种，如图 7-35 所示，粉末冶金制成的轴套一般不带油沟。

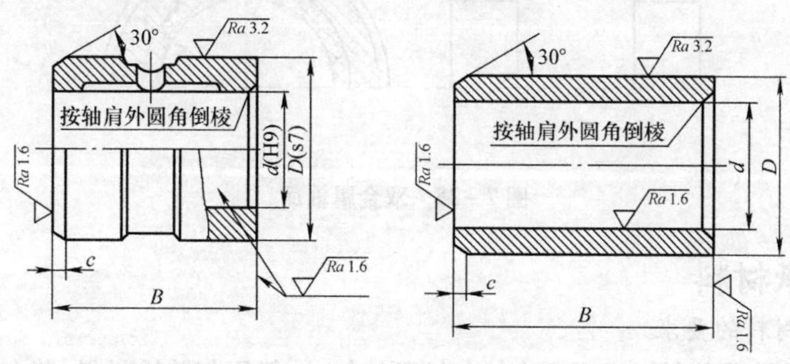

图 7-35　整体式轴瓦

剖分式轴承采用剖分式轴瓦，如图 7-36 所示。在轴瓦上开有油孔和油沟。油沟和油孔只能开在不承受载荷的区域，以免降低承载能力，并保证承载区油膜的连续性。油沟的轴向长度应比轴瓦宽度短，以免油从两端流失。几种常见的油沟形式如图 7-37 所示。为防止轴瓦沿轴向和周向移动，将其两端做成凸缘来作轴向定位，也可用紧定螺钉或销钉将其固定在轴承座上。

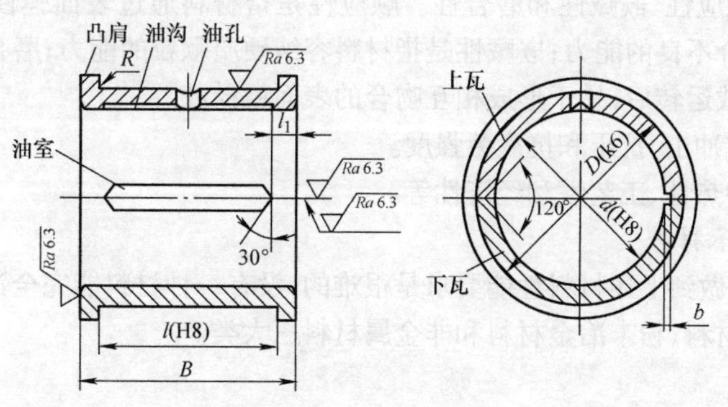

图 7-36　剖分式轴瓦

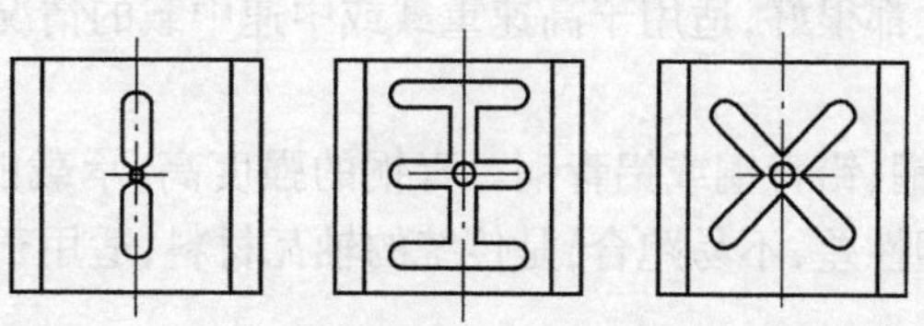

图 7-37　油沟

为了减轻摩擦,常在轴瓦内表面浇注一层(0.5 ~6 mm)或两层轴承合金作为轴承衬,则称为双金属轴瓦或三金属轴瓦。为了使轴承衬与轴瓦结合牢固,可在轴瓦基体内壁制出沟槽,如图 7 -38 所示。

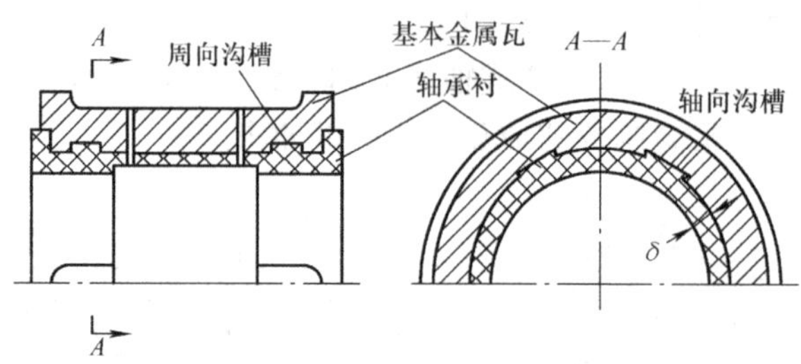

图 7 -38　双金属轴瓦

4.2.2　轴承材料

1. 对轴承材料的要求

滑动轴承的轴承盖与轴承座不直接与轴颈接触,一般用灰铸铁材料,若在重载下或冲击载荷下,可采用铸钢制造。

轴瓦或轴承衬与轴颈直接接触,轴瓦和轴承衬的材料统称为轴承材料。对于滑动轴承其主要失效形式为磨损和胶合,当强度不足时,也可能出现疲劳破坏。故对材料的性能要求如下。

(1)良好的减摩性、耐磨性和抗咬黏性。减摩性是指材料副具有低的摩擦因数,耐磨性是指材料的抗磨性能(通常以磨损率表示),抗咬黏性是指材料的耐热性和抗粘附性。

(2)良好的顺应性、嵌藏性和磨合性。顺应性是指材料通过表面弹性变形来补偿轴承滑动表面初始配合不良的能力;嵌藏性是指材料容纳硬质颗粒的能力;磨合性是指轴瓦与轴颈表面经短期轻载运转后,易于形成相互吻合的表面粗糙度。

(3)足够的抗冲击、抗压和抗疲劳强度。

(4)良好的导热性、工艺性和经济性等。

2. 常用的轴承材料

应该指出,要做到上述材料性能要求是很难的,没有一种材料能完全达到。一般常用的轴承材料有金属材料、粉末冶金材料和非金属材料三大类。

1)金属材料

常用的金属材料有轴承合金(又称巴氏合金)、青铜和铸铁。

轴承合金(又称巴氏合金)主要是锡、铅、锑、铜等的合金。其减摩性、耐磨性、抗胶合性、塑性、磨合性、导热性都很好,适用于高速重载或中速中载的情况。但价格贵,强度不高,一般用作轴承衬材料。

青铜主要是指锡青铜、铅青铜或铝青铜。青铜的强度高,承载能力大,耐磨性与导热性都比轴承合金好,但可塑性差,不易跑合,是传统的轴瓦材料,适用于中速重载或低速重载的场合。

铸铁主要是灰铸铁、耐磨铸铁。其优点是价廉,但塑性、跑合性差,适用于低速轻载的场合。

2）粉末冶金材料

粉末冶金材料是由不同的金属粉末与石墨粉混合后，经压制、烧结而成，具有多孔组织，孔隙内可以储存润滑油，故用此种材料制成的轴承称为含油轴承。含油轴承使用前先把轴瓦在热油中浸渍数小时，使空隙中充满润滑油；运转时，由于轴颈旋转对它产生的挤压和抽吸作用，空隙中的润滑油渗出而起到润滑作用。它适用于低速无冲击和加油不便的场合。

3）非金属材料

可用作轴瓦的非金属材料主要是塑料、橡胶、硬木和石墨等。橡胶轴瓦弹性大，能减振并使运转平稳；塑料轴瓦具有摩擦系数小，可塑性、跑合性好，耐磨、耐腐蚀，导热性差，热膨胀系数大，容易变形等特点，是应用最多的非金属材料轴瓦。

常用金属轴瓦材料的使用性能见表 7－16。

表 7－16　常用金属轴瓦材料的使用性能

<table>
<tr><th colspan="2" rowspan="2">轴承材料</th><th colspan="3">最大许用值</th><th rowspan="2">最高工作温度/℃</th><th rowspan="2">轴颈硬度/HBS</th><th colspan="4">性能比较</th><th rowspan="2">备　注</th></tr>
<tr><th>[p]/MPa</th><th>[v]/(m/s)</th><th>[pv]/(MPa·m/s)</th><th>抗咬黏性</th><th>顺应性及镶入性</th><th>耐蚀性</th><th>疲劳强度</th></tr>
<tr><td rowspan="4">锡锑轴承合金</td><td rowspan="2">ZSnSb11Cu6</td><td colspan="3">平稳载荷</td><td rowspan="4">150</td><td rowspan="2">30</td><td rowspan="4">1</td><td rowspan="4">1</td><td rowspan="4">1</td><td rowspan="4">5</td><td rowspan="4">用于高速、重载下工作的重要轴承，变载荷下易于疲劳，价贵</td></tr>
<tr><td>25</td><td>80</td><td>20</td></tr>
<tr><td rowspan="2">ZSnSb8Cu4</td><td colspan="3">冲击载荷</td><td rowspan="2">28</td></tr>
<tr><td>20</td><td>60</td><td>15</td></tr>
<tr><td rowspan="2">铅锑轴承合金</td><td>ZPbSb16Sn16Cu2</td><td>15</td><td>12</td><td>10</td><td rowspan="2">150</td><td rowspan="2">150</td><td rowspan="2">1</td><td rowspan="2">1</td><td rowspan="2">3</td><td rowspan="2">5</td><td rowspan="2">用于中速、中等载荷的轴承，不易受显著冲击，可作为锡锑轴承合金的代替品</td></tr>
<tr><td>ZPbSb15Sn5Cu3Cd2</td><td>5</td><td>8</td><td>5</td></tr>
<tr><td rowspan="2">锡青铜</td><td>ZCuSn10P1（10－1 锡青铜）</td><td>15</td><td>10</td><td>15</td><td rowspan="2">280</td><td rowspan="2">300～400</td><td rowspan="2">3</td><td rowspan="2">5</td><td rowspan="2">1</td><td rowspan="2">1</td><td>用于中速、重载及受变载荷的轴承</td></tr>
<tr><td>ZCuSn5Pb5Zn5（5－5－5 锡青铜）</td><td>8</td><td>3</td><td>15</td><td>用于中速、中载轴承</td></tr>
<tr><td>铅青铜</td><td>ZCuPb30（30 铅青铜）</td><td>25</td><td>12</td><td>30</td><td>280</td><td>300</td><td>3</td><td>4</td><td>4</td><td>2</td><td>用于高速、重载轴承，能承受变载荷冲击</td></tr>
<tr><td>铝青铜</td><td>ZCuAl10Fe3（10－3 铝青铜）</td><td>15</td><td>4</td><td>12</td><td>280</td><td>100～140</td><td>5</td><td>5</td><td>5</td><td>2</td><td>最宜用于润滑充分的低速重载轴承</td></tr>
<tr><td rowspan="2">黄铜</td><td>ZCuZn16Si4（16－4 硅黄铜）</td><td>12</td><td>2</td><td>10</td><td>200</td><td>100</td><td>5</td><td>5</td><td>1</td><td>1</td><td rowspan="2">用于低速、中载轴承</td></tr>
<tr><td>ZCuZn40Mn2（40－2 锰黄铜）</td><td>10</td><td>1</td><td>10</td><td>200</td><td>—</td><td>5</td><td>5</td><td>1</td><td>1</td></tr>
</table>

续表

轴承材料		最大许用值			最高工作温度/℃	轴颈硬度/HBS	性能比较				备注
		[p]/MPa	[v]/(m/s)	[pv]/(MPa·m/s)			抗咬黏性	顺应性及镶入性	耐蚀性	疲劳强度	
耐磨铸铁	HT300	0.1~6	3~0.75	0.3~4.5	150	<150	4	5	1	1	宜用于低速、轻载的不重要轴承，价廉
灰铸铁	HT150~HT250	2~4	1~0.5	—	—	—	4	5	1	1	

4.3 非液体润滑轴承的计算

非液体润滑轴承的主要失效形式是磨损和胶合。因此，其计算准则主要是防止轴承材料的磨损及维持轴颈与轴瓦表面之间边界膜的存在。由于至今还没有完善的计算理论，对于工作可靠性要求不高的低速、重载或间歇工作的轴承，采用条件性计算，即控制轴承的平均压强 p、滑动速度 v 及 pv 值。

非液体润滑向心滑动轴承的设计计算步骤一般如下。

(1)根据工作条件和使用要求选定轴承的类型、结构形式及轴瓦材料。

(2)选定宽径比 B/d，推荐重载时取 0.5~0.75，中载时取 0.7~1.1，轻载时取 1~1.5。一般设计时轴径已知，故选定宽径比后就可以确定轴承宽度。

(3)验算工作能力。

①验算轴承摩擦表面平均压强。压强 p 是影响磨损的主要因素。对于滑动速度很低的轴承，只需用验算压强控制其磨损。

$$p = \frac{F_r}{dB} \leqslant [p] \tag{7-11}$$

式中：F_r为轴承的径向载荷，单位为 N；d 为轴颈直径，单位为 mm；B 为轴承宽度，单位为 mm；$[p]$为轴承材料的许用压强，单位为 MPa。

②验算滑动速度。当压强很小时，也可能因滑动速度过高而加速磨损，因此要验算滑动速度 v 控制其磨损。

$$v = \frac{\pi dn}{60 \times 1\,000} \leqslant [v] \tag{7-12}$$

式中：n 为轴径转速，单位为 r/min；d 为轴颈直径，单位为 mm。

③验算 pv 值。摩擦功与 pv 成正比，验算 pv 就可控制摩擦发热，防止轴承工作时产生过高的热量而导致胶合。

$$pv = \frac{F_r}{dB} \cdot \frac{\pi dn}{60 \times 1\,000} = \frac{F_r n}{19\,108B} \leqslant [pv] \tag{7-13}$$

各种轴承材料的许用值查相关手册。

如上述验算不符合要求，可改用较好的轴瓦材料或重新选取较大的 d 和 B 值。

4.4 滑动轴承的润滑

滑动轴承的润滑主要是降低摩擦和减少磨损，同时还可以起到冷却、吸振、防尘、防锈等作用。

4.4.1　润滑剂

常用的润滑剂为润滑油和润滑脂,其中以润滑油应用最广。

1. 润滑油的选择

选择润滑油时,应综合考虑载荷、速度、摩擦表面状况、润滑方式等条件。选择润滑油黏度的一般原则如下。

(1)低速、重载、温度高等条件下,应选黏度高的油,便于形成油膜。

(2)高速应选黏度低的油,以免内部摩擦损失过大和发热严重。

(3)加工粗糙、轴承与轴的间隙大的情况,应选黏度较高的油。

(4)循环润滑、芯捻润滑应选用黏度较低的油,飞溅润滑应选用高品质、能防止与空气接触而氧化变质或因激烈搅拌而乳化的油。

(5)低温工作的轴承,应选用黏度低的油。

2. 润滑脂的选择

对于润滑要求不高、难以经常供油,或者低速重载以及作摆动运动的轴承中,可采用润滑脂润滑。润滑脂主要有钠基、钙基、锂基几种。钠基润滑脂耐热性好,但抗水性差;钙基润滑脂则耐热差,抗水性较好;而锂基润滑脂的耐热性、抗水性均较好,但价格贵。润滑脂的选择原则如下。

(1)当压力高和滑动速度低时,选择锥入度小一些的品种;反之,选择锥入度大一些的品种。

(2)所用润滑脂的滴点,一般应较轴承的工作温度高 20 ~ 30 ℃,以免工作时润滑脂过多地流失。

(3)在有水淋或潮湿的环境下,应选择防水性能强的钙基或铝基润滑脂,在温度较高处应选用钠基或复合钙基润滑脂。

4.4.2　润滑方法和润滑装置

1. 油润滑

1)间歇式供油润滑

直接由人工用油壶向油杯中注油。此种润滑方法只适用于低速、轻载和不重要的轴承。

2)喷油润滑

利用油泵将润滑油增压,通过油管或油孔,经喷嘴将润滑油对准轴承内圈与滚动体间的位置喷射,从而润滑轴承。这种方式适用于转速高、载荷大、要求润滑可靠的轴承。

3)飞溅润滑

利用转动件的转动使油飞溅到箱体内壁上,再通过油沟将油导入轴承中进行润滑。这是一般闭式齿轮传动装置中轴承常用的润滑方法。

4)油浴润滑

轴承局部浸入润滑油中,油面不得高于最低滚动体中心。该方法简单易行,适用于中、低速轴承润滑。

几种常见的供油装置如图 7 – 39 所示。

2. 脂润滑

采用脂润滑时只能间歇供油。通常将油杯装于轴承的非承压区,用油脂枪向杯内油孔压注油脂。

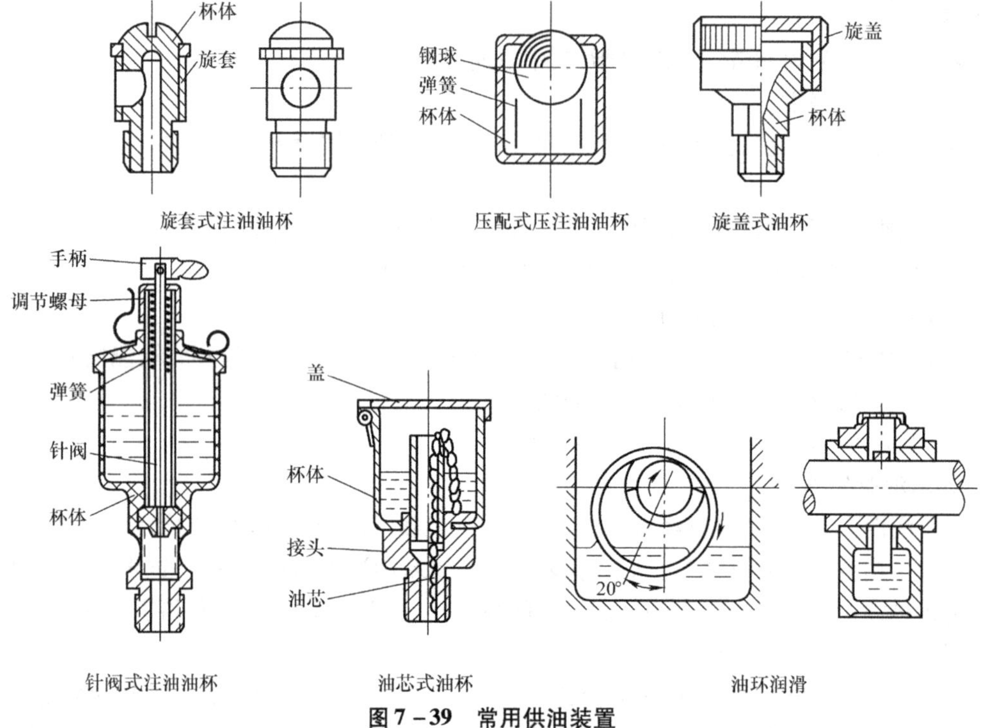

图 7－39　常用供油装置

3. 润滑方式的选择

根据下式算出 K 值，通过查表 7－17 确定滑动轴承的润滑方法和润滑剂类型。

$$K = \sqrt{pv^3} \tag{7-14}$$

式中：p 为轴颈上的平均压强，单位为 MPa；v 为轴颈的圆周速度，单位为 m/s。

表 7－17　滑动轴承的润滑方法

K 值	≤1 900	>1 900～16 000	>16 000～30 000	>30 000
润滑方式	润滑脂润滑	润滑油滴油润滑	飞溅式润滑	循环压力润滑

任务落实

1. 向心滑动轴承有哪几种类型？各有什么特点？

2. 简要说明设计非液体摩擦向心滑动轴承时，计算 p、v 值是解决了什么问题？

3. 有一非液体润滑向心滑动轴承，已知轴颈直径 $d = 120$ mm，宽径比 $B/d = 1$，轴的转速 $n = 420$ r/min，轴承材料的许用值 $[p] = 15$ MPa，$[v] = 4$ m/s，$[pv] = 12$ MPa · m/s。试求轴承允许承受的最大径向载荷。

思考与练习

1. 思考题

1.1　典型的滚动轴承由哪几部分组成？

1.2　滚动轴承最常见的失效形式是什么？

1.3　安装滚动轴承时为什么要施加预紧力？

1.4　什么是轴承的寿命？什么是轴承的基本额定寿命？

1.5　为什么向心推力轴承必须成对安装使用？

1.6　什么是滚动轴承的当量动载荷 P？应如何计算？

1.7　滚动轴承的支承形式有哪些？各有何特点？

1.8　在进行滚动轴承的组合设计时应考虑哪些问题？

1.9　滑动轴承的常用材料有哪些？如何选择？

1.10　滚动轴承与滑动轴承比较，各有何特点？分别应用在什么场合？

2. 练习题

2.1　一轴由一对7211AC的轴承支承，如图所示，已知 $F_{r1}=3\ 300\text{N}$，$F_{r2}=1\ 000\ \text{N}$，$F_x=900\ \text{N}$。试求两轴承的当量动载荷 P。（$S=0.68F_r$，$e=0.68$，$X=0.41$，$Y=0.87$）

2.2　图示轴上安装有一对7308AC轴承，已知轴的转速 $n=750\ \text{r/min}$，$F_{r1}=5\ 500\ \text{N}$，$F_{r2}=3\ 000\ \text{N}$。轴上的外部轴向载荷 $F_{ae}=3\ 500\ \text{N}$，常温下工作，载荷有轻微冲击（$f_p=1.2$）。试计算轴承的寿命。

（注：7308AC轴承的基本额定动载荷 $C_r=38.5\ \text{kN}$，派生轴向力 $S=0.7F_r$，判断系数 $e=0.68$，当 $F_a/F_r\leqslant e$ 时，$X=1$，$Y=0$，当 $F_a/F_r>e$ 时，$X=0.41$，$Y=0.87$）

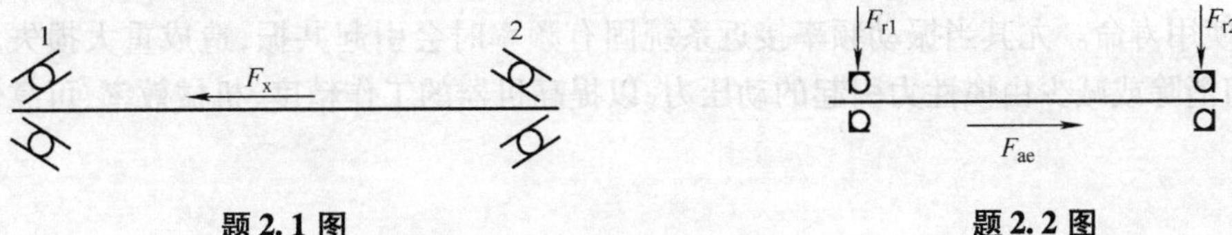

题2.1图　　　　**题2.2图**

2.3　指出图中齿轮轴系上的错误结构并改正。

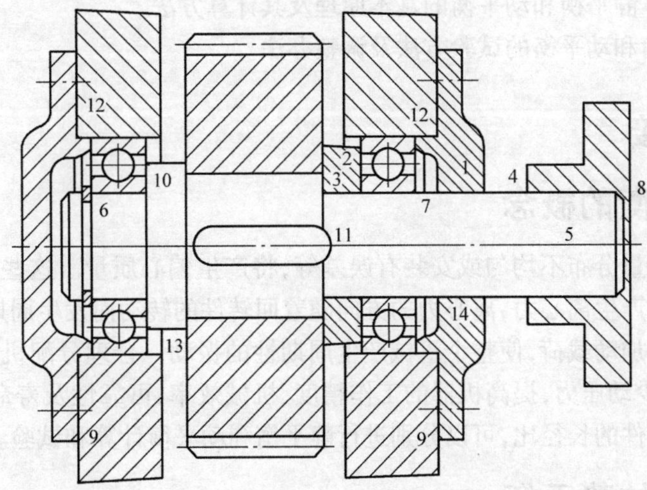

题2.3图

项目八　机械平衡与调速

机械的平衡和调速是现代工程机械中十分重要的课题，尤其在高速机械及精密机械中更具有特别重要的意义。本项目主要介绍回转构件的平衡、机械的周期性和非周期性速度波动及其调节问题。

任务1　回转件的平衡

任务引入

机械运转时各运动构件将产生大小及方向均发生周期性变化的惯性力，这将在运动副中引起附加动压力、增加运动副的摩擦力、加快磨损、影响构件的强度。这些周期性变化的惯性力会使机械的构件和基础产生振动，从而降低机器的工作精度、机械效率及可靠性，缩短机器的使用寿命。尤其当振动频率接近系统固有频率时会引起共振，造成重大损失。那么，该如何消除或减少由惯性力引起的动压力，以提高机器的工作精度、机械效率、可靠性及寿命呢？

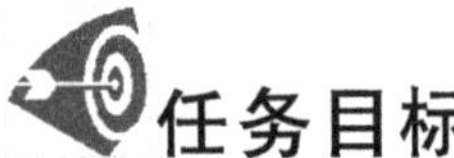

任务目标

1. 了解回转件不平衡的原因、危害及类型。
2. 掌握回转体静平衡和动平衡的基本原理及其计算方法。
3. 了解静平衡和动平衡的试验方法及调整办法。

知识链接

1.1　机械平衡的概念

由于转子的质量分布不均匀或安装有误差等，将产生偏心质量。这些偏心质量会使整个回转件在转动时产生离心力，离心力的方向随着回转件的转动而发生周期性变化，并在轴承中引起一定的附加动载荷，使整个机械产生周期性的振动。合理分配机械中运动构件的质量，以消除或减少动压力，提高机器的工作精度、机械效率、可靠性及寿命的方法，叫作机械平衡。根据回转件的长径比，可以分别进行静平衡和动平衡计算和试验。

1.2　回转件的静平衡

1.2.1　回转件的静平衡计算

对于轴向尺寸较小的零件（轴向长度 L 与外径 D 之比，即 $L/D \leqslant 0.2$），也称为盘状零件，如飞轮、砂轮、盘形凸轮等，其质量分布可以近似认为在同一回转面内。当回转件匀速转动时，各质量所产生的离心力构成同一平面内交于回转中心点的力系。如果它们的合力不等于零，则该力系不平衡。为了使力系达到平衡，只需在同一平面内加上一个平衡质量，使其所产生的离心力 $\boldsymbol{F}_b$ 等于原离心力的合力 $\sum \boldsymbol{F}_i$ 且方向相反。这样，加上一个平衡质量后，由回转件上各质量所产生的离心力组成的力系就达到平衡，这种平衡称静平衡，即

$$\boldsymbol{F} = \sum \boldsymbol{F}_i + \boldsymbol{F}_b = 0$$

式中：$\boldsymbol{F}$ 为总离心力。

若分别用质量和向径表示，可改写成

$$m\boldsymbol{e}\boldsymbol{\omega}^2 = \sum m_i\boldsymbol{r}_i\boldsymbol{\omega}^2 + m_b\boldsymbol{r}_b\boldsymbol{\omega}^2 = 0$$

由此得

$$\sum m_i\boldsymbol{r}_i + m_b\boldsymbol{r}_b = 0 \qquad (8-1)$$

式中：m_i、$\boldsymbol{r}_i$ 分别为回转平面内各偏心质量及其向径；m_b、$\boldsymbol{r}_b$ 分别为平衡质量及其向径。$\boldsymbol{m}$、$\boldsymbol{e}$ 分别为构件的总质量及其向径。$\boldsymbol{mr}$ 称为质径积。若 $\boldsymbol{e}=0$，则表示总质量的质心与回转体轴线重合，回转体质量对回转轴线静力矩等于零，称为静平衡。由此可见，机械静平衡的条件是所有质径积的矢量和等于零。

当转子结构设计完成以后，由其几何形状和材料密度求出各部分的不平衡质量和质心的向径，从而求得不平衡质径积 $\sum m_i\boldsymbol{r}_i$，再求出 $m_b\boldsymbol{r}_b$，适当选定正向径 $\boldsymbol{r}_b$，则校正质量 m_b 即可确定。

在图 8-1(a)中，已知偏心质量 m_1、m_2、m_3、m_4，它们的向径分别为 $\boldsymbol{r}_1$、$\boldsymbol{r}_2$、$\boldsymbol{r}_3$、$\boldsymbol{r}_4$，则有

$$\sum m_i\boldsymbol{r}_i = m_1\boldsymbol{r}_1 + m_2\boldsymbol{r}_2 + m_3\boldsymbol{r}_3 + m_4\boldsymbol{r}_4$$

代入式(8-1)得

$$m_1\boldsymbol{r}_1 + m_2\boldsymbol{r}_2 + m_3\boldsymbol{r}_3 + m_4\boldsymbol{r}_4 + m_b\boldsymbol{r}_b = 0$$

此矢量方程式中只有 $m_b\boldsymbol{r}_b$ 未知，可用矢量图解法求解。

如图 8-1(b)所示，根据任一已知质径积选定比例尺 μ_w(kg·mm/mm)，按向径的方向分别作矢量 $\boldsymbol{W}_1$、$\boldsymbol{W}_2$、$\boldsymbol{W}_3$、$\boldsymbol{W}_4$，并使其依次首尾相连，最后封闭图形的矢量 $\boldsymbol{W}_b$，即为所求的平衡质径积 $m_b\boldsymbol{r}_b$。其大小为

$$m_b\boldsymbol{r}_b = \mu_w \boldsymbol{W}_b$$

求出 $m_b\boldsymbol{r}_b$ 后，再由结构确定 $\boldsymbol{r}_b$，最后确定 m_b 的值。然后沿 $\boldsymbol{r}_b$ 的方向上在半径为 $\boldsymbol{r}_b$ 的位置处加上一个质量 m_b 的平衡块，就可使回转件得到平衡。反之，也可沿 $\boldsymbol{r}_b$ 的反方向上除掉一个质量 m_c 的平衡块，使 $m_c\boldsymbol{r}_c = -m_b\boldsymbol{r}_b$，如图 8-1(c)所示。如果结构上允许，尽量将选的 $\boldsymbol{r}_b$ 大些以减小 m_b，避免总质量增加过多。

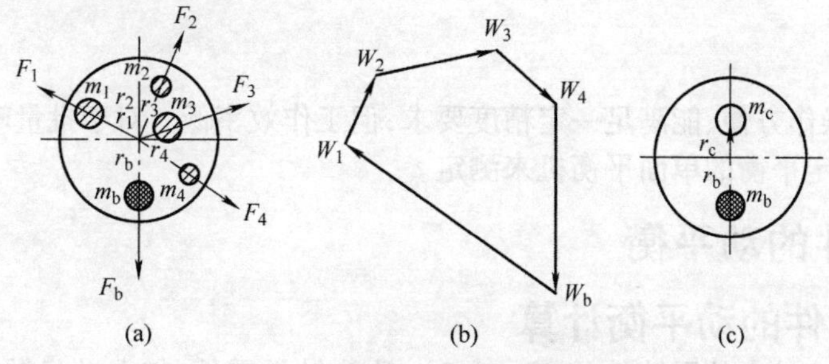

图 8-1　回转件的静平衡计算

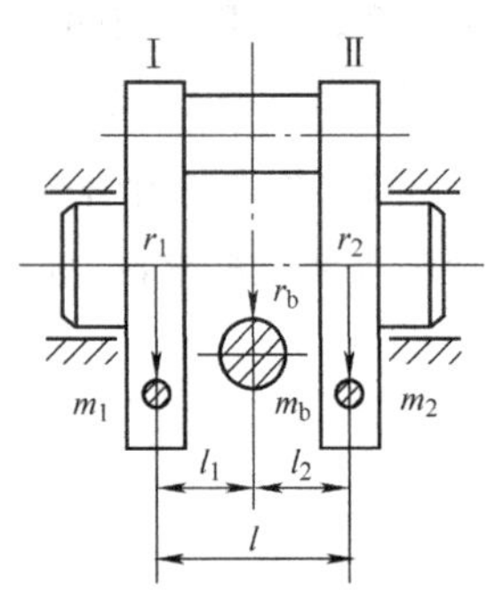

图 8-2　单缸曲轴的静平衡

如果结构上不允许在所需平衡的回转面内增、减平衡质量，如图 8-2 所示的单缸曲轴，则可另选两个校正面 I 和 II，在这两个平面内增加平衡质量，使回转件得到平衡。根据理论力学的平衡力合成原理可得

$$\left.\begin{aligned} m_1 r_1 &= \frac{l_2}{l} m_b r_b \\ m_2 r_2 &= \frac{l_1}{l} m_b r_b \end{aligned}\right\} \tag{8-2}$$

当选定回转半径 r_1 和 r_2 后，就可求出应加质量 m_1 和 m_2。

1.2.2　回转件的静平衡试验

对于经平衡计算在理论上已经平衡的转子，由于其制造精度和装配的不精确、材质的不均匀等原因，就会产生新的不平衡，并且这种新的不平衡无法再用计算来进行平衡，而只能借助于试验来平衡。平衡试验是用试验的方法来确定出转子的不平衡量的大小和方位，然后利用增加或除去平衡质量的方法予以平衡。

1. 试验设备

静平衡试验所用的设备称为静平衡仪，如图 8-3 所示。常用的静平衡仪包括导轨式静平衡仪和滚轮式静平衡仪两种。

导轨式静平衡仪

滚轮式静平衡仪

图 8-3　静平衡仪

2. 试验方法

先将转子放在平衡仪上轻轻转动，直至其质心处于最低位置时才能停止，此时在质心相反的方向加校正平衡质量，再重新转动。反复增减平衡质量，直至呈随遇平衡状态，此时转子达到静平衡。

3. 试验特点

结构简单、操作方便、能满足一定精度要求，但工作效率低。对于批量转子的静平衡，可采用一种快速测定平衡的单面平衡机来测定。

1.3　回转件的动平衡

1.3.1　回转件的动平衡计算

对于轴向尺寸较大的回转件（$L/D>0.2$），称为轴类零件，如电动机转子、机床主轴等，其质量分布不能近似认为是位于同一回转面内。这类回转件转动时产生的离心力不再是平面力系，而是空间力系。因此，单靠在某一回转面内加一平衡质量的静平衡方法，是不能使这类回转件转动时达到平衡的。对于这种转子的不平衡问题进行平衡时，一般的方法是先选定两个辅助平面，再将各个质量按其所在平面与两辅助平面的距离的比值，按比例将质量分解到两辅助平面上，最后再采用静平衡的方法使这两个辅助平面达到静平衡，亦称双面平衡。因此，构件在动平衡时也一定是静平衡的。

下面分析各偏心质量位于不同平行平面内的回转体的平衡计算方法。

如图 8-4(a)所示的转子，转子的不平衡质量分布在 1、2、3 三个回转平面内，其质量和向径分别为 m_1、m_2、m_3、$\boldsymbol{r}_1$、$\boldsymbol{r}_2$、$\boldsymbol{r}_3$。当转子以角速度 $\boldsymbol{\omega}$ 回转时，偏心质量所产生的离心惯性力及惯性力偶形成一空间力系。为达到平衡，可选任意两个校正平面 T'、T''，将 m_1、m_2、m_3 向该两平面内分解，可得

$$\left.\begin{aligned} m_1' &= \frac{l_1''}{l}m_1, \quad m_2' = \frac{l_2''}{l}m_2, \quad m_3' = \frac{l_3''}{l}m_3 \\ m_1'' &= \frac{l_1'}{l}m_1, \quad m_2'' = \frac{l_2'}{l}m_2, \quad m_3'' = \frac{l_3'}{l}m_3 \end{aligned}\right\} \tag{8-3}$$

这样可以认为转子的偏心质量集中在 T'、T''两个平面内。对于校正平面 T'，由式(8-1)可得平衡方程为

$$m_1'\boldsymbol{r}_1 + m_2'\boldsymbol{r}_2 + m_3'\boldsymbol{r}_3 + m_b'\boldsymbol{r}_b' = 0$$

作出矢量图，如图 8-4(b)所示，求出 $m_b'\boldsymbol{r}_b'$。只要选定 $\boldsymbol{r}_b'$，便可求出 m_b'。

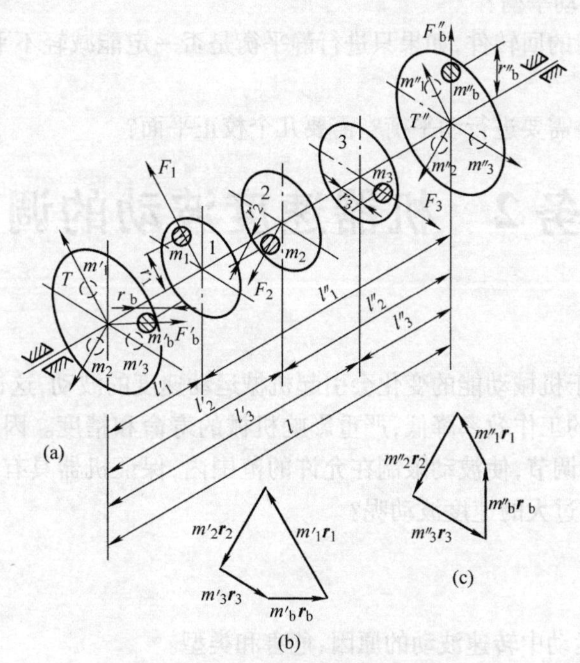

图 8-4　回转体的动平衡计算

同理，对于校正平面 T''，可得

$$m_1''\boldsymbol{r}_1 + m_2''\boldsymbol{r}_2 + m_3''\boldsymbol{r}_3 + m_b''\boldsymbol{r}_b'' = 0$$

作出矢量图,如图 8 -4(c)所示,求出 $m''_b\boldsymbol{r}''_b$。只要选定 $\boldsymbol{r}''_b$,便可求出 m''_b。

综上所述,任何一个回转构件,无论它的各不平衡质量实际分布如何,均可将其分解到任选的两个平面上。在这两个平面内各加上一个适当的平衡质量,即可使该回转体达到完全平衡。这种使惯性力的合力及合力矩同时为零的平衡,称为动平衡。由此可见,至少有两个平衡平面才能使回转体达到动平衡。

由于动平衡条件中同时包含了静平衡条件,所以经过动平衡的回转件一定是静平衡的,但静平衡的回转件不一定达到动平衡。

1.3.2 回转件的动平衡试验

对于 $L/D>0.2$ 或有特殊要求的回转体应作动平衡试验。由动平衡得知,先令回转体在动平衡机上运转,然后在两个选定平面内分别找出所需平衡质径积的大小和方位,从而在任意选定的两个校正平面内各加适当的质量,这就是动平衡试验。

回转件的动平衡试验一般需在专用的动平衡机上进行。动平衡机种类很多,除了机械式、电子式的动平衡机外,还有激光动平衡机、带真空筒的大型高速动平衡机和整机平衡用的测振动平衡仪等。有关这些动平衡仪的具体操作,请参考试验机的工作原理及详细资料。

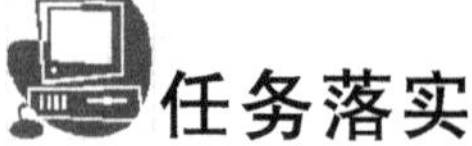

1. 为什么要对回转件进行平衡?刚性回转件的平衡有哪几种情况?如何计算?
2. 何谓动平衡?何谓静平衡?它们各满足什么条件?哪一类构件只需进行静平衡?哪一类构件必须进行动平衡?
3. 要求进行平衡的回转件,如果只进行静平衡是否一定能减轻不平衡质量造成的不良影响?
4. 怎样的回转件需要进行动平衡?需要几个校正平面?

任务 2 机器速度波动的调节

机械运转时,由于机械动能的变化会引起机械运动速度的波动,这也将在运动副中产生附加动压力,使机械的工作效率降低,严重影响机械的寿命和精度。因此,必须对机械系统过大的速度波动进行调节,使波动限制在允许的范围内,保证机器具有良好的工况。那么,该如何调节机械系统过大的速度波动呢?

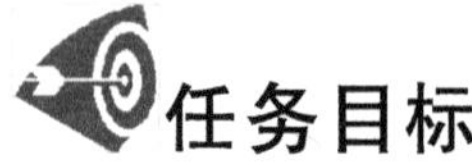

1. 了解机械在运动中转速波动的原因、危害和类型。
2. 熟悉机械周期性速度波动的调节原理和方法。
3. 熟悉机械非周期性速度波动的调节原理和方法。

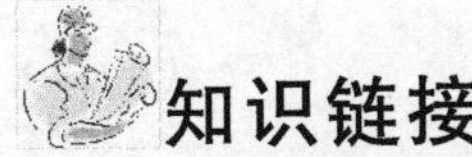

知识链接

2.1 机械速度波动调节的目的和方法

机械在外力(驱动力和阻力)作用下运转,外力对机械所做功的增减,就是机械具有的动能的增减。如果驱动力所做的功在每段时间内都等于阻力所做的功,则机械的主轴将保持匀速转动,例如用电动机驱动离心式鼓风机。但是,有许多机械在工作时,驱动力所做的功在某段时间内不等于阻力所做的功。当驱动力所做的功大于阻力所做的功时,动能增加,出现盈功;当驱动力所做的功小于阻力所做的功时,动能减少,出现亏功。机械动能的增减会引起机械转速的波动。这种波动会使运动副中产生附加动压力,降低机械效率和工作可靠性、引起机械振动、影响零件的强度和寿命。同时,还会降低机械的精度和工艺性,使产品质量下降。因此,对机械的速度波动必须进行调节,将上述不良影响限制在允许范围之内。

2.2 周期性速度波动及调节

2.2.1 周期性速度波动的概念

当外力(驱动力和阻力)作周期性变化时,机械的运动速度(如主轴的角速度)也会作周期性的波动,如图 8-5 中的虚线所示。由图可见,主轴的角速度 ω 在经过一个运动周期 T 之后又变回到初始状态,其动能没有增减。也就是说,在整个周期中,驱动力所做的功与阻力所做的功是相等的。但是,在周期中的某段时间内,驱动力所做的功与阻力所做的功是不相等的,因而会出现速度的波动,机械的这种有规律、周期性的速度变化称为周期性速度波动。运动周期 T 通常对应于机械主轴回转一转(如冲床)、两转(如四冲程内燃机)或数转(如轧钢机)的时间。

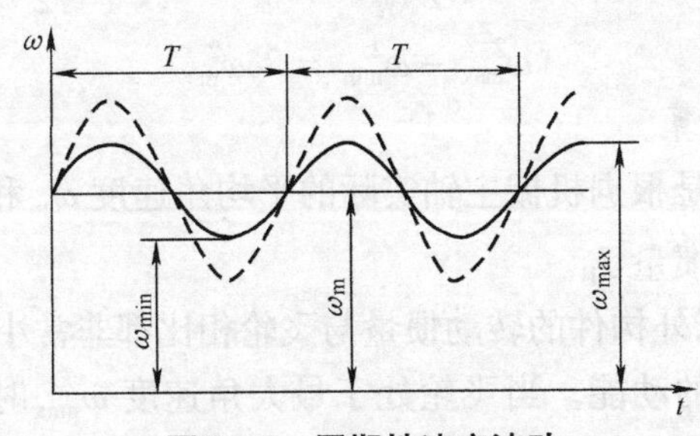

图 8-5　周期性速度波动

2.2.2 周期性速度波动的调节

调节周期性速度波动的主要方法是在机械中加上一个转动惯量很大的回转件——飞轮,以增加系统的转动惯量来减小速度变化的幅度。飞轮调速原理:飞轮起能量储存器的作用,转速增高时,将多余能量转化为飞轮的动能储存起来,限制增速的幅度;转速降低时,将能量释放出来,阻止速度降低。这样就可以减小机械运转速度变化的幅度。如图 8-5 所示,虚线所示为没有安装飞轮时的主轴的速度波动,实线所示为安装飞轮后主轴的速度波动。

1. 机械运转的平均速度和不均匀系数

若已知机械主轴角速度随时间变化的规律时,一个周期角速度的实现平均值

$$\omega_m = \frac{\omega_{max} + \omega_{min}}{2} \tag{8-3}$$

式中：ω_{max}、ω_{min}分别为一个周期内主轴的最大角速度和最小角速度。工程上往往用角速度波动幅度与平均角速度的比值来衡量机器运转的不均匀程度。这个比值称为机械运转的不均匀系数δ，即

$$\delta = \frac{\omega_{max} - \omega_{min}}{\omega_m} \tag{8-4}$$

由上式可知，当ω_m一定时，δ越小，则表示ω_{max}与ω_{min}之差越小，表示机械运转越均匀，运转的平稳性越好。不同机械，其运动平稳性的要求不同，也就有不同的许用不均匀系数[δ]，表8－1列出了几种常见机械的不均匀系数[δ]的取值范围。

表8－1　机械运转的许用不均匀系数[δ]值

机械名称	[δ]	机械名称	[δ]
碎石机	1/20～1/5	汽车、拖拉机	1/60～1/20
冲、剪、锻机	1/20～1/7	纺纱机	1/100～1/60
轧钢机	1/25～1/10	压缩机	1/100～1/50
农业机械	1/50～1/5	内燃机	1/150～1/80
织布、印刷、制粉机	1/50～1/10	直流发电机	1/150～1/80
金属切削机床	1/50～1/20	交流发电机	1/300～1/200

为了使设计机械的速度不均匀系数不超过许用值，则应满足条件$\delta = [\delta]$。

若已知机械的ω_m和δ值，可由式(8－3)和式(8－4)求得最大角速度ω_{max}和最小角速度ω_{min}，即

$$\omega_{max} = \omega_m\left(1 + \frac{\delta}{2}\right) \qquad \omega_{min} = \omega_m\left(1 - \frac{\delta}{2}\right)$$

$$\omega_{max}^2 - \omega_{min}^2 = 2\delta\omega_m^2 \tag{8-5}$$

2. 飞轮转动惯量的计算

飞轮设计的基本问题是根据机械主轴实际的平均角速度ω_m和许用不均匀系数[δ]，按功能原理确定飞轮的转动惯量J_F。

在一般机械中，飞轮以外构件的转动惯量与飞轮相比都非常小，故在近似计算中可认为飞轮的动能就是整个机械的动能。当飞轮处于最大角速度ω_{max}时，具有最大动能E_{max}；当飞轮处于最小角速度ω_{min}时，具有最小动能E_{min}。机械在一个运动周期内的能量变化称为最大盈亏功，它也是飞轮在一个周期内动能的最大变化值，因此

$$W_{max} = E_{max} - E_{min} = \frac{1}{2}J_F(\omega_{max}^2 - \omega_{min}^2)$$

式中：W_{max}为最大盈亏功；J_F为飞轮的转动惯量。

将式(8－5)代入上式并整理可得

$$J_F = \frac{W_{max}}{\omega_m^2\delta} \tag{8-6}$$

由上式可知，飞轮转动惯量的计算关键是最大盈亏功W_{max}的确定。当W_{max}与ω_m一定时，飞轮转动惯量J_F与机械运转速度不均匀系数δ之间的关系为一等边双曲线。当δ很小

时，略微减小 δ 的数值就会使飞轮转动惯量激增。因此，过分追求机械运转速度均匀将会使飞轮笨重、成本增加。当 J_F 与 ω_m 一定时，W_{max} 与 δ 成正比，即最大盈亏功越大，机械运转速度越不均匀。J_F 与 ω_m 的平方成反比，即主轴的平均转速越高，所需安装在主轴上的飞轮转动惯量越小。因此，飞轮应该安装在转速较高的轴上。通常主轴具有良好的刚性，所以多数机器的飞轮仍安装在主轴上。

2.3　非周期性速度波动及其调节

2.3.1　非周期性速度波动的概念

如果输入功在很长一段时间内总是大于输出功，则机械运转速度将不断升高，直至超越机械强度所允许的极限转速而导致机械损坏；反之，如输入功总是小于输出功，则机械运转速度将不断下降，直至停车。汽轮发电机组在供汽量不变而用电量突然增减时就会出现这类情况。这种速度波动是随机的、不规则的，没有一定的周期，因此称为非周期性速度波动。这种速度波动不能依靠飞轮来进行调节，只能采用特殊的装置使输入功与输出功趋于平衡，以达到新的稳定运转。

2.3.2　非周期性速度波动的调节

非周期性速度波动的调节有的是利用机械的自调性，有的是利用调速器来调节。

1. 机械的自调性

对于选用电动机作为原动机的机械，其本身就可使等效驱动力矩和等效工作阻力矩协调一致。即当电动机的转速由于驱动力矩小于阻抗力矩而下降时，其所产生的驱动力矩将增大；反之，当因驱动力矩大于阻抗力矩导致电动机转速上升时，其所产生的驱动力矩将减小，所以可使二者自动地重新达到平衡。电动机的这种性能称为自调性。

2. 调速器调节

若机械的原动机为蒸汽机、汽轮机或内燃机时，就必须安装一种专门的调节装置——调速器来调节机械出现的非周期性速度波动。调速器的种类很多，按执行机构分类，主要有机械式、气动式、机械气动式、液压式、电液和电子等形式。机械式调速器灵敏度低、结构复杂，在近代机械中已逐渐被液压和电子调速装置取代。

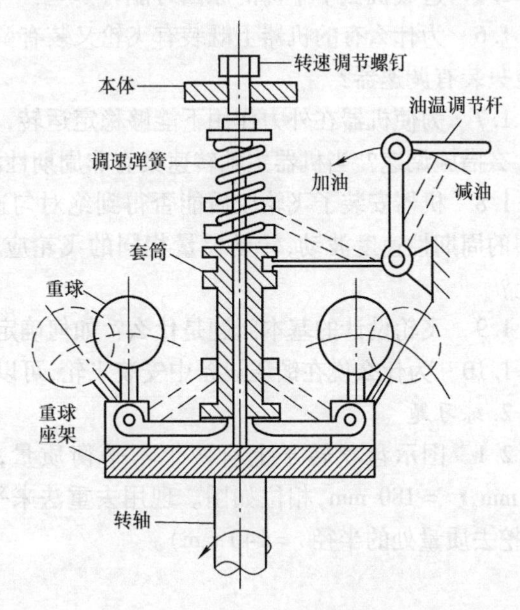

图 8－6　机械式调速器机构图

如图 8－6 所示为柴油机离心调速器的工作原理图。重球座架与主轴周向固定，当主轴转速升高时，重球座架的转速同时升高。在离心力作用下，重球将绕主轴轴线向外扩张，带动压杆推动套筒上移，将油门推至“减油”位置（将节流阀门关小）以减少供油量，从而使柴油机转速下降。反之,若转速过低,重球的离心力减小,在弹簧作用下,将油门推至“加油”位置(将节流阀门开大)以增加供油量,从而使柴油机转速回升。这样就可以将柴油机转速稳定在某个数值附近。

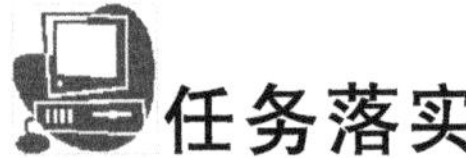

任务落实

1. 机器主轴的运转速度为什么是波动的?产生周期性速度波动的原因是什么?为什么要加以调节?可用什么办法来加以调节?

2. 非周期性速度波动的原因是什么?飞轮能否用来调节非周期性速度波动?

3. 飞轮的作用是什么?

4. 在机器系统速度波动的一个周期中的某一时间间隔内,当系统出现亏功时,系统的运动速度如何变化?此时飞轮是储存还是释放能量?

思考与练习

1. 思考题

1.1 何谓质径积?回转件平衡时为什么要用质径积来表示不平衡量的大小?

1.2 为什么说经过静平衡的转子不一定是动平衡的,而经过动平衡的转子必定是静平衡的?

1.3 动平衡以后的转子是否需要再进行静平衡?为什么?

1.4 什么情况下使用静平衡?

1.5 造成机械不平衡的原因可能有哪些?

1.6 为什么有的机器上既装有飞轮又装有调速器?而有的机器上只装有飞轮,有的机器上只装有调速器?

1.7 为使机器在外力作用下能够稳定运转,当机器主轴转速具有周期性波动时,可采取什么措施调速?当机器主轴转速具有非周期性波动时,可采取什么措施调速?

1.8 机器安装了飞轮以后能否得到绝对匀速运转?[δ]是否选得越小越好?欲减小机器的周期性速度波动,转动惯量相同的飞轮应安装在机器的高速轴上还是安装在低速轴上?

1.9 飞轮设计的基本问题是什么?如何确定最大盈亏功?

1.10 为什么说在锻压设备中安装飞轮,可以起到节能的作用?

2. 练习题

2.1 图示盘状转子上有两个不平衡质量,且已知 $m_1 = 1.5$ kg, $m_2 = 0.8$ kg, $\boldsymbol{r}_1 = 140$ mm, $\boldsymbol{r}_2 = 180$ mm,相位如图。现用去重法来平衡,试求所需挖去的质量的大小和相位(设挖去质量处的半径 $r = 140$ mm)。

2.2　图示单缸卧式煤气机,在曲柄轴的两端装有两个飞轮 A 和 B,已知曲柄半径 $R=250$ mm及折算到曲柄销 S 上的不平衡质量为 50 kg。欲在两飞轮上各装一平衡质量 m_A 和 m_B,其回转半径 $r=600$ mm,试求 m_A 和 m_B 的大小和位置。

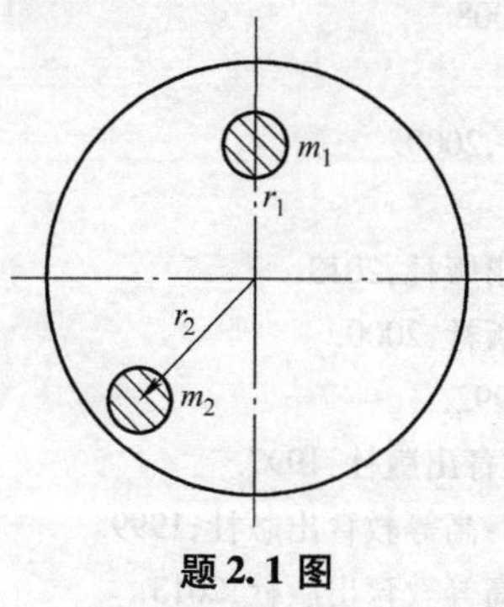

题 2.1 图

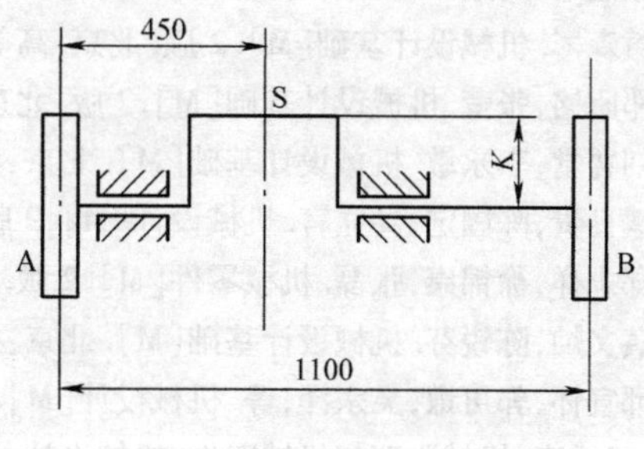

题 2.2 图

参考文献

[1] 陈立德,罗卫平.机械设计基础[M].4版.北京:高等教育出版社,2013.

[2] 张建中,周家泽.机械设计基础[M].北京:高等教育出版社,2008.

[3] 黄森彬.机械设计基础[M].2版.北京:高等教育出版社,2008.

[4] 邓昭铭,张莹.机械设计基础[M].2版.北京:高等教育出版社,2000.

[5] 刘赛堂,李永敏.机械设计基础[M].北京:科学出版社,2010.

[6] 濮良贵,陈国定,吴立言.机械设计[M].9版.北京:高等教育出版社,2013.

[7] 郑志祥,徐锦康,张磊.机械零件[M].2版.北京:高等教育出版社,2000.

[8] 黄文灿,陈锐芬.机械设计基础[M].北京:机械工业出版社,1992.

[9] 邱宣怀,郭可谦,吴宗泽,等.机械设计[M].4版.北京:高等教育出版社,1997.

[10] 何元庚.机械原理与机械零件:机械设计基础[M].2版.北京:高等教育出版社,1999.

[11] 杨可桢,程光蕴,李仲生,等.机械设计基础[M].6版.北京:高等教育出版社,2013.

[12] 徐灏.新编机械设计师手册[M].2版. 北京:机械工业出版社,1995.

[13]《现代机械传动手册》编辑委员会.现代机械传动手册[M].2版.北京:机械工业出版社,2002.

[14] 吴宗泽.机械零件设计手册[M].北京:机械工业出版社,2004.

[15] 王少怀.机械设计师手册[M].北京:电子工业出版社,2006.

[16] 颜鸿森.机械装置的创造性设计[M].姚燕安,王玉新,郭可谦,译.北京:机械工业出版社,2006.

[17] 孙宝钧.机械设计基础[M].2版.北京:机械工业出版社,2011.

[18] 杨黎明.机械原理及机械零件　上册[M].北京:高等教育出版社,1982.